普通高等教育应用技术型“十三五”规划系列教材

信号与系统

主　编　薛　莲　周　茉　刘少敏

副主编　梁莉娟　袁志伟　柯　丹

主　审　霍泰山

华中科技大学出版社

中国·武汉

内容简介

全书深入浅出，强调数学概念与物理概念并重，力求实现原理、方法与应用的三结合，使读者能够比较容易地看明白、学得懂。

全书共分为8章，包括信号与系统、连续时间系统的时域分析、连续时间系统的频域分析、连续时间系统的s域分析、离散时间系统的时域分析、离散时间系统的z域分析、系统函数、系统的状态变量分析。每章最后介绍了与该章内容相关的MATLAB的内容，书中有较丰富的例题与习题。

本书叙述通俗易懂、条理清晰，可作为高等院校通信工程、电子信息工程、自动控制及计算机等专业的信号与系统课程的教材，也可供有关科技人员参考。

本书由湖北省民办高校信息学科联盟编写，华中科技大学出版社出版。

图书在版编目(CIP)数据

信号与系统/薛莲，周茉，刘少敏主编.—武汉：华中科技大学出版社，2015.7
ISBN 978-7-5680-1128-0

Ⅰ.①信… Ⅱ.①薛… ②周… ③刘… Ⅲ.①信号系统-高等学校-教材 Ⅳ.①TN911.6

中国版本图书馆CIP数据核字(2015)第179505号

信号与系统 薛 莲 周 茉 刘少敏 主编

策划编辑：范 莹
责任编辑：余 涛
封面设计：原色设计
责任校对：张 琳
责任监印：周治超
出版发行：华中科技大学出版社(中国·武汉)
武昌喻家山 邮编：430074 电话：(027)81321913
录 排：武汉楚海文化传播有限公司
印 刷：武汉鑫昶文化有限公司
开 本：787mm×1092mm 1/16
印 张：20
字 数：507千字
版 次：2015年11月第1版第1次印刷
定 价：42.80元

前　言

随着信息技术的不断发展和信息技术应用领域的不断扩展，“信号与系统”已经从电子信息工程类专业的专业基础课程扩展成为电子信息工程、自动控制、电子科学与技术、电气工程、计算机技术等众多电类专业的专业基础课程，甚至在很多非电类专业中也开设了这门课程。该课程的先导课程是高等数学、电路理论、复变函数与积分变换，后续课程是通信原理、数字信号处理、自动控制、数字图像处理等，是电子学科研究生入学考试的一门重要课程。

“信号与系统”是一门理论性很强的课程。为了加强学生对课程内容的理解，本教材适当增加了一些相关的实验环节，在每章最后一节安排了与该章内容相关的 MATLAB 实验，方便学生在课下或“信号与系统”的实验课中学习，让读者通过 MATLAB 仿真加深对相关知识点的印象，通过实验取得良好的学习效果。

本教材系统论述了确定性信号与线性时不变系统的基本概念、基本理论与分析方法。按照从信号分析到系统分析、从连续到离散、从时域到变换域、从输入/输出分析到状态变量分析的结构体系，内容上突出基本理论、基本概念和基本方法，强化计算技巧，简化计算过程，引入 MATLAB 作为信号与系统分析的工具，注重实例分析，增编了工程性和综合设计性的例题和习题。

全书共分 8 章，第 1 章主要介绍信号、系统的概念，概述信号与系统的分析方法；第 2 章主要介绍连续时间系统的时域分析，建立系统的零输入响应、零状态响应和全响应的概念；第 3 章主要介绍连续时间信号的频谱与傅里叶变换，建立信号频谱的概念，掌握傅里叶变换及其性质；第 4 章主要介绍连续时间系统的复频域分析，建立复频域的概念，掌握拉普拉斯变换及其性质，掌握复频域的分析方法，同时了解傅里叶变换和拉普拉斯变换之间的关系；第 5 章主要介绍离散时间系统的时域分析，建立离散时间信号和离散时间系统的概念，掌握离散时间系统的时域分析方法；第 6 章主要介绍 z 变换与离散时间系统的 z 域分析，建立 z 域的概念，掌握 z 变换及其性质，掌握离散时间系统的 z 域分析方法；第 7 章主要介绍连续时间系统的系统函数，建立系统频率特性和稳定性的概念，掌握系统频率特性的表示法和稳定性的判定方法；第 8 章主要介绍线性系统的状态变量分析，建立状态变量的概念，掌握线性系统的状态变量分析方法。

本教材由湖北省民办高校信息学科联盟编写，武汉工商学院的薛莲、湖北工业大学工程技术学院的周茉、武汉工商学院的刘少敏担任主编，武昌工学院的梁莉娟、江汉大学文理学院的袁志伟、湖北工业大学工程技术学院的柯丹担任副主编，最后由薛莲统稿。梁莉娟、薛莲编写了第 1 章，刘少敏、薛莲编写了第 2 章，周茉编写了第 3 章，薛莲编写了第 4 章，袁志伟编写了第 5 章、第 8 章，柯丹编写了第 6 章，薛莲、刘少敏编写了第 7 章。

由于不同的学校和不同的专业信号与系统课程学时数不尽一致，一般课堂讲授的学时数为 34～68 学时。因此，教师可根据实际学时数，选择不同章节来进行讲授。为了使读者能较好地理解基本概念和分析方法，我们还精选了不少例题和习题。习题的数量较多，请酌情选用。

本教材由武汉大学霍泰山教授审阅，他对本教材的修改工作给予了许多指导和帮助；许多兄弟院校的老师也提出了许多宝贵意见，在此一并表示诚挚的谢意。

限于作者的水平，书中难免有不妥和错误之处，恳请广大读者批评指正，编者的E-mail：blsun@hbue.edu.cn。

编　者

2015 年 6 月

目　录

第1章 信号与系统

本章介绍信号与系统的基本概念以及它们的分类方法，并讨论线性时不变系统（LTI系统）的特性，简明扼要地介绍LTI系统的描述方法和分析方法，深入地研究在LTI系统分析中占有十分重要地位的阶跃函数、冲激函数及其特性。

1.1 绪论

随着社会的不断发展，以及信息技术的不断完善及其应用领域的不断发展，“信号与系统”这门课程已经逐步地扩展开来，从以前的电子信息工程专业基础课程扩展为自动控制、电气工程、通信工程、信号和信息分析与处理、计算机技术、网络工程、生物医学工程等众多专业的专业基础课程，它的涉及面越来越广，地位也越来越重要。本节主要介绍信号与系统的基本概念和基本特性等相关知识，这是学习信号与系统的基础。

1.1.1 信号

信息时代的特征——用信息科学和计算机技术的理论和手段来解决科学、工程和经济问题。在通信系统中，消息（message）是物质或精神状态的一种反映，在不同时期具有不同的表现形式。例如，语音、文字、音乐、数据、图片或活动图像等都是消息。人们接收到消息，关心的是消息中所包含的有效内容，即信息（information）。信号（signal）则是指消息的表现形式与传送载体。

在日常生活和社会活动中，人们会经常谈到信号，如交通路口的红绿灯信号、唱歌和说话的声音信号、无线电发射台的电磁波信号等。因此，从物理概念上，信号标志着某种随时间变化而变化的信息；从数学上，信号表示一个或多个自变量的函数。在信号与系统中，我们尤其关心的是电信号。

1.1.2 系统

系统（system）是指若干相互关联、相互作用的事物按一定规律组合而成的具有特定功能的整体。如手机、电视、通信网、计算机网等都可以看成系统，它们所传送的语音、音乐、图像、文字等都可以看成信号。因此，系统是某个实体，它能将一组信号处理为另一组信号。当一个或多个激励信号作用到系统的输入端时，就会在系统的输出端产生一个或多个响应信号。如果系统只有单个输入和单个输出信号，则称为单输入单输出（SISO）系统，如图1.1-1所示。如果含有多个输入和多个输出信号，则称为多输入多输出（MIMO）系统。

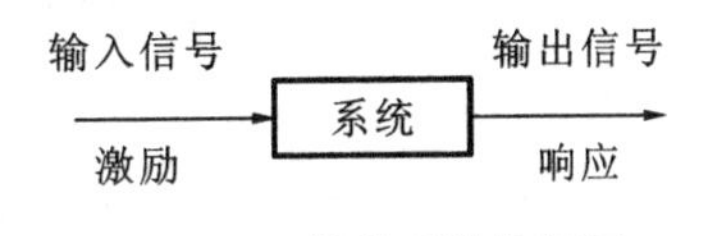

图1.1-1 简单系统的框图

系统的规模可大可小，如通信系统包括发射机、接收机和计算机等，通信系统的若干子系统组成了一个大系统。一个电容元件具有存储电荷的功能，也可以是一个小系统。

1.2 信号的分类

根据信号的性质，信号可分为：连续时间信号和离散时间信号、周期信号和非周期信号、确定信号和随机信号、能量信号和功率信号、实信号和复信号、一维信号和多维信号。

1.2.1 连续信号和离散信号

对任意一个信号，如果在定义域内，除有限个间断点外均有定义，则称此信号为连续信号。连续信号的自变量是连续可变的，而函数值在值域内可以是连续的，也可以是跳变的。图1.2-1(a)所示的斜坡信号，即是一个连续信号。

对任意一个信号，如果自变量仅在离散时间点上有定义，称为离散信号。离散信号相邻离散时间点的间隔可以是相等的，也可以是不相等的。在这些离散时间点之外，信号无定义。图1.2-1(b)所示的信号为一个离散信号。

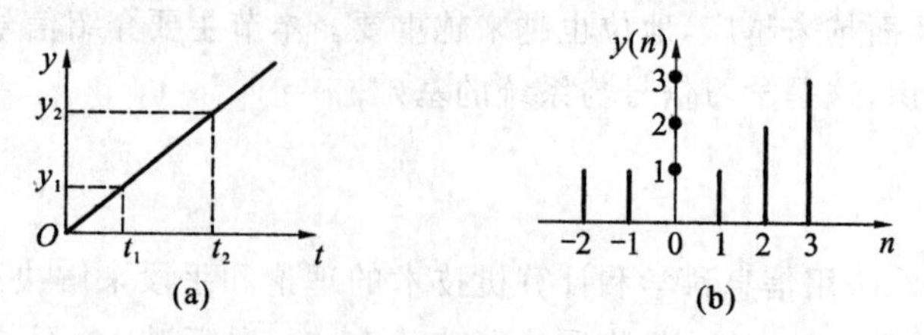

图 1.2-1 连续信号和离散信号示例

1.2.2 周期信号和非周期信号

所谓周期信号，就是依一定时间间隔周而复始，而且是无始无终的信号，它们的数学表达式满足

$$f(t)=f(t+nT) \tag{1.2-1}$$

式中：T 为信号的周期，$T=2\pi/\omega_0$，ω_0 为基频；$n=0,\pm1,\pm2,\cdots$。

离散周期信号可表示为

$$f(k)=f(k+mN) \tag{1.2-2}$$

满足以上关系式的最小 T(或 N)值称为该信号的周期。只要给出此信号在任一周期的变化过程，便可确知它在任一时刻的数值。

对于正弦序列(或余弦序列)

$$\begin{aligned} f(k) &= \sin(\beta k) = \sin(\beta k + 2m\pi k) \\ &= \sin\left[\beta\left(k + m\frac{2\pi}{\beta}\right)\right] \\ &= \sin[\beta(k+mN)] \end{aligned}$$

式中：β 称为正弦序列的数字角频率(或角频率)，单位为 rad；$m=0,\pm1,\pm2,\cdots$。

由上式可见，当$\frac{2\pi}{\beta}$为整数时，正弦序列的周期 $N=\frac{2\pi}{\beta}$；当$\frac{2\pi}{\beta}$为有理数时，正弦序列的周期

$N=M\frac{2\pi}{\beta}$，其中 M 为使$\frac{2\pi}{\beta}$为整数的最小整数；当$\frac{2\pi}{\beta}$为无理数时，该序列不具有周期性，但其样值的包络线仍为正弦函数。

非周期信号在时间上不具有周而复始的特性。若令周期信号的周期 T 趋于无穷大，则该信号成为非周期信号。

【例 1.2-1】 判断下列序列是否为周期信号，若是，确定其周期。

(1) $f(k)=\sin(\frac{3}{4}\pi k)+\cos(\frac{1}{2}\pi k)$。

(2) $f(k)=\sin(2k)$。

解　(1) $\sin(\frac{3}{4}\pi k)$ 和 $\cos(\frac{1}{2}\pi k)$ 的数字角频率分别是 $\beta_1=\frac{3}{4}\pi$，$\beta_2=0.5\pi$，由于$\frac{2\pi}{\beta_1}=\frac{8}{3}$，$\frac{2\pi}{\beta_2}=4$ 为有理数，故周期分别为 $N_1=8$，$N_2=4$，故 $f(k)$ 为周期序列，其周期为 N_1 和 N_2 的最小公倍数 8。

(2) $f(k)=\sin(2k)$ 的数字角频率为 $\beta=2$ rad，由于$\frac{2\pi}{\beta}=\pi$，为无理数，故 $f(k)=\sin(2k)$ 为非周期序列。

1.2.3　确定信号和随机信号

确定信号是指能用时间函数、图表表示的信号，即给定 t，可预知 $f(t)$ 大小的信号为确定信号，如 $f(t)=1$ 或者 $f(t)=\sin t$。

随机信号又称为不确定信号，是指无法用确定的时间函数来表达的信号。因此，随机信号是不能用确定的数学关系式来描述的，不能预测其未来任何瞬时值，任何一次观测只代表其在变动范围中可能产生的结果之一。它不是时间的确定函数，其在定义域内的任意时刻没有确定的函数值。但是其值的变动服从统计规律。图 1.2-2 所示的信号为随机信号。

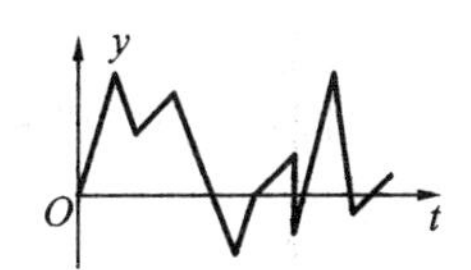

图 1.2-2　随机信号

在实际生活中的例子："火车时刻表"就是一个确定信号，它用图表表示，我们由此可以知道哪趟车什么时间到。但是，"每趟车上的人数"是随机信号，因为乘坐这趟车的乘客可能多一些，乘坐那趟车的乘客可能少一些。

1.2.4　能量信号和功率信号

信号(电压或电流)在单位电阻上的能量或功率称为归一化能量或归一化功率。信号 $f(t)$ 在区间 $(-\alpha,\alpha)$ 上归一化能量用字母 E 表示为

$$E=\lim_{\alpha\to 0}\int_{-\alpha}^{\alpha}\left|f(t)\right|^2\mathrm{d}t \tag{1.2-3}$$

归一化功率用字母 P 表示为

$$P=\lim_{\alpha\to 0}\frac{1}{2\alpha}\int_{-\alpha}^{\alpha}\left|f(t)\right|^2\mathrm{d}t \tag{1.2-4}$$

离散信号有时也需要讨论能量和功率，其归一化能量和功率表达式为式(1.2-3)和

式(1.2-4)。若信号 $f(t)$的能量有界(即 $1<E<+\infty$,这时 $P=0$),则称其为能量有限信号,简称能量信号。若信号 $f(t)$的功率有界(即 $0<P<+\infty$,这时 $E=+\infty$),则称其为功率有限信号,简称功率信号。周期信号、阶跃信号是功率信号,它们的能量为无限,只能从功率的角度去考察。非周期信号可以是功率信号(如直流信号),也可以是能量信号。

1.2.5 实信号和复信号

实信号是指函数(或序列)值均为实数的信号,如正弦、余弦信号,单边实指数信号等。

复信号是实信号的一种表示形式。复信号是指函数(或序列)值为复数的信号,最常见的是复指数信号。

1.2.6 一维信号和多维信号

信号可以看成是关于单个或多个独立变量的函数,如语音信号可以表示为声压随时间变化而变化的函数,只有一个独立的时间变量 t,这是一维信号;而一张黑白图像每个点具有不同的光强度,任一点又是二维平面坐标中的两个变量的函数,这是二维信号。实际上还可能出现更多维变量的信号,如电磁波在三维空间中传播,若同时考虑时间变量就构成四维信号。把信号看成是关于多个独立变量的函数,就是多维信号。在以后的讨论中,一般情况下只研究一维信号,且自变量为时间。

1.3 信号的基本运算

在系统分析中,常遇到信号(连续的或离散的)的某些基本运算——加、乘、平移、反转和尺度变换等。

1.3.1 加法

两个信号相加得到一个新的信号,它在任意时刻(序号)的值等于两个信号在该时刻(序号)的值之和。信号的加法运算可以通过表达式(或信号的波形)进行。设两个信号分别为 $f_1(\cdot)$、$f_2(\cdot)$,则它们相加的结果 $f(\cdot)$表示为式(1.3-1),波形图如图 1.3-1 所示。

$$f(\cdot)=f_1(\cdot)+f_2(\cdot) \tag{1.3-1}$$

一个信道(线缆、光缆)中通常传输若干个信号,这些信号是以叠加合成的形式传输的。例如,通过混频器,一根视频电缆可以同时传输数十个频道的电视信号。

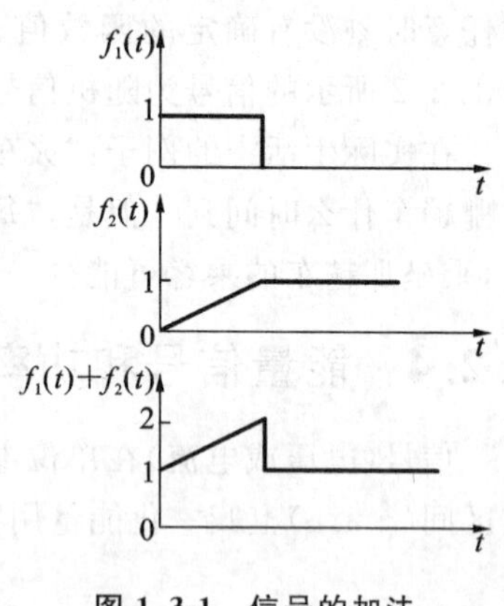

图 1.3-1 信号的加法

1.3.2 乘法

两个信号相乘得到一个新的信号,它在任意时刻(序号)的值等于两个信号在该时刻(序号)的值之积。设两个信号分别为 $f_1(\cdot)$、$f_2(\cdot)$,则它们的积信号 $f(\cdot)$可表示为式(1.3-2),波形图如图 1.3-2 所示。

$$f(\cdot)=f_1(\cdot)f_2(\cdot) \tag{1.3-2}$$

无线电广播和通信系统中的调制与解调，就是将两个信号作乘法处理，搬移信号频谱，实现载频无线电发射和频分复用技术的。

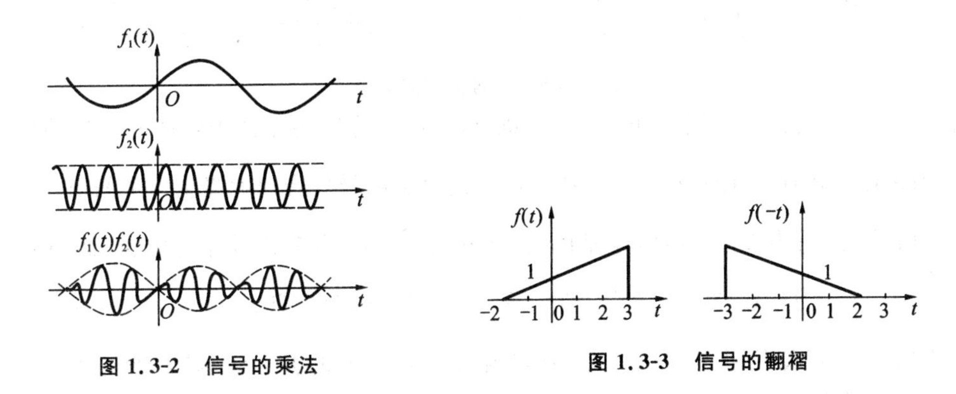

图 1.3-2　信号的乘法　　　　图 1.3-3　信号的翻褶

1.3.3　翻褶

信号的翻褶是指将信号 $f(t)$ 变化为 $f(-t)$，或将信号 $f(k)$ 变化为 $f(-k)$ 的运算，即将 $f(\cdot)$ 以纵轴为中心作 180°翻转，可得到反转后的波形，如图 1.3-3 所示。

设 $f(t)$ 是连续时间信号，将时间 t 替换为 $-t$，得

$$y(t)=f(-t) \tag{1.3-3}$$

信号 $y(t)$ 称为 $f(t)$ 关于 $t=0$ 的反转。注意，反转是绕纵轴（垂直轴）实现的，纵轴起中轴的作用。

1.3.4　平移

若将连续信号 $f(t)$ 的自变量 t 置换成 $(t\pm t_0)$，t_0 是正的实常数，则得到另一个信号 $f(t\pm t_0)$。这相当于把 $f(t)$ 的波形在 t 轴上整体平行移动 t_0 个单位。信号 $f(t-t_0)$ 的波形可由 $f(t)$ 的波形右移 t_0 得到；信号 $f(t+t_0)$ 的波形可由 $f(t)$ 左移 t_0 得到，波形图如 1.3-4 所示。

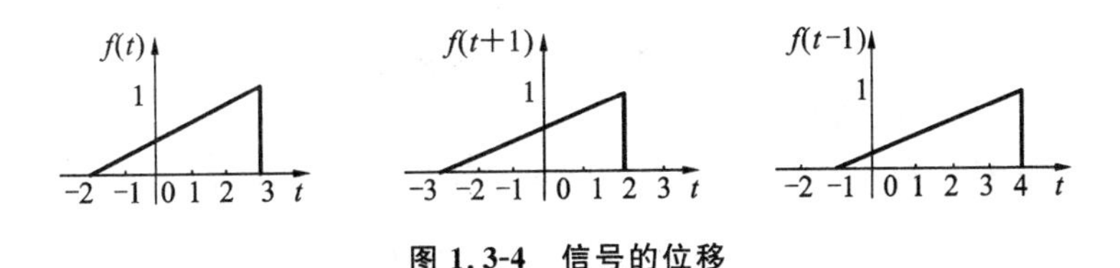

图 1.3-4　信号的位移

1.3.5　尺度变换

信号的尺度变换指的是信号在时间上的压缩和扩展。如果将信号 $f(t)$ 的自变量 t 置换成 at，a 为正实数，并且保持 t 轴的比例尺度不变，则当系数 $a>1$ 时，变换后的信号 $f(at)$ 是让 $f(t)$ 的幅值不变，但自变量从双边向原点均匀地压缩为原来的 $1/a$。

图 1.3-5 分别给出了 $a=2$ 和 $a=1/2$ 时，$f(t)$ 波形的展缩情况。

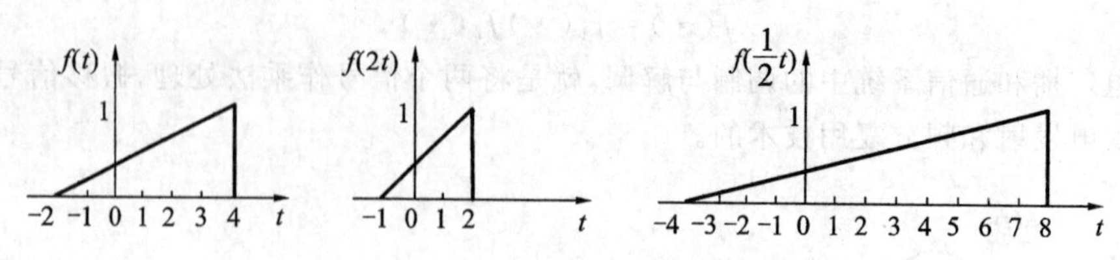

图 1.3-5　信号的尺度变换

若 $f(t)$是已录制在磁带上的声音信号，则 $f(-t)$可看作将磁带倒转播放产生的信号，而 $f(2t)$是磁带以 2 倍速度加快播放的信号，$f(\frac{t}{2})$则表示磁带放音速度降至一半的信号。

离散信号通常不作展缩运算，这是因为 $f(ak)$仅在 ak 为整数时才有定义，而当 $a>1$ 或 $a<1$，且 $a\neq\frac{1}{m}$（m 为整数）时，它常常丢失原信号 $f(k)$的部分信息。

一般来说，当已知信号 $f(t)$的波形，要求画出 $f(at+b)$的波形时，需要进行波形的平移、反转（$a<0$）和尺度变换。此时，波形变换的顺序并无统一的规定，无论采用何种变换顺序，均可以得到相同的结果。

【例 1.3-1】　已知 $f(t)$信号的波形如图 1.3-6 所示，画出 $f(6-t)$的波形。

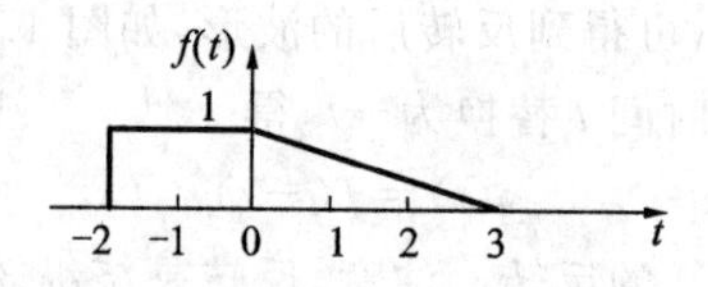

图 1.3-6　例 1.3-1 图

解　方法一：先平移（左移），后反转。

$f(t)\rightarrow f(t+6)\rightarrow f(6-t)$，波形变换如图 1.3-7 所示。

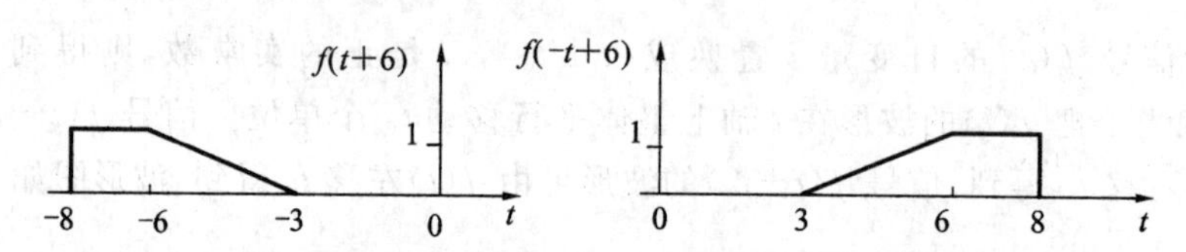

图 1.3-7　先平移，后反转的图形

方法二：先反转，后平移（右移）。

$f(t)\rightarrow f(-t)\rightarrow f[-(t-6)]=f(6-t)$，波形变换如图 1.3-8 所示。

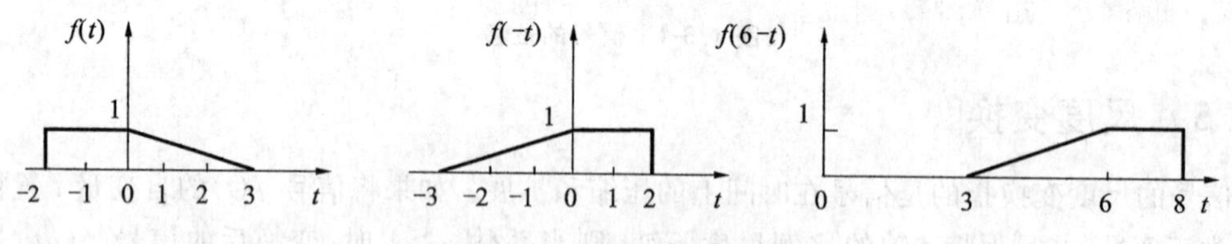

图 1.3-8　先反转，后平移的图形

【例 1.3-2】　已知信号 $f(t)$的波形如图 1.3-6 所示，画出 $f(6-2t)$的波形。

解　先反转，后尺度变换，再平移。

$f(t)\rightarrow f(-t)\rightarrow f(-2t)\rightarrow f[-2(t-3)]=f(6-2t)$，波形变换如图 1.3-9 所示。

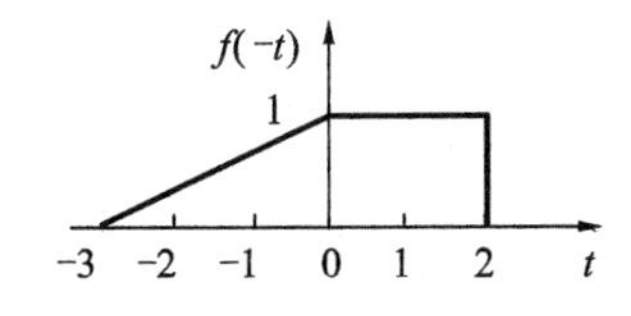

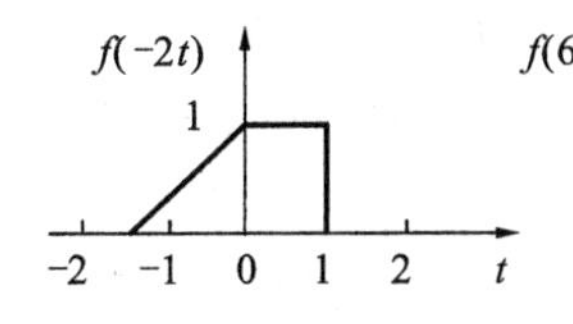

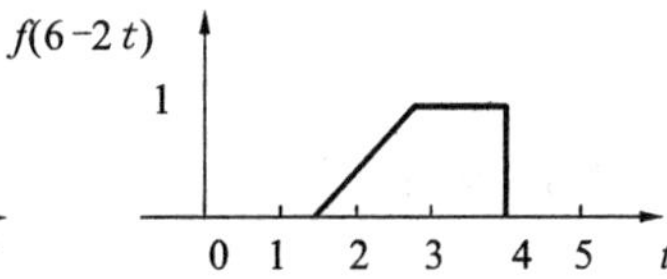

图 1.3-9　例 1.3-2 图

【例 1.3-3】 已知信号 $f(2t+2)$ 的波形如图 1.3-10 所示，画出 $f(4-2t)$ 的波形。

解 先求出 $f(t)$，再求出 $f(4-2t)$

步骤一：求 $f(t)$，先平移(右移)，后尺度变换，再反转。

$f(2t+2)=f[2(t+1)]\rightarrow f(2t)\rightarrow f(t)$，波形变换如图 1.3-11 所示。

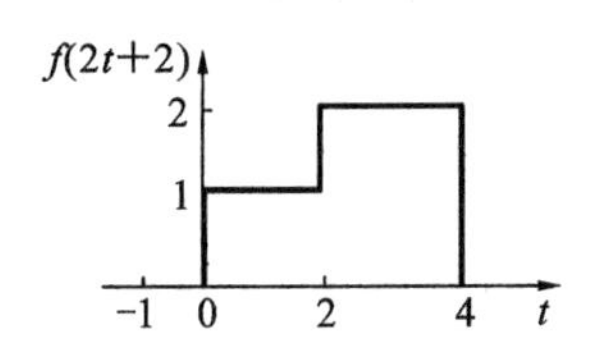

图 1.3-10　例 1.3-3 图

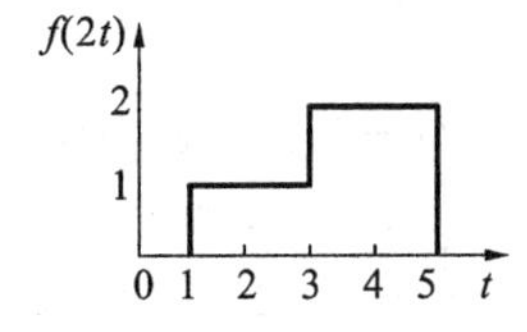

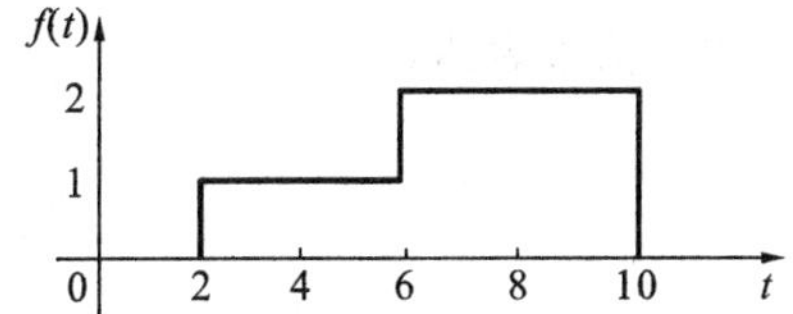

图 1.3-11　例 1.3-3 中 $f(t)$ 的图

步骤二：求出 $f(4-2t)$，先反转，后尺度变换，再平移。

$f(t)=f(-t)\rightarrow f(-2t)\rightarrow f[-2(t-2)]=f(4-2t)$，波形变换如图 1.3-12 所示。

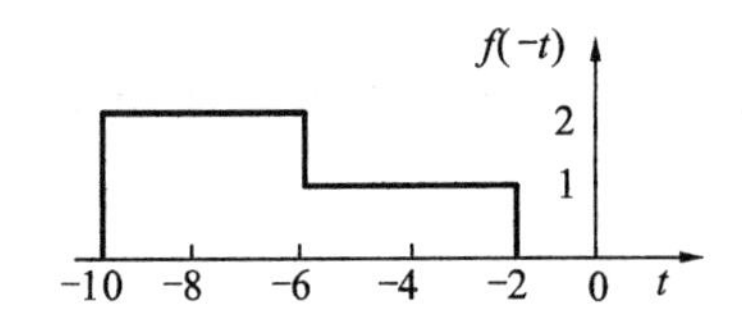

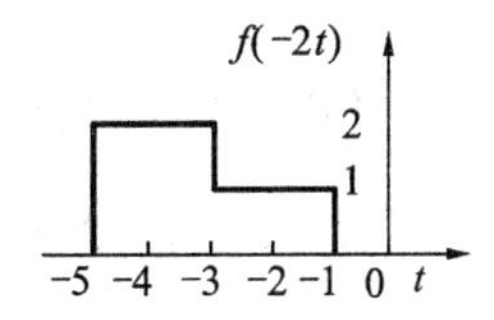

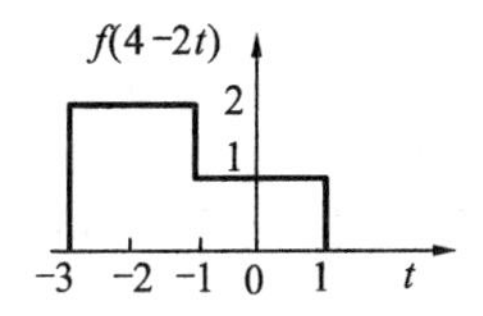

图 1.3-12　例 1.3-3 中 $f(4-2t)$ 的图

1.3.6　微分和积分

微分和积分是实际系统分析中常采用的信号处理运算。

信号的微分是指信号对时间的导数。设 $f(t)$ 是连续时间信号，则 $f(t)$ 对时间 t 的导数为

$$y(t)=f'(t)=f^{(1)}(t)=\frac{\mathrm{d}}{\mathrm{d}t}f(t)\tag{1.3-4}$$

信号的积分是指信号在区间 $(-\infty,t)$ 上的积分，即为

$$y(t)=f^{(-1)}(t)=\int_{-\infty}^{t}f(\tau)\mathrm{d}\tau\tag{1.3-5}$$

信号 $f(t)$ 的积分运算 $f^{(-1)}(t)=\int_{-\infty}^{t}f(\tau)\mathrm{d}\tau$ 在 t 时刻的值等于从 $-\infty$ 到 t 区间内 $f(t)$ 与时间轴所包围的面积。

【例 1.3-4】 图 1.3-13(a)给出了 $f(t)$ 信号的波形图，画出 $f(t)$ 的微分波形图。

解 信号的表达式为

$$f(t)=\begin{cases}t+2, & -2\leqslant t\leqslant 0\\ 2, & 0\leqslant t\leqslant 1\\ -2t+4, & 1\leqslant t\leqslant 2\end{cases}$$

经微分运算的表达式为

$$f'(t)=\begin{cases}1, & -2<t<0\\ 0, & 0<t<1\\ -2, & 1<t<2\end{cases}$$

微分波形图如图 1.3-13(b)所示。

信号的微分表示信号随时间变化的变化率，此题中的 $f(t)$ 为连续函数，没有跳变点，信号的微分即每段直线的斜率。

【例 1.3-5】 图 1.3-13(a)所示的是 $f(t)$ 信号的波形图，画出 $f(t)$ 的积分波形图。

解 信号表达式为

$$f(t)=\begin{cases}t+2, & -2\leqslant t\leqslant 0\\ 2, & 0\leqslant t\leqslant 1\\ -2t+4, & 1\leqslant t\leqslant 2\end{cases}$$

对信号进行积分运算

当 $-2\leqslant t\leqslant 0$ 时，$f^{(-1)}(t)=\int_{-2}^{t}(\tau+2)\mathrm{d}\tau=\frac{1}{2}t^2+2t+2$；

当 $0\leqslant t\leqslant 1$ 时，$f^{(-1)}(t)=\int_{-2}^{0}(\tau+2)\mathrm{d}\tau+\int_{0}^{\tau}2\mathrm{d}\tau=2t+2$；

当 $1\leqslant t\leqslant 2$ 时，$f^{(-1)}(t)=\int_{-2}^{0}(\tau+2)\mathrm{d}\tau+\int_{0}^{1}2\mathrm{d}\tau+\int_{1}^{\tau}(-2\tau+4)\mathrm{d}\tau=-t^2+4t+1$；

当 $t>2$ 时，$f^{(-1)}(t)=\int_{-2}^{0}(\tau+2)\mathrm{d}\tau+\int_{0}^{1}2\mathrm{d}\tau+\int_{1}^{2}(-2\tau+4)\mathrm{d}\tau=5$。

所以有

$$f^{(-1)}(t)=\begin{cases}\frac{1}{2}t^2+2t+2, & -2\leqslant t\leqslant 0\\ 2t+2, & 0\leqslant t\leqslant 1\\ -t^2+4t+1, & 1\leqslant t\leqslant 2\\ 5, & t\geqslant 2\end{cases}$$

积分波形图如图 1.3-13(c)所示。

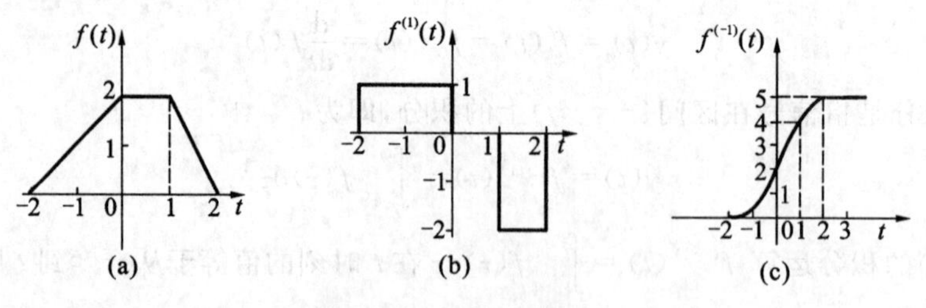

图 1.3-13 例 1.3-5 图

信号 $f(t)$ 的积分运算 $\int_{-\infty}^{t}f(\tau)\mathrm{d}\tau$ 在 t 时刻的值等于从 $-\infty$ 到 t 区间内 $f(t)$ 与时间轴所包围的面积，则 $f^{(-1)}(t)$ 在 $t=0$ 时刻的值为左边近三角形的面积 2，在 $t=1$ 时刻的值为面积加上矩形面积为 4，在 $t=2$ 时刻的值为近三角形的面积加上近梯形的面积为 5，可直接得到本题的图形，再写出表达式的值。

1.4　典型信号

1.4.1　典型连续时间信号

一、指数信号

实指数信号可以表示为

$$f(t)=A\mathrm{e}^{at}$$

式中：常数 A 和 a 是实数。

系数 A 是 $t=0$ 时指数信号的初始值，在 A 为正实数时，若 $a>0$，则指数信号幅度随时间增长而增强；若 $a<0$，指数信号幅度随时间增长而衰减。在 $a=0$ 的特殊情况下，信号不随时间变化而变化，称为直流信号。指数信号的波形图如图 1.4-1(a)所示。

在实际中遇到较多的是单边指数衰减信号，如图 1.4-1(b)所示，其数学表达式为

$$f(t)=\begin{cases}A\mathrm{e}^{-at}, & t\geqslant 0, a>0\\ 0, & t<0\end{cases} \tag{1.4-1}$$

指数信号的一个重要性质为指数形式。

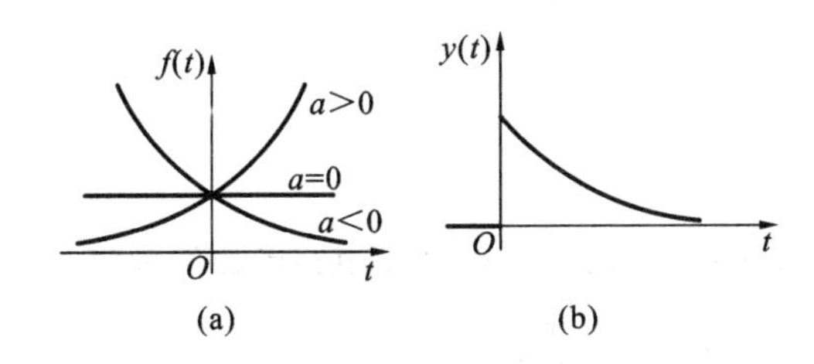

图 1.4-1　指数信号和单边指数衰减信号

(a)指数信号；(b)单边指数衰减信号

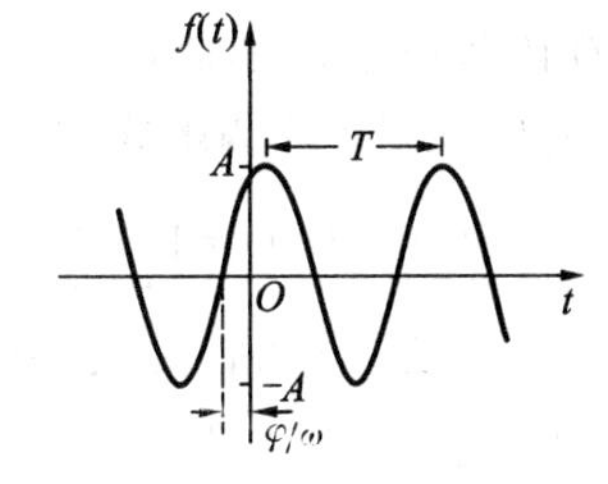

图 1.4-2　正弦函数

二、正弦信号

正弦信号和余弦信号二者正交，仅相位上有相差，经常统称为正弦函数，一般写为

$$f(t)=A\cos(\omega t+\varphi) \tag{1.4-2}$$

式中：A 为振幅；φ 为初相角；ω 为角频率。

正弦信号为周期信号，其周期 $T=\frac{2\pi}{\omega}$。波形图如图 1.4-2 所示。

三、复指数信号

当指数信号的指数因子为复数时，则称为复指数信号，其表达式为

$$f(t)=A\mathrm{e}^{st}$$

式中：$s=\sigma+\mathrm{j}\omega$，$\sigma$ 为复数 s 的实部，ω 为复数的虚部。

因此，

$$\mathrm{e}^{st}=\mathrm{e}^{(\sigma+\mathrm{j}\omega)t}=\mathrm{e}^{\sigma t}\mathrm{e}^{\mathrm{j}\omega t}=\mathrm{e}^{\sigma t}[\cos(\omega t)+\mathrm{j}\sin(\omega t)] \tag{1.4-3}$$

这里，频率变量 $\mathrm{j}\omega$ 被推广到复变量 $s=\sigma+\mathrm{j}\omega$，为此将变量 s 称为复频率。式(1.4-3)中一个复指数信号可分解为实部、虚部两部分。实部、虚部分别为振幅按指数规律变化的正弦信

号。若 $\sigma<0$，则复指数信号的实部、虚部为衰减正弦信号；若 $\sigma>0$，则复指数信号的实部、虚部为增幅正弦信号；若 $\sigma=0$，则为虚指数信号 $e^{j\omega t}$；若 $\omega=0$，则复指数信号称为一般的实指数信号；若 $\sigma=0,\omega=0$，则复指数信号的实部、虚部均与时间无关，成为直流信号。

由上述分析可知，函数 e^{st} 包含了一大类函数：常数 $A=Ae^{0t}(\sigma=0,\omega=0)$，如图 1.4-1(a) 所示；单调实指数函数 $e^{\sigma t}(\omega=0,s=\sigma)$；余弦函数 $\cos(\omega t)(\sigma=0,s=\pm j\omega)$，如图 1.4-2 所示；指数变化的余弦函数 $e^{\sigma t}\cos(\omega t)(s=\sigma\pm j\omega)$，如图 1.4-3(a)、(b)所示。

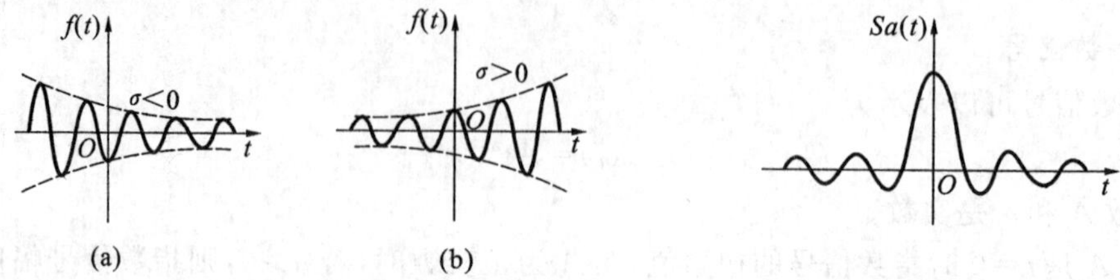

图 1.4-3　复指数信号　　图 1.4-4　抽样信号

四、抽样信号

抽样信号也称取样函数，用字符 $Sa(t)$ 表示，定义为

$$Sa(t)=\frac{\sin t}{t} \tag{1.4-4}$$

波形如图 1.4-4 所示。

抽样函数信号具有如下性质：

(1)是实变量 t 的偶函数，$f(t)=f(-t)$。

(2)$\lim\limits_{t\to 0}f(t)=f(0)=\lim\limits_{t\to 0}\frac{\sin t}{t}=1$。

(3)当 $t=\pm\pi,\pm 2\pi,\pm 3\pi,\cdots$，即 $t=\pm k\pi(k=\pm 1,\pm 2,\cdots)$时，$Sa(t)$函数值为零。

(4)$\int_{-\infty}^{+\infty}Sa(t)\mathrm{d}t=\int_{-\infty}^{+\infty}\frac{\sin t}{t}\mathrm{d}t=\pi$，$\int_{0}^{+\infty}Sa(t)\mathrm{d}t=\frac{\pi}{2}$。

(5)$\lim\limits_{t\to\pm\infty}f(t)=0$，在 t 的正、负两方向振幅都逐渐衰减。

五、单位阶跃信号

单位阶跃信号通常用符号 $u(t)$表示，定义为

$$u(t)=\begin{cases}1, & t>0\\ 0, & t<0\end{cases} \tag{1.4-5}$$

其波形如图 1.4-5 所示，单位阶跃信号 $u(t)$在 $t=0$ 处存在间断点，在此点 $u(t)$没有定义。

单位阶跃信号也可以延时任意时刻 t_0，以符号 $u(t-t_0)$表示，其波形如图 1.4-6 所示，对应表达式为

$$u(t-t_0)=\begin{cases}1, & t>t_0\\ 0, & t<t_0\end{cases} \tag{1.4-6}$$

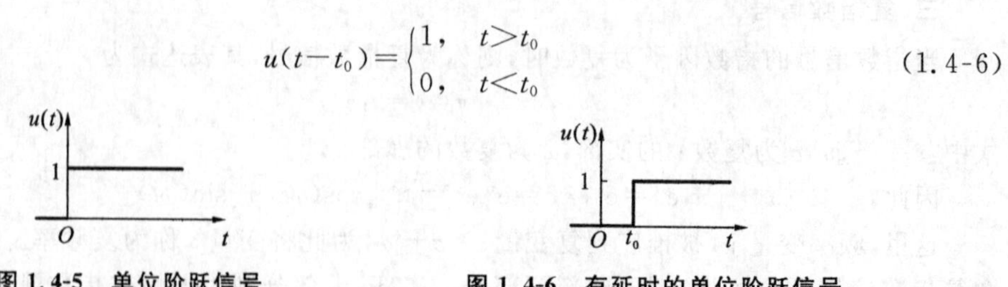

图 1.4-5　单位阶跃信号　　图 1.4-6　有延时的单位阶跃信号

单位阶跃信号 $u(t)$是一个应用特别简单的信号。在信号与系统分析中，使用单位阶跃信号是因为它可以用数学方式来描述实际物理系统中一个常见的现象：从一个状态到另一个状态的快速转换。例如，在 $t=0$ 时刻，合上开关接入直流电源。同时，它还是一个非常有用的测试信号，系统对阶跃输入信号的响应揭示了该系统对突然变化的输入信号的快速响应能力。

用单位阶跃信号可以起始任一信号。对于 $t=0$ 开始的信号（因果信号），利用 $u(t)$来描述非常方便。如果想让一个信号在 $t=0$（即 $t<0$，其值为零），只需要将该信号乘以 $u(t)$就可以实现。因此，阶跃信号能方便地表现出信号的单边特性。

例如，$f(t)=Ae^{-at}$是一个始于 $t=-\infty$的无始无终的指数信号，它的因果形式即单边指数衰减信号。

$$f_1(t)=\begin{cases}Ae^{-at}, & t\geqslant 0, a>0\\ 0, & t<0\end{cases}\tag{1.4-7}$$

也可表示为

$$f_1(t)=f(t)u(t)=Ae^{-at}u(t)\tag{1.4-8}$$

【例 1.4-1】 画出下列信号的波形：

(1) $f_1(t)=tu(t)$；

(2) $f_2(t)=tu(t-t_0)$；

(3) $f_3(t)=t[u(t-1)-u(t-2)]$。

解 (1)确定信号的起点从 $t=0$ 开始，波形如图 1.4-7(a)所示。

(2)确定信号的起点从 $t=t_0$ 开始，波形如图 1.4-7(b)所示。

(3)确定信号的区间从 $t=1$ 到 $t=2$，波形如图 1.4-7(c)所示。

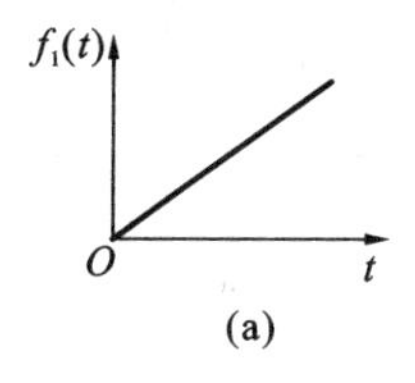

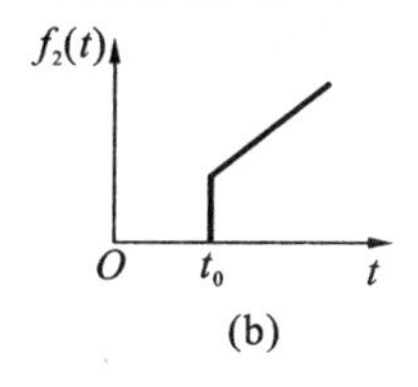

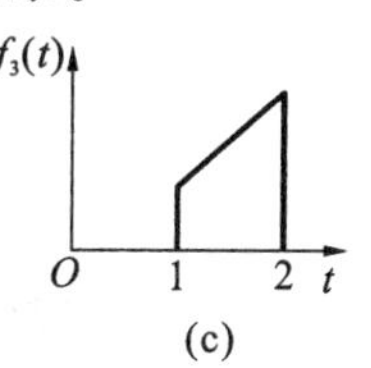

图 1.4-7　例 1.4-1 图

【例 1.4-2】 已知信号 $f(t)$的波形，写出封闭表达式。

$$f(t)=\begin{cases}\dfrac{1}{3}(t+2), & -2\leqslant t\leqslant 1\\ 0, & 其他\end{cases}$$

解 信号的波形如图 1.4-8 所示，其封闭表达式为

$$f(t)=\frac{1}{3}(t+2)[u(t+2)-u(t-1)]$$

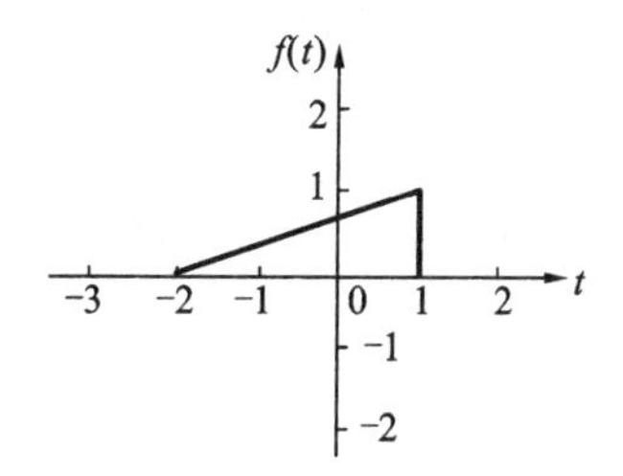

图 1.4-8　例 1.4-2 图

阶跃信号可以将分段函数表达式写成封闭式函数表达式。

六、单位冲激信号

1. 单位冲激信号的定义

$$\begin{cases}\displaystyle\int_{-\infty}^{+\infty}\delta(t)\,dt=1\\ \delta(t)=0, \quad t\neq 0\end{cases}\tag{1.4-9}$$

该定义式说明：函数值只在 $t=0$ 时不为零；单位冲激信号的面积为 1；$t=0$ 时，$\delta(t)\rightarrow +\infty$，为无界函数。

冲激信号用箭头表示，它具有强度，即冲激信号对时间的定积分值，在图中用括号注明，以与信号的幅值相区分，如图 1.4-9(a)所示。

延迟的单位冲激信号用符号 $\delta(t-t_0)$ 表示，定义为

$$\begin{cases}\delta(t-t_0)=0, \quad t\neq t_0 \\ \int_{-\infty}^{+\infty}\delta(t-t_0)\mathrm{d}t=1\end{cases} \tag{1.4-10}$$

其图形如图 1.4-9(b)所示。

单位冲激信号可以表示发生在比任何测量仪器的分辨率都短的时间间隔内的现象，例如，接在电池两端的电容电压的瞬间增加。电容电压是在短时间流过大电流产生的，电容电流可以用冲激函数模型表示。

下面用信号的参数趋于零的极限情况来描述单位冲激信号。将一个冲激信号想象为图 1.4-10 所示的一个具有单位面积的又高又窄的矩形脉冲 $S(t)$。这个矩形脉冲的宽度是 τ，一个非常小的值，即 $\tau\rightarrow 0$；它的高度是 $\frac{1}{\tau}$，一个非常大的值，即 $\frac{1}{\tau}\rightarrow +\infty$。因此，单位冲激信号可以看成宽度变成无穷小、高度变成无穷大，而总面积一直保持为 1 的一个矩形脉冲。极限情况就是冲激信号，定义如下：

$$\delta(t)=\lim_{\tau\rightarrow 0}\frac{1}{\tau}\left[u\left(t+\frac{\tau}{2}\right)-u\left(t+\frac{\tau}{2}\right)\right]$$

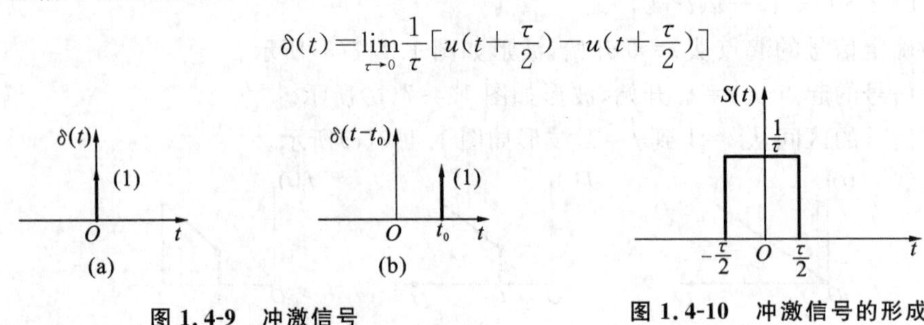

图 1.4-9　冲激信号

(a)单位冲激信号；(b)延时的单位冲激信号

图 1.4-10　冲激信号的形成

其他一些脉冲信号也可近似形成冲激信号，如指数脉冲、三角脉冲或高斯型脉冲等，只要取宽度趋于 0 的极限，都可认为是冲激信号。单位冲激信号的重要特点并不是它的形状，而是它的脉冲宽度趋近于零的同时，它的面积保持为 1。

从定义式(1.4-9)可得，$k\delta(t)=0(t\neq 0)$，它的面积是 k。因此，$k\delta(t)$ 是一个面积为 k 的冲激信号。

2. 单位冲激信号的性质

(1)筛选性(抽样性)：如果 $f(t)$ 在 $t=0$ 处连续，且处处有界，则有

$$f(t)\delta(t)=f(0)\delta(t) \tag{1.4-11}$$

式(1.4-11)表明：一个连续时间函数 $f(t)$ 与一个位于 $t=0$ 的单位冲激信号相乘，将产生一个冲激信号，该冲激信号发生在 $t=0$ 时刻，强度为 $f(0)$，即冲激出现处 $f(t)$ 的值。由式(1.4-11)得

$$\int_{-\infty}^{+\infty}f(t)\delta(t)\mathrm{d}t=f(0)\int_{-\infty}^{+\infty}\delta(t)\mathrm{d}t=f(0) \tag{1.4-12}$$

式(1.4-12)表明：一个函数与冲激信号 $\delta(t)$ 乘积下的面积，等于该函数在单位冲激信号所

在时刻的值。这个性质称为单位冲激信号的采样性质或筛选性质。对于移位情况

$$f(t)\delta(t-t_0)=f(t_0)\delta(t-t_0)$$

$$\int_{-\infty}^{+\infty}f(t)\delta(t-t_0)\mathrm{d}t=f(t_0)\int_{-\infty}^{+\infty}\delta(t-t_0)\mathrm{d}t=f(t_0) \tag{1.4-13}$$

式(1.4-13)只是采样性质或筛选性质的另一种形式。这种情况下，冲激 $\delta(t-t_0)$ 位于 $t=t_0$ 时刻，因此位于 $f(t)\delta(t-t_0)$ 下的面积是 $f(t_0)$，这就是冲激信号所在时刻 $t=t_0$ 时 $f(t)$ 的值。

(2)冲激函数与阶跃函数的关系：冲激函数的积分等于阶跃函数，阶跃函数的微分等于冲激函数。

证明　由冲激函数的定义式得

$$\int_{-\infty}^{t}\delta(\tau)\mathrm{d}\tau=1,\quad t>0$$

$$\int_{-\infty}^{t}\delta(\tau)\mathrm{d}\tau=0,\quad t<0$$

即

$$\int_{-\infty}^{t}\delta(\tau)\mathrm{d}\tau=\begin{cases}0, & t<0\\ 1, & t>0\end{cases}$$

反之，阶跃函数的微分等于冲激函数，即

$$\frac{\mathrm{d}u(t)}{\mathrm{d}t}=\delta(t)$$

(3)尺度变换特性。

$$\delta(at)=\frac{1}{|a|}\delta(t),\quad a\neq 0$$

(4)奇偶性质。

$$\delta(t)=\delta(-t)$$

即冲激函数信号 $\delta(t)$ 是偶函数。

【例 1.4-3】　计算下列各式的值：

(1) $(t^3+2t^2+4)\delta(t-2)$；

(2) $\mathrm{e}^{-4t}\delta(2t+2)$；

(3) $\int_{-\infty}^{+\infty}\sin t\delta(t-\frac{\pi}{4})\mathrm{d}t$；

(4) $\mathrm{e}^{-2t}u(t)\delta(t+1)$。

解　(1) $(t^3+2t^2+4)\delta(t-2)=(2^3+2\times 2^2+4)\delta(t-2)=20\delta(t-2)$。

(2) $\mathrm{e}^{-4t}\delta(2t+2)=\mathrm{e}^{-4t}\frac{1}{2}\delta(t+1)=\frac{1}{2}\mathrm{e}^{4}\delta(t+1)$。

(3) $\int_{-\infty}^{+\infty}\sin t\delta(t-\frac{\pi}{4})\mathrm{d}t=\sin(\frac{\pi}{4})=\frac{\sqrt{2}}{2}$。

(4) $\mathrm{e}^{-2t}u(t)\delta(t+1)=0$。

七、冲激偶信号

冲激信号的微分称为冲激偶信号，以 $\delta'(t)$ 表示。同样可以利用规则函数取极限的概念引

出 $\delta'(t)$。图 1.4-11(a)所示的三角形脉冲 $s(t)$，其底宽为 2τ，幅度为$\frac{1}{\tau}$。首先对 $s(t)$求一阶导数，其导数$\frac{\mathrm{d}s(t)}{\mathrm{d}t}$的波形如图 1.4-11(b)所示，它是正、负极性的两个矩形脉冲，称为脉冲偶对，其宽度都是 τ，幅度分别为$\pm\frac{1}{\tau^2}$，而面积则分别为$\pm\frac{1}{\tau}$。随着 τ 值逐渐减小，脉冲偶对宽度逐渐变窄，幅度逐渐变大。当 $\tau\to 0$ 时，$\frac{\mathrm{d}s(t)}{\mathrm{d}t}$变成正、负极性的两个冲激函数，其冲激强度均为无限大，这就形成了冲激偶信号 $\delta'(t)$，如图 1.4-11(c)所示。

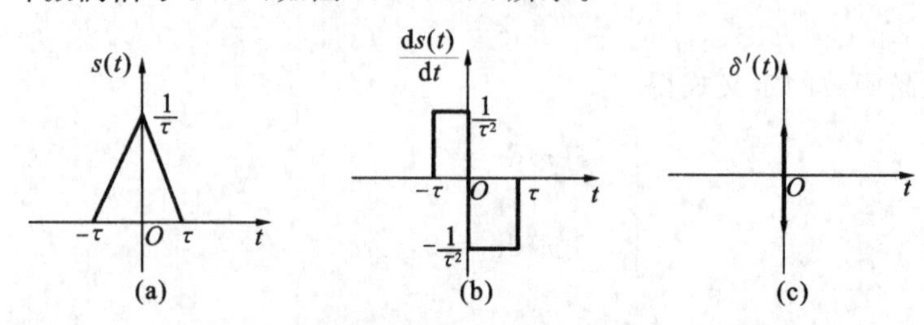

图 1.4-11　冲激偶的形成

冲激偶信号具有以下特性：

(1) $f(t)\delta'(t)=f(0)\delta'(t)-f'(0)\delta(t)$。

(2) $\int_{-\infty}^{+\infty} f(t)\delta'(t)\mathrm{d}t=-f'(0)$。

这里 $f'(t)$在 $t=0$ 点连续，$f'(0)$为 $f(t)$的导数在零点的取值。

(3) $\delta'(-t)=-\delta'(t)$，即冲激偶信号是奇函数。

(4) $\int_{-\infty}^{+\infty}\delta'(t)\mathrm{d}t=0$。

八、单位斜坡信号

单位斜坡信号用符号 $r(t)$表示，定义为

$$r(t)=\begin{cases}t, & t\geqslant 0\\ 0, & t<0\end{cases}$$

单位斜坡信号如图 1.4-12 所示。

单位斜坡函数用来描述在某一时刻接通后按线性变化或保持线性变化直到在某一时刻切断为止的这类信号。

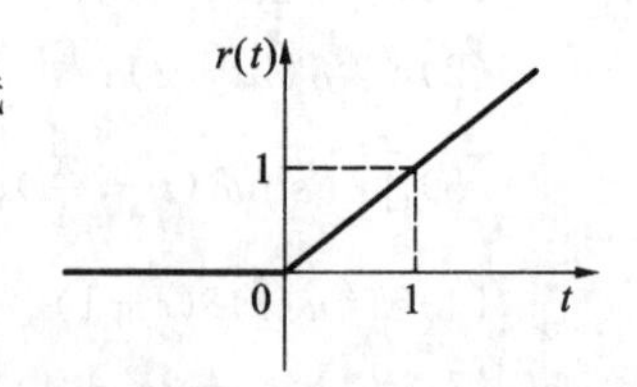

图 1.4-12　单位斜坡信号

单位斜坡函数与单位阶跃信号和单位冲激函数有如下关系：

$$r(t)=\int_{-\infty}^{t}u(\tau)\mathrm{d}\tau,\qquad r(t)=\int_{-\infty}^{t}\int_{-\infty}^{\tau}\delta(\xi)\mathrm{d}\xi\mathrm{d}\tau$$

$$\frac{\mathrm{d}r(t)}{\mathrm{d}t}=u(t),\qquad \frac{\mathrm{d}^2 r(t)}{\mathrm{d}t^2}=\delta(t)$$

【例 1.4-4】 已知 $f(t)$的波形如图 1.4-13(a)所示，试求 $f'(t)$，并画出其波形。

解　由图 1.4-13(a)可知，$f(t)=t[u(t)-u(t-1)]$

所以

$$\begin{aligned}f'(t)&=[u(t)-u(t-1)]+t[\delta(t)-\delta(t-1)]\\&=[u(t)-u(t-1)]-\delta(t-1)\end{aligned}$$

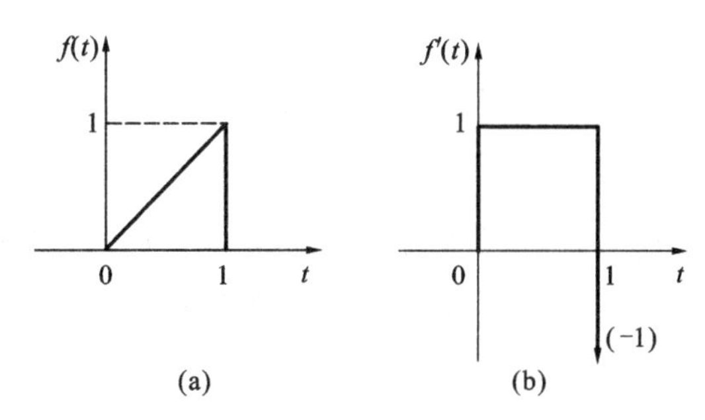

图 1.4-13　例 1.4-4 图

由于 $f(t)$ 在 $t=1$ 处有一跳变点，跳变量为 -1（从 $1\rightarrow 0$），则在 $t=1$ 处出现一冲激函数，其冲激强度为 -1。$f'(t)$ 的波形如图 1.4-13(b) 所示。

由上例可知，引入了冲激函数的概念，不仅连续函数可以微分，而且具有跳变点的函数也存在微分，它们在跳变点处的导数是一个冲激函数，其冲激强度为原函数在该处的跳变量，而它们在连续区间的导数即为常规意义上的导数。

【例 1.4-5】 已知 $f(t)$ 的波形如图 1.4-14(a) 所示，试求 $f^{(-1)}(t)=\int_{-\infty}^{t}f(\tau)\mathrm{d}\tau$，并画出其波形。

解　由于积分上限 t 是变量，它可以从 $-\infty$ 变化到 $+\infty$，并且当 t 取不同的值时，积分值也将不同，因此，可分如下几个区间求解。

(1) 当 $t<0$ 时，$f^{(-1)}(t)=0$。

(2) 当 $0\leqslant t\leqslant 1$ 时，$f^{(-1)}(t)=\int_{0}^{t}2\mathrm{d}\tau=2t$。

(3) 当 $t>1$ 时，$f^{(-1)}(t)=\int_{0}^{1}2\mathrm{d}\tau=2$。

所以

$$f^{(-1)}(t)=\begin{cases}0, & t<0\\ 2t, & 0\leqslant t\leqslant 1\\ 2, & t>1\end{cases}$$
$$=2t[u(t)-u(t-1)]+2u(t-1)$$

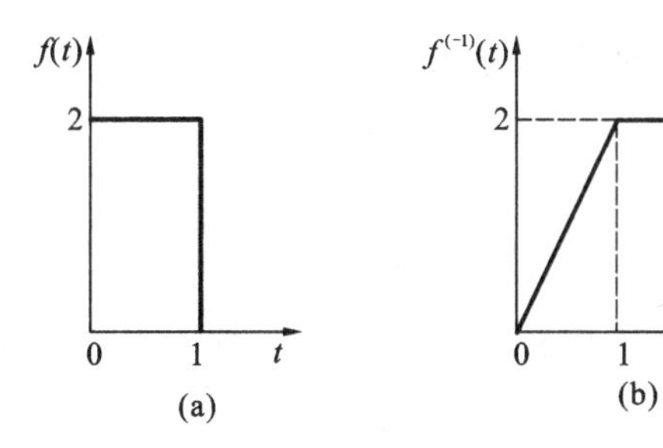

图 1.4-14　例 1.4-5 图

1.4.2　典型离散时间信号

一、单位阶跃序列

离散时间的单位阶跃序列的定义为

$$u(n)=\begin{cases}1, & n\geqslant 0\\ 0, & n<0\end{cases} \tag{1.4-14}$$

其波形如图 1.4-15 所示。

显然，单位阶跃序列 $u(n)$ 与单位阶跃信号 $u(t)$ 是相对应的，但它们之间有明显的区别，$u(n)$ 在 $n=0$ 点处的定义值为 1，而 $u(t)$ 在 $t=0$ 处是不连续的。

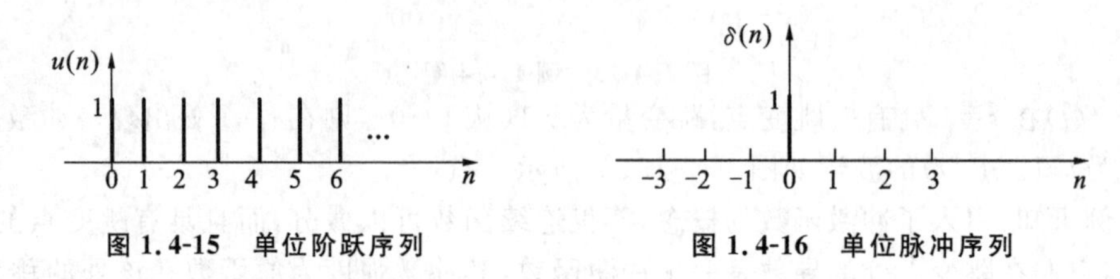

图 1.4-15　单位阶跃序列　　图 1.4-16　单位脉冲序列

二、单位脉冲序列

离散时间的单位脉冲序列的定义为

$$\delta(n)=\begin{cases}1, & n=0\\ 0, & n\neq 0\end{cases} \tag{1.4-15}$$

其波形如图 1.4-16 所示。它在离散时间系统中的作用，类似于连续时间系统中单位冲激函数 $\delta(t)$。但是必须注意，$\delta(t)$ 是 $t=0$ 时脉宽趋于 0，幅值趋于无限大而面积恒为 1 的信号，是极限意义而非现实意义上的信号；而 $\delta(n)$ 是一个现实的序列，其幅度有限，而且只在瞬时 $n=0$ 处值为 1。

单位脉冲序列只有在 $n=0$ 处，$\delta(n)$ 才等于 1，其余各点均为零，与连续时间单位冲激信号类似，故

$$f(n)\delta(n)=f(0)\delta(n) \tag{1.4-16}$$

$$f(n)\delta(n-m)=f(m)\delta(n-m) \tag{1.4-17}$$

单位阶跃序列与单位脉冲序列之间的关系为

$$\delta(n)=u(n)-u(n-1) \tag{1.4-18}$$

$$u(n)=\sum_{i=0}^{+\infty}\delta(n-i) \tag{1.4-19}$$

可见，$\delta(n)$ 为 $u(n)$ 的一阶后向差分，若令 $n-i=m$，代入式(1.4-19)得到

$$u(n)=\sum_{m=-\infty}^{n}\delta(m) \tag{1.4-20}$$

三、正弦序列

正弦序列的一般形式为

$$f(n)=A\sin(\omega n+\varphi) \tag{1.4-21}$$

式中：A 为正弦序列的振幅；ω 为正弦序列的数字频率；φ 为正弦序列的初相角。

下面以 $f(n)=A\sin(\frac{\pi}{6}n)$ 为例，其波形如图 1.4-17 所示。

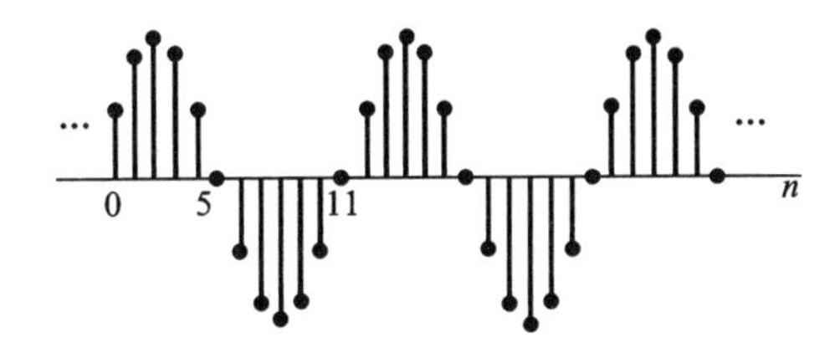

图 1.4-17 正弦序列

四、实指数序列

$$f(n)=Aa^{sn} \tag{1.4-22}$$

式中：A 和 s 均为实数。

当 $a>1$ 时，$f(n)$ 随 n 单调指数增长；

当 $0<a<1$ 时，$f(n)$ 随 n 单调指数衰减；

当 $a<-1$ 时，$f(n)$ 的绝对值随 n 指数增长，且序列的符号正、负交替变化；

当 $-1<a<0$ 时，$f(n)$ 的绝对值随 n 指数衰减，且序列的符号正、负交替变化；

当 $a=1$ 时，$f(n)$ 为常数序列；

当 $a=-1$ 时，$f(n)$ 为常数序列，且符号正、负交替变化。

波形如图 1.4-18 所示。

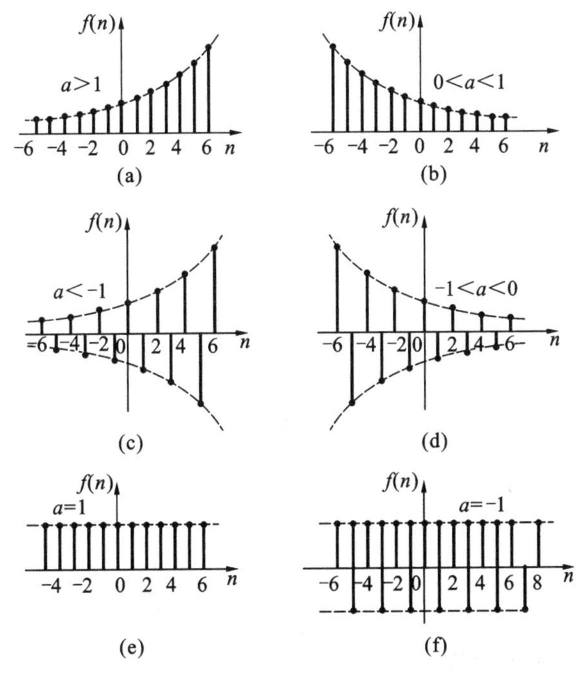

图 1.4-18 实指数序列

五、虚指数序列

虚指数序列的一般形式为

$$f(n)=\mathrm{e}^{\mathrm{j}\omega n}=\cos(\omega n)+\mathrm{j}\sin(\omega n) \tag{1.4-23}$$

可见，$\mathrm{e}^{\mathrm{j}\omega n}$的实部和虚部均为正弦序列，只有其实部和虚部同时为周期序列时，才为周期序列。

六、复指数序列

当序列取复数值时，称为复序列，它的每一个序列值都可以是复数，具有实部和虚部。

设 $A=|A|\mathrm{e}^{\mathrm{j}\varphi}$，$s=\alpha+\mathrm{j}\omega$，并令 $\mathrm{e}^{\alpha}=\beta$，则有：

$$\begin{aligned}f(n)=A\mathrm{e}^{sn}&=|A|\mathrm{e}^{\mathrm{j}\varphi}\mathrm{e}^{(\alpha+\mathrm{j}\omega)n}=|A|\mathrm{e}^{\alpha n}\mathrm{e}^{\mathrm{j}(\omega n+\varphi)}=|A|\beta^{n}\mathrm{j}^{(\omega n+\varphi)}\\&=|A|\beta^{n}[\cos(\omega n+\varphi)+\mathrm{j}\sin(\omega n+\varphi)]\end{aligned}$$

可见，$f(n)$的幅值是按指数规律变化的，实部和虚部是正弦序列。

当$\beta>1$时，$f(n)$的实部和虚部均为随n按指数增长规律变化的正弦序列。

当$\beta<1$时，$f(n)$的实部和虚部均为随n按指数衰减规律变化的正弦序列。

当$\beta=1$时，$f(n)$的实部和虚部均为正弦序列。

其波形如图 1.4-19 所示。

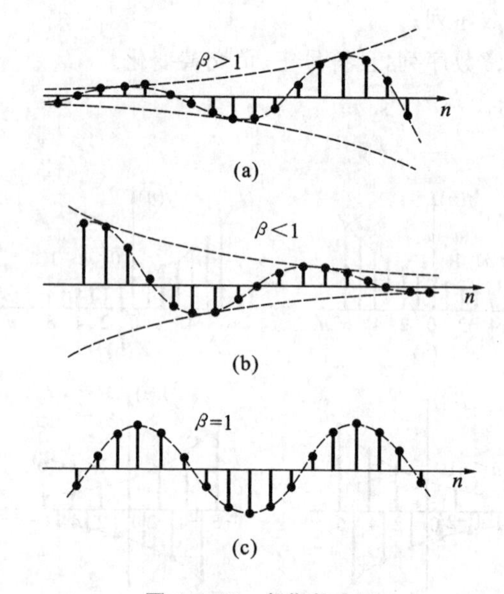

图 1.4-19 复指数序列

七、单位矩形序列

单位矩形序列用$R_N(n)$表示，定义为

$$R_N(n)=\begin{cases}1, & 0\leqslant n\leqslant N-1\\0, & n<0,n\geqslant N\end{cases} \tag{1.4-24}$$

式中：N 称为单位矩形序列的长度。

波形如图 1.4-20 所示，单位矩形序列可用单位阶跃序列表示为

$$R_N(n)=u(n)-u(n-N) \tag{1.4-25}$$

八、斜变序列

斜变序列是包络为线性变化的序列，其波形如图 1.4-21 所示。斜变序列可表示为

$$x(n)=nu(n) \tag{1.4-26}$$

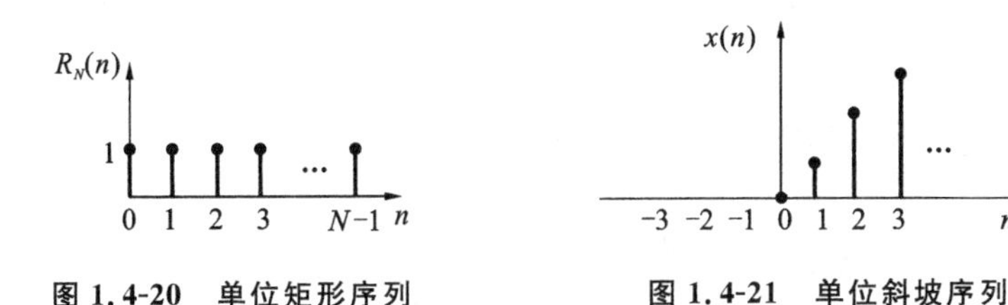

图 1.4-20　单位矩形序列　　图 1.4-21　单位斜坡序列

1.5　系统的描述

要分析一个系统，首先要建立描述该系统基本特性的数学模型，然后用数学方法（或计算机仿真等）求出它的解答，并对所得结果赋予实际含义。按数学模型的不同，系统可分为即时系统与动态系统、连续系统与离散系统、线性系统与非线性系统、时变系统与时不变系统，等等。

如果系统在任意时刻的响应（输出信号）仅取决于该时刻的激励（输入信号），而与它过去的状况无关，就称其为即时系统（或无记忆系统）。全部由无记忆元件（如电阻）组成的系统是即时系统，即时系统用代数方程描述。如果系统在任意时刻的响应不仅与该时刻的激励有关，而且与它过去的状况有关，就称为动态系统（或记忆系统）。含有记忆元件（如电感、电容、寄存器等）的系统是动态系统。本书主要讨论动态系统。

1.5.1　系统数学模型的建立

当系统的激励是连续信号时，若其响应也是连续信号，则称其为连续系统。当系统的激励是离散信号时，若其响应也是离散信号，则称为离散系统。连续系统与离散系统常组合起来使用，称为混合系统。

描述连续系统的数学模型是微分方程，而描述离散系统的数学模型是差分方程。

微分方程是自动控制系统数学模型的基本形式，传递函数、结构图都可由它演化而来。用分析法列写系统或元件的微分方程的一般步骤是：

(1)根据元件的工作原理及其在控制系统中的作用，确定其输入量和输出量；

(2)分析元件工作中所遵循的物理规律或化学规律，列写相应的微分方程；

(3)消去中间变量，得到输出量与输入量之间关系的微分方程，便是元件时域的数学模型。一般情况下，应将微分方程写为标准形式，即与输入量有关的项写在方程的右端，与输出量有关的项写在方程的左端，方程两端变量的导数项均按降幂排列。

【例 1.5-1】　列写图 1.5-1 所示的 RLC 串联电路的微分方程。

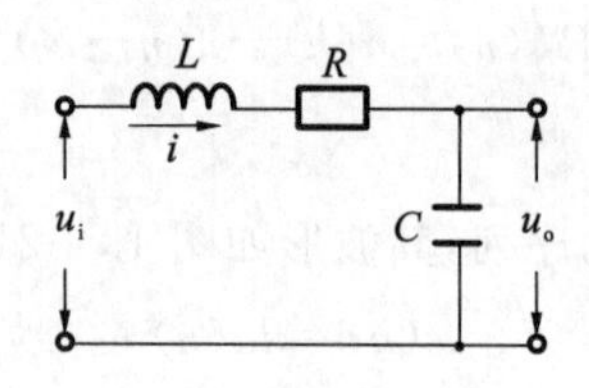

图 1.5-1　例 1.5-1 图

解　(1)确定电路的输入量和输出量。$u_i(t)$为输入量，$u_o(t)$为输出量。

(2)依据电路所遵循的电学基本定律列微分方程。设回路电流为 $i(t)$，依基尔霍夫定律，则有

$$Ri(t)+L\frac{di(t)}{dt}+\frac{1}{C}\int i(t)dt=u_i(t) \tag{1.5-1}$$

$$u_o(t)=\frac{1}{C}\int i(t)dt \tag{1.5-2}$$

(3)消去中间变量，得到 $u_i(t)$和 $u_o(t)$关系的微分方程。

可以看出，要得到输入、输出关系的微分方程，得消去中间变量 $i(t)$，由式(1.5-2)得 $i(t)=C\frac{du_o(t)}{dt}$，代入式(1.5-1)，经整理后可得输入、输出关系为

$$\frac{d^2u_o(t)}{dt^2}+\frac{R}{L}\frac{du_o(t)}{dt}+\frac{1}{LC}u_o(t)=\frac{1}{LC}u_i(t) \tag{1.5-3}$$

这是一个线性常系数二阶微分方程，它就是图 1.5-1 所示的数学模型。

【例 1.5-2】　设有一个由弹簧、物体、阻尼器组成的机械系统。其原理图如图 1.5-2 所示。试列出系统输入、输出关系的微分方程。其中，K 是弹簧的弹性系数，m 是物体的质量，f 是阻尼器黏性摩擦系数。

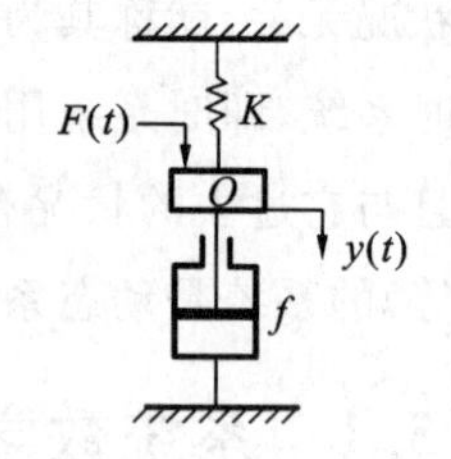

图 1.5-2　例 1.5-2 图

解　(1)确定输入、输出量：外力作用 $F(t)$为输入量，物体的位移 $y(t)$为输出量。

(2)写出原始的微分方程：在机械平移系统中，应遵循牛顿第二定律，即

$$ma=\sum F \tag{1.5-4}$$

式中：a 为物体运动的加速度，$a=\frac{d^2y}{dt^2}$；$\sum F$ 为所有作用于物体上作用力的总和。

根据对物体的受力分析得

$$\sum F=F-F_B-F_K$$

式中：F_B 为阻尼器的黏性摩擦力，它与物体的移动速度成正比，即 $F_B=f\frac{dy}{dt}$；F_K 为弹簧的弹力，它与物体的位移成正比，即 $F_K=Ky$。

将以上各式代入式(1.5-4)两端，得

$$m\frac{d^2y}{dt^2}=F-f\frac{dy}{dt}-Ky$$

整理得

$$\frac{\mathrm{d}^2 y}{\mathrm{d}t^2}+\frac{f}{m}\frac{\mathrm{d}y}{\mathrm{d}t}+\frac{K}{m}y=\frac{F}{m} \tag{1.5-5}$$

这也是一个线性常系数二阶微分方程。与上例相比，前面的一例是电系统，后面的一例是机械位移系统，两个不相同的物理系统却具有相同形式的微分方程，即有相同形式的数学模型。由于微分方程是描述系统动态特性的方程，只要运动特性一样，则其数学模型完全一样，即数学模型与系统不是一一对应的。我们把具有相同数学模型的不同系统称为相似系统，对应相同位置的物理量称为相似量。图 1.5-1 和图 1.5-2 所示的两个系统是相似系统，式(1.5-3)中的变量 u_o 及参数 LC、RC 与式(1.5-5)中的变量 y 及参数 m、f 是对应的相似量。

由以上数例可见，虽然系统的具体内容各不相同，但描述各系统的数学模型都是微分方程，因此在系统分析中，常抽去具体系统的物理含义，而将其作为一般意义下的系统来研究，以便于揭示系统共有的一般特性。

如果描述连续系统输入、输出关系的数学模型是 n 阶微分方程，就称这个系统为 n 阶连续系统，其 n 阶线性常系数微分方程写成一般形式有

$$\sum_{i=0}^{n} a_i y^{(i)}(t) = \sum_{j=0}^{m} b_j f^{(j)}(t) \tag{1.5-6}$$

式中：$a_i(i=0,1,2,\cdots,n)$ 和 $b_j(j=0,1,2,\cdots,m)$ 均为常数，$a_n=1$。

设某地区在第 k 年的人口为 $y(k)$，人口的正常出生率和死亡率分别为 a 和 b，而第 k 年从外地迁入的人口为 $f(k)$，那么该地区第 k 年的人口总数为

$$y(k)=y(k-1)+ay(k-1)-by(k-1)+f(k)$$

或

$$y(k)-(1+a-b)y(k-1)=f(k)$$

这是一阶差分方程。为求得上述方程的解，除系数 a、b 和 $f(k)$ 外，还需要已知起始年($k=0$)该地区的人口数 $y(0)$，它称为初始条件。

某人向银行贷款 M 元，月利率为 β，他定期于每月初还款，设第 k 月初还款 $f(k)$ 元。若令第 k 年尚未还清的钱款数为 $y(k)$ 元，则有 $y(k)=(1+\beta)y(k-1)-f(k)$，若设开始还款月份为 $k=0$，则有 $y(-1)=M$；如以借款月份为 $k=0$，则 $y(0)=M$，但 $f(0)=0$。

由以上数例可见，虽然系统的内容各不相同，但描述这些离散系统的数学模型都是差分方程，因而也能用相同的数学方法来分析。

与连续系统类似，n 阶差分方程描述的离散系统称为 n 阶系统，n 阶线性常系数差分方程有形式

$$\sum_{i=0}^{N} a_i y(k-i) = \sum_{j=0}^{M} b_j f(k-j) \tag{1.5-7}$$

式中：$a_i(i=0,1,2,\cdots,N)$ 和 $b_j(j=0,1,2,\cdots,M)$ 均为常数，且 $a_0=1$。

1.5.2　系统的框图描述

连续和离散系统除用数学方程描述外，还可用框图表示系统的激励与响应之间的数学运算关系。一个方框(或其他形状)可以表示一个具有某种功能的部件，也可表示一个子系统。每个方框内部的具体结构并非考察重点，而只注重其输入、输出之间的关系。因而在用框图描述的系统中，各单元在系统中的作用和地位可以一目了然。

表示系统功能的常用基本单元有：积分器(用于连续系统)或迟延单元(用于离散系统)以及加法器和数乘器(标量乘法器)，对于连续系统，有时还需用延迟时间为 T 的延时器。它们的表示符号如图 1.5-3 所示。图中表示出各单元的激励 $f(\cdot)$ 与其响应 $y(\cdot)$ 之间的运算关

系(图中箭头表示信号的传输方向)。

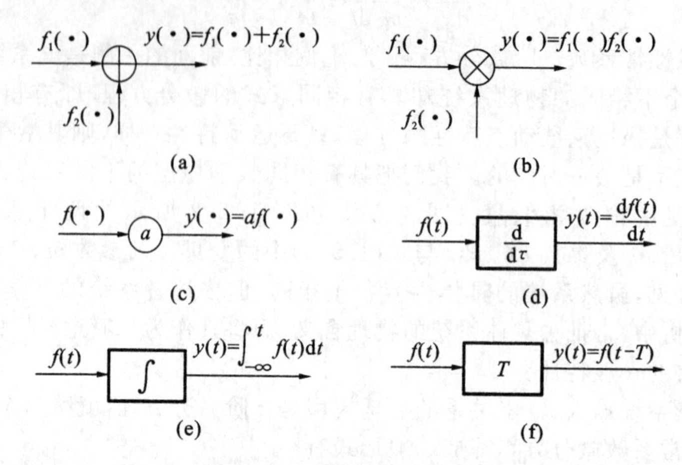

图 1.5-3　框图的基本单元

(a)加法器;(b)乘法器;(c)标量乘法器;(d)微分器;(e)积分器;(f)延时器

【例 1.5-3】 某连续系统的框图如图 1.5-4 所示,写出该系统的微分方程。

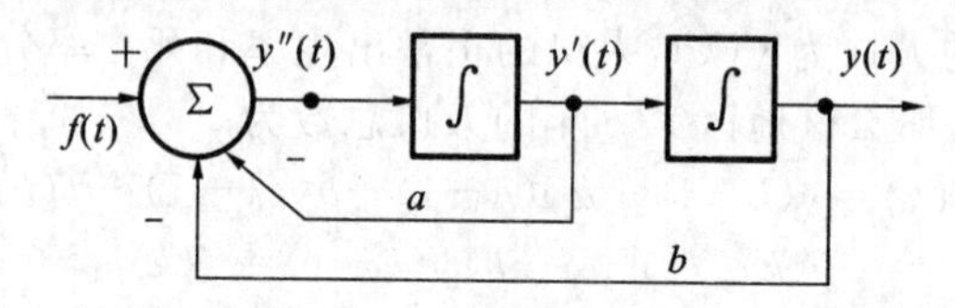

图 1.5-4　例 1.5-3 图

解　系统框图中有两个积分器,故描述该系统的是二阶微分方程。由于积分器的输出是其输入信号的积分,因而积分器的输入信号是其输出信号的一阶导数。图 1.5-4 中设右方积分器的输出信号为 $y(t)$,则其输入信号为 $y'(t)$,左边积分器的输入信号为 $y''(t)$。

由加法器的输出得

$$y''(t)=-ay'(t)-by(t)+f(t)$$

整理得

$$y''(t)+ay'(t)+by(t)=f(t) \tag{1.5-8}$$

【例 1.5-4】 某连续系统的框图如图 1.5-5 所示,写出该系统的微分方程。

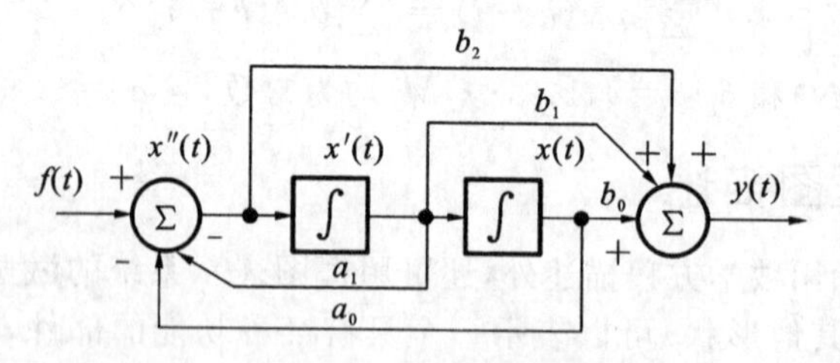

图 1.5-5　例 1.5-4 图

解　图 1.5-5 所示的系统有两个积分器,因而仍为二阶系统。与前例不同的是系统的响应 $y(t)$ 并不是右端积分器的输出信号。设右边积分器的输出为 $x(t)$,那么各积分器的输入分别为 $x'(t)$、$x''(t)$。

左边加法器的输出为

$$x''(t)=-a_1x'(t)-a_0x(t)+f(t)$$

即

$$x''(t)+a_1x'(t)+a_0x(t)=f(t) \tag{1.5-9}$$

右边加法器的输出为

$$y(t)=b_2x''(t)+b_1x'(t)+b_0x(t) \tag{1.5-10}$$

为求得表达响应 $y(t)$ 与激励 $f(t)$ 之间关系的方程，应从式(1.5-9)、式(1.5-10)中消去中间变量 $x(t)$ 及其导数。由式(1.5-10)可知，响应 $y(t)$ 是 $x(t)$ 及其各阶导数的线性组合，因而以 $y(t)$ 为未知变量的微分方程左端的系数应与式(1.5-9)的相同。由式(1.5-10)可得

$$a_0y=b_2(a_0x'')+b_1(a_0x')+b_0(a_0x)$$

$$a_1y'=b_2(a_1x'')'+b_1(a_1x')'+b_0(a_1x)'$$

$$y''=b_2(x'')''+b_1(x')''+b_0(x)''$$

将以上三式相加，得

$$y''+a_1y'+a_0y=b_2(x''+a_1x'+a_0x)''+b_1(x''+a_1x'+a_0x)'+b_0(x''+a_1x'+a_0x)$$

考虑到式(1.5-9)，上式右端等于 $b_2f''+b_1f'+b_0f$，故得

$$y''(t)+a_1y'(t)+a_0y(t)=b_2f''(t)+b_1f'(t)+b_0f(t)$$

【例1.5-5】 某离散系统的框图如图1.5-6所示，写出该系统的差分方程。

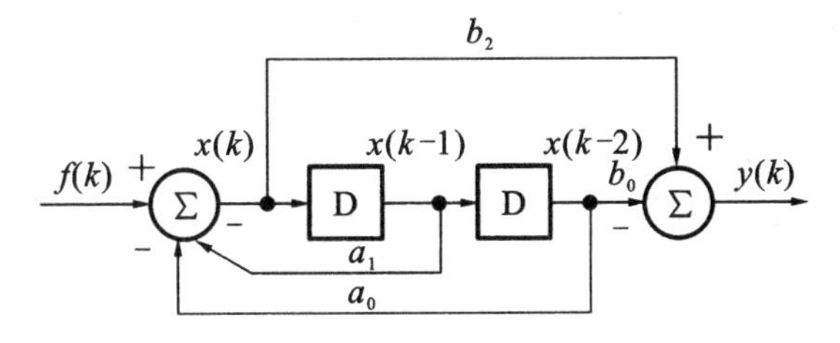

图1.5-6　例1.5-5图

解　系统框图1.5-6中有两个迟延单元，因而该系统是二阶系统。设左方延迟单元的输入为 $x(k)$，那么各迟延单元的输出分别为 $x(k-1)$、$x(k-2)$。

左边加法器的输出为

$$x(k)=-a_1x(k-1)-a_0x(k-2)+f(k)$$

即

$$x(k)+a_1x(k-1)+a_0x(k-2)=f(k) \tag{1.5-11}$$

右方加法器的输出为

$$y(k)=b_2x(k)-b_0x(k-2) \tag{1.5-12}$$

为消去中间变量 $x(k)$ 及其移位项，由式(1.5-12)可得

$$\left.\begin{aligned}a_1y(k-1)=b_2a_1x(k-1)-b_0a_1x(k-3)\\a_0y(k-2)=b_2a_0x(k-2)-b_0a_0x(k-4)\end{aligned}\right\} \tag{1.5-13}$$

将式(1.5-12)和式(1.5-13)相加，得

$$\begin{aligned}&y(k)+a_1y(k-1)+a_0y(k-2)\\&=b_2[x(k)+a_1x(k-1)+a_0x(k-2)]-b_0[x(k-2)+a_1x(k-3)+a_0x(k-4)]\end{aligned}$$

考虑到式(1.5-11)及其延迟项，可得

$$y(k)+a_1y(k-1)+a_0y(k-2)=b_2f(k)-b_0f(k-2)$$

由以上数例可见，如已知描述系统的框图，列写其微分方程或差分方程的一般步骤是：

(1)选中间变量 $x(\cdot)$。对于连续系统，设其最右端积分器的输出为 $x(t)$；对于离散系统，设其最左端迟延单元的输入为 $x(k)$。

(2)写出各加法器输出信号的方程。

(3)消去中间变量 $x(\cdot)$。

1.6 系统的特性

连续的或离散的动态系统，按其基本特性可分为：线性的与非线性的、时变的与时不变的、因果的与非因果的、稳定的与不稳定的，等等。

一、线性

假设 $f(\cdot)$是系统的输入（或激励），$y(\cdot)$是相应的输出（或响应），则系统的激励与响应之间的关系可简记为

$$y(\cdot)=T[f(\cdot)] \tag{1.6-1}$$

式中：T 是算子，它的意思是 $f(\cdot)$经过算子 T 所规定的运算，得到 $y(\cdot)$。

它可以理解为，激励 $f(\cdot)$作用于系统所引起的响应为 $y(\cdot)$。

线性系统是指具有线性特性的系统，不具有线性特性的系统称为非线性系统。线性特性包括两个方面：齐次性和可加性。

齐次性是指：对任意实数和虚数 k，当输入（激励）变为原来的 k 倍时，输出（响应）也相应地变为原来的 k 倍（k 为常数）。

对任意实数或虚数 k，有

$$T[kf(\cdot)]=kT[f(\cdot)]$$

可加性是指：当有几个输入（激励）同时作用于一个系统时，系统的总输出（响应）等于各个输入（激励）分别单独作用于系统所产生的输出（响应）分量的总和，即

$$T[f_1(\cdot)+f_2(\cdot)]=T[f_1(\cdot)]T[f_2(\cdot)] \tag{1.6-2}$$

将齐次性和可加性两个性质合并为一个性质，即线性特性可表示为

$$T[k_1f_1(\cdot)+k_2f_2(\cdot)]=k_1T[f_1(\cdot)]+k_2T[f_2(\cdot)] \tag{1.6-3}$$

式中：k_1、k_2 为任意常数。

此结论表明，两个输入线性组合共同作用于系统所产生的响应，等于两个输入单独作用于系统产生的响应的线性组合。

动态系统的响应不仅取决于系统的激励 $f(\cdot)$，而且与系统的初始状态有关。为了简便，可以认为动态系统在 $t\geqslant0$ 的输出是两个输入独立作用于系统的结果：一个输入是系统在 $t=0$ 的初始条件 $x(0)$，另一个输入是 $t\geqslant0$ 的输入 $f(\cdot)$，则系统的完全响应可写为

$$y(t)=T[\{x(0)\},\{f(\cdot)\}]$$

如果一个动态系统是线性的，输出就是由这两个输入单独作用于系统产生的两个分量之和：一个分量是在 $t\geqslant0$ 时，输入 $f(t)=0$，仅由 $t=0$ 的初始条件产生的零输入响应分量，记为

$$y_{zi}(t)=T[\{x(0)\},\{0\}]$$

另一个分量是当初始条件（在 $t=0$ 时刻）假定为零时，仅由 $t\geqslant0$ 时的输入 $f(t)$产生的零

状态响应分量，记为

$$y_{zs}(t)=T[\{0\},\{f(\cdot)\}]$$

所以，一个线性系统的响应 $y(t)$ 可表示成零输入响应 $y_{zi}(t)$ 和零状态响应 $y_{zs}(t)$，即

$$y(t)=y_{zi}(t)+y_{zs}(t)$$

将一个输出分解为由初始条件和输入，分别作用于系统产生的零输入响应和零状态响应两个分量之和，这个线性系统的性质称为分解特性。

线性系统除了满足分解特性，还要求在所有可能的输入条件下，即对于零输入和零状态的每一个分量来说，都必须呈现线性。当输入 $f(t)=0$ 时，对每个不同的初始状态，零输入响应 $y_{zi}(t)$ 呈现线性，称为零输入线性。同样，当初始状态为零时，对每个不同的输入，零状态响应 $y_{zs}(t)$ 呈现线性，称为零状态线性。例如，如果将初始条件增加 k 倍，零状态响应也必定增加 k 倍。

一个系统如果同时满足分解特性、零输入线性和零状态线性三个条件，则称为线性系统。不能同时满足这三个条件的系统称为非线性系统。

【例 1.6-1】 证明：由方程 $\dfrac{dy(t)}{dt}+2y(t)=f(t)$ 表示的系统为线性系统。

证明 令系统对输入 $f_1(t)$ 和 $f_2(t)$ 的响应分别为 $y_1(t)$ 和 $y_2(t)$，那么

$$\frac{dy_1(t)}{dt}+2y_1(t)=f_1(t),\quad \frac{dy_2(t)}{dt}+2y_2(t)=f_2(t)$$

现将第一个方程乘以 k_1，第二个方程乘以 k_2，然后将它们相加得到

$$\frac{d}{dt}[k_1y_1(t)+k_2y_2(t)]+2[k_1y_1(t)+k_2y_2(t)]=k_1f_1(t)+k_2f_2(t)$$

即

$$f(t)=k_1f_1(t)+k_2f_2(t),\quad y(t)=k_1y_1(t)+k_2y_2(t)$$

因此，当输入是 $k_1f_1(t)+k_2f_2(t)$ 时，系统响应是 $k_1y_1(t)+k_2y_2(t)$，具有线性特性，所以系统 $\dfrac{dy(t)}{dt}+2y(t)=f(t)$ 是线性的。

【例 1.6-2】 已知系统的输入、输出表达式如下，其中 $f(t)$ 为系统的输入，$y(0)$ 为初始状态，试判断系统是否线性。

(1) $y(t)=ay(0)+b\dfrac{df(t)}{dt}$；

(2) $y(t)=2y(0)f(t)+tf(t)$。

解 (1) $y_{zi}(t)=ay(0),\quad y_{zs}(t)=b\dfrac{df(t)}{dt}$。

$y(t)=y_{zi}(t)+y_{zs}(t)$ 满足分解特性，下面分析零状态响应 $y_{zs}(t)=b\dfrac{df(t)}{dt}$ 是否具有线性。

设 $f(t)=k_1f_1(t)+k_2f_2(t)$，则

$$y_{zs}(t)=b\frac{d[k_1f_1(t)+k_2f_2(t)]}{dt}=bk_1\frac{df_1(t)}{dt}+bk_2\frac{df_2(t)}{dt}=k_1y_{zs1}(t)+k_2y_{zs2}(t)$$

所以零状态响应也具有线性特性。

同理，零输入响应 $y_{zi}(t)=ay(0)$ 具有线性特性，所以该系统是线性系统。

(2) $y_{zi}(t)=0,\quad y_{zs}(t)=tf(t)$。

$y(t)\neq y_{zi}(t)+y_{zs}(t)$不满足分解特性，所以该系统是非线性系统。

二、时不变性

如果系统的参数都是常数，它们不随时间变化而变化，则称该系统为时不变（或非时变）系统或常参量系统；否则，称为时变系统。线性系统可以是时不变的，也可以是时变的。描述线性时不变（LTI）系统的数学模型是常系数线性微分（或差分）方程，而描述线性时变系统的数学模型是变系数线性微分（或差分）方程。

对于时不变系统，零状态响应与激励 $f(\cdot)$施加于系统的时刻无关。就连续系统而言，激励延迟一段时间 t_0，零状态响应也同样延迟 t_0，响应的波形整体位移而形状不变，这两个条件都满足的系统才是时不变系统。写成数学表达式，若 $f(t)\rightarrow y_{zs}(t)$，有 $f(t-t_0)\rightarrow y_{zs}(t-t_0)$，零状态响应只作自变量改变，无需重新计算。这种性质称为时不变特性，示意性说明如图 1.6-1 所示。

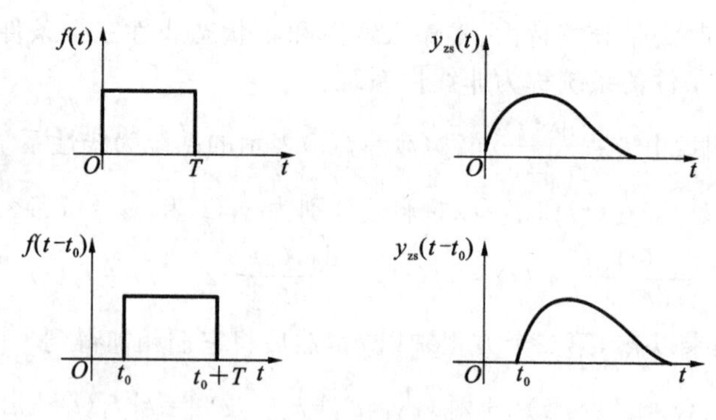

图 1.6-1 LTI 系统的时不变性

时不变特性可以表示为：如果 $T[\{0\},\{f(t)\}]=y_{zs}(t)$，则

$$T[\{0\},\{f(t-t_0)\}]=y_{zs}(t-t_0) \tag{1.6-4}$$

描述时不变动态系统的输入、输出方程是常系数微分方程或常系数差分方程，而描述时变动态系统的输入、输出方程是变系数微分方程或差分方程。仅对信号进行变换的系统也有时变与时不变的分类。

同时具有线性和时不变性的系统称为线性时不变（linear time invariant，LTI）系统。

【例 1.6-3】 试判断下列系统是否为非时变系统，其中 $f(t)$为输入信号，$y(t)$为零状态响应。

（1）$y(t)=\mathrm{e}^{-t}f(t)$；

（2）$y(t)=5\sin[f(t)]$。

解 （1）由于

$$y(t-t_0)=\mathrm{e}^{-(t-t_0)}f(t-t_0)$$

而

$$T[\{0\},\{f(t-t_0)\}]=\mathrm{e}^{-t}f(t-t_0)$$

得

$$T[\{0\},\{f(t-t_0)\}]\neq y(t-t_0)$$

因此，该系统是时变系统。

（2）由于

$$y(t-t_0)=5\sin[f(t-t_0)]$$

而

$$T[\{0\},\{f(t-t_0)\}]=5\sin[f(t-t_0)]$$

即

$$T[\{0\},\{f(t-t_0)\}]=y(t-t_0)$$

因此，系统 $y(t)=5\sin[f(t)]$是时不变系统。

三、因果性

人们常将激励与零状态响应的关系看成是因果关系，即把激励看作是产生响应的原因，而零状态响应是激励引起的结果。这样，就称响应(零状态响应)不出现于激励之前的系统为因果系统。更确切地说，对任意时刻 t_0 或 k_0(一般可选 $t_0=0$ 或 $k_0=0$)和任意输入 $f(\cdot)$，如果

$$f(\cdot)=0,\quad t<t_0(k<k_0)$$

若其零状态响应

$$y_{zs}(\cdot)=T[\{0\},f(\cdot)]=0,\quad t<t_0(\text{或 } k<k_0) \tag{1.6-5}$$

就称该系统为因果系统，否则称其为非因果系统。譬如，零状态响应为

$$y_{zs}(t)=3f(t-1),\quad y_{zs}(t)=\int_{-\infty}^{t}f(\tau)\mathrm{d}\tau$$

$$y_{zs}(k)=3f(k-1)+2f(k-2),\quad y_{zs}(k)=\sum_{i=-\infty}^{k}f(i)$$

等系统都满足因果条件式(1.6-5)，故都是因果系统。

零状态响应 $y_{zs}(k)=f(k-1)$的系统是非因果的。又如，零状态响应 $y_{zs}(t)=f(2t)$的系统也是非因果的。因为，若

$$f(t)=0,\quad t<t_0$$

则有

$$y_{zs}(t)=f(2t)=0,\quad t<\frac{t_0}{2}$$

可见，在区间$\frac{t_0}{2}<t<t_0$，$y_{zs}(t)\neq0$，即零状态响应出现于激励 $f(t)$之前，因而该系统是非因果的。

许多以时间为自变量的实际系统都是因果系统，如收音机、电视机、数据采集系统等。

需要指出，如果自变量不是时间而是空间位置(如光学成像系统、图像处理系统等)，因果就失去了意义。

借用“因果”一词，常把 $t=0$ 时接入的信号(即在 $t<0$，$f(t)=0$ 的信号)称为因果信号或有始信号。

四、稳定性

系统的稳定性是指，对有界的激励 $f(\cdot)$，系统的零状态响应 $y_{zs}(\cdot)$也是有界的，也常称为有界输入有界输出稳定，简称为稳定。否则，一个小的激励(如干扰电压)就会使系统的响应发散(如某支路电流趋于无限)。更确切地说，若系统的激励$|f(\cdot)|<+\infty$时，其零状态响应

$$|y_{zs}(\cdot)|<+\infty \tag{1.6-6}$$

就称该系统是稳定的，否则称为不稳定的。例如，某离散系统的零状态响应

$$y_{zs}(k)=f(k)+f(k-1)$$

显然无论激励是何种形式的序列，只要它是有界的，那么 $y_{zs}(k)$也是有界的，因而该系统是稳定的。又如，某连续系统的零状态响应

$$y_{zs}(t)=\int_{0}^{t}f(\tau)\mathrm{d}\tau$$

若 $f(t)=\varepsilon(t)$，显然该激励是有界的，但

$$y_{zs}(t)=\int_{0}^{t}\varepsilon(\tau)\mathrm{d}\tau=t\ ,t\geqslant0$$

它随时间 t 无限增长，故该系统是不稳定的。

1.7 连续信号的 MATLAB 描述与运算

1.7.1 常用连续信号的 MATLAB 表示

函数是信号与系统分析中的基础。MATLAB 提供了大量的生成基本信号的函数，包括 MATLAB 的内部函数、MATLAB 系统附带工具箱中的专用函数以及由用户自定义的函数。

MATLAB 用两种方法来表示连续信号：一种是将连续信号离散化后，用数值表示；另一种是用符号运算的方法来表示信号。

1. 指数信号

指数信号包括指数衰减信号和指数增长信号。指数信号 Ae^{at} 在 MATLAB 中可以用 exp() 函数表示，调用格式为

$$y=A*\exp(a*t)$$

$a>0$ 时，为指数增长信号；$a<0$ 时，为指数衰减信号。

【例 1.7-1】 用 MATLAB 产生随时间衰减的指数信号 $y=2e^{-1.5t}$。

解 程序如下：

```
%Decaying xponential signal
A= 2;a= -1.5;
t= 0:0.01:3;
y= A*exp(a*t);
plot(t,y);
```

其中，plot 是常用的二维曲线绘图命令。衰减指数信号如图 1.7-1 所示。

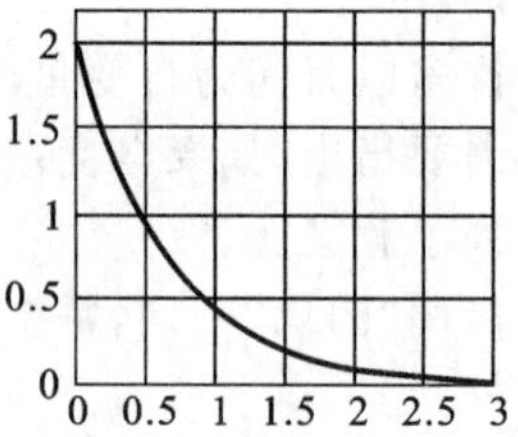

%用符号运算的方法来表示信号

```
syms t;
y= 2*exp(-0.5*t);
ezplot(y,[0,10]);
```

其中，ezplot 是符号函数的绘图命令。

图 1.7-1 例 1.7-1 图

2. 正弦信号

正弦信号 $A\cos(\omega_0 t+\varphi)$ 和 $A\sin(\omega_0 t+\varphi)$ 在 MATLAB 中分别用 cos() 函数和 sin() 函数表示。调用格式为

$$A*\cos(w_0*t+phi), \qquad A*\sin(w_0*t+phi)$$

【例 1.7-2】 用 MATLAB 命令产生正弦信号 $2\sin(2\pi t+\pi/4)$ 并绘出时间为 $0\leqslant t\leqslant 3$ 的波形图。

解 程序如下：

```
A= 2;
ω0= 2*pi;
phi= pi/4;
t= 0:0.01:3;
y= A*sin(w0*t+ phi);
plot(t,ft),grid on;
axis([0,3,-2.2,2.2]);
title('正弦信号');
```

用 grid 命令添加的网格有助于更好地辨别曲线特征。正弦信号的波形如图 1.7-2 所示。

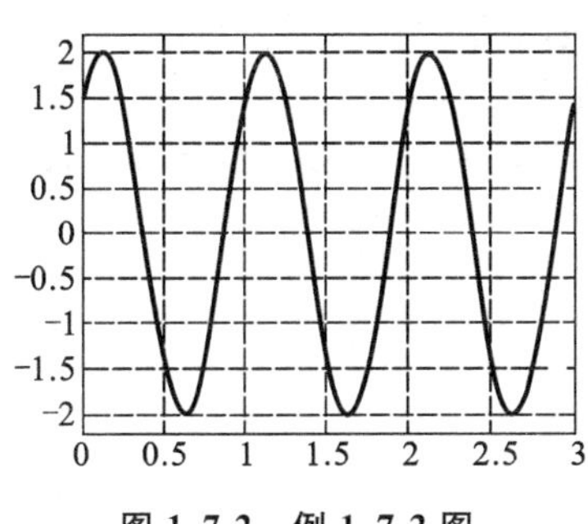

图 1.7-2　例 1.7-2 图

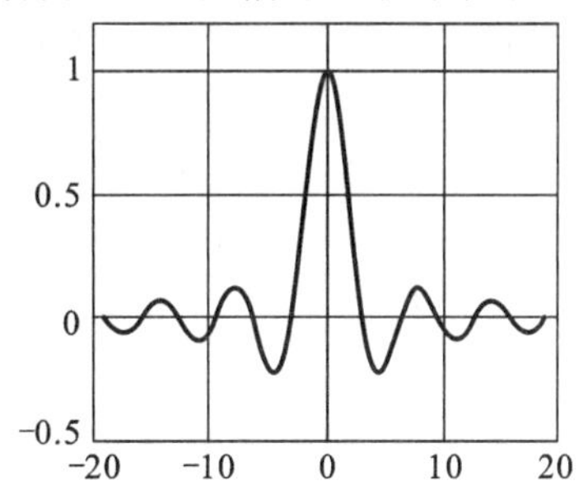

图 1.7-3　例 1.7-3 图

3. 抽样函数

抽样函数 $Sa(t)$在 MATLAB 中用 $\mathrm{sinc}(t)=\dfrac{\sin(\pi t)}{\pi t}$表示，其调用形式为

$$y=\mathrm{sinc}(t)$$

【例 1.7-3】 用 MATLAB 命令产生抽样信号 $Sa(t)$，并绘出时间为$-6\pi<t<6\pi$ 的波形图。

解　程序如下：

```
t= －6*pi:pi/100:6*pi;
ft= sinc(t/pi);
plot(t,ft);
grid on;
axis([－20,20,－0.5,1.2]);
title('抽样信号');
```

抽样信号的波形如图 1.7-3 所示。

4. 矩形脉冲信号

矩形脉冲信号在 MATLAB 中用 rectpuls()函数表示，其调用形式为

$$y=\mathrm{rectpuls}(t,\mathrm{width})$$

用以产生一个幅度为 t、宽度为 width，相对于 t=0 左右对称的矩形波。width 的缺省值为 1。

【例 1.7-4】 用 MATLAB 命令画出下列矩形脉冲信号的波形图。

$$f(t)=\begin{cases}2, & 0\leqslant t\leqslant 1\\ 0, & t<0,t>1\end{cases}$$

解　程序如下：

```
t= －0.5∶0.01∶3;
t0= 0.5;
width= 1;
ft= 2*rectpuls(t－t0,width);
plot(t,ft),grid on;
axis([－0.5,3,－0.2,2.2]);
title('矩形脉冲信号');
```

矩形脉冲波形如图 1.7-4 所示。

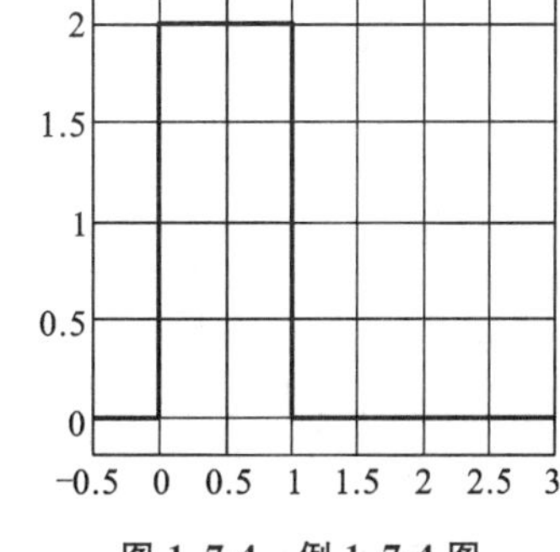

图 1.7-4　例 1.7-4 图

5. 周期矩形脉冲信号

周期矩形脉冲信号在 MATLAB 中用 square()函数表示，其调用形式为

$$y=\text{square}(\omega_0*t,\text{duty\_cycle});$$

用以产生一个幅度是+1和−1、基波频率为 ω_0，即周期 $T=2\pi/\omega_0$ 的矩形脉冲信号。duty_cycle是指一个周期内正脉冲的宽度和负脉冲宽度的百分比，缺省值为1。

【例1.7-5】 用MATLAB命令产生频率为10 Hz、占空为30%的周期方波信号。

解 程序如下：

```
t= 0：0.001：0.3;
y= square(2*pi*10*t,30);
plot(t,y),
grid on;
axis([0,0.3,-1.2,1.2]);
title('周期方波信号');
```

周期矩形脉冲信号如图1.7-5所示。

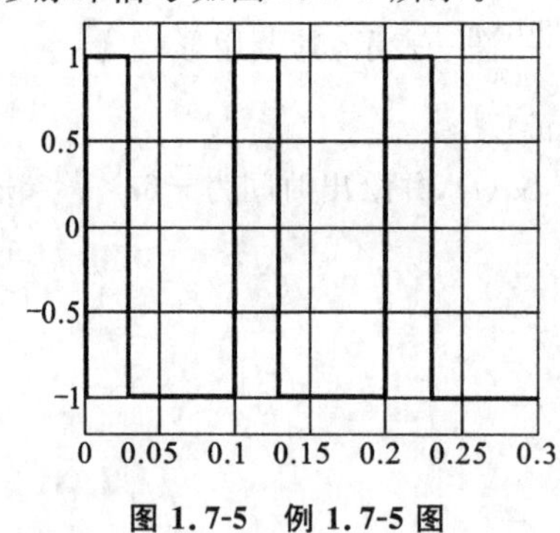

图1.7-5 例1.7-5图

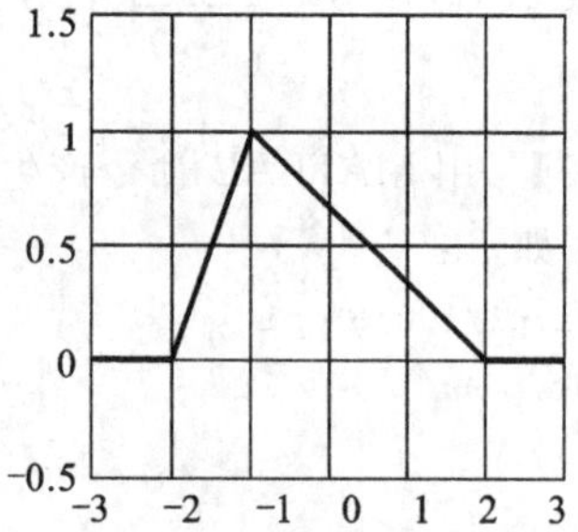

图1.7-6 例1.7-6图

6. 三角波脉冲信号

三角波脉冲信号在MATLAB中用tripuls()函数表示，其调用形式为

$$y=\text{tripuls}(t,\text{width},\text{skew})$$

用以产生一个最大幅度为1、宽度为width的三角波。函数值的非零范围为(−width/2, width/2)。skew定义为2倍的三角波顶点坐标t max与三角波宽度之比，即skew＝2t max/width，其取值范围为−1到+1之间，决定了三角波的形状。width的缺省值为1，skew缺省值为0。tripuls(t)产生宽度为1的对称三角波。

【例1.7-6】 用MATLAB命令产生幅度为1、宽度为4、斜率为−0.5的非周期三角波信号波形图。

解 程序如下：

```
t= -3：0.01：3;
ft= tripuls(t,4,-0.5);
plot(t,ft),grid on;
axis([-3,3,-0.5,1.5]);
title ('三角脉冲信号');
```

三角波波形如图1.7-6所示。

7. 单位阶跃信号

单位阶跃信号定义为

$$u(t)=\begin{cases}1, & t>0\\0, & t<0\end{cases}$$

【例1.7-7】 用MATLAB命令绘出单位阶跃信号$u(t)$。

解 程序如下：

```
t= -1:0.01:5;
ft= (t> = 0);
plot(t,ft),grid on;
axis([-1,5,-0.5,1.5]);
title ('单位阶跃信号');
```

单位阶跃信号波形如图1.7-7所示。

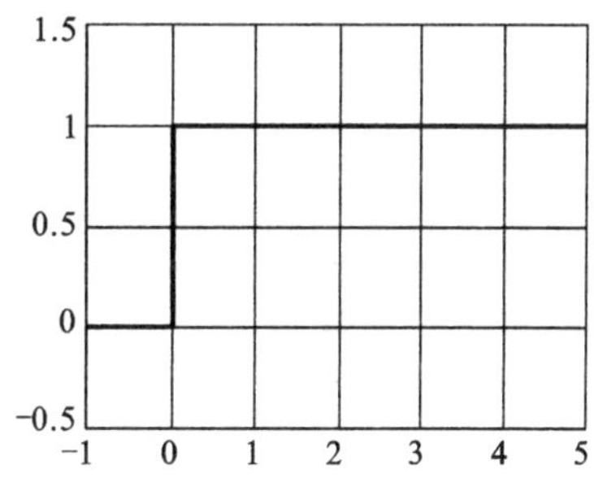

图1.7-7 例1.7-7图

1.7.2 连续信号的基本运算

一、信号的反转、平移、尺度变换

信号的尺度变换、反转、平移运算，实际上是函数自变量的运算。在信号的尺度变换$x(at)$和$x(mk)$中，函数的自变量乘以一个常数，因此在MATLAB中可用算术运算符“*”来实现。在信号反转$x(-t)$和$x(-k)$运算中，函数的自变量乘以一个负号，在MATLAB中可以直接写出。反转运算在MATLAB中还可以利用fliplr(x)函数实现，而反转后信号的坐标则可以由-fliplr(t)得到。在信号平移$x(t\pm t_0)$和$x(k\pm k_0)$运算中，函数的自变量加、减一个常数，因此在MATLAB中可用算术运算符“-”或“+”来实现。

【例1.7-8】 已知$f(t)=\sin(t)$，试利用MATLAB画出$f(2t)$和$f(2-2t)$的波形。

解 程序如下：

```
t= 0:pi/100:2*pi;
ft1= sin(t);
subplot(2,2,1);
plot(t,ft1);
title('sin(t)');
set(gca,'XLim',[0 2*pi]);
set(gca,'XTick',[0:pi/2:2*pi]);
set(gca,'XTickLabel',{'0','π/2','π','3π/2','2π'});
grid on;

ft2= fliplr(ft1);
m= -fliplr(t);
subplot(2,2,2);
plot(m,ft2);
title('sin(-t)');
set(gca, 'XLim',[-2*pi 0]);
set(gca,'XTick',[-2*pi:pi/2:0]);
set(gca,'XTickLabel',{'-2π','-3π/2','-π','-π/2','0'});
grid on;

ft3= sin(2*t);
```

```
subplot(2,2,3);
plot(t,ft3);
title('sin(2t)');
set(gca, 'XLim',[0 2*pi]);
set(gca,'XTick',[0:pi/2:2*pi]);
set(gca,'XTickLabel',{'0','π/2','π','3π/2','2π'});
grid on;
ft4= sin(t-pi/2);
subplot(2,2,4);
plot(t+pi/2,ft4);
title('sin(t-pi/2)');
set(gca, 'XLim',[pi/2 5*pi/2]);
set(gca,'XTick',[pi/2:pi/2:5*pi/2]);
set(gca,'XTickLabel',{'π/2','π','3π/2','2π','5π/2'});
grid on;
```

MATLAB 绘图如图 1.7-8 所示。

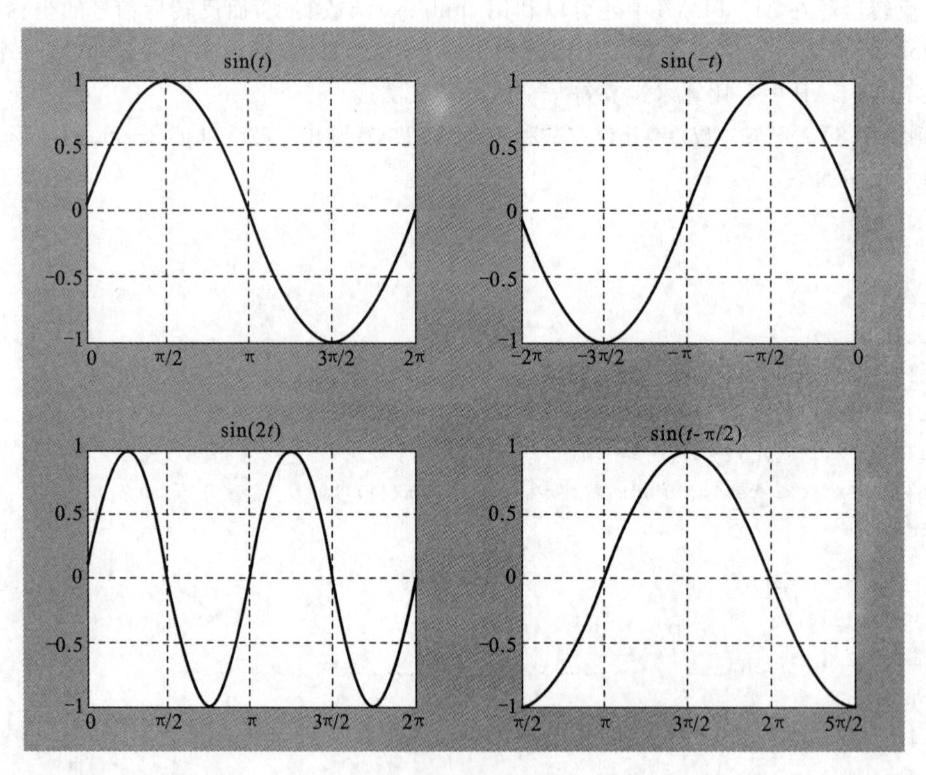

图 1.7-8　例 1.7-8 图

二、信号的相加与相乘

信号的相加在 MATLAB 中可用算术运算符"＋"实现。待运算的两信号在 MATLAB 中是以向量的形式表示的。要保证加法运算正确进行，两信号的长度必须相同。对于连续信号还应注意，除了保证信号的长度相同外，还应保证两信号抽样的位置相同。

信号的相乘在 MATLAB 中可用数组运算符“.*”实现，其运算时也受到与“+”运算符相同的限制。如信号 $Ae^{at}\sin(\omega_0 t)$，可以看成是指数信号 Ae^{at} 与正弦信号 $\sin(\omega_0 t)$ 相乘，取 $A=1$，$a=-0.4$，$\omega_0=2\pi$，其 MATLAB 实现如下：

```
t=0：0.001：8;
A=1;a=－0.4;ω0= 2*pi;
yt= A*exp(a*t).*sin(ω0*t);
plot(t,xt);
```

三、信号的微分与积分

在 MATLAB 的数学符号工具箱中，diff 和 int 命令是专门用来对函数进行微分运算和积分运算的。

diff()函数的调用格式如下：

(1)diff(X)对 X 求导数，X 可以是符号函数或符号矩阵。

(2)diff(X,n)对 X 求 n 阶导数。

int()函数的调用格式如下：

(1)int(S)计算符号函数 S 的不定积分。

(2)int(S,v)以符号变量 v 为积分变量，对符号函数 S 进行不定积分。

(3)int(S,a,b)对符号函数 S 进行定积分，积分的上、下限分别是 b 和 a。

(4)int(S,v,a,b)以符号变量 v 为积分变量，对符号函数 S 进行定积分，积分的上、下限分别是 b 和 a。

【例 1.7-9】 利用 MATLAB 计算 $\sin(2\pi t)$ 的微分与积分。

解　程序如下：

```
diff('sin(2*pi*t)');
ans= 2*cos(2*pi*t)*pi;
int('sin(2*pi*t)');
ans= －1/2pi*cos(2*pi*t);
```

本 章 小 结

本章介绍了信号与系统的基本概念、信号与系统的描述和分类，详细介绍了常用的基本连续信号和离散信号，以及线性系统和时不变系统的特性。以下是本章的要点。

(1)信号一般表现为随时间变化而变化的某种物理量。

(2)系统是由若干相互作用和相互依赖的事物组合而成的具有特定功能的整体。

(3)连续信号和离散信号。

连续信号：信号在讨论的时间范围内，任意时刻都有定义(即都可以给出确定的函数值，可以有有限个间断点)。

离散信号：在时间上是离散的，只在某些不连续的规定时刻给出函数值，其他时刻没有定义。

(4)周期信号和非周期信号。

周期信号是指每隔一定时间 T、周而复始且无始无终的信号(在较长时间内重复变化)。非周期信号在时间上不具有周而复始的特性。

(5)确定信号和随机信号。

确定信号是指可以表示为确定的时间函数的信号,即对于指定的某一时刻 t,信号有确定的值 $f(t)$。

随机信号不是一个确定的时间函数,通常只知道它取某一值的概率。

(6)能量信号和功率信号。

离散信号有时也需要讨论能量和功率,其归一化能量和功率表达式分别为式(1.2-3)和式(1.2-4)。若信号 $f(t)$的能量有界(即 $1<E<+\infty$,这时 $P=0$),则称其为能量有限信号,简称能量信号。若信号 $f(t)$的功率有界(即 $0<P<+\infty$,这时 $E=+\infty$),则称其为功率有限信号,简称功率信号。周期信号、阶跃信号是功率信号,它们的能量为无限,只能从功率的角度去考察。非周期信号可以是功率信号(如直流信号),也可以是能量信号。

(7)一维信号和多维信号。

信号可以看成是关于单个或多个独立变量的函数,如语音信号可以表示为声压随时间变化的函数,只有一个独立的时间变量 t,这是一维信号。有多个独立变量的函数是多维信号。

(8)复指数信号。

复指数信号 e^{st} 是连续信号与系统复频域分析中使用的一种基本信号,它包含多类信号:常数、单调指数、正弦以及指数变化的正弦信号。

(9)单位阶跃信号。

单位阶跃信号 $u(t)$在表示因果信号以及不同区间具有不同数学描述的信号中是很有用的,其表达式为

$$u(t)=\begin{cases}1, & t>0\\ 0, & t<0\end{cases}$$

(10)单位冲激函数 $\delta(t)$。

$$\begin{cases}\int_{-\infty}^{+\infty}\delta(t)\mathrm{d}, & t=1\\ \delta(t)=0, & t\neq 0\end{cases}$$

(11)离散单位阶跃序列 $u(n)$、单位脉冲序列 $\delta(n)$。

$$u(n)=\begin{cases}1, & n\geqslant 0\\ 0, & n<0\end{cases},\quad \delta(n)=\begin{cases}1, & n=0\\ 0, & n\neq 0\end{cases}$$

(12)线性。

齐次性:当输入激励变为原来的 k 倍时,输出响应也相应地改变为原来的 k 倍(k 为常数)。

可加性:当有几个激励同时作用于系统时,系统的总响应等于各个激励分别作用于系统所

产生的响应之和。

线性特性包含了齐次性和可加性。

一个系统如果满足以下三个条件，称为线性系统，否则称为非线性系统：①分解特性；②零输入线性；③零状态线性。

(13)时不变性。

时不变性：只要初始状态不变，系统的输出响应形状不随激励施加的时间不同而改变。

(14)因果性。

响应(零状态响应)不出现在激励之前的系统称为因果系统。

(15)稳定性。

系统的稳定性是指，对有界的激励，系统的零状态响应也是有界的。

习　题　1

1-1　画出下列各信号的波形。

(1) $f(t)=(2-3\mathrm{e}^{-t})u(t)$　　(2) $f(t)=\mathrm{e}^{-|t|}$

(3) $f(t)=\sin(\pi t)u(t)$　　(4) $f(t)=u(\sin t)$

(5) $f(t)=\sin t u(t-1)$　　(6) $f(t)=\sin(t-1)u(t-1)$

(7) $f(k)=2^k u(k)$　　(8) $f(k)=(k+1)u(k)$

(9) $f(k)=\sin(\frac{k\pi}{4})u(k)$　　(10) $f(k)=[1+(-1)^k]u(k)$

1-2　绘出下列各信号的波形。

(1) $f(t)=u(t)-2u(t-1)+u(t-2)$　　(2) $f(t)=-(t-1)[u(t)-u(t-1)]$

(3) $f(t)=\mathrm{e}^{-t}\cos(10\pi t)[u(t-1)-u(t-2)]$　　(4) $f(t)=\dfrac{\sin 2(t-\frac{\pi}{2})}{2(t-\frac{\pi}{2})}$

(5) $f(t)=\mathrm{e}^{-t}\cos(10\pi t)[u(t-1)-u(t-2)]$　　(6) $f(t)=\sin\pi(t-1)$

(7) $f(k)=2^{-k}u(k)$　　(8) $f(k)=2^{-(k-2)}u(k-2)$

(9) $f(k)=\sin(\frac{\pi k}{6})[u(k)-u(k-7)]$　　(10) $f(k)=2^k[u(3-k)-u(-k)]$

1-3　写出题1-3图所示的各波形的封闭形式(用阶跃信号表示)。

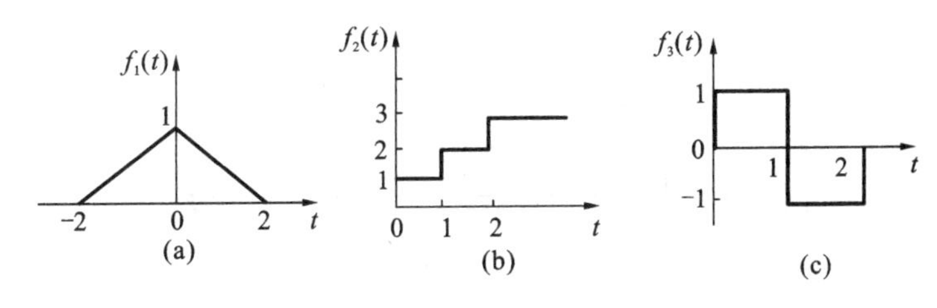

题1-3图

1-4　写出题 1-4 图所示的各波形的封闭形式。

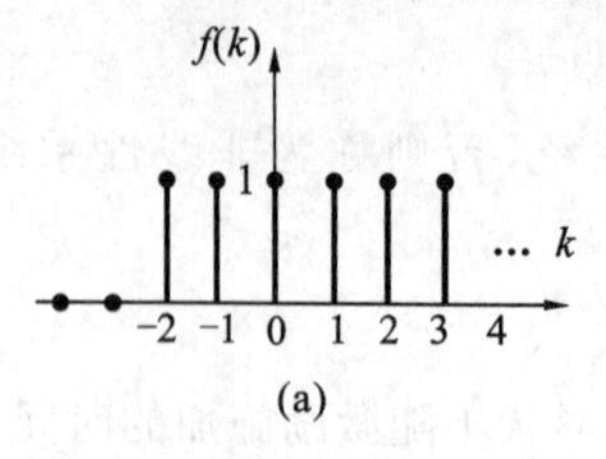

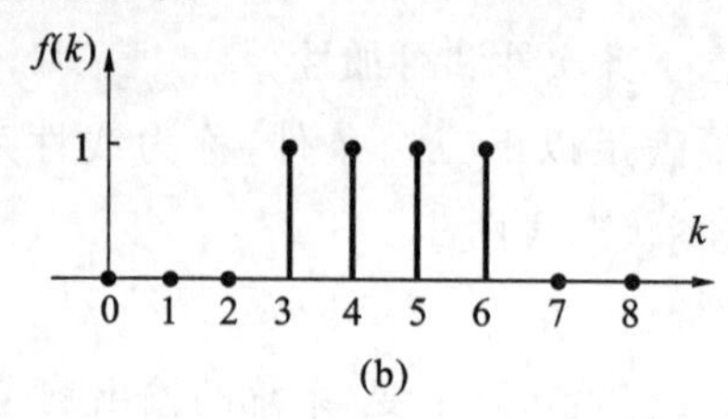

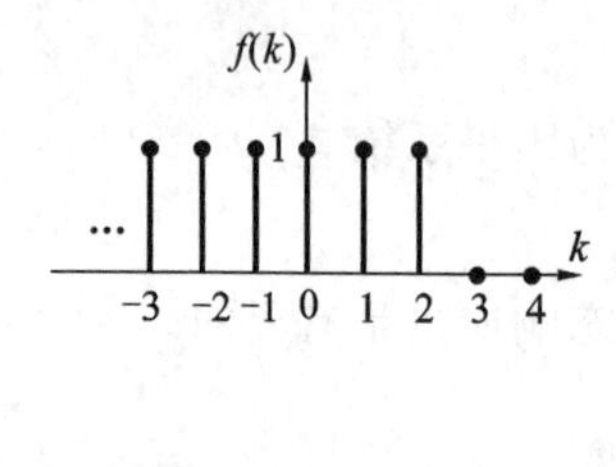

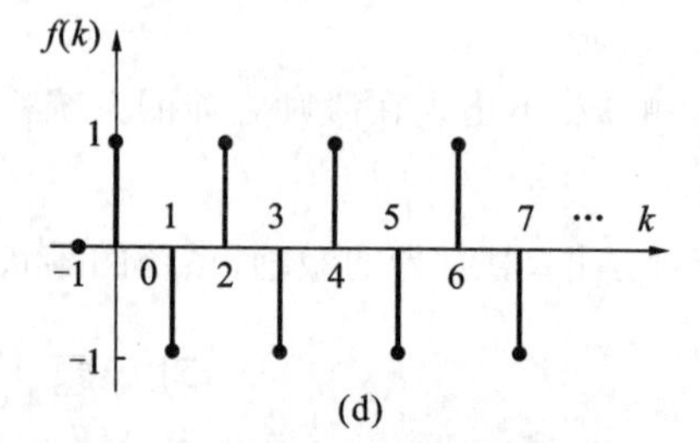

题 1-4 图

1-5　判断下列各序列是否为周期性的。如果是，确定其周期。

(1) $f(k)=\cos(\frac{3\pi}{5}k)$　　(2) $f(k)=\cos(\frac{3\pi}{4}k+\frac{\pi}{4})+\cos(\frac{\pi}{3}k+\frac{\pi}{6})$

(3) $f(k)=\sin(\frac{1}{2}k)$　　(4) $f(k)=e^{j\frac{\pi}{3}k}$

1-6　已知信号 $f(t)$ 的波形如题 1-6 图所示，画出下列各函数的波形。

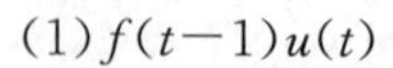

(1) $f(t-1)u(t)$　　(2) $f(t-1)u(t-1)$

(3) $f(2-t)$　　(4) $f(2-t)u(2-t)$

(5) $f(1-2t)$　　(6) $f(0.5t-2)$

(7) $\frac{df(t)}{dt}$　　(8) $\int_{-\infty}^{t}f(\tau)d\tau$

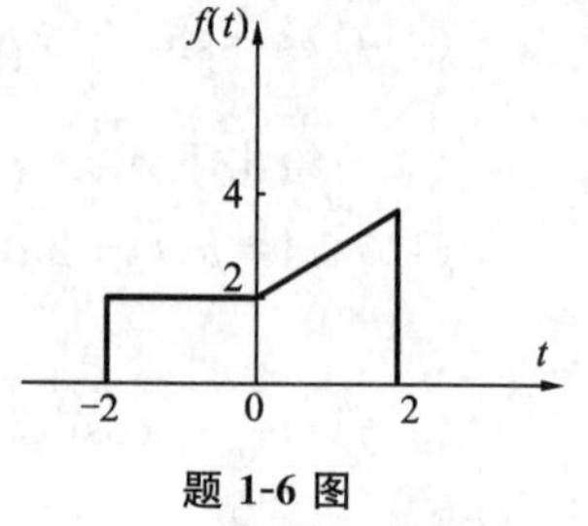

题 1-6 图

1-7　已知信号 $f(k)$ 的波形如题 1-7 图所示，画出下列各函数的波形。

(1) $f(k-2)u(k)$　　(2) $f(k-2)u(k-2)$

(3) $f(k-2)[u(k)-u(k-4)]$　　(4) $f(-k-2)$

(5) $f(-k+2)u(-k+1)$　　(6) $f(k)-f(k-3)$

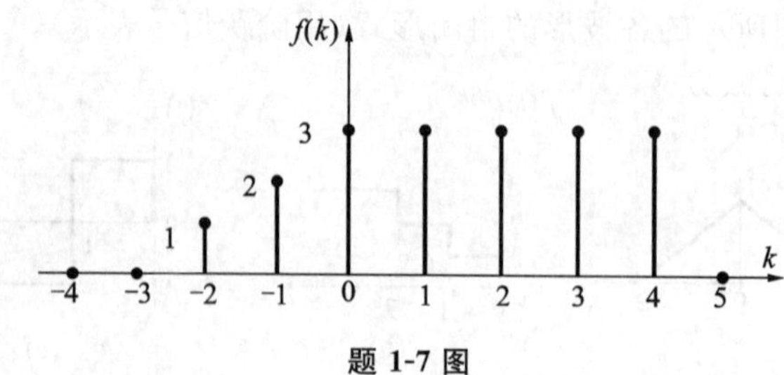

题 1-7 图

1-8　已知信号的波形如题 1-8 图所示，分别画出 $f(t)$ 和 $\frac{\mathrm{d}f(t)}{\mathrm{d}t}$ 的波形。

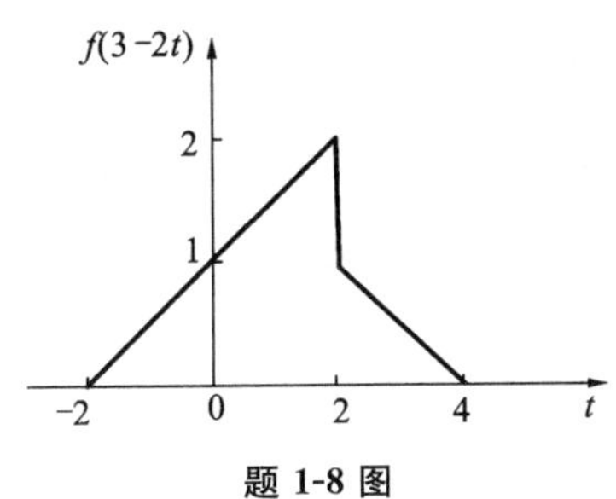

题 1-8 图

1-9　计算下列各式。

(1) $f(t+t_0)\delta(t)$

(2) $\int_{-4}^{2}\mathrm{e}^{t}\delta(t+3)\mathrm{d}t$

(3) $\int_{0}^{+\infty}\mathrm{e}^{-t}\sin t\delta(t+1)\mathrm{d}t$

(4) $\frac{\mathrm{d}}{\mathrm{d}t}[\mathrm{e}^{-t}\delta(t)]$

(5) $\int_{-\infty}^{+\infty}\delta(t-t_0)u(t-2t_0)\mathrm{d}t$

(6) $\int_{-\infty}^{+\infty}\mathrm{e}^{-\mathrm{j}\omega t}[\delta(t)-\delta(t-t_0)]\mathrm{d}t$

(7) $\int_{-\infty}^{+\infty}\mathrm{e}^{-t}[\delta(t)+\delta'(t)]\mathrm{d}t$

(8) $\int_{-\infty}^{+\infty}(1-\cos t)u(t)\delta(t-\frac{\pi}{2})\mathrm{d}t$

1-10　已知信号的波形如题 1-10 图所示，求 $f'(t)$ 和 $f''(t)$，并分别画出它们的波形。

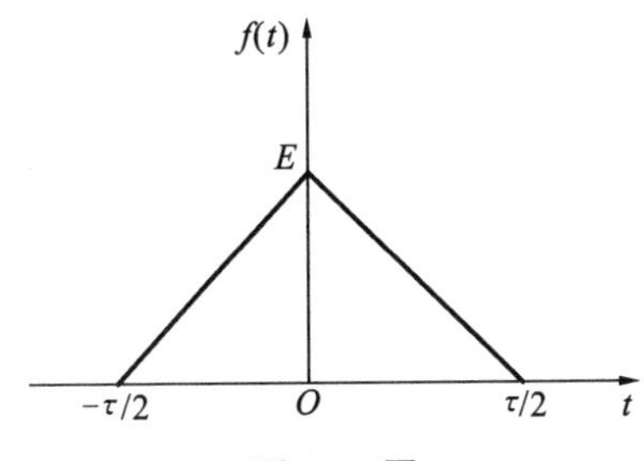

题 1-10 图

1-11　已知 $f(t)=\mathrm{e}^{-t}u(t)$，求 $f'(t)$ 的表达式，并画出其图形。

1-12　对下列函数进行积分运算：$\int_{-\infty}^{t}f(\tau)\mathrm{d}\tau$，并画出积分后的波形图。

(1) $f(t)=u(t-1)-u(t-3)$

(2) $f(t)=\delta(t-1)$

1-13　如题 1-13 图所示电路，写出

(1) 以 $u_C(t)$ 为响应的微分方程。

(2) 以 $i_L(t)$ 为响应的微分方程。

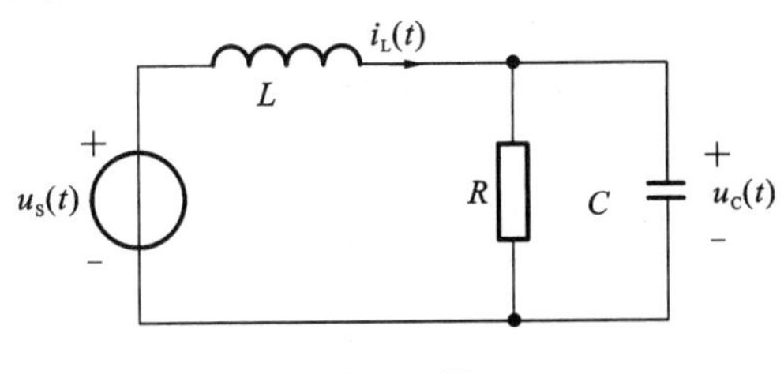

题 1-13 图

1-14 如题 1-14 图所示的电路，写出

(1)以 $u_L(t)$为响应的微分方程。

(2)以 $i_C(t)$为响应的微分方程。

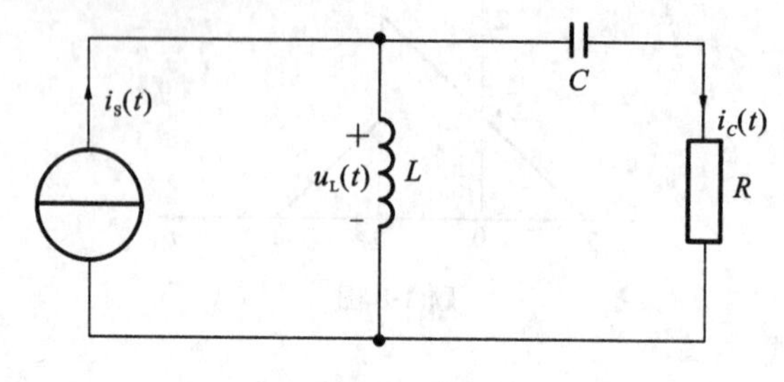

题 1-14 图

1-15 写出题 1-15 图所示系统的微分或差分方程。

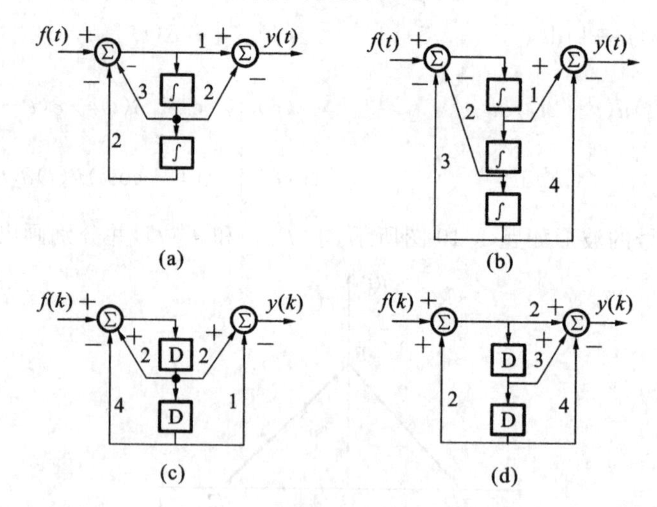

题 1-15 图

1-16 设系统的初始状态为 $x(0)$，激励为 $f(\cdot)$，各系统的全响应 $y(\cdot)$与激励和初始状态的关系如下，试分析各系统是否为线性的。

(1)$y(t) = e^{-t}x(0) + \int_0^t \sin x f(x)\mathrm{d}x$

(2)$y(t) = f(t)x(0) + \int_0^t f(x)\mathrm{d}x$

(3)$y(t) = \sin[x(0)t] + \int_0^t f(x)\mathrm{d}x$

(4)$y(k) = (0.5)^k x(0) + f(k)f(k-2)$

1-17 下列微分或差分方程所描述的系统，是线性的还是非线性的？是时变的还是时不变的？

(1)$y'(t)+2y(t)=f'(t)-2f(t)$

(2)$y'(t)+\sin t y(t)=f(t)$

(3)$y(k)+(k-1)y(k-1)=f(k)$

(4)$y(k)+y(k-1)y(k-2)=f(k)$

1-18 设激励为 $f(\cdot)$，下列是各系统的零状态响应 $y_{zs}(\cdot)$。判断各系统是否为线性的、时不变的、因果的、稳定的。

(1) $y_{zs}(t)=\dfrac{\mathrm{d}f(t)}{\mathrm{d}t}$　　(2) $y_{zs}(t)=|f(t)|$

(3) $y_{zs}(t)=f(t)\cos(2\pi t)$　　(4) $y_{zs}(t)=f(-t)$

(5) $y_{zs}(k)=f(k)f(k-1)$　　(6) $y_{zs}(k)=(k-2)f(k)$

(7) $y_{zs}(k)=\sum\limits_{j=0}^{k}f(j)$　　(8) $y_{zs}(k)=f(1-k)$

1-19 某 LTI 连续系统，已知当激励 $f(t)=u(t)$ 时，其零状态响应 $y_{zs}(t)=\mathrm{e}^{-2t}u(t)$，求

(1) 当输入为冲激函数 $\delta(t)$ 时的零状态响应。

(2) 当输入为斜升函数 $tu(t)$ 时的零状态响应。

1-20 某 LTI 连续系统，其初始状态一定，已知当激励为 $f(t)$ 时，其全响应为

$$y_1(t)=\mathrm{e}^{-t}+\cos(\pi t),\quad t\geqslant 0$$

若初始状态不变，激励为 $2f(t)$ 时，其全响应为

$$y_2(t)=2\cos(\pi t),\quad t\geqslant 0$$

求初始状态不变而激励为 $3f(t)$ 时系统的全响应。

1-21 某一阶 LTI 离散系统，其初始状态为 $x(0)$，已知当激励为 $f(k)$ 时，其全响应为

$$y_1(t)=u(k)$$

若初始状态不变，激励为 $-f(k)$ 时，其全响应为

$$y_2(k)=(2\times 0.5^k-1)u(k)$$

求初始状态为 $2x(0)$，激励为 $4f(k)$ 时系统的全响应。

1-22 二阶 LTI 连续系统的初始状态为 $x_1(0)$ 和 $x_2(0)$，已知当 $x_1(0)=1, x_2(0)=0$ 时，其零输入响应为

$$y_{zi1}(t)=\mathrm{e}^{-t}+\mathrm{e}^{-2t},\quad t\geqslant 0$$

当 $x_1(0)=0, x_2(0)=1$ 时，其零输入响应为

$$y_{zi2}(t)=\mathrm{e}^{-t}-\mathrm{e}^{-2t},\quad t\geqslant 0$$

当 $x_1(0)=1, x_2(0)=-1$，而输入为 $f(t)$ 时，其全响应为

$$y(t)=2+\mathrm{e}^{-t},\quad t\geqslant 0$$

求当 $x_1(0)=3, x_2(0)=2$，输入为 $2f(t)$ 时的全响应。

1-23 某 LTI 离散系统，已知当激励为题 1-23(a)图所示的信号 $f_1(k)$ 时，其零状态响应如题 1-23(b)图所示。求

(1) 当激励为题 1-23(c)图所示的信号 $f_2(k)$ 时，系统的零状态响应。

(2) 当激励为题 1-23(d)图所示的信号 $f_3(k)$ 时，系统的零状态响应。

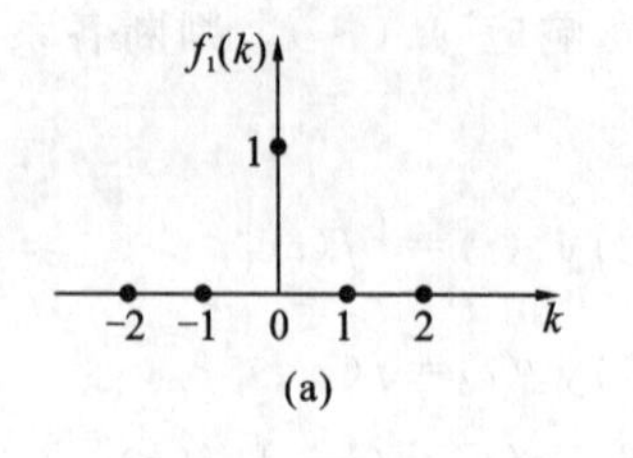

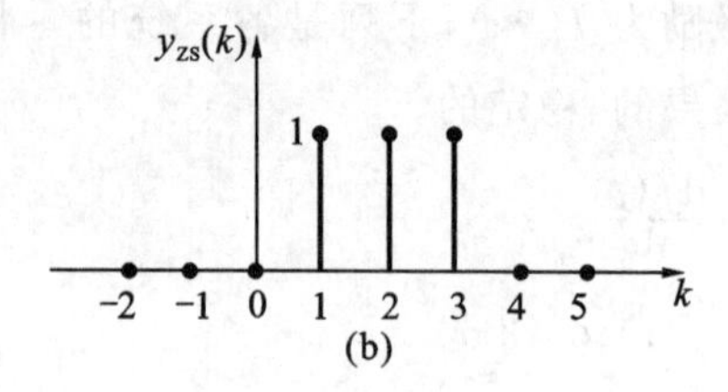

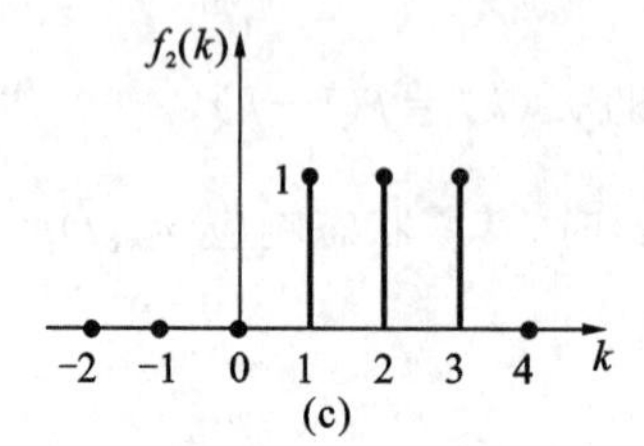

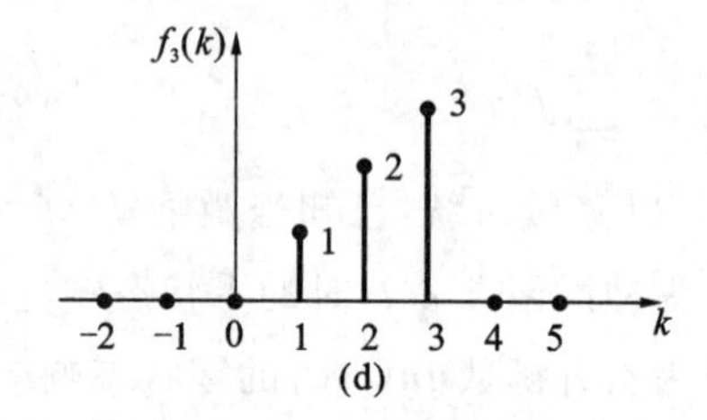

题 1-23 图

1-24　利用 MATLAB 的向量表示法绘制下列连续信号的时域波形。

(1) $f(t)=u(t+2)-u(t-3)$　　(2) $f(t)=\cos(2\pi t+\frac{\pi}{3})$

(3) $f(t)=(2e^{-t}-e^{-2t})u(t-1)$　　(4) $f(t)=(0.2t-2)u(t)$

1-25　利用 MATLAB 的符号运算功能绘制上题连续信号的时域波形。

1-26　已知 $f(t)=sa(t)$，试用 MATLAB 编程绘制下列信号的时域波形。

(1) $f(t)=f(2-2t)$　　(2) $f(t)=f(2t+2)$

(3) $f(t)=f(0.5t-1)$　　(4) $f(t)=f(1-0.5t)$

1-27　已知连续信号 $f(t)$ 的时域波形如题 1-27 图所示，用 MATLAB 绘制下列时域变换信号的时域波形。

(1) $2f(3t)$　　(2) $f(-0.5t-1)$

(3) $\frac{df(t)}{dt}$　　(4) $\int_{-\infty}^{t} f(\tau)d\tau$

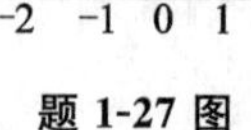

题 1-27 图

第 2 章 连续时间系统的时域分析

第 2 章将研究线性时不变(LTI)连续时间系统的时域分析方法。一个线性时不变连续时间系统经过数学建模,可以用微分方程来描述。本章在分析系统的激励和响应之间的关系时,不通过任何变换,直接利用经典法求解微分方程,得到系统的零输入响应、零状态响应、自由响应和强迫响应等。由于该方法在分析系统时完全在时间域内进行,未经过任何变换,因此称为 LTI 连续系统的时域分析法。时域分析法物理含义清晰、容易理解,是学习各种变换域分析法的基础。

连续时间系统的时域分析法有两种:一种是利用经典法直接求解微分方程,讨论零输入响应、零状态响应的求解方法;另一种是卷积法,在引入系统的单位冲激响应后,将冲激响应与激励信号进行卷积积分,可以得到系统的零状态响应。同时,卷积法也是时域和变换域分析线性系统的桥梁,它是线性系统的时域分析法、频域分析法和复频域分析法之间相互转换的理论基础。

2.1 用时域经典法求解微分方程

一般而言,对于一个单输入单输出动态连续时间系统,按照系统中元件的约束特性及系统结构的约束特性,其激励与响应之间关系的数学模型可以用微分方程来表征。要研究系统的激励和响应之间的关系,就需要求解微分方程。微分方程的求解方法分为两种:时域分析法和变换域分析法。本节重点讨论时域分析法即经典解法求解微分方程,变换域分析法将在第 4 章拉普拉斯变换中讨论。

线性系统激励 $f(t)$和响应 $y(t)$之间的关系可用下列形式的微分方程描述:

$$\begin{aligned} &a_n\frac{\mathrm{d}^n y(t)}{\mathrm{d}t^n}+a_{n-1}\frac{\mathrm{d}^{n-1} y(t)}{\mathrm{d}t^{n-1}}+\cdots+a_0 y(t)\\ =&b_m\frac{\mathrm{d}^m f(t)}{\mathrm{d}t^m}+b_{m-1}\frac{\mathrm{d}^{m-1} f(t)}{\mathrm{d}t^{m-1}}+\cdots+b_0 f(t) \end{aligned} \tag{2.1-1}$$

一般而言,在对一个具体的系统建模得到微分方程时,通常使最高阶系数$a_n=1$。若微分方程式(2.1-1)描述的是 LTI 连续系统,则系数$a_i(i=0,1,2,\cdots,n,n\geqslant 0)$和$b_j(j=0,1,2,\cdots,m,m\geqslant 0)$都为常数。此方程为 n 阶常系数线性微分方程。方程的阶数 n 由系统中独立动态元件的个数决定,在 RLC 电路中,电路的阶数等于独立储能元件电容和电感的个数之和。微分方程式(2.1-1)的全解由齐次解和特解两部分组成。齐次解为方程对应的齐次方程的解,用$y_h(t)$表示;特解由系统所加的激励信号与微分方程共同决定,用$y_p(t)$表示。下面分别讨论齐次解和特解的求解方法。

一、齐次解

齐次解是微分方程对应的齐次方程的解。令微分方程式(2.1-1)右边为零,得到

$$a_n \frac{\mathrm{d}^n y(t)}{\mathrm{d}t^n}+a_{n-1}\frac{\mathrm{d}^{n-1} y(t)}{\mathrm{d}t^{n-1}}+\cdots+a_1\frac{\mathrm{d}y(t)}{\mathrm{d}t}+a_0 y(t)=0 \tag{2.1-2}$$

为了保证等式右边等于零，等式左边每一项应含有指数函数，所以，该齐次方程的解是$C\mathrm{e}^{\beta t}$的线性组合(C为常数)，将$C\mathrm{e}^{\beta t}$代入式(2.1-2)得

$$C\beta^n \mathrm{e}^{\beta t}+a_{n-1}C\beta^{n-1}\mathrm{e}^{\beta t}+\cdots+a_0 C\mathrm{e}^{\beta t}=0 \tag{2.1-3}$$

当微分方程的齐次解存在时，$C\neq 0$。对式(2.1-3)化简，得到微分方程的特征方程为

$$\beta^n+a_{n-1}\beta^{n-1}+\cdots+a_0=0 \tag{2.1-4}$$

式(2.1-4)中n阶特征方程的n个根$\beta_i(i=1,2,\cdots,n)$称为微分方程的特征根。微分方程齐次解的形式取决于特征根的取值情况。下面根据特征根的几种情况给出微分方程齐次解的函数形式。

1.特征根均为单实根

若特征方程n个特征根$\beta_1,\beta_2,\cdots,\beta_n$均为单实根，则微分方程齐次解的函数形式如下：

$$y_h(t)=C_1\mathrm{e}^{\beta_1 t}+C_2\mathrm{e}^{\beta_2 t}+\cdots+C_n\mathrm{e}^{\beta_n t}=\sum_{i=1}^{n}C_i\mathrm{e}^{\beta_i t} \tag{2.1-5}$$

2.特征根有重根

若特征方程有r重根β_1，则β_1对应的部分齐次解为

$$(C_1 t^{r-1}+C_2 t^{r-2}+\cdots+C_{r-1}t+C_r)\mathrm{e}^{\beta_1 t} \tag{2.1-6}$$

若特征方程的其他$n-1$个根$\beta_2,\beta_3,\cdots,\beta_n$均为单实根，则齐次解的函数形式如式(2.1-7)所示。

$$y_h(t)=(C_1 t^{r-1}+C_2 t^{r-2}+\cdots+C_{r-1}t+C_r)\mathrm{e}^{\beta_1 t}+C_2\mathrm{e}^{\beta_2 t}+\cdots+C_n\mathrm{e}^{\beta_n t} \tag{2.1-7}$$

3.特征根为一对共轭复数根

常系数齐次方程对应的特征方程若有复数根，则必为共轭复数根。若特征方程含有一对共轭复数根，则此共轭复数根$u\pm \mathrm{i}v$(i为虚数单位)对应的微分方程齐次解的函数形式如式(2.1-8)所示。

$$C_1\mathrm{e}^{ut}\cos(vt)+C_2\mathrm{e}^{ut}\sin(vt) \tag{2.1-8}$$

4.特征根为r重共轭复数根

若特征方程含有r重共轭复数根，则此共轭复数根$u\pm \mathrm{i}v$对应的微分方程齐次解的函数形式如式(2.1-9)所示。

$$\begin{aligned}&C_{11}\mathrm{e}^{ut}\cos(vt)+C_{12}t\mathrm{e}^{ut}\cos(vt)+\cdots+C_{1r}t^{r-1}\mathrm{e}^{ut}\cos(vt)+\\&C_{21}\mathrm{e}^{ut}\sin(vt)+C_{22}t\mathrm{e}^{ut}\sin(vt)+\cdots+C_{2r}t^{r-1}\mathrm{e}^{ut}\sin(vt)\end{aligned} \tag{2.1-9}$$

在上述表达式中，n阶微分方程齐次解的系数C_i在求出全解函数表达式后通过全解$y(t)$的n个初始条件$y(0),y^{(1)}(0),\cdots,y^{(n-1)}(0)$确定，$y^{(i)}(0)$表示$\frac{\mathrm{d}^i y(t)}{\mathrm{d}t^i}$在$t=0$时的函数值$(i=0,1,2,\cdots,n-1)$。微分方程齐次解系数的确定方法将在2.3节中讨论。

【例2.1-1】 求解微分方程$\frac{\mathrm{d}^2 y(t)}{\mathrm{d}t^2}+4\frac{\mathrm{d}y(t)}{\mathrm{d}t}+3y(t)=\frac{\mathrm{d}f(t)}{\mathrm{d}t}+3f(t),t\geqslant 0$的齐次解。

解 齐次解满足齐次方程，因此

$$\frac{\mathrm{d}^2 y(t)}{\mathrm{d}t^2}+4\frac{\mathrm{d}y(t)}{\mathrm{d}t}+3y(t)=0,\quad t\geqslant 0$$

该齐次方程对应的特征方程为

$$\beta^2+4\beta+3=0$$

解得特征根为单实根$\beta_1=-1$，$\beta_2=-3$。因此，该方程的齐次解的函数形式如式(2.1-10)所示。

$$y_h(t)=C_1\mathrm{e}^{-t}+C_2\mathrm{e}^{-3t},\quad t\geqslant 0 \tag{2.1-10}$$

式(2.1-10)中的系数C_1和C_2需求出全解$y(t)$后由初始条件$y(0)$和$y^{(1)}(0)$确定。

【例 2.1-2】 求解微分方程$\dfrac{\mathrm{d}^2y(t)}{\mathrm{d}t^2}+2\dfrac{\mathrm{d}y(t)}{\mathrm{d}t}+3y(t)=f(t)$，$t\geqslant 0$的齐次解。

解　齐次方程对应的特征方程为

$$\beta^2+2\beta+3=0$$

解得特征根为一对共轭复数根$\beta_1=-1+\sqrt{2}\mathrm{i}$，$\beta_2=-1-\sqrt{2}\mathrm{i}$，根据式(2.1-8)，可知齐次解的函数形式如式(2.1-11)所示。

$$y_h(t)=C_1\mathrm{e}^{-t}\cos(\sqrt{2}t)+C_2\mathrm{e}^{-t}\sin(\sqrt{2}t),\quad t\geqslant 0 \tag{2.1-11}$$

式(2.1-11)中的待定系数C_1和C_2由初始条件$y(0)$和$y^{(1)}(0)$确定。

二、特解

在求解微分方程的特解时，系统所加的激励信号的形式决定了特解的函数形式。将激励信号代入微分方程等式右端，通过观察化简后得到的自由项选取特解函数表达式，然后将特解的函数形式代入微分方程中确定待定系数即可求得特解。

(1)激励信号$f(t)$为常数，则特解为常数A。

(2)激励信号$f(t)$为$\mathrm{e}^{\alpha t}$：

①当α不是特征方程的特征根时，特解$y_p(t)=D\mathrm{e}^{\alpha t}$。

②当α是特征方程的单特征根时，特解$y_p(t)=Dt\mathrm{e}^{\alpha t}$。

③当α是特征方程的k重特征根时，$y_p(t)=Dt^k\mathrm{e}^{\alpha t}$。

(3)激励信号$f(t)$为t^n，则特解$y_p(t)=D_nt^n+D_{n-1}t^{n-1}+\cdots+D_1t+D_0$。

(4)激励信号$f(t)$为正弦信号$\sin(\omega t)$或余弦信号$\cos(\omega t)$，则特解$y_p(t)=D_1\cos(\omega t)+D_2\sin(\omega t)$。

(5)激励信号$f(t)$为$\mathrm{e}^{\alpha t}\sin(\beta t)$或$\mathrm{e}^{\alpha t}\cos(\beta t)$时，则

①当$\alpha+\beta\mathrm{i}$不是特征方程的特征根时，特解$y_p(t)=\mathrm{e}^{\alpha t}[D_1\sin(\beta t)+D_2\cos(\beta t)]$。

②当$\alpha+\beta\mathrm{i}$是特征方程的特征根时，特解$y_p(t)=t\mathrm{e}^{\alpha t}[D_1\sin(\beta t)+D_2\cos(\beta t)]$。

(6)激励信号$f(t)$为$t^n\mathrm{e}^{\alpha t}\sin(\beta t)$或$t^n\mathrm{e}^{\alpha t}\cos(\beta t)$，则特解

$$\begin{aligned}y_p(t)=&(C_nt^n+C_{n-1}t^{n-1}+\cdots+C_1t+C_0)\mathrm{e}^{\alpha t}\sin(\beta t)\\&+(D_nt^n+D_{n-1}t^{n-1}+\cdots+D_1t+D_0)\mathrm{e}^{\alpha t}\cos(\beta t)\end{aligned}$$

在求微分方程的特解时，首先根据激励信号$f(t)$的形式写出特解的函数形式，然后把特解代入微分方程中，求解特解的系数。

【例 2.1-3】 已知微分方程如例 2.1-2，激励信号(1)$f(t)=t^2$；(2)$f(t)=\mathrm{e}^{2t}$，分别求两种情况下的特解。

解　(1)因为激励信号$f(t)=t^2$，所以特解的函数形式为$y_p(t)=D_2t^2+D_1t+D_0$，则

$$\frac{\mathrm{d}y_p(t)}{\mathrm{d}t}=2D_2t+D_1$$

$$\frac{\mathrm{d}y_p^2(t)}{\mathrm{d}t^2}=2D_2$$

将$y_p(t)$、$\frac{\mathrm{d}y_p(t)}{\mathrm{d}t}$和$\frac{\mathrm{d}y_p^2(t)}{\mathrm{d}t^2}$的表达式代入微分方程

$$\frac{\mathrm{d}^2y(t)}{\mathrm{d}t^2}+2\frac{\mathrm{d}y(t)}{\mathrm{d}t}+3y(t)=f(t) \tag{2.1-12}$$

得

$$2D_2+4D_2t+2D_1+3D_2t^2+3D_1t+3D_0=t^2$$

由等式两边对应项系数相等，得

$$D_2=\frac{1}{3}$$

$$4D_2+3D_1=0$$

$$2D_2+2D_1+3D_0=0$$

联合上述三个等式求得$D_2=\frac{1}{3}$，$D_1=-\frac{4}{9}$，$D_0=\frac{2}{27}$。所以，微分方程的特解为

$$y_p(t)=\frac{1}{3}t^2-\frac{4}{9}t+\frac{2}{27},\quad t\geqslant 0$$

(2)因为激励信号 $f(t)=\mathrm{e}^{2t}$，所以特解的函数形式为$y_p(t)=D\mathrm{e}^{2t}$，则

$$\frac{\mathrm{d}y_p(t)}{\mathrm{d}t}=2D\mathrm{e}^{2t}$$

$$\frac{\mathrm{d}y_p^2(t)}{\mathrm{d}t^2}=4D\mathrm{e}^{2t}$$

将$y_p(t)$、$\frac{\mathrm{d}y_p(t)}{\mathrm{d}t}$和$\frac{\mathrm{d}y_p^2(t)}{\mathrm{d}t^2}$的表达式代入微分方程式(2.1-12)得

$$4D\mathrm{e}^{2t}+4D\mathrm{e}^{2t}+3D\mathrm{e}^{2t}=\mathrm{e}^{2t}$$

解得系数 $D=\frac{1}{11}$，所以，微分方程的特解为

$$y_p(t)=\frac{1}{11}\mathrm{e}^{2t},\quad t\geqslant 0$$

【例 2.1-4】 已知微分方程$\frac{\mathrm{d}^2y(t)}{\mathrm{d}t^2}+4\frac{\mathrm{d}y(t)}{\mathrm{d}t}+4y(t)=f(t)$，激励信号 $f(t)=\mathrm{e}^{-2t}$，求方程的特解。

解 激励信号 $f(t)=\mathrm{e}^{-2t}$，-2 是特征方程$\beta^2+4\beta+4=0$ 的 2 重实根，所以方程特解的函数形式如式(2.1-13)所示。

$$y_p(t)=Dt^2\mathrm{e}^{-2t} \tag{2.1-13}$$

根据$y_p(t)$的表达式，得

$$\frac{\mathrm{d}y_p(t)}{\mathrm{d}t}=D(2t-2t^2)\mathrm{e}^{-2t} \tag{2.1-14}$$

$$\frac{\mathrm{d}y_p^2(t)}{\mathrm{d}t^2}=D(2-8t+4t^2)\mathrm{e}^{-2t} \tag{2.1-15}$$

将式(2.1-13)、式(2.1-14)和式(2.1-15)代入微分方程$\frac{d^2y(t)}{dt^2}+4\frac{dy(t)}{dt}+4y(t)=f(t)$，得 $D=\frac{1}{2}$，所以微分方程的特解如式(2.1-16)所示。

$$y_p(t)=\frac{1}{2}t^2e^{-2t},\quad t\geqslant 0 \tag{2.1-16}$$

三、全解

微分方程的齐次解和特解组成方程的全解，即 $y(t)=y_h(t)+y_p(t)$。

【例 2.1-5】 已知微分方程

$$\frac{d^2y(t)}{dt^2}+5\frac{dy(t)}{dt}+4y(t)=f(t) \tag{2.1-17}$$

当激励信号 $f(t)=e^{-3t}$，初始条件 $y(0)=1,y^{(1)}(0)=1$ 时，求全解。

解 (1)齐次解。

满足齐次方程的特征方程为

$$\beta^2+5\beta+4=0$$

其特征根$\beta_1=-1,\beta_2=-4,\beta_1$和$\beta_2$均为单实根，齐次解的函数形式为

$$y_h(t)=C_1e^{-t}+C_2e^{-4t},\quad t\geqslant 0$$

(2)特解。

激励信号 $f(t)=e^{-3t}$，-3 不是特征方程的特征根，因此特解的函数形式为

$$y_p(t)=De^{-3t}$$

$$y_p^{(1)}(t)=-3De^{-3t}$$

$$y_p^{(2)}(t)=9De^{-3t}$$

将$y_p(t)$、$y_p^{(1)}(t)$和$y_p^{(2)}(t)$的表达式代入微分方程式(2.1-17)，得

$$9De^{-3t}-15De^{-3t}+4De^{-3t}=e^{-3t}$$

求得 $D=-\frac{1}{2}$，于是特解$y_p(t)=-\frac{1}{2}e^{-3t},t\geqslant 0$。

微分方程的全解 $y(t)=y_h(t)+y_p(t)=C_1e^{-t}+C_2e^{-4t}-\frac{1}{2}e^{-3t}$，于是

$$y^{(1)}(t)=-C_1e^{-t}-4C_2e^{-4t}+\frac{3}{2}e^{-3t}$$

根据系统的初始条件，$y(0)=1,y^{(1)}(0)=1$，得

$$C_1+C_2-\frac{1}{2}=1$$

$$-C_1-4C_2+\frac{3}{2}=1$$

解得$C_1=\frac{11}{6},C_2=-\frac{1}{3}$。所以，系统的全解为

$$y(t)=y_h(t)+y_p(t)=\frac{11}{6}e^{-t}-\frac{1}{3}e^{-4t}-\frac{1}{2}e^{-3t},\quad t\geqslant 0$$

系统微分方程的全解称为系统的全响应，则齐次解称为系统的自由响应，特解称为系统的强迫响应，即全响应＝自由响应＋强迫响应。显然，自由响应的函数形式由系统本身的结构决

定，与外加激励无关；强迫响应的函数形式完全取决于激励信号的形式。特别强调，自由响应的系数由系统的初始条件决定，要从概念上将自由响应和强迫响应与 2.3 节中讨论的零输入响应和零状态响应区分开。

在全响应当中，只是暂时出现，随着时间的增长将消失的响应部分称为暂态响应，例如例题 2.1-5 中响应的幅度随着时间的增长将逐渐减小直至消失，所以全响应的三项均为暂态响应而无稳态响应；除去暂态响应剩下的部分称为稳态响应。

【例 2.1-6】 已知微分方程

$$\frac{d^2y(t)}{dt^2}+7\frac{dy(t)}{dt}+12y(t)=f(t) \tag{2.1-18}$$

当激励信号 $f(t)=2\sin t$，初始条件 $y(0)=0$，$y^{(1)}(0)=\frac{1}{85}$时，求全解。

解 微分方程式(2.1-18)所对应的特征方程的特征根$\beta_1=-3$、$\beta_2=-4$，所以齐次解的函数形式为

$$y_h(t)=C_1e^{-3t}+C_2e^{-4t} \tag{2.1-19}$$

激励信号 $f(t)=2\sin t$，根据激励信号的函数形式可知

$$y_p(t)=D_1\cos t+D_2\sin t$$

将$y_p(t)$、$\frac{dy_p(t)}{dt}$和$\frac{dy_p^2(t)}{dt^2}$代入式(2.1-18)，可得

$$y_p(t)=-\frac{7}{85}\cos t+\frac{11}{85}\sin t \tag{2.1-20}$$

结合式(2.1-19)和式(2.1-20)，可得系统的全响应

$$y(t)=C_1e^{-3t}+C_2e^{-4t}-\frac{7}{85}\cos t+\frac{11}{85}\sin t$$

令 $t=0$，并代入初始条件，得

$$C_1+C_2-\frac{7}{85}=0$$

$$-3C_1-4\,C_2+\frac{11}{85}=\frac{1}{85}$$

联合上述两式，可得$C_1=\frac{18}{85}$，$C_2=-\frac{11}{85}$，所以系统的全响应为

$$y(t)=\frac{18}{85}e^{-3t}-\frac{11}{85}e^{-4t}-\frac{7}{85}\cos t+\frac{11}{85}\sin t \tag{2.1-21}$$

在式(2.1-21)中，$\frac{18}{85}e^{-3t}-\frac{11}{85}e^{-4t}$是系统齐次方程的解，这部分解为系统的自由响应；$-\frac{7}{85}\cos t+\frac{11}{85}\sin t$由激励信号和微分方程共同决定，这部分解为系统的强迫响应；自由响应的幅度随着 t 的增加而逐渐减小，当 $t\to+\infty$时，幅度趋于 0，这部分响应称为系统的瞬态响应；强迫响应的幅度随着 t 的增加而呈稳定变化趋势，这部分响应成为系统的稳态响应。

2.2 从时域求解起始点的跳变问题

一般把系统接入激励信号的时刻看成是 $t=0$ 时刻。$t=0_-$ 表示激励接入系统前的一瞬

间；$t=0_+$表示激励刚接入系统的一瞬间。动态系统在0_-时刻以前已经达到了稳定状态，在$t=0$时刻接入激励信号以后，系统重新由不稳定状态逐渐趋于稳定状态，因而，在讨论 LTI 连续系统的响应时，讨论的实际上是 $t\geqslant 0_+$时的响应。

在 $t=0_-$时刻，激励 $f(t)$ 尚未接入，因而响应 $y(t)$ 及其各阶导数在0_-时刻的函数值$y(0_-)$，$y^{(1)}(0_-)$，…，$y^{(n-1)}(0_-)$（n 为微分方程的阶数）反映了系统的历史状况，与激励无关，称这些值为系统的初始状态。初始状态等效的激励源作用于系统所产生的响应即为系统的零输入响应。系统的初始状态一般是容易求得的，如图 2.2-1 所示的系统。若 $t=0$ 时，开关由 1 调拨到 2。当开关接 1 时，电路已处于稳定状态，电容相当于断路，所以电容两端的电压 $u_C(0_-)=\dfrac{1\ \text{V}}{(1+2)\ \Omega}\times 2\ \Omega=\dfrac{2}{3}\ \text{V}$，流过电容的电流$i_C(0_-)=0$。当开关由 1 调拨到 2 的一瞬间，电容两端的电压不能突变，所以$v_C(0_+)=v_C(0_-)=\dfrac{2}{3}\ \text{V}$，$i_C(0_+)=\dfrac{(2-\frac{2}{3})\ \text{V}}{1\ \Omega}-\dfrac{\frac{2}{3}\ \text{V}}{2\ \Omega}=1\ \text{A}$。

在 2.1 节中，求解系统的全响应即求解表征系统的微分方程，微分方程的全解由齐次解和特解两部分组成，齐次解的函数形式由特征根决定，但待定系数需要求解到全解的函数形式后再确定。因为在 $t=0$ 时，激励接入系统，系统的全解是从 $t=0_+$时刻开始的全解，所以确定齐次解的待定系数时用到的全响应的初始值$y^{(i)}(0)$（$i=0,1,\cdots,n-1$，n 为微分方程的阶数）实际上应为$y^{(i)}(0_+)$。根据已知的初始状态、系统的微分方程和激励信号可以确定系统响应的初始条件，即 $y(0_+)$，$y^{(1)}(0_+)$，…，$y^{(n-1)}(0_+)$的值，从而可以确定利用时域经典解法得到的齐次解的待定系数。这里特别强调，微分方程齐次解的系数由初始条件决定，而非初始状态决定。

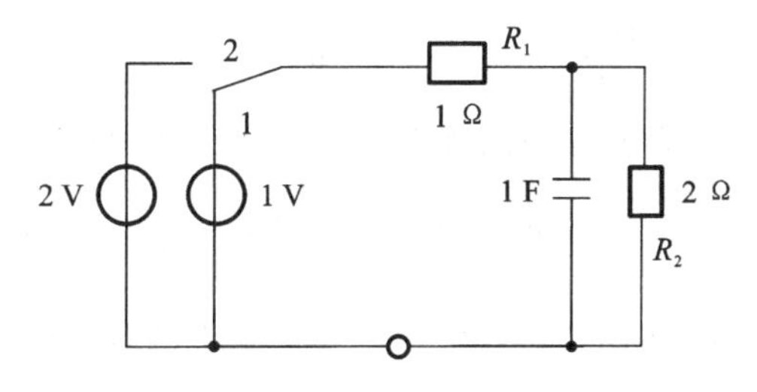

图 2.2-1　初始状态实例

对于一个具体的电路，系统的初始状态就是系统中储能元件的储能情况。在 t 从0_-到0_+换路期间，当电路中没有冲激电流（或阶跃电压）作用于电容时，电容两端的电压不会发生突变，即$v_C(0_-)=v_C(0_+)$；当电路中没有冲激电压（或阶跃电流）作用于电感时，流过电感的电流不会发生突变，即$i_L(0_-)=i_L(0_+)$。该换路定则是电路0_-和0_+两个状态建立联系的桥梁。但是当有冲激电流作用于电容或者冲激电压作用于电感时，0_-到0_+时刻的值就会发生跳变。当用微分方程抽象电路时，若方程等号右边和激励信号相关的部分含有 $\delta(t)$或 $\delta(t)$的导数，则响应0_-到0_+初始状态可能发生跳变，而方程等号右边不含有 $\delta(t)$和 $\delta(t)$的导数时，响应0_-到0_+初始状态不会发生跳变。下面讨论已知初始状态求初始条件的方法。

若系统响应0_-到0_+的值发生跳变，则微分方程等号两端都含有 $\delta(t)$或 $\delta(t)$的导数，根据

等式两边 $\delta(t)$ 及其导数平衡的原则，可以确定系统的初始条件。

【例 2.2-1】 已知微分方程

$$\frac{\mathrm{d}y(t)}{\mathrm{d}t}+2y(t)=3\frac{\mathrm{d}f(t)}{\mathrm{d}t} \tag{2.2-1}$$

当激励信号 $f(t)=\delta(t)$，系统的初始状态 $y(0_-)=1$ 时，求系统的初始条件 $y(0_+)$。

解 方法一：

方程右边含有 $3\delta^{(1)}(t)$，因此等式左边最高阶$\frac{\mathrm{d}y(t)}{\mathrm{d}t}$必然含有 $3\delta^{(1)}(t)$，从而 $2y(t)$ 含有$6\delta(t)$，而等式右边不含 $\delta(t)$，所以$\frac{\mathrm{d}y(t)}{\mathrm{d}t}$中必含有能将 $2y(t)$ 中的 $6\delta(t)$ 抵消的 $-6\delta(t)$，设$y^{(1)}(t)=3\delta^{(1)}(t)-6\delta(t)+r(t)$，其中 $r(t)$ 为不含 $\delta(t)$ 及其导数的函数。对$y^{(1)}(t)$从0_-到0_+积分：

$$\begin{aligned}\int_{0_-}^{0_+}y^{(1)}(t)\mathrm{d}t&=\int_{0_-}^{0_+}[3\delta^{(1)}(t)-6\delta(t)+r(t)]\mathrm{d}t\\&=3\int_{0_-}^{0_+}\delta^{(1)}(t)\mathrm{d}t-6\int_{0_-}^{0_+}\delta(t)\mathrm{d}t+\int_{0_-}^{0_+}r(t)\mathrm{d}t\\&=-6\end{aligned}$$

所以 $y(0_+)-y(0_-)=-6$，即 $y(0_+)=-5$。

方法二：

将激励信号 $f(t)=\delta(t)$ 代入微分方程，得

$$\frac{\mathrm{d}y(t)}{\mathrm{d}t}+2y(t)=3\delta^{(1)}(t)$$

等式两边 $\delta(t)$ 及其各阶导数的系数应该相等，因此$\frac{\mathrm{d}y(t)}{\mathrm{d}t}$中必含有 $\delta^{(1)}(t)$，假设

$$\frac{\mathrm{d}y(t)}{\mathrm{d}t}=a\delta^{(1)}(t)+b\delta(t)+r(t) \tag{2.2-2}$$

式(2.2-2)中 $r(t)$ 为不含 $\delta(t)$ 及其导数的函数。对式(2.2-2)两端从 $-\infty$ 到 t 积分，得

$$y(t)=a\delta(t)+bu(t)+\int_{-\infty}^{t}r(t)\mathrm{d}t=a\delta(t)+r_1(t) \tag{2.2-3}$$

其中，$r_1(t)=bu(t)+\int_{-\infty}^{t}r(t)\mathrm{d}t$，为不含 $\delta(t)$ 及其导数的函数。将式(2.2-2)和式(2.2-3)代入式(2.2-1)，得

$$a\delta^{(1)}(t)+b\delta(t)+r(t)+2a\delta(t)+2r_1(t)=3\delta^{(1)}(t)$$

上式中等号两端 $\delta(t)$ 及其导数的系数应该分别相等，因而

$$a=3$$

$$b+2a=0$$

由上述两式可得 $a=3$，$b=-6$，将 a 和 b 的值代入式(2.2-2)，并对该等式两边从0_-到0_+积分，得

$$\int_{0_-}^{0_+}\frac{\mathrm{d}y(t)}{\mathrm{d}t}\mathrm{d}t=\int_{0_-}^{0_+}3\delta^{(1)}(t)\mathrm{d}t-\int_{0_-}^{0_+}6\delta(t)\mathrm{d}t+\int_{0_-}^{0_+}r(t)\mathrm{d}t \tag{2.2-4}$$

由于 $r(t)$ 不含 $\delta(t)$ 及其导数，则 $r(t)$ 在无穷小区间$[0_-,0_+]$的积分为零，即$\int_{0_-}^{0_+}r(t)\mathrm{d}t=0$，

式(2.2-4)变成

$$\begin{aligned} y(0_+)-y(0_-) &= \int_{0_-}^{0_+} 3\delta^{(1)}(t)\mathrm{d}t - \int_{0_-}^{0_+} 6\delta(t)\mathrm{d}t \\ &= 3\int_{0_-}^{0_+} \delta^{(1)}(t)\mathrm{d}t - 6\int_{0_-}^{0_+} \delta(t)\mathrm{d}t \\ &= -6 \end{aligned}$$

所以 $y(0_+)=-5$。

本实例中微分方程等号右边含有 $\delta(t)$ 的导数，响应 $y(t)$ 在 0 时刻的函数值发生了跳变，$y(0_+)\neq y(0_-)$。

【例 2.2-2】 描述系统的微分方程

$$\frac{\mathrm{d}^2 y(t)}{\mathrm{d}t^2}+4\frac{\mathrm{d}y(t)}{\mathrm{d}t}+3y(t)=\frac{\mathrm{d}f(t)}{\mathrm{d}t}+3f(t) \tag{2.2-5}$$

已知 $y(0_-)=1, y^{(1)}(0_-)=2, f(t)=u(t)$，求 $y(0_+)$、$y^{(1)}(0_+)$。

解　方法一：

将激励信号 $f(t)=u(t)$ 代入微分方程式(2.2-5)，得

$$\frac{\mathrm{d}^2 y(t)}{\mathrm{d}t^2}+4\frac{\mathrm{d}y(t)}{\mathrm{d}t}+3y(t)=\delta(t)+3u(t) \tag{2.2-6}$$

根据微分方程等式两边 $\delta(t)$ 及其导数匹配的原则，等式左边最高阶 $y^{(2)}(t)$ 必含有 $\delta(t)$，因此 $y^{(1)}(t)$ 从 0_- 到 0_+ 发生跳变，$y^{(1)}(0_-)\neq y^{(1)}(0_+)$。既然 $y^{(2)}(t)$ 含 $\delta(t)$ 而不含 $\delta^{(1)}(t)$，则 $y^{(1)}(t)$ 必然不含 $\delta(t)$ 及其导数，因此 $y(t)$ 在 $t=0$ 时连续，即 $y(0_-)=y(0_+)$。对式(2.2-6)两端从 0_- 到 0_+ 积分，得

$$\int_{0_-}^{0_+} \frac{\mathrm{d}^2 y(t)}{\mathrm{d}t^2}\mathrm{d}t + 4\int_{0_-}^{0_+} \frac{\mathrm{d}y(t)}{\mathrm{d}t}\mathrm{d}t + 3\int_{0_-}^{0_+} y(t)\mathrm{d}t = \int_{0_-}^{0_+} \delta(t)\mathrm{d}t + 3\int_{0_-}^{0_+} u(t)\mathrm{d}t$$

所以

$$y^{(1)}(0_+)-y^{(1)}(0_-)=1$$

即 $y^{(1)}(0_+)=y^{(1)}(0_-)+1=3$，$y(t)$ 在 $t=0$ 时连续，因而 $y(0_+)=y(0_-)=1$。

方法二：

$$\frac{\mathrm{d}^2 y(t)}{\mathrm{d}t^2}+4\frac{\mathrm{d}y(t)}{\mathrm{d}t}+3y(t)=\delta(t)+3u(t) \tag{2.2-7}$$

微分方程(2.2-7)等号右端含有 $\delta(t)$，等式两端 $\delta(t)$ 的系数应该相等，因而，设

$$\frac{\mathrm{d}^2 y(t)}{\mathrm{d}t^2}=a\delta(t)+r(t) \tag{2.2-8}$$

式中：$r(t)$ 为不含 $\delta(t)$ 及其导数的函数。

对式(2.2-8)等号两端从 $-\infty$ 到 t 积分，得

$$\begin{aligned} \int_{-\infty}^{t} \frac{\mathrm{d}^2 y(t)}{\mathrm{d}t^2}\mathrm{d}t = \frac{\mathrm{d}y(t)}{\mathrm{d}t} &= \int_{-\infty}^{t} a\delta(t)\mathrm{d}t + \int_{-\infty}^{t} r(t)\mathrm{d}t \\ &= au(t)+r_1(t) \end{aligned} \tag{2.2-9}$$

式中：$r_1(t)$ 为不含 $\delta(t)$ 及其导数的函数。

对式(2.2-9)等号两端从 $-\infty$ 到 t 积分，得

$$\int_{-\infty}^{t}\frac{\mathrm{d}y(t)}{\mathrm{d}t}\mathrm{d}t = y(t) = \int_{-\infty}^{t}au(t)\mathrm{d}t + \int_{-\infty}^{t}r_1(t)\mathrm{d}t$$
$$= atu(t) + r_2(t) \tag{2.2-10}$$

式中：$r_2(t)$为不含$\delta(t)$及其导数的函数。

将式(2.2-8)、式(2.2-9)和式(2.2-10)代入微分方程(2.2-7)中，得

$$a\delta(t)+r(t)+4au(t)+4r_1(t)+3atu(t)+3r_2(t)=\delta(t)+3u(t)$$

由上式可得

$$a=1$$

将$a=1$代入式(2.2-8)，并对等式两边从0_-到0_+积分，可得

$$\int_{0_-}^{0_+}\frac{\mathrm{d}^2y(t)}{\mathrm{d}t^2}\mathrm{d}t = \int_{0_-}^{0_+}\delta(t)\mathrm{d}t + \int_{0_-}^{0_+}r(t)\mathrm{d}t = 1$$

即

$$y^{(1)}(0_+)-y^{(1)}(0_-)=1$$

因而$y^{(1)}(0_+)=3$，而从式(2.2-9)中可看出，$y(t)$在$t=0$时连续，所以$y(0_+)=y(0_-)=1$。

在求解系统的自由响应时，确定待定系数需要用到全响应在0_+时刻的函数值，因此在求解系统的自由响应时，若已知系统的初始状态，可以通过微分方程、激励信号和初始状态，求出系统的初始条件，再利用初始条件确定自由响应的待定系数。

2.3　零输入响应、零状态响应和全响应

全响应除了可以分为自由响应和强迫响应、瞬态响应和稳态响应以外，还可以分为零输入响应和零状态响应。

一、零输入响应

激励信号为零即不加激励信号，完全由系统的初始状态所引起的响应称为系统的零输入响应，记为$y_{zi}(t)$。

对于由微分方程式(2.3-1)描述的 LTI 连续系统，其零输入响应满足式(2.3-2)。

$$\frac{\mathrm{d}^ny(t)}{\mathrm{d}t^n}+a_{n-1}\frac{\mathrm{d}^{n-1}y(t)}{\mathrm{d}t^{n-1}}+\cdots+a_1\frac{\mathrm{d}y(t)}{\mathrm{d}t}+a_0y(t)=f(t) \tag{2.3-1}$$

$$\frac{\mathrm{d}^ny_{zi}(t)}{\mathrm{d}t^n}+a_{n-1}\frac{\mathrm{d}^{n-1}y_{zi}(t)}{\mathrm{d}t^{n-1}}+\cdots+a_1\frac{\mathrm{d}y_{zi}(t)}{\mathrm{d}t}+a_0y_{zi}(t)=0 \tag{2.3-2}$$

从式(2.3-2)可以看出，系统的零输入响应和自由响应一样，满足微分方程所对应的齐次方程，零输入响应为该微分方程的齐次解，因此，零输入响应和自由响应的函数形式完全一样。所不同的是，自由响应的系数由系统的初始条件即$y(0_+)$，$y^{(1)}(0_+)$，…，$y^{(n-1)}(0_+)$（n为微分方程的阶数）决定，$t=0_+$时，激励信号已接入系统，因此也可以说自由响应的系数由系统的初始状态和激励信号共同决定。要得到自由响应的系数，必须知道系统的全解，而零输入响应的系数由系统零输入响应的初始状态$y_{zi}(0_-)$，$y_{zi}^{(1)}(0_-)$，…，$y_{zi}^{(n-1)}(0_-)$完全决定，只需要知道微分方程和系统零输入响应的初始状态，就可以求得系统的零输入响应。

二、零状态响应

系统的初始状态为零，完全由系统所加的激励信号所引起的响应称为系统的零状态响应，记为$y_{zs}(t)$。对于由微分方程式(2.3-1)所描述的系统，其零状态响应满足式(2.3-3)。

$$\frac{d^n y_{zs}(t)}{dt^n}+a_{n-1}\frac{d^{n-1} y_{zs}(t)}{dt^{n-1}}+\cdots+a_1\frac{dy_{zs}(t)}{dt}+a_0 y_{zs}(t)=f(t) \tag{2.3-3}$$

一般而言，把系统接入激励信号的时刻看成是$t=0$时刻。在$t=0_-$时，激励信号尚未接入系统，因此系统的零状态响应的初始状态为零，即$y_{zs}(0_-)$，$y_{zs}^{(1)}(0_-)$，…，$y_{zs}^{(n-1)}(0_-)$（n为微分方程的阶数）都为零。零状态响应的函数形式由齐次解和特解两部分组成，其中，齐次解的系数由零状态响应的初始值$y_{zs}^{(i)}(0_+)$（$i=0,1,2,\cdots,n-1$，n为微分方程的阶数）决定；特解的函数形式由激励信号决定。

综上所述，LTI 连续系统的自由响应和零输入响应满足的齐次方程一致，函数形式一致，但待定系数不同；强迫响应中只含有微分方程的特解，而零状态响应中既含有特解又含有齐次解，这两对响应和全响应之间的关系可以表示如下。

$$y(t)=y_h(t)+y_p(t)=\underbrace{\sum_{i=1}^{n}C_i e^{\beta_i t}}_{\text{自由响应}}+\underbrace{y_p(t)}_{\text{强迫响应}}$$

$$y(t)=y_{zi}(t)+y_{zs}(t)=\underbrace{\sum_{i1=1}^{n}C_{i1}e^{\beta_{i1}t}}_{\text{零输入响应}}+\underbrace{\sum_{i2=1}^{n}C_{i2}e^{\beta_{i2}t}+y_p(t)}_{\text{零状态响应}}$$

$$\underbrace{y_h(t)=\sum_{i=1}^{n}C_i e^{\beta_i t}}_{\text{自由响应}}=\underbrace{\sum_{i1=1}^{n}C_{i1}e^{\beta_{i1}t}}_{\text{零输入响应}}+\underbrace{\sum_{i2=1}^{n}C_{i2}e^{\beta_{i2}t}}_{\text{零状态响应的齐次解}}$$

三、零输入响应和零状态响应的初始条件

在上面零状态响应的部分强调了 LTI 连续系统的零状态响应中的齐次解的系数由零状态响应的初始条件$y_{zs}^{(i)}(0_+)$（$i=0,1,2,\cdots,n-1$，n为微分方程的阶数）决定，下面讨论零输入响应的初始状态$y_{zi}^{(i)}(0_-)$和初始条件$y_{zi}^{(i)}(0_+)$、零状态响应的初始状态$y_{zs}^{(i)}(0_-)$和初始条件$y_{zs}^{(i)}(0_+)$以及全响应的初始状态$y^{(i)}(0_-)$和初始条件$y^{(i)}(0_+)$之间的关系。

全响应等于零输入响应和零状态响应之和，即

$$y^{(i)}(t)=y_{zi}^{(i)}(t)+y_{zs}^{(i)}(t)$$

式中：$i=0,1,2,\cdots,n-1$，n为微分方程的阶数。

当$t=0_-$时，有

$$y^{(i)}(0_-)=y_{zi}^{(i)}(0_-)+y_{zs}^{(i)}(0_-)$$

零状态响应的初始状态为零，即$y_{zs}^{(i)}(0_-)=0$，因此

$$y^{(i)}(0_-)=y_{zi}^{(i)}(0_-) \tag{2.3-4}$$

说明系统全响应的初始状态就是零输入响应的初始状态。已知系统的微分方程和初始状态，即可求出系统的零输入响应。

当 $t=0_+$ 时，有

$$y^{(i)}(0_+)=y_{zi}^{(i)}(0_+)+y_{zs}^{(i)}(0_+)$$

在 $t=0$ 时刻，系统的零输入响应连续，因此从0_-到0_+零输入响应不发生跳变，即

$$y_{zi}^{(i)}(0_-)=y_{zi}^{(i)}(0_+) \tag{2.3-5}$$

所以

$$y^{(i)}(0_+)=y_{zi}^{(i)}(0_+)+y_{zs}^{(i)}(0_+)$$

根据上面讨论的结论，已知系统在0_-或0_+时刻的值，就可求出系统的响应在0_+或0_-时刻的值。

综上所述，系统零输入响应的系数由$y_{zi}(0_-)$，$y_{zi}^{(1)}(0_-)$，…，$y_{zi}^{(n-1)}(0_-)$决定，而$y^{(i)}(0_-)=y_{zi}^{(i)}(0_-)$，所以系统的零输入响应的系数实际上由系统的初始状态 $y(0_-)$，$y^{(1)}(0_-)$，…，$y^{(n-1)}(0_-)$完全决定，只需要知道微分方程和系统的初始状态，就可以求得系统的零输入响应。若系统的初始状态为零，则系统的零输入响应为零，但自由响应不为零。

【例 2.3-1】 描述系统的微分方程

$$\frac{d^2y(t)}{dt^2}+4\frac{dy(t)}{dt}+3y(t)=\frac{df(t)}{dt} \tag{2.3-6}$$

已知 $y(0_-)=1$，$y^{(1)}(0_-)=2$，求系统的零输入响应。

解 零输入响应完全由系统的初始状态决定，与激励信号 $f(t)$无关，令微分方程等式右边等于零，得到零输入响应满足的方程

$$\frac{d^2y_{zi}(t)}{dt^2}+4\frac{dy_{zi}(t)}{dt}+3y_{zi}(t)=0$$

$$y(0_-)=1,\quad y^{(1)}(0_-)=2$$

式(2.3-6)满足的特征方程为

$$\beta^2+4\beta+3=0 \tag{2.3-7}$$

求解式(2.3-7)得到特征根$\beta_1=-1$，$\beta_2=-3$，因此，零输入响应的函数形式如下：

$$y_{zi}(t)=C_1e^{-t}+C_2e^{-3t} \tag{2.3-8}$$

根据式(2.3-4)，$y^{(i)}(0_-)=y_{zi}{}^{(i)}(0_-)$，因此

$$y_{zi}(0_-)=1$$

$$y_{zi}^{(1)}(0_-)=2$$

令式(2.3-8)中 $t=0_-$，得

$$y_{zi}(0_-)=C_1+C_2=1 \tag{2.3-9}$$

对式(2.3-8)求一阶导数，得

$$y_{zi}^{(1)}(t)=-C_1e^{-t}-3C_2e^{-3t}$$

令 $t=0_-$，得

$$y_{zi}^{(1)}(0_-)=-C_1-3C_2=2 \tag{2.3-10}$$

联合式(2.3-9)和式(2.3-10)，得

$$C_1=\frac{5}{2}$$

$$C_2=-\frac{3}{2}$$

所以，该系统的零输入响应 $y_{zi}(t)=\left(\dfrac{5}{2}e^{-t}-\dfrac{3}{2}e^{-3t}\right)u(t)$

【例 2.3-2】 设描述系统的微分方程

$$\frac{d^2y(t)}{dt^2}+6\frac{dy(t)}{dt}+8y(t)=f(t) \tag{2.3-11}$$

已知激励信号 $f(t)=e^{-3t}$，求系统的零状态响应。

解 系统的零状态响应满足

$$\frac{d^2y_{zs}(t)}{dt^2}+6\frac{dy_{zs}(t)}{dt}+8y_{zs}(t)=f(t) \tag{2.3-12}$$

零状态响应由齐次解和特解两部分组成，齐次解所对应的特征方程如下：

$$\beta^2+6\beta+8=0$$

解得两个单实数特征根为$\beta_1=-2$，$\beta_2=-4$，所以，齐次解的函数形式为

$$y_{zsh}(t)=C_1e^{-2t}+C_2e^{-4t}$$

因为激励信号 $f(t)=e^{-3t}$，设特解的函数形式为$y_{zsp}(t)=De^{-2t}$，则

$$\frac{dy_{zsp}(t)}{dt}=-3De^{-3t} \tag{2.3-13}$$

$$\frac{d^2y_{zsp}(t)}{dt^2}=9De^{-3t} \tag{2.3-14}$$

将式(2.3-13)、式(2.3-14)代入微分方程(2.3-11)得

$$9De^{-3t}-18De^{-3t}+8De^{-3t}=e^{-3t}$$

求得

$$D=-1$$

所以零状态响应中特解为$-e^{-3t}$。

零状态响应的完全形式为

$$y_{zs}(t)=C_1e^{-2t}+C_2e^{-4t}-e^{-3t} \tag{2.3-15}$$

接下来确定待定系数。式(2.3-11)等号右端不含有 $\delta(t)$及其导数，因而$y_{zs}(t)$在 $t=0$ 时连续，即$y_{zs}(0_+)=y_{zs}(0_-)=0$，$y_{zs}^{(1)}(0_+)=y_{zs}^{(1)}(0_-)=0$。令式(2.3-15)中 $t=0_-$，则

$$y_{zs}(0_-)=C_1+C_2-1=0 \tag{2.3-16}$$

对式(2.3-15)等式两边求导

$$y_{zs}^{(1)}(t)=-2C_1e^{-2t}-4C_2e^{-4t}+3e^{-3t} \tag{2.3-17}$$

令式(2.3-17)中 $t=0_-$，则

$$y_{zs}^{(1)}(0_-)=-2C_1-4C_2+3=0 \tag{2.3-18}$$

联合式(2.3-16)和式(2.3-18)，求得$C_1=\dfrac{1}{2}$，$C_2=\dfrac{1}{2}$。所以该系统的零状态响应

$$y_{zs}(t)=\left(\frac{1}{2}e^{-2t}+\frac{1}{2}e^{-4t}-e^{-3t}\right)u(t)$$

在本题中，若已知系统响应的初始状态 $y(0_-)=1$，$y^{(1)}(0_-)=-1$，则零输入响应的初始状态$y_{zi}(0_-)=1$，$y_{zi}^{(1)}(0_-)=1$。零输入响应和零状态响应中的齐次解部分具有相同的函数形式，因而

$$y_{zi}(t)=C_1e^{-2t}+C_2e^{-4t} \tag{2.3-19}$$

令式(2.3-19)中 $t=0_-$，则

$$y_{zi}(0_-)=C_1+C_2=1$$

$$y_{zi}^{(1)}(0_-)=-2C_1-4C_2=1$$

联合上述两式，得

$$C_1=\frac{5}{2},\quad C_2=-\frac{3}{2}$$

所以，零输入响应

$$y_{zi}(t)=\left(\frac{5}{2}e^{-2t}-\frac{3}{2}e^{-4t}\right)u(t)$$

系统全解的表达式

$$y(t)=y_{zi}(t)+y_{zs}(t)=\Big(\underbrace{\frac{5}{2}e^{-2t}-\frac{3}{2}e^{-4t}}_{\text{零输入响应}}+\underbrace{\frac{1}{2}e^{-2t}+\frac{1}{2}e^{-4t}-e^{-3t}}_{\text{零状态响应}}\Big)u(t) \tag{2.3-20}$$

$$=(\underbrace{3e^{-2t}-e^{-4t}}_{\text{自由响应}}-e^{-3t})u(t) \tag{2.3-21}$$

从式(2.3-20)、式(2.3-21)可以看出，系统的零状态响应中包含了一部分自由响应；自由响应和强迫响应都是随着时间逐渐衰减的函数，因此该系统只含有瞬态响应，不含有稳态响应。

【例 2.3-3】 已知电路如图 2.3-1 所示，电压源为激励信号 $u_S(t)=\sin t$，电阻 $R=2\ \Omega$，电容量 $C=0.1$ F，$L=2.5$ H，电容两端的电压 $u_C(t)$ 为响应，求电路的零状态响应。

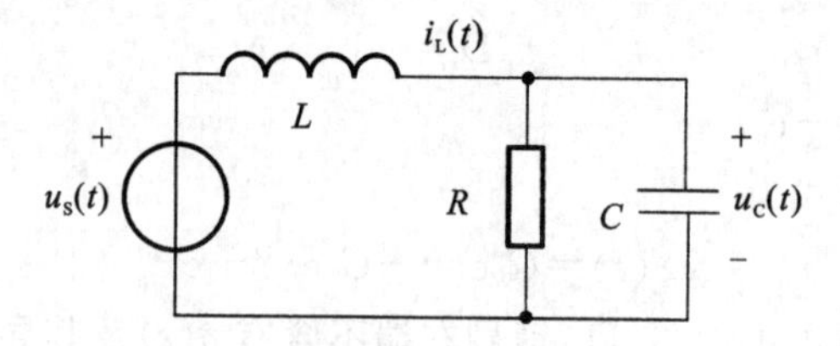

图 2.3-1 RLC 电路

解 首先列出元器件两端的电压和流过的电流之间的关系

$$i_C(t)=C\frac{du_C(t)}{dt}$$

$$u_R(t)=Ri_R(t)$$

$$u_L(t)=L\frac{di_L(t)}{dt}$$

以电容两端的电压为响应，列出 $u_C(t)$ 满足的微分方程

$$u_L(t)+u_C(t)=u_S(t)$$

微分方程描述激励和响应之间的关系，因此将其余项 $u_L(t)$ 去掉

$$L\frac{di_L(t)}{dt}+u_C(t)=u_S(t)$$

$$L\frac{d[i_R(t)+i_C(t)]}{dt}+u_C(t)=u_S(t)$$

$$LC\frac{du_C^2(t)}{dt^2}+\frac{L}{R}\frac{du_C(t)}{dt}+u_C(t)=u_S(t) \tag{2.3-22}$$

将 R、L 和 C 的值分别代入微分方程(2.3-22)中，得

$$\frac{du_C^2(t)}{dt^2}+5\frac{du_C(t)}{dt}+4u_C(t)=4u_S(t) \tag{2.3-23}$$

该系统的零状态响应由齐次解和特解两部分组成。齐次解对应的特征方程如下：

$$\beta^2+6\beta+8=0$$

解得特征根$\beta_1=-2$，$\beta_2=-4$，所以齐次解的函数形式为

$$u_{CH}(t)=C_1e^{-2t}+C_2e^{-4t}$$

系统所加的激励信号 $u_S(t)=\sin t$，根据激励信号的函数形式，零状态响应的特解函数形式为

$$u_{CP}(t)=D_1\cos t+D_2\sin t$$

对 $u_{CP}(t)$ 求一阶导数 $u_{CP}^{(1)}(t)=-D_1\sin t+D_2\cos t$，求二阶导数 $u_{CP}^{(2)}(t)=-D_1\cos t-D_2\sin t$，并将一阶导数和二阶导数代入微分方程(2.3-23)中，得

$$u_{CP}(t)=-\frac{10}{17}\cos t+\frac{6}{17}\sin t$$

因而，零状态响应

$$u_C(t)=C_1e^{-2t}+C_2e^{-4t}-\frac{10}{17}\cos t+\frac{6}{17}\sin t \tag{2.3-24}$$

$$u_C^{(1)}(t)=-2C_1e^{-2t}-4C_2e^{-4t}+\frac{10}{17}\sin t+\frac{6}{17}\cos t \tag{2.3-25}$$

零状态响应齐次解部分的待定系数C_1 和 C_2 由初始值 $u_C(0_-)$和$u_C^{(1)}(0_-)$决定。微分方程(2.3-23)等式右端和激励信号有关的自由项不含有 $\delta(t)$或 $\delta(t)$的导数，在 $t=0$ 时，$u_C(t)$的状态不发生改变，即 $u_C(0_+)=u_C(0_-)=0$，$u_C^{(1)}(0_+)=u_C^{(1)}(0_-)=0$，令式(2.3-22)和式(2.3-23)中 $t=0_+$，则

$$u_C(0_+)=C_1+C_2-\frac{10}{17}=0$$

$$u_C^{(1)}(0_+)=-2C_1-4C_2+\frac{6}{17}=0$$

解上述两式可得$C_1=1$，$C_2=-\frac{7}{17}$，所以，零状态响应 $u_C(t)$的函数表达式如下：

$$u_C(t)=e^{-2t}-\frac{7}{17}e^{-4t}-\frac{10}{17}\cos t+\frac{6}{17}\sin t$$

【例 2.3-4】 描述 LTI 连续系统的微分方程如下：

$$\frac{d^2y(t)}{dt^2}+7\frac{dy(t)}{dt}+10y(t)=\frac{df(t)}{dt}+3f(t) \tag{2.3-26}$$

已知 $y(0_-)=1$，$y^{(1)}(0_-)=1$，$f(t)=u(t)$，求该系统的零输入响应、零状态响应和全响应。

解 (1)零输入响应$y_{zi}(t)$满足齐次方程

$$\frac{d^2y_{zi}(t)}{dt^2}+7\frac{dy_{zi}(t)}{dt}+10y_{zi}(t)=0 \tag{2.3-27}$$

该齐次方程对应的特征方程的特征根$\beta_1=-2,\beta_2=-5$，所以，零输入响应

$$y_{zi}(t)=C_1\mathrm{e}^{-2t}+C_2\mathrm{e}^{-5t} \tag{2.3-28}$$

$$y_{zi}^{(1)}(t)=-2C_1\mathrm{e}^{-2t}-5C_2\mathrm{e}^{-5t} \tag{2.3-29}$$

根据式(2.3-4)可得

$$y_{zi}(0_+)=y_{zi}(0_-)=y(0_-)=1$$

$$y_{zi}^{(1)}(0_+)=y_{zi}^{(1)}(0_-)=y^{(1)}(0_-)=1$$

将上述零输入响应的初始值代入式(2.3-28)和式(2.3-29)，可得$C_1=2,C_2=-1$，系统的零输入响应为

$$y_{zi}(t)=2\mathrm{e}^{-2t}-\mathrm{e}^{-5t},\quad t\geqslant 0$$

(2)当$t\geqslant 0$时，零状态响应$y_{zs}(t)$满足

$$\frac{\mathrm{d}^2y_{zs}(t)}{\mathrm{d}t^2}+7\frac{\mathrm{d}y_{zs}(t)}{\mathrm{d}t}+10y_{zs}(t)=\delta(t)+3u(t) \tag{2.3-30}$$

当$t\geqslant 0_+$时，$y_{zs}(t)$满足

$$\frac{\mathrm{d}^2y_{zs}(t)}{\mathrm{d}t^2}+7\frac{\mathrm{d}y_{zs}(t)}{\mathrm{d}t}+10y_{zs}(t)=3 \tag{2.3-31}$$

$y_{zs}(t)$包含齐次解和特解两部分，齐次解的函数形式为$C_1\mathrm{e}^{-2t}+C_2\mathrm{e}^{-5t}$，特解的函数形式为常数$A$，代入式(2.3-26)，得到$A=0.3$，所以

$$y_{zs}(t)=C_1\mathrm{e}^{-2t}+C_2\mathrm{e}^{-5t}+\frac{3}{10} \tag{2.3-32}$$

$$\frac{\mathrm{d}y_{zs}(t)}{\mathrm{d}t}=-2C_1\mathrm{e}^{-2t}-5C_2\mathrm{e}^{-5t} \tag{2.3-33}$$

式(2.3-30)等式右端含有$\delta(t)$，所以$\frac{\mathrm{d}^2y_{zs}(t)}{\mathrm{d}t^2}$含有$\delta(t)$，但不含$\delta(t)$的导数，$\frac{\mathrm{d}y_{zs}(t)}{\mathrm{d}t}$不含有$\delta(t)$及其导数，由此可推得$\frac{\mathrm{d}^2y_{zs}(t)}{\mathrm{d}t^2}$中$\delta(t)$前面的系数等于1，即

$$\int_{0_-}^{0_+}\frac{\mathrm{d}^2y_{zs}(t)}{\mathrm{d}t^2}\mathrm{d}t=y_{zs}^{(1)}(0_+)-y_{zs}^{(1)}(0_-)=1$$

所以$y_{zs}^{(1)}(0_+)=1$。

$$\int_{0_-}^{0_+}\frac{\mathrm{d}y_{zs}(t)}{\mathrm{d}t}\mathrm{d}t=y_{zs}(0_+)-y_{zs}(0_-)=0$$

所以$y_{zs}(0_+)=0$。将$y_{zs}(t)$及其导数的初始值代入式(2.3-30)和式(2.3-31)，求得$C_1=\frac{7}{6}$，$C_2=-\frac{7}{15}$，零状态响应为

$$y_{zs}(t)=\left(\frac{7}{6}\mathrm{e}^{-2t}-\frac{7}{15}\mathrm{e}^{-5t}+\frac{3}{10}\right)u(t)$$

(3)全响应等于零输入响应和零状态响应之和，所以

$$y(t)=2\mathrm{e}^{-2t}-\mathrm{e}^{-5t}+\frac{7}{6}\mathrm{e}^{-2t}-\frac{7}{15}\mathrm{e}^{-5t}+\frac{3}{10}=\frac{19}{6}\mathrm{e}^{-2t}-\frac{22}{15}\mathrm{e}^{-5t}+\frac{3}{10},t\geqslant 0$$

在全响应中，$\frac{19}{6}\mathrm{e}^{-2t}-\frac{22}{15}\mathrm{e}^{-5t}$是系统的自由响应，同时也是瞬间响应，$\frac{3}{10}$是系统的强迫响

应，同时也是系统的稳态响应。

【例 2.3-5】 描述 LTI 连续系统的微分方程如下：

$$\frac{d^2 y(t)}{dt^2}+9\frac{dy(t)}{dt}+20y(t)=2\frac{df(t)}{dt}+3f(t) \tag{2.3-34}$$

已知 $y(0_+)=1, y^{(1)}(0_+)=1, f(t)=u(t)$，求该系统的零输入响应和零状态响应。

解　本题若要求解零输入响应，需先求出全响应的初始状态。

(1)零状态响应。

$y_{zs}(t)$包含齐次解和特解两部分，齐次解的函数形式为 $C_1 e^{-4t}+C_2 e^{-5t}$，容易求得特解为 $\frac{3}{20}$，所以

$$y_{zs}(t)=\left(C_1 e^{-4t}+C_2 e^{-5t}+\frac{3}{20}\right)u(t) \tag{2.3-35}$$

将激励信号 $f(t)=u(t)$ 代入式(2.3-34)，等式(2.4-34)右边含有 $\delta(t)$，说明等式左边 $\frac{d^2 y_{zs}(t)}{dt^2}$含有 $\delta(t)$而不含有 $\delta(t)$的各阶导数，故$\frac{dy_{zs}(t)}{dt}$不含有 $\delta(t)$，且$\frac{d^2 y_{zs}(t)}{dt^2}$中 $\delta(t)$的系数为 2，对$\frac{d^2 y_{zs}(t)}{dt^2}$从$0_-$到$0_+$积分，得

$$\int_{0_-}^{0_+}\frac{d^2 y_{zs}(t)}{dt^2}dt = y_{zs}^{(1)}(0_+)-y_{zs}^{(1)}(0_-)=2$$

即$y_{zs}^{(1)}(0_+)=2$，$\frac{dy_{zs}(t)}{dt}$不含有 $\delta(t)$及其导数，在 $t=0$ 时，$y_{zs}(t)$的状态不发生改变，所以，$y_{zs}(0_+)=y_{zs}(0_-)=0$。将 $y_{zs}(0_+)$和$y_{zs}^{(1)}(0_+)$的值代入式(2.3-35)及其导数方程，可得

$$y_{zs}(t)=\left(\frac{5}{4}e^{-4t}-\frac{7}{5}e^{-5t}+\frac{3}{20}\right)u(t)$$

(2)零输入响应。

根据全响应零输入响应、零状态响应和全响应初始值之间的关系得

$$y^{(i)}(0_+)=y_{zi}^{(i)}(0_+)+y_{zs}^{(i)}(0_+)$$

故$y_{zi}^{(i)}(0_+)=y^{(i)}(0_+)-y_{zs}^{(i)}(0_+)$，由此可计算出$y_{zi}^{(i)}(0_+)=-1$，$y_{zi}(0_+)=1$，零输入响应在 $t=0$ 时状态不发生改变，所以，$y_{zi}^{(i)}(0_-)=-1$，$y_{zi}(0_-)=1$。零输入响应的函数形式为

$$y_{zi}(t)=C_1 e^{-4t}+C_2 e^{-5t} \tag{2.3-36}$$

将$y_{zi}^{(i)}(0_-)=-1$，$y_{zi}(0_-)=1$ 代入式(2.3-36)及其导数方程中，从而

$$C_1+C_2=1$$
$$-4C_1-5C_2=-1$$

联合上述两式，解得 $C_1=4$，$C_2=-3$，故

$$y_{zi}(t)=4e^{-4t}-3e^{-5t},\quad t\geqslant 0$$

2.4　冲激响应和阶跃响应

一、冲激响应

系统响应的初始状态为零，激励信号为单位冲激信号 $\delta(t)$时产生的零状态响应称为单位

冲激响应，记为 $h(t)$，如图 2.4-1 所示。冲激响应完全由系统本身的特性所决定，与系统的激励源无关，是用时间函数表示系统特性的一种常用方法。在实际工程中，用一个持续时间很短，但幅度很大的电压脉冲通过一个电阻给电容充电，这时电路中的电流或电容器两端的电压变化就近似于这个系统的冲激响应。在这种情况下，电容器两端的电压在很短的时间内就达到了一定的数值，然后通过电阻放电，在放电过程中，电容电压和电路中的电流都按指数规律逐渐衰减到零。

单位冲激响应是 LTI 连续系统时域分析中非常重要的内容，在电子电路、通信工程中使用的电信号非常复杂，通常需要知道电路对任意输入信号的响应，而电路的冲激响应不仅能反映出电路的特性，而且在知道线性时不变系统的冲激响应后，可以通过一个积分运算求出电路在任意输入波形时的零状态响应，从而为求解零状态响应提供了第二种方法；单位冲激响应 $h(t)$ 还可以用来分析系统的因果特性和稳定特性，这是分析系统特性的一种重要手段。

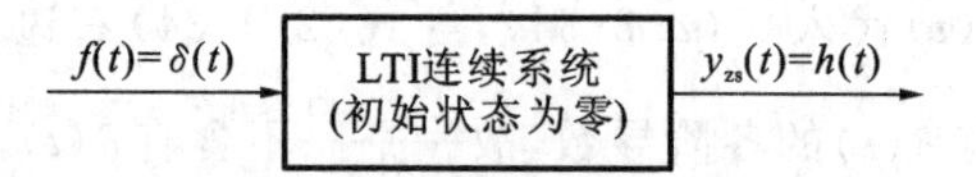

图 2.4-1　单位冲激响应

在分析 LTI 连续系统时，通常需要求解系统的单位冲激响应。单位冲激响应的常用求法如下。

(1)根据已知条件，找出激励 $f(t)$ 和响应 $y(t)$ 所满足的微分方程。若线性时不变(LTI)连续系统的微分方程已知，本步骤可省略。

(2)将系统的激励信号 $f(t)$ 换成单位冲激信号 $\delta(t)$，则对应的零状态响应 $y_{zs}(t)$ 可用单位冲激响应 $h(t)$ 代替，从而得到单位冲激响应 $h(t)$ 满足的微分方程。

(3)利用经典法并结合系统的初始条件求解微分方程，得到系统的单位冲激响应 $h(t)$。

下面通过实例具体说明单位冲激响应的求解方法。

【例 2.4-1】 描述二阶 LTI 连续系统的微分方程如下：

$$\frac{\mathrm{d}^2 y(t)}{\mathrm{d}t^2}+4\frac{\mathrm{d}y(t)}{\mathrm{d}t}+3y(t)=\frac{\mathrm{d}f(t)}{\mathrm{d}t}+4f(t)$$

求该系统的单位冲激响应。

解　根据求解步骤，已知描述系统的微分方程，则系统的零状态响应满足式(2.4-1)。

$$\frac{\mathrm{d}^2 y_{zs}(t)}{\mathrm{d}t^2}+4\frac{\mathrm{d}y_{zs}(t)}{\mathrm{d}t}+3y_{zs}(t)=\frac{\mathrm{d}f(t)}{\mathrm{d}t}+4f(t) \tag{2.4-1}$$

直接将式(2.4-1)中激励信号 $f(t)$ 换成 $\delta(t)$，则单位冲激响应 $h(t)$ 满足的微分方程如式(2.4-2)。

$$\frac{\mathrm{d}^2 h(t)}{\mathrm{d}t^2}+4\frac{\mathrm{d}h(t)}{\mathrm{d}t}+3h(t)=\frac{\mathrm{d}\delta(t)}{\mathrm{d}t}+4\delta(t) \tag{2.4-2}$$

式中：$h(t)$ 是由单位冲激信号 $\delta(t)$ 引起的零状态响应，其初始状态 $h(0_-)=h^{(1)}(0_-)=0$。

当 $t>0$ 时，等式(2.4-2)右边的 $\delta^{(1)}(t)$ 和 $\delta(t)$ 等于零，式(2.4-2)变成齐次方程，该齐次方程对应的特征方程满足

$$\beta^2+4\beta+3=0$$

得出两个单实特征根 $\beta_1=-1$，$\beta_2=-3$。故单位冲激响应的表达式为

$$h(t)=(C_1\mathrm{e}^{-t}+C_2\mathrm{e}^{-3t})u(t) \tag{2.4-3}$$

在确定待定系数 C_1 和 C_2 时，可采用两种思路来求解。

方法一：

等式两边 $\delta(t)$ 的阶数要相等，等号右边含有 $\delta^{(1)}(t)$，故可假设

$$h^{(2)}(t)=A\delta^{(1)}(t)+B\delta(t)+r_1(t) \tag{2.4-4}$$

对式(2.4-4)等式两边积分，得

$$h^{(1)}(t)=A\delta(t)+r_2(t) \tag{2.4-5}$$

对式(2.4-5)等式两边积分可得

$$h(t)=r_3(t)$$

其中，$r_1(t)$、$r_2(t)$ 和 $r_3(t)$ 均为不含 $\delta(t)$ 及 $\delta(t)$ 的导数的函数。

将式(2.4-3)、式(2.4-4)和式(2.4-5)代入式(2.4-2)，得

$$A\delta^{(1)}(t)+B\delta(t)+r_1(t)+4A\delta(t)+4r_2(t)+3r_3(t)=\delta^{(1)}(t)+4\delta(t) \tag{2.4-6}$$

式(2.4-6)中 $\delta(t)$ 及其导数的系数要匹配，故

$$A=1$$

$$B+4A=4$$

解得 $A=1$，$B=0$。将 A 和 B 的值代入式(2.4-4)和式(2.4-5)，得

$$h^{(1)}(t)=\delta(t)+r_2(t) \tag{2.4-7}$$

$$h^{(2)}(t)=\delta^{(1)}(t)+r_1(t) \tag{2.4-8}$$

对式(2.4-7)等式两边从 0_- 到 0_+ 积分，得

$$\int_{0_-}^{0_+} h^{(1)}(t)\mathrm{d}t=\int_{0_-}^{0_+}\delta(t)\mathrm{d}t+\int_{0_-}^{0_+} r_2(t)\mathrm{d}t$$

因而

$$h(0_+)-h(0_-)=1$$

$$h(0_+)=h(0_-)+1=1$$

对式(2.4-8)等式两边从 0_- 到 0_+ 积分，得

$$\int_{0_-}^{0_+} h^{(2)}(t)\mathrm{d}t=\int_{0_-}^{0_+}\delta^{(1)}(t)\mathrm{d}t+\int_{0_-}^{0_+} r_1(t)\mathrm{d}t$$

因而

$$h^{(1)}(0_+)-h^{(1)}(0_-)=0$$

$$h^{(1)}(0_+)=h^{(1)}(0_-)=0$$

令式(2.4-3)中 $t=0_+$，则

$$h(0_+)=C_1+C_2=1$$

$$h^{(1)}(0_+)=-C_1-3C_2=0$$

联合上述两式，解得 $C_1=\dfrac{3}{2}$，$C_2=-\dfrac{1}{2}$，得到系统的单位冲激响应

$$h(t)=\frac{1}{2}(3\mathrm{e}^{-t}-\mathrm{e}^{-3t})u(t)$$

方法二：

在式(2.4-2)中，等号右边是关于 $\delta(t)$ 的多项表达式，先假设等号右边只有 $\delta(t)$，单位冲激

响应 $h(t)$ 用 $h_1(t)$ 代替，得

$$\frac{\mathrm{d}^2 h_1(t)}{\mathrm{d}t^2}+4\frac{\mathrm{d}h_1(t)}{\mathrm{d}t}+3h_1(t)=\delta(t) \tag{2.4-9}$$

当 $t>0$ 时，$\delta(t)$ 等于零，式(2.4-9)变成齐次方程，单位冲激响应 $h_1(t)$ 的函数形式如下：

$$h_1(t)=(C_1\mathrm{e}^{-t}+C_2\mathrm{e}^{-3t})u(t) \tag{2.4-10}$$

式(2.4-9)等号两边单位冲激函数 $\delta(t)$ 必须匹配，因而 $h_1^{(2)}(t)$ 含有 $\delta(t)$，且 $\delta(t)$ 前面的系数为 1，而 $h_1^{(1)}(t)$ 不含有 $\delta(t)$ 或 $\delta(t)$ 的导数，否则 $h_1^{(2)}(t)$ 将含有 $\delta(t)$ 的导数，等式两边 $\delta(t)$ 的阶数不平衡。由此，在 $t=0$ 时，$h_1(t)$ 连续，即 $h_1(0_+)=h_1(0_-)=0$。对 $h_1^{(2)}(t)$ 从 0_- 到 0_+ 积分，得

$$\int_{0_-}^{0_+} h_1^{(2)}(t)\mathrm{d}t=\int_{0_-}^{0_+}\delta(t)\mathrm{d}t$$

即

$$h_1^{(1)}(0_+)-h_1^{(1)}(0_-)=1$$

$$h_1^{(1)}(0_+)=h_1^{(1)}(0_-)+1=1$$

将 $h_1(0_+)=0$、$h_1^{(1)}(0_+)=1$ 代入式(2.4-10)，得

$$C_1+C_2=0$$

$$-C_1-3C_2=1$$

联合上述两式，解得 $C_1=\frac{1}{2}$，$C_1=-\frac{1}{2}$，从而

$$h_1(t)=\frac{1}{2}(\mathrm{e}^{-t}-\mathrm{e}^{-3t})u(t) \tag{2.4-11}$$

LTI 连续系统满足线性特性，当激励为 $\delta(t)$ 时，零状态响应为 $h_1(t)$；当激励为 $f(t)=\delta^{(1)}(t)+4\delta(t)$ 时，系统的零状态响应为 $h(t)=h_1^{(1)}(t)+4h_1(t)$。

对式(2.4-10)求一阶导数，得

$$h_1^{(1)}(t)=\frac{1}{2}(-\mathrm{e}^{-t}+3\mathrm{e}^{-3t})u(t)$$

于是

$$\begin{aligned}h(t)&=h_1^{(1)}(t)+4h_1(t)=\frac{1}{2}(-\mathrm{e}^{-t}+3\mathrm{e}^{-3t})u(t)+2(\mathrm{e}^{-t}-\mathrm{e}^{-3t})u(t)\\&=\frac{1}{2}(3\mathrm{e}^{-t}-\mathrm{e}^{-3t})u(t)\end{aligned}$$

例 2.4-1 给出了二阶微分方程求解系统的单位冲激响应的方法。方法一和方法二在本质上是一样的，都是要求微分方程等式两边冲激函数及其导数要平衡。在求解系统的初始条件时，若差分方程等号右边只有 $f(t)$，则利用方法一很容易求出系统的初始条件，从而确定齐次解的待定系数，求出系统的单位冲激响应；若差分方程等号右边不只有 $f(t)$，而是含有 $f(t)$ 及 $f(t)$ 的导数的多项式，则求解初始条件运算量相对大些。但不管等号右边含有 $f(t)$ 还是关于 $f(t)$ 的多项式，其核心在于等式两边冲激函数要匹配，这是求解初始条件的关键。

在求解系统的单位冲激响应过程中，$t\geqslant 0_+$ 时，等式右边 $\delta(t)$ 及其导数等于零，因而单位冲激响应满足的微分方程就是齐次方程，但单位冲激响应的形式并不是在任何情况下都与齐次解的形式相同。实际上，单位冲激响应的形式不仅与特征根有关，还取决于微分方程中响应

的阶数 n 和激励的阶数 m 的大小关系。假设

$$\frac{\mathrm{d}^n y(t)}{\mathrm{d}t^n}+a_{n-1}\frac{\mathrm{d}^{n-1} y(t)}{\mathrm{d}t^{n-1}}+\cdots+a_0 y(t)=b_m\frac{\mathrm{d}^m f(t)}{\mathrm{d}t^m}+b_{m-1}\frac{\mathrm{d}^{m-1} f(t)}{\mathrm{d}t^{m-1}}+\cdots+b_0 f(t) \tag{2.4-12}$$

当单位冲激响应满足的齐次方程特征根为单根时，若

(1)$n>m$。

$h(t)$不含有$\delta(t)$及其各阶导数，其解的函数形式和齐次解完全一样，即

$$h(t)=\sum_{i=1}^{n} C_i \mathrm{e}^{\beta_i t},t\geqslant 0$$

(2)$n=m$。

微分方程中激励和响应的阶数相同，等式两边 $\delta(t)$要匹配，则单位冲激响应 $h(t)$中必含有$\delta(t)$，因此，单位冲激响应的函数形式为

$$h(t)=\left(\sum_{i=1}^{n} C_i \mathrm{e}^{\beta_i t}\right)u(t)+D\delta(t)$$

(3)$n<m$。

微分方程中响应的阶数小于激励的阶数，说明单位冲激响应 $h(t)$应含有$\delta(t)$的导数，所以 $h(t)$的函数形式为

$$h(t)=\left(\sum_{i=1}^{n} C_i \mathrm{e}^{\beta_i t}\right)u(t)+D_0\delta(t)+D_1\delta^{(1)}(t)+\cdots+D_{m-n}\delta^{(m-n)}(t)$$

显然，例 2.4-1 是 $n>m$ 的情况，所以单位冲激响应的函数形式与齐次解的函数形式完全一样。

【例 2.4-2】 描述一阶 LTI 连续系统的微分方程如下：

$$\frac{\mathrm{d}y(t)}{\mathrm{d}t}+2y(t)=\frac{\mathrm{d}f(t)}{\mathrm{d}t}+3f(t)$$

求该系统的单位冲激响应。

解　该系统的单位冲激响应满足

$$\frac{\mathrm{d}h(t)}{\mathrm{d}t}+2h(t)=\frac{\mathrm{d}\delta(t)}{\mathrm{d}t}+3\delta(t) \tag{2.4-13}$$

当 $t\geqslant 0_+$ 时，等式右边等于零，$h(t)$满足齐次方程，对应的特征方程的特征根为单实根$\beta_1=-2$，又因为微分方程响应的阶数等于激励的阶数，所以 $h(t)$的函数形式为

$$h(t)=C\mathrm{e}^{-2t}u(t)+D\delta(t) \tag{2.4-14}$$

对式(2.4-14)求一阶导数

$$h^{(1)}(t)=-2C\mathrm{e}^{-2t}u(t)+C\delta(t)+D\delta^{(1)}(t) \tag{2.4-15}$$

将式(2.4-14)和式(2.4-15)代入式(2.4-13)，得

$$-2C\mathrm{e}^{-2t}u(t)+C\delta(t)+D\delta^{(1)}(t)+2C\mathrm{e}^{-2t}u(t)+2D\delta(t)=\delta^{(1)}(t)+3\delta(t)$$

上式中等式两边奇异函数的系数相等，因而

$$C+2D=3$$

$$D=1$$

解得 $C=1,D=1$。所以

$$h(t)=\mathrm{e}^{-2t}u(t)+\delta(t)$$

二、阶跃响应

若线性时不变(LTI)连续时间系统的初始状态为零,激励为单位阶跃信号 $u(t)$ 即开关信号时,系统所产生的零状态响应称为单位阶跃响应,记为 $g(t)$,如图 2.4-2 所示。从定义中可以看出,单位阶跃响应是一种与系统的初始状态无关的零状态响应。

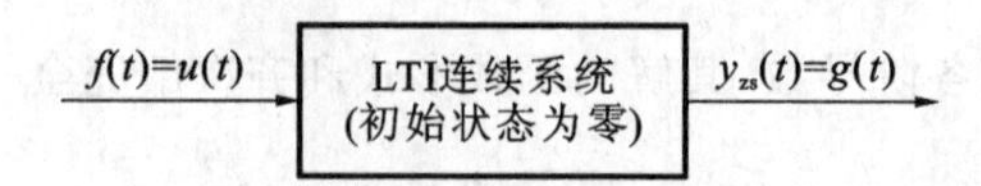

图 2.4-2　单位阶跃响应

在实践中,若想了解一个线性时不变连续时间系统的单位阶跃响应的波形,可在系统的输入端接入一个脉冲信号源,用双踪示波器观察激励和响应的波形,激励信号为高电平时所对应的响应即为单位阶跃响应的变化曲线。下面通过实例来讨论 LTI 连续系统单位阶跃响应的求解方法。

【例 2.4-3】 设描述二阶系统的微分方程如例 2.4-1 中的方程所示,求该系统的单位阶跃响应。

解　根据单位阶跃响应的定义,此零状态响应所对应的激励信号为单位阶跃信号,因此,将二阶微分方程等号右边的激励信号 $f(t)$ 换成单位阶跃信号 $u(t)$,则左边的零状态响应即为单位阶跃响应 $g(t)$。$g(t)$ 所满足的二阶微分方程为

$$\frac{\mathrm{d}^2 g(t)}{\mathrm{d}t^2}+4\frac{\mathrm{d}g(t)}{\mathrm{d}t}+3g(t)=\frac{\mathrm{d}u(t)}{\mathrm{d}t}+4u(t)$$

$$g(0_-)=g^{(1)}(0_-)=0$$

在上式中,等号右边是关于 $u(t)$ 的多项式,在求解微分方程时,先假设等号右边只有激励信号 $u(t)$,则左边对应的零状态响应记为 $g_1(t)$,即

$$\frac{\mathrm{d}^2 g_1(t)}{\mathrm{d}t^2}+4\frac{\mathrm{d}g_1(t)}{\mathrm{d}t}+3g_1(t)=u(t) \tag{2.4-16}$$

$$g_1(0_-)=g_1^{(1)}(0_-)=0$$

$g_1(t)$ 是零状态响应,包含齐次解和特解两部分。齐次解对应的特征方程的根为两个单实根 $\beta_1=-1,\beta_2=-3$;当 $t>0$ 时,式(2.4-16)右边激励信号相当于常数 1,所以 $g_1(t)$ 的特解设为常数 D,代入式(2.4-15),解得特解为 $\frac{1}{3}u(t)$。综合齐次解和特解,零状态响应 $g_1(t)$ 的函数表达式可写为

$$g_1(t)=\left(C_1\mathrm{e}^{-t}+C_2\mathrm{e}^{-3t}+\frac{1}{3}\right)u(t) \tag{2.4-17}$$

接下来确定待定系数 C_1 和 C_2。为了确定待定系数,需要求出零状态响应 $g_1(t)$ 的初始值 $g_1(0_+)$ 和 $g_1^{(1)}(0_+)$。根据式(2.4-16)可知,等式右边含有 $u(t)$,而不含有 $\delta(t)$ 及其导数,因此零状态响应 $g_1(t)$ 在 $t=0$ 时连续,故

$$g(0_+)=g(0_-)=0$$

$$g^{(1)}(0_+)=g^{(1)}(0_-)=0$$

将 $g(0_+)=0$ 和 $g^{(1)}(0_+)=0$ 代入式(2.4-16),得

$$g(0_+)=C_1+C_2+\frac{1}{3}=0$$

$$g^{(1)}(0_+)=-C_1-3C_2=0$$

联合上述两式，求得 $C_1=-\frac{1}{2}, C_2=\frac{1}{6}$，因而

$$g_1(t)=\left(-\frac{1}{2}\mathrm{e}^{-t}+\frac{1}{6}\mathrm{e}^{-3t}+\frac{1}{3}\right)u(t) \tag{2.4-18}$$

当系统所加的激励信号为 $u(t)$ 时，产生的零状态响应为 $g_1(t)$，线性系统满足微分性质，当激励信号为 $\frac{\mathrm{d}u(t)}{\mathrm{d}t}$ 时，零状态响应为 $\frac{\mathrm{d}g_1(t)}{\mathrm{d}t}$；线性系统满足齐次性和可加性，当激励信号为 $\frac{\mathrm{d}u(t)}{\mathrm{d}t}+4u(t)$ 时，零状态响应为 $\frac{\mathrm{d}g_1(t)}{\mathrm{d}t}+4g_1(t)$。对式(2.4-18)求一阶导数，得

$$g_1^{(1)}(t)=\left(\frac{1}{2}\mathrm{e}^{-t}-\frac{1}{2}\mathrm{e}^{-3t}\right)u(t)+\left(-\frac{1}{2}\mathrm{e}^{-t}+\frac{1}{6}\mathrm{e}^{-3t}+\frac{1}{3}\right)\delta(t)=\left(\frac{1}{2}\mathrm{e}^{-t}-\frac{1}{2}\mathrm{e}^{-3t}\right)u(t)$$

所以

$$\begin{aligned}g(t)&=g_1^{(1)}(t)+4g_1(t)\\&=\left(\frac{1}{2}\mathrm{e}^{-t}-\frac{1}{2}\mathrm{e}^{-3t}\right)u(t)+4\left(-\frac{1}{2}\mathrm{e}^{-t}+\frac{1}{6}\mathrm{e}^{-3t}+\frac{1}{3}\right)u(t)\\&=\left(-\frac{3}{2}\mathrm{e}^{-t}+\frac{1}{6}\mathrm{e}^{-3t}+\frac{4}{3}\right)u(t)\end{aligned}$$

三、冲激响应和阶跃响应的关系

单位冲激响应和单位阶跃响应是分析线性时不变连续系统的特性、求解系统对任意输入信号所产生的零状态响应的重要工具。这两者之间具有一定的关系，可以相互转换。下面讨论这两者之间的关系。

线性时不变连续时间系统满足微分、积分特性，由于 $u(t)=\int_{-\infty}^{t}\delta(\lambda)\mathrm{d}\lambda$，根据线性系统的积分特性，有 $g(t)=\int_{-\infty}^{t}h(\lambda)\mathrm{d}\lambda$；反之，$h(t)=\frac{\mathrm{d}g(t)}{\mathrm{d}t}$。对于因果系统，当 $t<0$ 时，$h(t)=0$，其单位阶跃响应 $g(t)$ 和单位冲激响应 $h(t)$ 之间的关系为 0_- 开始积分，即 $g(t)=\int_{0_-}^{t}h(\lambda)\mathrm{d}\lambda$。$h(t)$ 和 $g(t)$ 之间的关系提供了另一种求解 LTI 连续系统单位阶跃响应的方法，即先得到系统的单位冲激响应 $h(t)$，对其积分即得到系统的单位阶跃响应。在例2.4-3中求单位阶跃响应时，可对例 2.4-1 中求得的单位冲激响应 $h(t)$ 直接积分，即

$$\begin{aligned}g(t)&=\int_{-\infty}^{t}h(\lambda)\mathrm{d}\lambda\\&=\frac{1}{2}\int_{-\infty}^{t}(3\mathrm{e}^{-\lambda}-\mathrm{e}^{-3\lambda})u(\lambda)\mathrm{d}\lambda\\&=\frac{1}{2}\int_{0}^{t}(3\mathrm{e}^{-\lambda}-\mathrm{e}^{-3\lambda})\mathrm{d}\lambda\\&=\left(-\frac{3}{2}\mathrm{e}^{-t}+\frac{1}{6}\mathrm{e}^{-3t}+\frac{4}{3}\right)u(t)\end{aligned}$$

2.5 卷积积分

一、卷积的定义

两个时间函数$f_1(t)$和$f_2(t)$的卷积定义为

$$\int_{-\infty}^{+\infty} f_1(\tau)f_2(t-\tau)\mathrm{d}\tau$$

记为$f_1(t) * f_2(t)$。上式中卷积运算是高等数学和数学分析中的一种积分运算，但这种运算在信号与系统的分析中有着非常重要的物理含义，是求解系统零状态响应的一种手段。

在上节中讨论了基本信号$\delta(t)$和$u(t)$作用于LTI连续系统产生的零状态响应$h(t)$和$g(t)$。虽然通过$h(t)$可以分析系统的特性，但很多情况下，不仅需要知道$h(t)$，还要求能够得到任意信号$f(t)$作用于LTI连续系统时所引起的零状态响应$y_{zs}(t)$。在分析一个系统时，把任意信号$f(t)$直接作用于系统来观察其零状态响应$y_{zs}(t)$是不现实的，如果能将LTI连续系统的激励分解成一组基本信号的线性组合，而系统对于基本信号的响应容易求得，那么利用系统的线性性质就可以得到激励作用于系统的响应。信号分解是LTI连续系统分析中一种基本又非常有用的分析方法。在连续时间信号中，单位冲激信号、单位阶跃信号、指数信号等都可以作为基本信号，但绝大多数情况下都以单位冲激信号的线性组合来表征任意信号，因为单位冲激信号的线性组合能够更广泛地表示其他信号，单位冲激信号作用于系统的零状态响应也容易求得。

要求解任意信号$f(t)$作用于LTI连续系统的零状态响应，最核心的问题是对任意信号进行分解，将任意信号和基本信号联系起来，用基本信号的线性组合来表示任意信号。为此，先构造一个信号$p(t)$，$p(t)$的波形如图2.5-1所示。

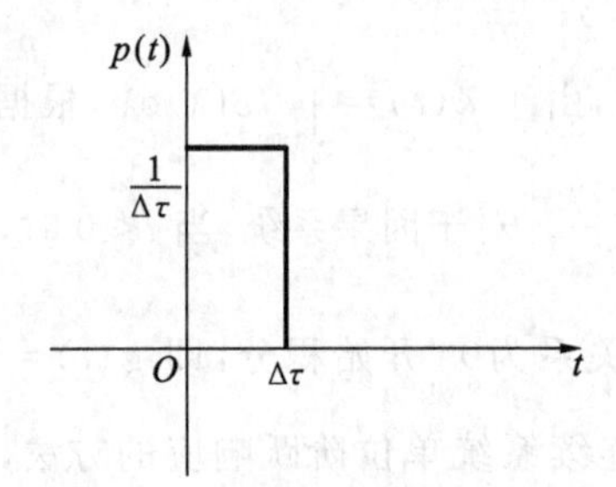

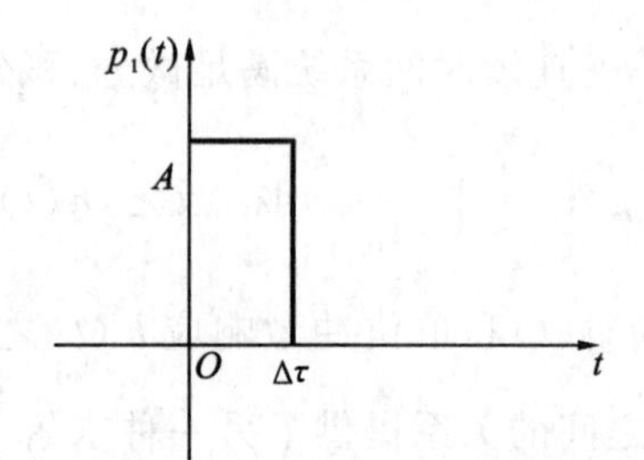

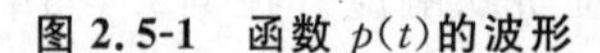

图2.5-1　函数$p(t)$的波形　　**图2.5-2　函数$p_1(t)$的波形**

构造函数$p(t)$可以用来表征任何与它类似的函数，图2.5-2中的$p_1(t)$的波形变化（见图2.5-2）与$p(t)$的类似，只是幅度不同，函数$p_1(t)$可以写为

$$p_1(t)=A\Delta\tau p(t)$$

函数$p_2(t)$（见图2.5-3）可写为

$$p_2(t)=A\Delta\tau p(t-m)$$

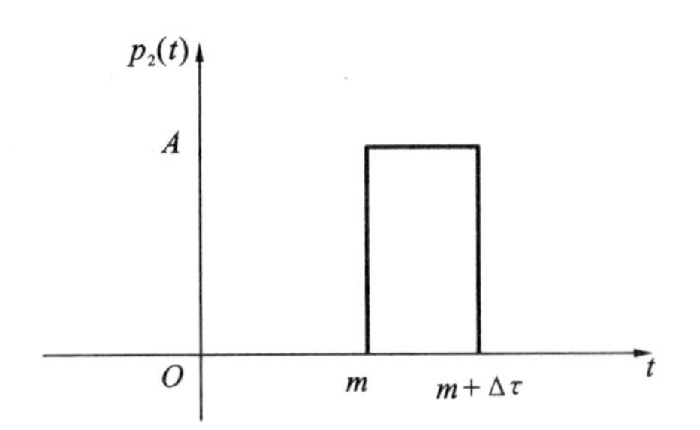

图 2.5-3　函数 $p_2(t)$ 的波形

在以上知识的基础之上，对任意信号 $f(t)$ 进行分解，将其划分成由图 2.5-4 所示的一段一段宽度为 $\Delta\tau$、高度为 $f(k\Delta\tau)\Delta\tau$ 的窄脉冲组成，k 取所有的整数，所有的窄脉冲之和近似等于信号 $f(t)$，即

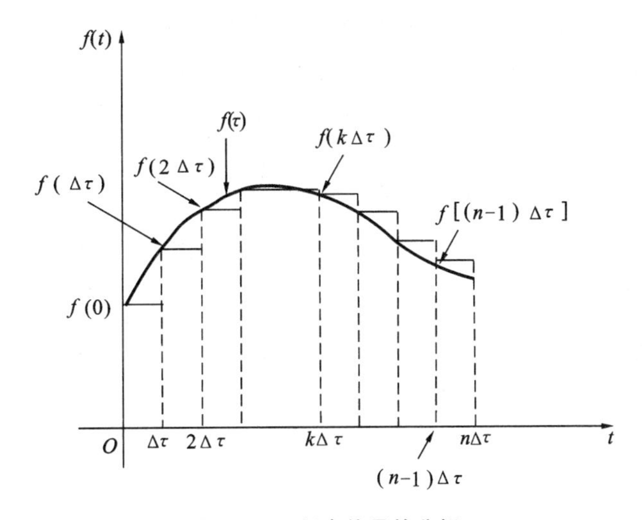

图 2.5-4　任意信号的分解

$$f(t)\approx\sum_{k=-\infty}^{+\infty}f(k\Delta\tau)\Delta\tau p(t-k\Delta\tau) \tag{2.5-1}$$

要想无穷多个窄脉冲之和无限逼近信号 $f(t)$，须令窄脉冲的宽度 $\Delta\tau$ 趋于零。当窄脉冲的宽度 $\Delta\tau$ 无限小时，$\Delta\tau$ 变成微小量，用 $\mathrm{d}\tau$ 表示，离散值 $k\Delta\tau$ 变成连续值，用 τ 表示，构造函数 $p(t-k\Delta\tau)$ 的宽度趋于零，高度趋于无限大，抽象成单位冲激函数 $\delta(t-\tau)$，上式离散的累加变成连续的积分，即

$$f(t)=\int_{-\infty}^{+\infty}f(\tau)\delta(t-\tau)\mathrm{d}\tau \tag{2.5-2}$$

从式(2.5-1)和式(2.5-2)可以看出，任意信号 $f(t)$ 都可以分解成基本信号 $\delta(t)$ 及其位移的线性组合，这就是信号分解的思想。

在 LTI 连续系统中，假设激励信号 $p(t)$ 作用于系统产生的零状态响应记为 $h_1(t)$，根据系统的时不变性，则 $p(t-k\Delta\tau)$ 作用于系统产生的零状态响应记为 $h_1(t-k\Delta\tau)$，系统满足齐次性，所以 $f(k\Delta\tau)p(t-k\Delta\tau)\Delta\tau$ 作用于系统产生的零状态为 $f(k\Delta\tau)h_1(t-k\Delta\tau)\Delta\tau$，根据系统的可加性，则 $\sum\limits_{k=-\infty}^{+\infty}f(k\Delta\tau)\Delta\tau p(t-k\Delta\tau)$ 作用于系统产生的零状态响应为

$$y_{zs}(t)=\sum_{k=-\infty}^{+\infty}f(k\Delta\tau)h_1(t-k\Delta\tau)\Delta\tau \qquad (2.5\text{-}3)$$

当 $\Delta\tau$ 趋近于零时，$p(t)$趋近于 $\delta(t)$，零状态响应 $h_1(t)$趋近于单位冲激响应 $h(t)$，$h_1(t-k\Delta\tau)$趋近于 $h(t-\tau)$。式(2.5-3)变成

$$y_{zs}(t)=\int_{-\infty}^{+\infty}f(\tau)h(t-\tau)\mathrm{d}\tau$$

从上面的分析可知，任意连续时间信号 $f(t)$作用于系统产生的零状态响应 $y_{zs}(t)$如下：

$$y_{zs}(t)=\int_{-\infty}^{+\infty}f(\tau)h(t-\tau)\mathrm{d}\tau \qquad (2.5\text{-}4)$$

式(2.5-4)积分表达式计算的是 $f(t)$和 $h(t)$的卷积，因而 LTI 连续系统的零状态响应等于系统的激励和单位冲激响应的卷积，同时也说明一个 LTI 连续系统可以用其单位冲激响应来完全表征。

事实上，基本信号分解成单位冲激信号的线性组合之和，其作用于 LTI 连续系统产生的零状态响应还可以有另一种理解。当系统的激励信号 $f(t)=\delta(t)$时，零状态响应$y_{zs}(t)=h(t)$，由系统的时不变性可知，当激励 $f(t)=\delta(t-\tau)$时，$y_{zs}(t)=h(t-\tau)$；而根据系统满足齐次性可得激励为 $f(\tau)\delta(t-\tau)$时所产生的零状态响应为 $f(\tau)h(t-\tau)$。对 $f(\tau)\delta(t-\tau)$从负无穷到正无穷进行积分得到 $f(t)$，则根据系统的可加性，系统对任意输入 $f(t)$的响应可表示为

$$y_{zs}(t)=\int_{-\infty}^{+\infty}f(\tau)h(t-\tau)\mathrm{d}\tau$$

上式表明，LTI 连续系统的零状态响应除可用经典法求解之外，还可以用激励信号和系统单位冲激响应的卷积来求解，2.5 节为求解 LTI 连续系统的零状态响应提供了一种新的方法，也为分析 LTI 连续系统提供了一种新的思路。

二、卷积的计算

卷积是一种数学上的线性运算，但其在信号的分析与处理中有着广泛的应用。下面讨论计算两个信号卷积的方法。

1. 利用卷积的定义

在计算两个信号$f_1(t)$和$f_2(t)$卷积的结果时，可以直接根据卷积的定义来计算积分。

$$f_1(t)*f_2(t)=\int_{-\infty}^{+\infty}f_1(\tau)f_2(t-\tau)\mathrm{d}\tau$$

【例 2.5-1】 已知$f_1(t)=u(t)$，$f_2(t)=\mathrm{e}^{-2t}u(t)$，求$f_1(t)$和$f_2(t)$的卷积结果。

解 根据卷积的定义得

$$f_1(t)*f_2(t)=\int_{-\infty}^{+\infty}f_1(\tau)f_2(t-\tau)\mathrm{d}\tau=\int_{-\infty}^{+\infty}u(\tau)\mathrm{e}^{-2(t-\tau)}u(t-\tau)\mathrm{d}\tau \qquad (2.5\text{-}5)$$

式(2.5-5)积分表达式中含有单位阶跃信号，要想使得积分不等于零，τ 须大于零，$u(\tau)=1$，$t-\tau$须大于零，$u(t-\tau)=1$，从而 $0<\tau<t$，积分表达式变成

$$\int_0^t \mathrm{e}^{-2(t-\tau)}\mathrm{d}\tau=\frac{1}{2}(1-\mathrm{e}^{-2t})$$

在上式中，积分上限必须大于下限，因而 $t>0$，所以$f_1(t)$和$f_2(t)$卷积的结果为

$$f_1(t)*f_2(t)=\frac{1}{2}(1-\mathrm{e}^{-2t})u(t)$$

【例 2.5-2】 已知$f_1(t)=2e^{-2t}u(t)$，$f_2(t)=3e^{-3t}u(t)$，计算$f_1(t)*f_2(t)$。

解

$$
\begin{aligned}
f_1(t)*f_2(t) &= \int_{-\infty}^{+\infty} f_1(\tau)f_2(t-\tau)d\tau = 6\int_{-\infty}^{+\infty} e^{-2\tau}u(\tau)e^{-3(t-\tau)}u(t-\tau)d\tau \\
&= 6\int_0^t e^{-2\tau}e^{-3(t-\tau)}d\tau \\
&= (e^{-2t}-e^{-3t})u(t)
\end{aligned}
$$

从上述两个例题可以看出，卷积积分的积分区间是$(-\infty,+\infty)$，但被积函数中含有$u(\tau)$和$u(t-\tau)$，使得积分区间变成了 0 至 t。另外，在积分中，上限要大于下限，因而 $t\geqslant 0$，结果表达式中须注明 $t\geqslant 0$ 或者给积分结果乘上 $u(t)$。

【例 2.5-3】 已知$f_1(t)=g_4(t)$，$f_2(t)=g_6(t-2)$，计算$f_1(t)*f_2(t)$。

解

$$
\begin{aligned}
f_1(t)*f_2(t) &= \int_{-\infty}^{+\infty} f_1(\tau)f_2(t-\tau)d\tau = \int_{-\infty}^{+\infty} g_4(\tau)g_6(t-\tau-2)d\tau \\
&= \int_{-\infty}^{+\infty}[u(\tau+2)-u(\tau-2)][u(t+1-\tau)-u(t-5-\tau)]d\tau \\
&= \int_{-\infty}^{+\infty}u(\tau+2)u(t+1-\tau)d\tau-\int_{-\infty}^{+\infty}u(\tau+2)u(t-5-\tau)d\tau \\
&\quad -\int_{-\infty}^{+\infty}u(\tau-2)u(t+1-\tau)d\tau+\int_{-\infty}^{+\infty}u(\tau-2)u(t-5-\tau)d\tau \\
&= \int_{-2}^{t+1}d\tau-\int_{-2}^{t-5}d\tau-\int_{2}^{t+1}d\tau+\int_{2}^{t-5}d\tau \\
&= (t+3)u(t+3)-(t-3)u(t-3)-(t-1)u(t-1)+(t-7)u(t-7)
\end{aligned}
$$

2. 利用图示计算卷积

根据卷积积分的定义，可将卷积分成以下几个步骤。

(1)将$f_1(t)$和$f_2(t)$的自变量 t 用 τ 代替得到$f_1(\tau)$和$f_2(\tau)$，在此过程中只更换了一个自变量，而信号的波形不发生任何改变，即$f_1(t)$和$f_1(\tau)$的波形完全一致，$f_2(t)$和$f_2(\tau)$的波形相同。

(2)对信号$f_2(\tau)$反褶得到$f_2(-\tau)$。

(3)对信号$f_2(-\tau)$向右平移 t 得到$f_2(t-\tau)$，在此过程中，需要对 t 的范围进行讨论，一般而言，t 的取值范围不同，卷积积分的结果不同。

(4)$f_1(\tau)$和$f_2(t-\tau)$相乘，积分，得到$\int_{-\infty}^{+\infty} f_1(\tau)f_2(t-\tau)d\tau$。

【例 2.5-4】 已知$f_1(t)=g_2(t)$，$f_2(t)=g_3(t+1)$，计算$f_1(t)*f_2(t)$。

解 利用图示法求解卷积，首先画出$f_1(t)$和$f_2(t)$的波形，如图 2.5-5、图 2.5-6 所示。

将$f_1(t)$和$f_2(t)$的自变量 t 换成 τ，并将$f_2(\tau)$反褶得到$f_2(-\tau)$，如图 2.5-7 所示。

将$f_2(-\tau)$向右平移 t，$f_1(\tau)$和$f_2(t-\tau)$相乘，计算积分$\int_{-\infty}^{+\infty} f_1(\tau)f_2(t-\tau)d\tau$，得到卷积的结果。在此过程中，需要对 t 的取值范围进行讨论。在下列各图中，虚线表示函数$f_2(t-\tau)$，实线表示函数$f_1(\tau)$。

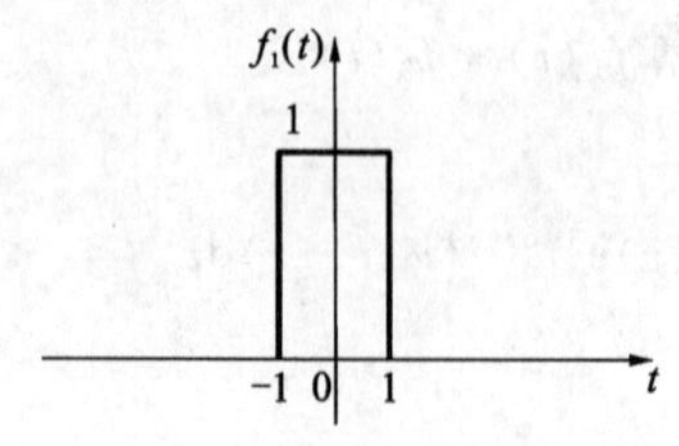

图 2.5-5　$f_1(t)$的波形图

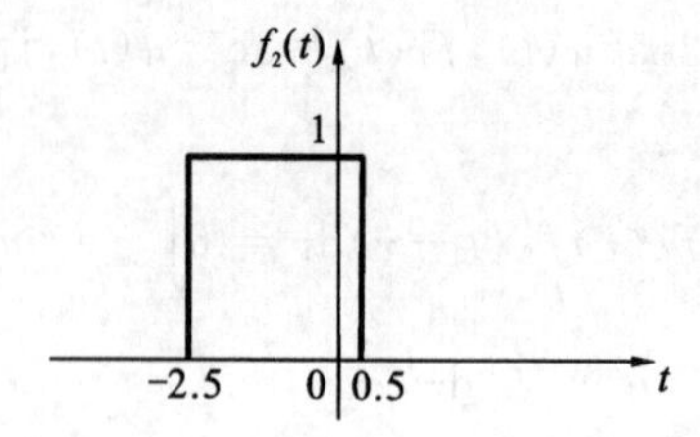

图 2.5-6　$f_2(t)$的波形图

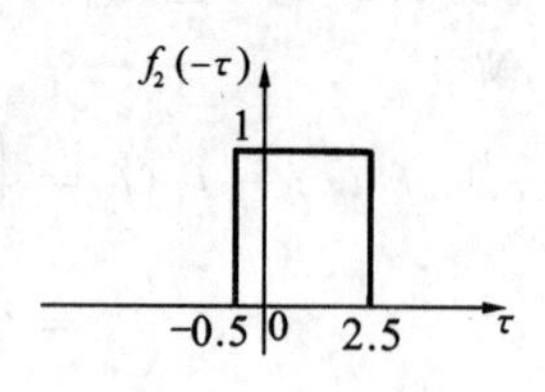

图 2.5-7　$f_2(-\tau)$的波形图

(1)$t<-\frac{7}{2}$。

当$t<-\frac{7}{2}$时，如图 2.5-8 所示，$f_1(\tau)$和$f_2(t-\tau)$没有函数值不为零的重合区间，因而

$$f_1(t) * f_2(t)=\int_{-\infty}^{+\infty} f_1(\tau)f_2(t-\tau)\mathrm{d}\tau=0$$

(2)$-\frac{7}{2}<t<-\frac{3}{2}$。

当$-\frac{7}{2}<t<-\frac{3}{2}$时，如图 2.5-9 所示，$f_1(\tau)$和$f_2(t-\tau)$有函数值不为零的重合区间，重合区间为$\left[-1,\frac{5}{2}+t\right]$，因而

$$f_1(t) * f_2(t)=\int_{-\infty}^{+\infty} f_1(\tau)f_2(t-\tau)\mathrm{d}\tau=\int_{-1}^{\frac{5}{2}+t}\mathrm{d}\tau=\left(\frac{7}{2}+t\right)u\left(t+\frac{7}{2}\right)$$

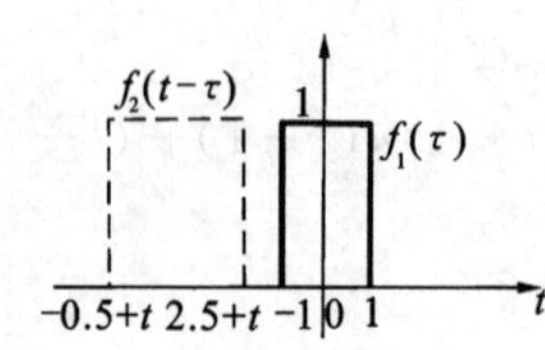

图 2.5-8　$t<-\frac{7}{2}$时的情况

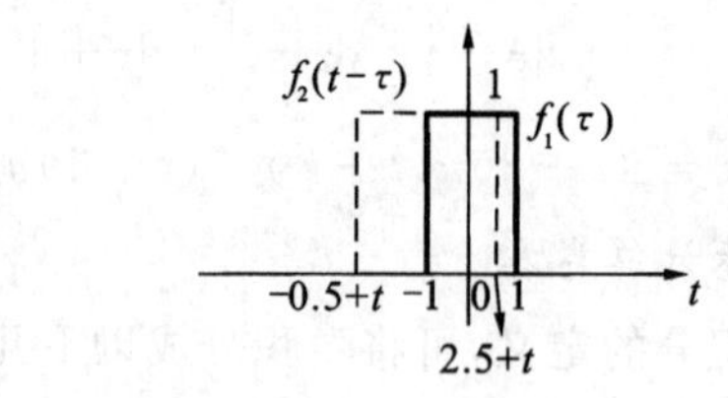

图 2.5-9　$-\frac{7}{2}<t<-\frac{3}{2}$时的情况

(3)$-\frac{3}{2}<t<-\frac{1}{2}$。

当$-\frac{3}{2}<t<-\frac{1}{2}$时，如图 2.5-10 所示，$f_1(\tau)$和$f_2(t-\tau)$有函数值不为零的重合区间，重合区间为[−1,1]，因而

$$f_1(t) * f_2(t)=\int_{-\infty}^{+\infty} f_1(\tau)f_2(t-\tau)\mathrm{d}\tau=\int_{-1}^{1}\mathrm{d}\tau=2u(t)$$

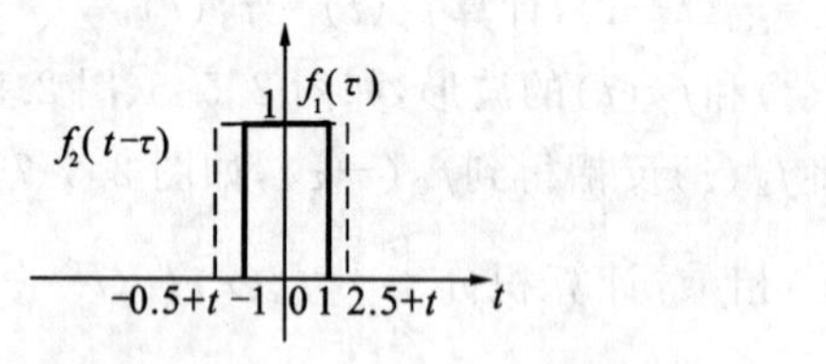

图 2.5-10　$-\frac{3}{2}<t<-\frac{1}{2}$时的情况

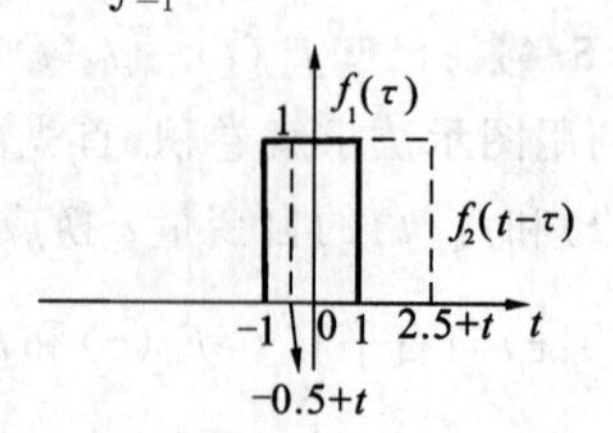

图 2.5-11　$-\frac{1}{2}<t<\frac{3}{2}$时的情况

(4) $-\frac{1}{2}<t<\frac{3}{2}$。

当 $-\frac{1}{2}<t<\frac{3}{2}$ 时，如图 2.5-11 所示，$f_1(\tau)$ 和 $f_2(t-\tau)$ 有函数值不为零的重合区间，重合区间为 $[-\frac{1}{2}+t,1]$，因而

$$f_1(t) * f_2(t)=\int_{-\infty}^{+\infty} f_1(\tau)f_2(t-\tau)\mathrm{d}\tau=\int_{-\frac{1}{2}+t}^{1}\mathrm{d}\tau=(\frac{3}{2}-t)u(-t+\frac{3}{2})$$

(5) $\frac{3}{2}<t<+\infty$。

当 $\frac{3}{2}<t<+\infty$ 时，如图 2.5-12 所示，$f_1(\tau)$ 和 $f_2(t-\tau)$ 没有函数值不为零的重合区间，因而

$$f_1(t) * f_2(t)=\int_{-\infty}^{+\infty} f_1(\tau)f_2(t-\tau)\mathrm{d}\tau=0$$

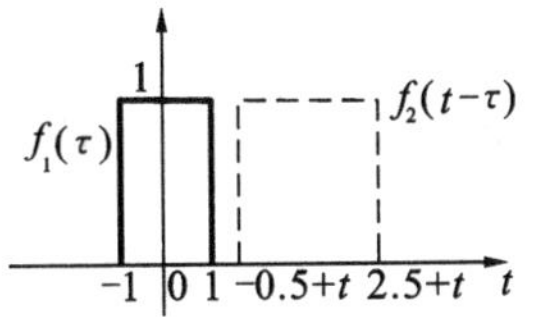

图 2.5-12　$\frac{3}{2}<t<+\infty$ 时的情况

综上所述，两个门函数 $f_1(t)$ 和 $f_2(t)$ 卷积得到奇异函数为

$$f_1(t) * f_2(t)=\begin{cases}0, & t<-\frac{7}{2}\text{或 } t>\frac{3}{2}\\ (t+\frac{7}{2})\mu(t+\frac{7}{2}), & -\frac{7}{2}<t<-\frac{3}{2}\\ 2\mu(t), & -\frac{3}{2}<t<-\frac{1}{2}\\ (\frac{3}{2}-t)\mu(-t+\frac{3}{2}), & -\frac{1}{2}<t<\frac{3}{2}\end{cases}$$

从例 2.5-4 中可以看出，图示法求解卷积积分计算过程稍显烦琐的原因在于需要对 t 的取值范围进行讨论，若求两个信号在某一具体时刻的卷积积分，则利用图示法比较方便。

【例 2.5-5】 已知信号 $f_1(t)$ 和 $f_2(t)$ 的波形分别如图 2.5-13、图 2.5-14 所示，求 $f_1(t) * f_2(t)$ 在 $t=\frac{1}{2}$ 时的函数值。

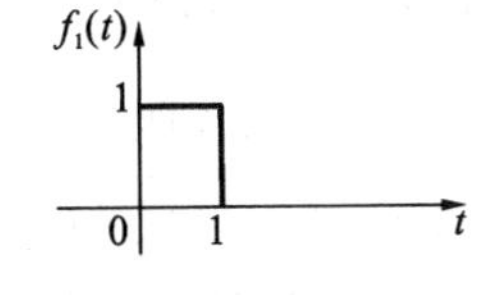

图 2.5-13　$f_1(t)$ 的波形

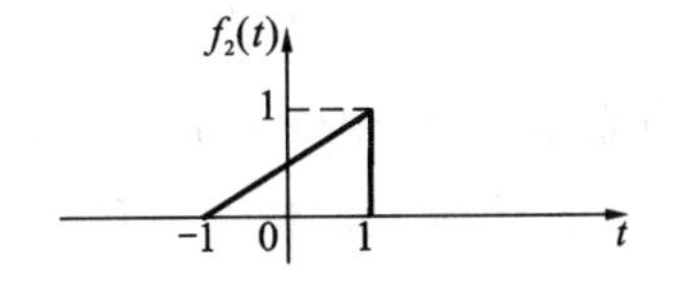

图 2.5-14　$f_2(t)$ 的波形

解　根据卷积的定义，$f_1(t) * f_2(t)$ 在 $t=\frac{1}{2}$ 时函数值为

$$f_1(t) * f_2(t)=\int_{-\infty}^{+\infty} f_1(\tau)f_2\left(\frac{1}{2}-\tau\right)\mathrm{d}\tau$$

信号$f_1(\tau)$、$f_2(-\tau)$和$f_2\left(\frac{1}{2}-\tau\right)$的波形分别如图 2.5-15、图 2.5-16、图 2.5-17 所示，将$f_1(\tau)$和$f_2\left(\frac{1}{2}-\tau\right)$相乘，得到的信号的波形如图 2.5-18 所示，将$f_1(\tau)f_2\left(\frac{1}{2}-\tau\right)$从$-\infty$到$+\infty$进行积分，得

$$\begin{aligned}f_1(t) * f_2(t)&=\int_{-\infty}^{+\infty} f_1(\tau)f_2\left(\frac{1}{2}-\tau\right)\mathrm{d}\tau\\&=\int_0^1 -\frac{1}{2}\left(t-\frac{3}{2}\right)\mathrm{d}\tau=\frac{1}{2}\end{aligned}$$

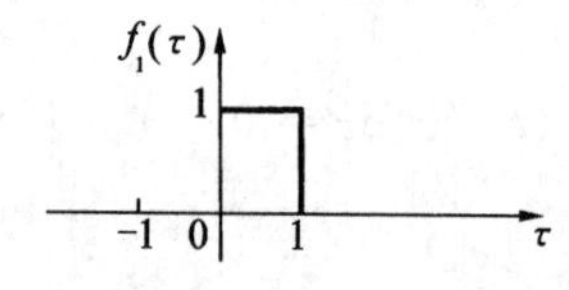

图 2.5-15　$f_1(\tau)$的波形

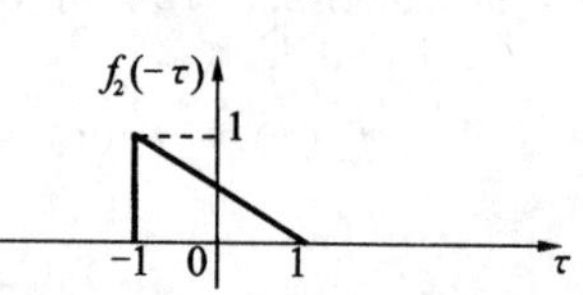

图 2.5-16　$f_2(\tau)$的波形

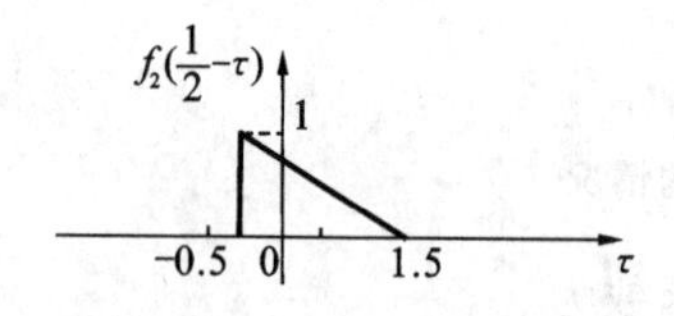

图 2.5-17　$f_2\left(\frac{1}{2}-\tau\right)$的波形

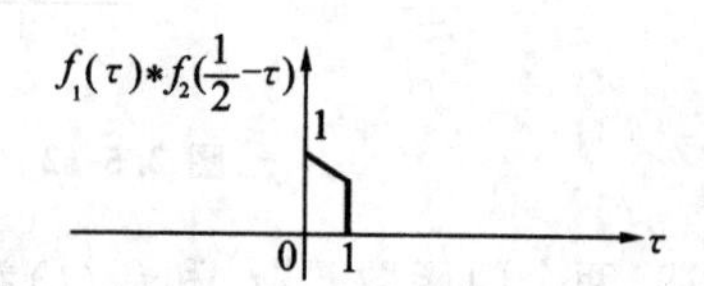

图 2.5-18　$f_1(\tau) * f_2\left(\frac{1}{2}-\tau\right)$的波形

三、卷积的性质

卷积积分作为一种数学运算，具备很多重要的性质，如它和乘法运算一样，满足交换律、分配律和结合律，这些性质往往在卷积的计算中可以用来简化计算。

1. 卷积运算的交换律、分配律和结合律

(1)卷积运算满足交换律，即 $f_1(t) * f_2(t)=f_2(t) * f_1(t)$。其证明过程如下：

$$f_1(t) * f_2(t)=\int_{-\infty}^{+\infty} f_1(\tau)f_2(t-\tau)\mathrm{d}\tau$$

令 $t-\tau=\alpha$，则 $\tau=t-\alpha$，$\mathrm{d}\tau=-\mathrm{d}\alpha$，$\alpha$ 和 τ 的积分区间正好互为相反数，将 τ、$\mathrm{d}\tau$ 代入上式，积分变成

$$\int_{-\infty}^{+\infty} f_1(t-\alpha)f_2(\alpha)\mathrm{d}\alpha=\int_{-\infty}^{+\infty} f_2(\alpha)f_1(t-\alpha)\mathrm{d}\alpha=f_1(t) * f_2(t)$$

从上式可以看出，卷积积分满足交换律。卷积运算满足交换律说明交换两个信号的次序不影响卷积积分的结果，其本质原因在于对任意时刻 t，$f_1(\tau) * f_2(t-\tau)$ 和 $f_2(\tau) * f_1(t-\tau)$ 曲线下所包含的面积相等。据此在图示法求解卷积的过程中，可以选择较简单的那个信号进行反转和平移。

(2)卷积运算满足分配律，即

$$f_1(t)*[f_2(t)+f_3(t)]=f_1(t)*f_2(t)+f_1(t)*f_3(t)$$

其证明过程如下：

$$f_1(t)*[f_2(t)+f_3(t)]=\int_{-\infty}^{+\infty}f_1(\tau)[f_2(t-\tau)+f_3(t-\tau)]\mathrm{d}\tau$$

积分运算满足可加性，所以

$$\begin{aligned}\int_{-\infty}^{+\infty}f_1(\tau)[f_2(t-\tau)+f_3(t-\tau)]\mathrm{d}\tau&=\int_{-\infty}^{+\infty}f_1(\tau)f_2(t-\tau)\mathrm{d}\tau+\int_{-\infty}^{+\infty}f_1(\tau)f_3(t-\tau)\mathrm{d}\tau\\&=f_1(t)*f_2(t)+f_1(t)*f_3(t)\end{aligned}$$

将式 $f_1(t)*[f_2(t)+f_3(t)]=f_1(t)*f_2(t)+f_1(t)*f_3(t)$ 改写成

$$f(t)*[h_1(t)+h_2(t)]=f(t)*h_1(t)+f(t)*h_2(t)$$

从系统的观念来看上述表达式。令 $h_1(t)+h_2(t)=h(t)$，则激励信号 $f(t)$ 作用于单位冲激响应为 $h(t)$ 的系统产生的零状态响应等于 $f(t)$ 作用于两个单位冲激响应分别为 $h_1(t)$ 和 $h_2(t)$ 的子系统相并联所产生的零状态响应，或者说，子系统并联时，总系统的单位冲激响应等于各子系统单位冲激响应之和。

将式 $f_1(t)*[f_2(t)+f_3(t)]=f_1(t)*f_2(t)+f_1(t)*f_3(t)$ 改写成

$$h(t)*[f_1(t)+f_2(t)]=h(t)*f_1(t)+h(t)*f_2(t)$$

从系统的角度来看，若系统同时加两路激励信号 $f_1(t)$ 和 $f_2(t)$，则两路信号所引起的零状态响应等于 $f_1(t)$ 和 $f_2(t)$ 分别作用于系统产生的零状态响应之和，卷积的分配律如图 2.5-19所示。

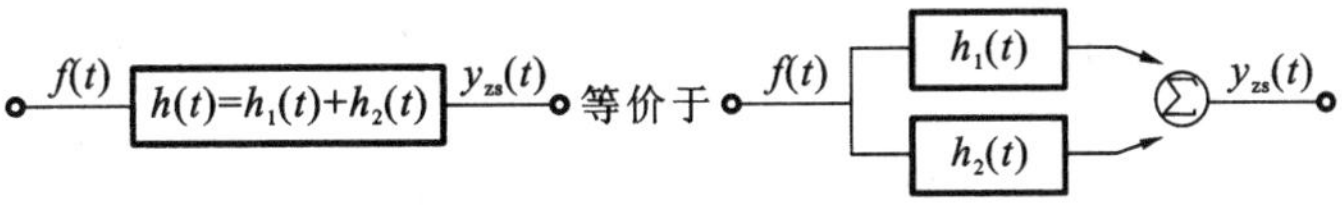

图 2.5-19　卷积的分配律

(3)卷积运算满足结合律，即

$$[f_1(t)*f_2(t)]*f_3(t)=f_1(t)*[f_2(t)*f_3(t)]$$

其证明过程如下：

$$[f_1(t)*f_2(t)]*f_3(t)=\int_{-\infty}^{+\infty}\left[\int_{-\infty}^{+\infty}f_1(\tau)f_2(\varphi-\tau)\mathrm{d}\tau\right]f_3(t-\varphi)\mathrm{d}\varphi$$

交换上式积分的顺序并将括号内的 $\varphi-\tau=\mu$，得

$$\begin{aligned}[f_1(t)*f_2(t)]*f_3(t)&=\int_{-\infty}^{+\infty}f_1(\tau)\left[\int_{-\infty}^{+\infty}f_2(\mu)f_3(t-\tau-\mu)\mathrm{d}\mu\right]\mathrm{d}\tau\\&=\int_{-\infty}^{+\infty}f_1(\tau)\left[\int_{-\infty}^{+\infty}f_2(\mu)f_3(t-\tau-\mu)\mathrm{d}\mu\right]\mathrm{d}\tau\end{aligned}$$

令 $\int_{-\infty}^{+\infty}f_2(\mu)f_3(t-\tau-\mu)\mathrm{d}\mu=f(t-\tau)$，则

$$\begin{aligned}[f_1(t)*f_2(t)]*f_3(t)&=\int_{-\infty}^{+\infty}f_1(\tau)\left[\int_{-\infty}^{+\infty}f_2(\mu)f(t-\tau)\mathrm{d}\mu\right]\mathrm{d}\tau\\&=f_1(t)*f(t)\end{aligned}$$

而 $f(t)=\int_{-\infty}^{+\infty}f_2(\mu)f_3(t-\mu)\mathrm{d}\mu$，即 $f(t)=f_2(t)*f_3(t)$，故

$$[f_1(t) * f_2(t)] * f_3(t) = f_1(t) * [f_2(t) * f_3(t)]$$

将式 $[f_1(t) * f_2(t)] * f_3(t) = f_1(t) * [f_2(t) * f_3(t)]$ 改写成

$$[f(t) * h_1(t)] * h_2(t) = f(t) * [h_1(t) * h_2(t)]$$

从系统的观念来看，令 $h(t) = h_1(t) * h_2(t)$，则激励信号 $f(t)$ 作用于单位冲激响应为 $h(t)$ 的系统所产生的零状态响应等于 $f(t)$ 先作用于单位冲激响应为 $h_1(t)$ 的子系统所产生的零状态响应，再作用于单位冲激响应为 $h_2(t)$ 的子系统产生的零状态响应。或者说，子系统串联时，总系统的单位冲激响应等于各子系统单位冲激响应的卷积，卷积的结合律如图 2.5-20 所示。

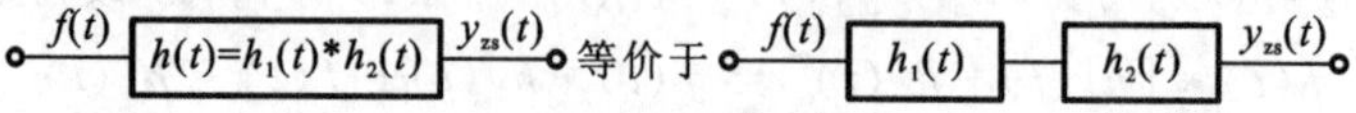

$f(t)$ → [$h(t)=h_1(t)*h_2(t)$] → $y_{zs}(t)$ 等价于 $f(t)$ → [$h_1(t)$] → [$h_2(t)$] → $y_{zs}(t)$

图 2.5-20　卷积的结合律

2. 任意信号与单位冲激信号的卷积

任意信号 $f(t)$ 和单位冲激信号的卷积积分利用卷积的交换律可写成

$$f(t) * \delta(t) = \delta(t) * f(t) = \int_{-\infty}^{+\infty} \delta(\tau) f(t-\tau) \mathrm{d}\tau$$

在上式积分表达式中，利用单位冲激函数的取样性质，被积函数 $\delta(\tau) f(t-\tau)$ 等于 $f(t)\delta(\tau)$，所以

$$f(t) * \delta(t) = \delta(t) * f(t) = f(t) \int_{-\infty}^{+\infty} \delta(\tau) \mathrm{d}\tau = f(t)$$

依此，可以得到

$$\begin{aligned} f(t) * \delta(t-t_0) = \delta(t-t_0) * f(t) &= \int_{-\infty}^{+\infty} \delta(\tau-t_0) f(t-\tau) \mathrm{d}\tau \\ &= f(t-t_0) \int_{-\infty}^{+\infty} \delta(\tau-t_0) \mathrm{d}\tau = f(t-t_0) \end{aligned}$$

上式表明，任意信号与 $\delta(t)$ 的卷积都等于它本身，任意信号与 $\delta(t-t_0)$ 的卷积等于信号本身延迟 t_0。其结论用图形表示更为直观，如图 2.5-21 所示。上述结论是卷积积分中被广泛应用的重要性质之一。

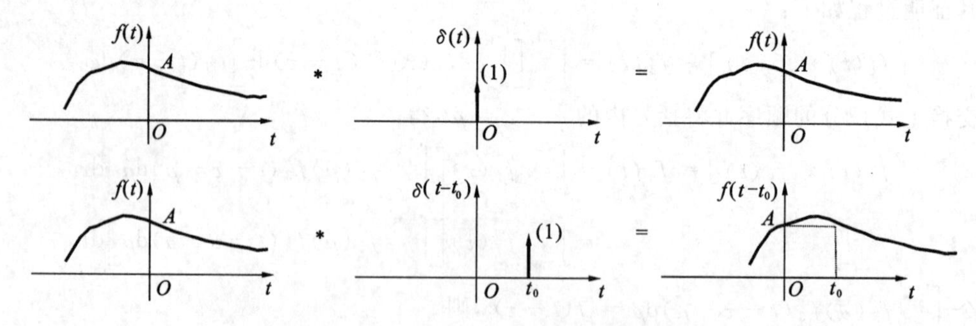

图 2.5-21　信号与单位冲激信号的卷积

同理，还可以得出

(1) $f(t-t_0) * \delta(t) = f(t-t_0)$；

(2) $f(t-t_1) * \delta(t-t_2) = f(t-t_1-t_2)$；

(3) $f_1(t-t_1) * f_2(t-t_2) = f(t-t_1-t_2)$，其中 $f_1(t) * f_2(t) = f(t)$；

(4) $f(t) * u(t) = \int_{-\infty}^{+\infty} f(\tau)u(t-\tau)\mathrm{d}\tau = \int_{-\infty}^{t} f(\tau)\mathrm{d}\tau$。

【例 2.5-6】 已知 $f_1(t) = g_4(t+2)$，$f_2(t) = g_6(t-5)$，计算$f_1(t) * f_2(t)$。

解 本题计算卷积的方法有多种，下面介绍其中一种。

在例 2.5-3 中求得

$$g_4(t) * g_6(t-2) = (t+3)u(t+3) - (t-3)u(t-3) - (t-1)u(t-1) + (t-7)u(t-7)$$

$$f_1(t) = g_4(t+2) = g_4(t) * \delta(t+2)$$

$$f_2(t) = g_6(t-5) = g_6(t-2) * \delta(t-3)$$

所以

$$\begin{aligned} f_1(t) * f_2(t) &= g_4(t+2) * g_6(t-5) \\ &= g_4(t) * \delta(t+2) * g_6(t-2) * \delta(t-3) \end{aligned} \tag{2.5-6}$$

利用卷积运算的交换律，得

$$\begin{aligned} f_1(t) * f_2(t) &= \delta(t+2) * \delta(t-3) \\ &= g_4(t) * g_6(t-2) * \delta(t-1) \end{aligned}$$

令$g_4(t) * g_6(t-2) = f(t)$，则

$$f_1(t) * f_2(t) = f(t) * \delta(t-1) = f(t-1)$$

所以

$$f_1(t) * f_2(t) = (t+2)u(t+2) - (t-4)u(t-4) - (t-2)u(t-2) + (t-8)u(t-8)$$

【例 2.5-7】 周期信号的卷积表示，如图 2.5-22 所示。

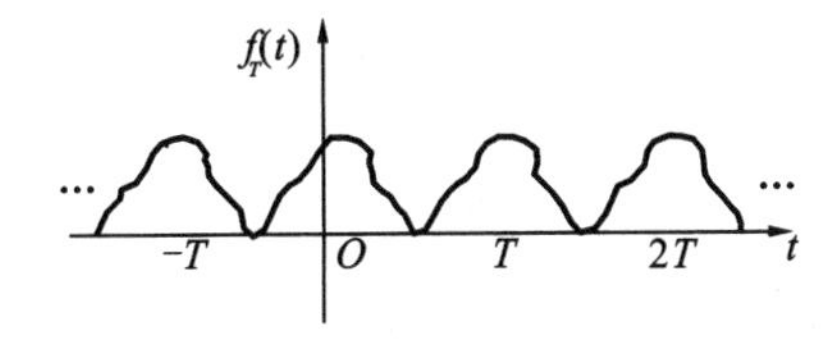

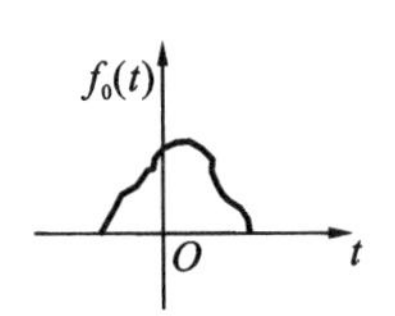

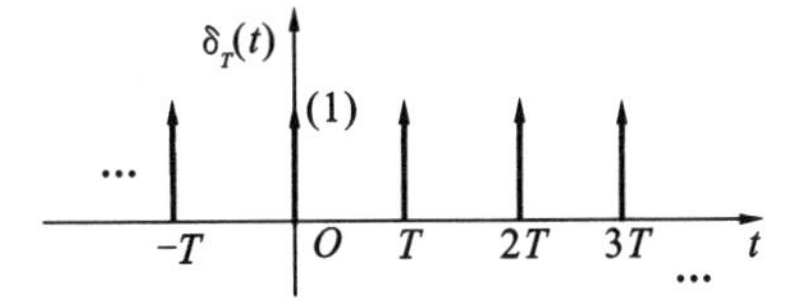

图 2.5-22　周期信号的卷积表示

图 2.5-22 中，$f_T(t)$表示周期为 T 的周期函数，取其 $t \in [-\frac{T}{2}, \frac{T}{2}]$的波形记为$f_0(t)$，则

$$\begin{aligned} f_T(t) &= \cdots + f_0(t+2T) + f_0(t+T) + f_0(t) + f_0(t-T) + f_0(t-2T) + \cdots \\ &= \sum_{n=-\infty}^{+\infty} f_0(t-nT) \end{aligned} \tag{2.5-7}$$

式(2.5-7)中，$f_0(t-nT)$可以写成$f_0(t) * \delta(t-nT)$，所以

$$\begin{aligned} f_T(t) &= \cdots + f_0(t) * \delta(t+T) + f_0(t) * \delta(t) + f_0(t) * \delta(t-T) + f_0(t) * \delta(t-2T) + \cdots \\ &= f_0(t) * [\cdots + \delta(t+T) + \delta(t) + \delta(t-T) + \delta(t-2T) + \cdots] \end{aligned}$$

$$= f_0(t) * \sum_{n=-\infty}^{+\infty} \delta(t-nT)$$

其中，$\sum_{n=-\infty}^{+\infty} \delta(t-nT)$ 是周期性单位冲激函数，也称为梳状函数。例 2.5-6 说明，任意周期信号都可以看成是第一个周期的信号和周期性单位冲激函数卷积的结果。

【例 2.5-8】 已知 $f_1(t)=f_2(t)=u(t)$，计算 $f_1(t) * f_2(t)$。

解

$$f_1(t) * f_2(t) = u(t) * u(t) = \int_{-\infty}^{+\infty} u(\tau)u(t-\tau)\mathrm{d}\tau \tag{2.5-8}$$

若要式(2.5-8)中积分不为零，则 τ 须满足 $\tau>0$ 且 $t-\tau>0$，因而在 $0<\tau<t$ 时，上式积分变成

$$f_1(t) * f_2(t) = \int_0^t \mathrm{d}\tau = tu(t)$$

该例题说明，两个单位阶跃信号卷积，得到斜升函数 $tu(t)$，该结论可用图 2.5-23 表示。

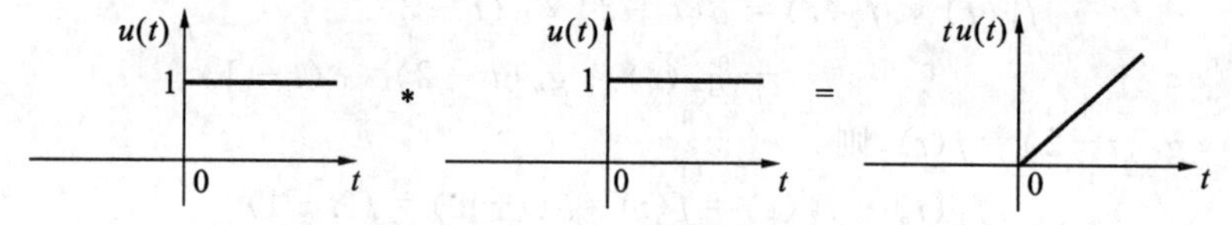

图 2.5-23 两个单位阶跃信号卷积

【例 2.5-9】 已知 $f_1(t)=u(t+\alpha)$，$f_2(t)=u(t+\beta)$，计算 $f_1(t) * f_2(t)$，其中，α、β 为常数。

解

$$u(t+\alpha) * u(t+\beta) = \int_{-\infty}^{+\infty} u(\tau+\alpha)u(t-\tau+\beta)\mathrm{d}\tau$$

$$= \int_{-\alpha}^{t+\beta} \mathrm{d}\tau = (t+\alpha+\beta)u(t+\alpha+\beta)$$

从例 2.5-8 中可以看出，$u(t+\alpha) * u(t+\beta) = (t+\alpha+\beta)u(t+\alpha+\beta)$，这个例题的结论可以当作公式来使用，计算两个单位阶跃信号的卷积，例如，$u(t+2) * u(t-7) = (t+5)u(t+5)$。

【例 2.5-10】 已知 $f_1(t)=\mathrm{e}^{-\alpha t}u(t)$，$f_2(t)=\mathrm{e}^{-\beta t}u(t)$，计算 $f_1(t) * f_2(t)$，其中，α、β 为常数。

解

$$\mathrm{e}^{-\alpha t}u(t) * \mathrm{e}^{-\beta t}u(t) = \int_{-\infty}^{+\infty} \mathrm{e}^{-\alpha\tau}u(\tau)\mathrm{e}^{-\beta(t-\tau)}u(t-\tau)\mathrm{d}\tau$$

$$= \int_0^t \mathrm{e}^{-\alpha\tau}\mathrm{e}^{-\beta(t-\tau)}\mathrm{d}\tau = \mathrm{e}^{-\beta t}\int_0^t \mathrm{e}^{-(\alpha-\beta)\tau}\mathrm{d}\tau$$

$$= \frac{1}{\beta-\alpha}(\mathrm{e}^{-\alpha t} - \mathrm{e}^{-\beta t})u(t)$$

3. 卷积的微分和积分性质

(1)卷积的微分性质。

假设 $f(t)=f_1(t) * f_2(t)$，则 $f(t)$ 的导数

$$f^{(1)}(t) = f_1^{(1)}(t) * f_2(t) = f_1(t) * f_2^{(1)}(t) \tag{2.5-9}$$

上式称为卷积的微分性质。其证明过程如下：

$$f(t)=f_1(t)*f_2(t)=\int_{-\infty}^{+\infty}f_1(\tau)f_2(t-\tau)\mathrm{d}\tau=\int_{-\infty}^{+\infty}f_2(\tau)f_1(t-\tau)\mathrm{d}\tau$$

$$\frac{\mathrm{d}f(t)}{\mathrm{d}t}=\int_{-\infty}^{+\infty}f_1(\tau)\frac{\mathrm{d}f_2(t-\tau)}{\mathrm{d}t}\mathrm{d}\tau=\int_{-\infty}^{+\infty}f_2(\tau)\frac{f_1(t-\tau)}{\mathrm{d}t}\mathrm{d}\tau$$

$$=f_1(t)*f_2^{(1)}(t)=f_2(t)*f_1^{(1)}(t)=f_1^{(1)}(t)*f_2(t)$$

式(2.5-9)说明，卷积后求导等价于先对其中一个信号求导再卷积。同理，卷积的一阶微分性质还可以推广到n(n为大于1的正整数)阶微分：

$$f^{(n)}(t)=f_1^{(n)}(t)*f_2(t)=f_1(t)*f_2^{(n)}(t)$$

(2)卷积的积分性质。

假设$\int_{-\infty}^{t}f(\tau)\mathrm{d}\tau$记为$f^{(-1)}(t)$，$f(t)=f_1(t)*f_2(t)$，当$t\to-\infty$时，$f_1(-\infty)=0$，$f_2(-\infty)=0$，$f^{(-1)}(+\infty)=0$，则$f(t)$的积分

$$f^{(-1)}(t)=f_1^{(-1)}(t)*f_2(t)=f_1(t)*f_2^{(-1)}(t) \tag{2.5-10}$$

上式称为卷积的积分性质。其证明过程如下：

$$f(t)=f_1(t)*f_2(t)=\int_{-\infty}^{+\infty}f_1(\tau)f_2(t-\tau)\mathrm{d}\tau=\int_{-\infty}^{+\infty}f_2(\tau)f_1(t-\tau)\mathrm{d}\tau$$

$$f^{(-1)}(t)=\int_{-\infty}^{t}f(\alpha)\mathrm{d}\alpha=\int_{-\infty}^{t}f_1(\alpha)*f_2(\alpha)\mathrm{d}\alpha=\int_{-\infty}^{t}\left[\int_{-\infty}^{+\infty}f_1(\tau)f_2(\alpha-\tau)\mathrm{d}\tau\right]\mathrm{d}\alpha$$

交换积分顺序

$$f^{(-1)}(t)=\int_{-\infty}^{+\infty}f_1(\tau)\left[\int_{-\infty}^{t}f_2(\alpha-\tau)\mathrm{d}\alpha\right]\mathrm{d}\tau=\int_{-\infty}^{+\infty}f_1(\tau)\left[\int_{-\infty}^{t-\tau}f_2(\alpha-\tau)\mathrm{d}(\alpha-\tau)\right]\mathrm{d}\tau$$

$$=f_1(t)*f_2^{(-1)}(t)$$

同理

$$f^{(-1)}(t)=\int_{-\infty}^{t}f(\alpha)\mathrm{d}\alpha=\int_{-\infty}^{t}f_2(\alpha)*f_1(\alpha)\mathrm{d}\alpha=\int_{-\infty}^{t}\left[\int_{-\infty}^{+\infty}f_2(\tau)f_1(\alpha-\tau)\mathrm{d}\tau\right]\mathrm{d}\alpha$$

$$=\int_{-\infty}^{+\infty}f_2(\tau)\left[\int_{-\infty}^{t}f_1(\alpha-\tau)\mathrm{d}\alpha\right]\mathrm{d}\tau=\int_{-\infty}^{+\infty}f_2(\tau)\left[\int_{-\infty}^{t-\tau}f_1(\alpha-\tau)\mathrm{d}(\alpha-\tau)\right]\mathrm{d}\tau$$

$$=f_2(t)*f_1^{(-1)}(t)=f_1^{(-1)}(t)*f_2(t)$$

结合卷积的微分和积分性质，还可以得出

$$f(t)=f_1(t)*f_2(t)=f_1^{(1)}(t)*f_2^{(-1)}(t)=f_1^{(-1)}(t)*f_2^{(1)}(t) \tag{2.5-11}$$

式(2.5-11)说明，卷积等于其中一个信号先求导、另一个信号求积分再卷积。卷积的微分和积分性质还可以联合起来得到

$$f^{(n-m)}(t)=f_1^{(n)}(t)*f_2^{(-m)}(t)=f_1^{(-m)}(t)*f_2^{(n)}(t)$$

在利用卷积的微积分性质计算卷积时，特别注意积分性质要求：$f_1(-\infty)=0$，$f_2(-\infty)=0$，否则不能使用微积分性质计算卷积。例如，$f_1(t)=1$，$f_2(t)=\mathrm{e}^{-2t}u(t)$，计算两个函数的卷积

$$f(t)=f_1(t)*f_2(t)=1*\mathrm{e}^{-2t}u(t)=\int_{-\infty}^{+\infty}\mathrm{e}^{-2\tau}u(\tau)\mathrm{d}\tau=\int_{0}^{+\infty}\mathrm{e}^{-2\tau}\mathrm{d}\tau=\frac{1}{2}$$

但若是利用卷积运算的微积分性质计算

$$f(t)=f_1(t)*f_2(t)=f_1^{(1)}(t)*f_2^{(-1)}(t)=0$$

则利用微积分性质计算的结果显然不对,因而在使用微积分性质时,需满足其前提条件。

根据卷积的微分和积分性质,任意信号 $f(t)$ 和单位冲激函数的卷积

$$f(t)=f(t)*\delta(t)=f^{(1)}(t)*\delta^{(-1)}(t)=f^{(1)}(t)*u(t)=\int_{-\infty}^{+\infty}f^{(1)}(\tau)u(t-\tau)\mathrm{d}\tau \tag{2.5-12}$$

式(2.5-12)说明,任意信号 $f(t)$ 可以分解为一系列幅度不同、接入时间不同的单位阶跃信号的线性组合,因而,也可以以单位阶跃信号为基本信号,对任意信号进行分解。单位阶跃信号的线性组合的任意信号 $f(t)$ 作用于 LTI 连续系统产生的零状态响应等于信号 $f^{(1)}(t)$ 和单位阶跃响应 $g(t)$ 的卷积,即

$$y_{zs}(t)=\int_{-\infty}^{+\infty}f^{(1)}(\tau)g(t-\tau)\mathrm{d}\tau=f^{(1)}(t)*g(t)$$

【例 2.5-11】 已知信号 $f_1(t)$ 和 $f_2(t)$ 的波形分别如图 2.5-24、图 2.5-25 所示,求 $f_1(t)*f_2(t)$。

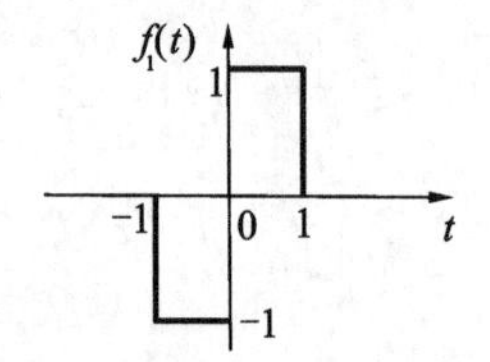

图 2.5-24 $f_1(t)$ **的波形**

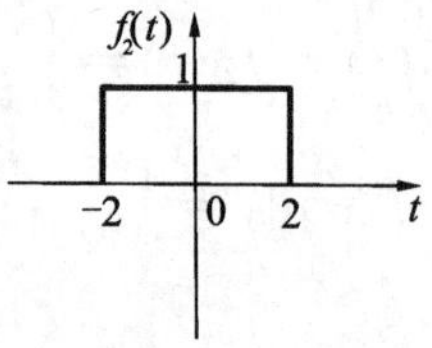

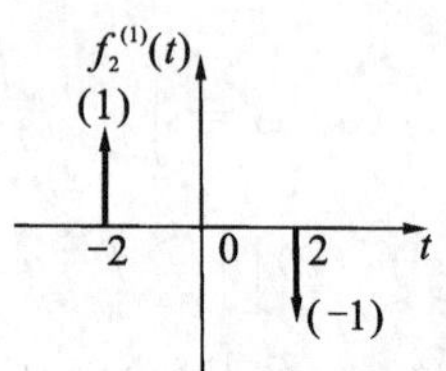

图 2.5-25 $f_2(t)$ **的波形**

解 卷积运算中的两个函数都是门函数,门函数的一阶导数和积分容易求得,因而,可以利用卷积的微分和积分性质计算卷积。$f_1(t)$ 求导含有三个冲激函数,为了计算简便,对 $f_1(t)$ 积分、$f_2(t)$ 求导,结果分别如图 2.5-26、图 2.5-27 所示。

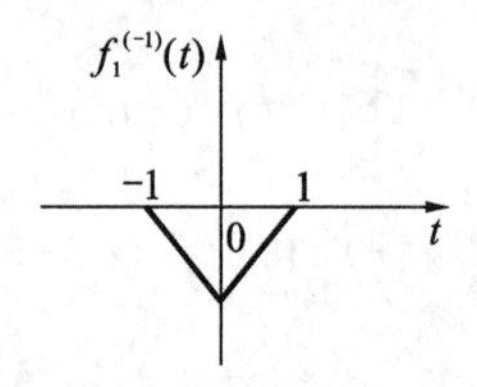

图 2.5-26 $f_1^{(-1)}(t)$ **的波形**

图 2.5-27 $f_2^{(1)}(t)$ **的波形**

根据卷积运算的微分和积分性质,$f_1(t)*f_2(t)=f_1^{(-1)}(t)*f_2^{(1)}(t)$,所以 $f_1(t)$ 和 $f_2(t)$ 卷积的结果如图 2.5-28 所示。

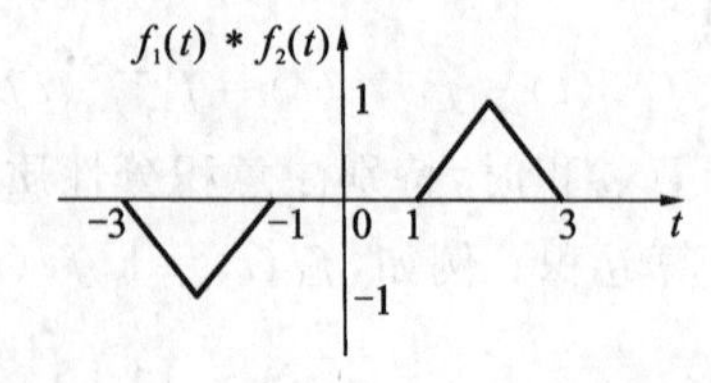

图 2.5-28 $f_1(t)*f_2(t)$ **的结果**

图 2.5-28 的波形写成奇异函数为

$$f_1(t) * f_2(t)=\begin{cases}-t-3, & -3\leqslant t\leqslant -2\\ t+1, & -2\leqslant t\leqslant -1\\ t-1, & 1\leqslant t\leqslant 2\\ -t+3, & 2\leqslant t\leqslant 3\\ 0, & 其他\end{cases}$$

从例 2.5-8 可以看出，如果卷积运算的两个函数容易求导和积分，则利用卷积的微分和积分性质计算较简单。

【例 2.5-12】 已知信号$f_1(t)$和$f_2(t)$的波形分别如图 2.5-29、图 2.5-30 所示，求$f_1(t) * f_2(t)$。

图 2.5-29　$f_1(t)$**的波形**　　**图 2.5-30**　$f_2(t)$**的波形**

解　在本题中，由于当$t\to-\infty$时，$f_1(-\infty)\neq 0$，所以不能直接用卷积的微分和积分性质计算。从图 2.5-29 可以看出，$f_1(t)=1+u(t)$，$f_1(t)$和$f_2(t)$的卷积可以写为

$$\begin{aligned}f_1(t) * f_2(t)&=[1+u(t)] * \mathrm{e}^{-2t}u(t)\\&=1 * \mathrm{e}^{-2t}u(t)+u(t) * \mathrm{e}^{-2t}u(t)\\&=\int_{-\infty}^{+\infty}\mathrm{e}^{-2\tau}u(\tau)\mathrm{d}\tau+\delta(t) * \int_{-\infty}^{t}\mathrm{e}^{-2\tau}u(\tau)\mathrm{d}\tau\\&=\int_{0}^{+\infty}\mathrm{e}^{-2\tau}\mathrm{d}\tau+\int_{-\infty}^{t}\mathrm{e}^{-2\tau}u(\tau)\mathrm{d}\tau\\&=\frac{1}{2}+\int_{0}^{t}\mathrm{e}^{-2\tau}\mathrm{d}\tau\\&=\frac{1}{2}+\frac{1}{2}(1-\mathrm{e}^{-2t})u(t)\end{aligned}$$

从上述计算过程中可以看出，无始信号不能用微分和积分性质计算卷积，但若能将无始信号变成有始信号，则可以用卷积的微分和积分性质。

2.6　利用卷积求解 LTI 连续系统的零状态响应

LTI 连续系统的零状态响应等于激励信号和系统单位冲激响应的卷积，这种求零状态响应的方法称为卷积法。

【例 2.6-1】 已知激励信号 $f(t)=g_1\left(t-\frac{1}{2}\right)$，LTI 连续系统的单位冲激响应$h(t)=\mathrm{e}^{-2t}u(t)$，利用图示法求解系统的零状态响应。

解 利用图示法，首先画出信号 $f(t)$ 和 $h(t)$ 的波形，分别如图 2.6-1、图 2.6-2 所示。

图 2.6-1 激励信号 $f(t)$ 的波形　　　　图 2.6-2 单位冲激响应 $h(t)$ 的波形

首先，将 $f(t)$ 和 $h(t)$ 中的自变量 t 换成 τ，得到 $f(\tau)$ 和 $h(\tau)$，对 $f(\tau)$ 进行反转、位移运算。接下来对 t 的范围进行讨论。其中虚线表示 $f(t-\tau)$，实线表示 $h(\tau)$。

(1) $t<0$。

当 $t<0$ 时，$f(\tau)$ 和 $h(\tau)$ 没有函数值不为零的重合区间，所以 $y_{zs}(t)=f(t)*h(t)=0$，如图 2.6-3 所示。

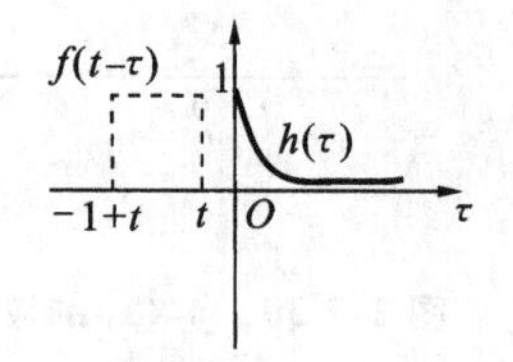

f(t-τ)
1
h(τ)
-1+t O t
τ

图 2.6-3 $t<0$ 的情况　　　　图 2.6-4 $0<t<1$ 的情况

(2) $0<t<1$。

当 $0<t<1$ 时，$f(\tau)$ 和 $h(\tau)$ 有函数值不为零的重合区间 $[0,t]$，如图 2.6-4 所示，因而

$$y_{zs}(t)=f(t)*h(t)=\int_0^t e^{-2\tau}d\tau=\frac{1}{2}(1-e^{-2t})$$

(3) $t>1$。

当 $t>1$ 时，$f(\tau)$ 和 $h(\tau)$ 有函数值不为零的重合区间 $[-1+t,t]$，如图 2.6-5 所示，因而

$$y_{zs}(t)=f(t)*h(t)=\int_{-1+t}^t e^{-2\tau}d\tau=\frac{e^2-1}{2}e^{-2t}$$

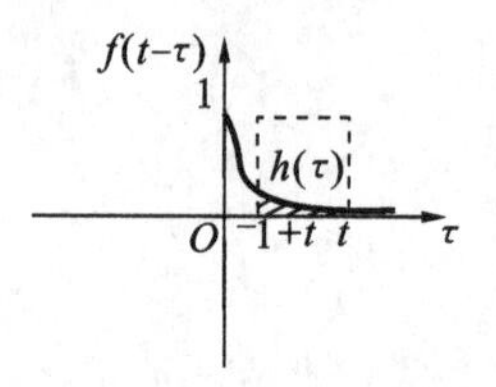

图 2.6-5 $t>1$ 的情况

综上所述，系统的零状态响应为

$$y_{zs}(t)=\begin{cases}0, & t<0\\ \dfrac{1}{2}(1-e^{-2t}), & 0<t<1\\ \dfrac{1}{2}(e^2-1)e^{-2t}, & t>1\end{cases}$$

【例 2.6-2】 已知 LTI 连续系统的激励和零状态响应的波形分别如图 2.6-6、图2.6-7所示。

(1)求系统的单位冲激响应；

(2)求激励信号为 $f_1(t)=\sin(\pi t)[u(t)-u(t-1)]$ 时的零状态响应。

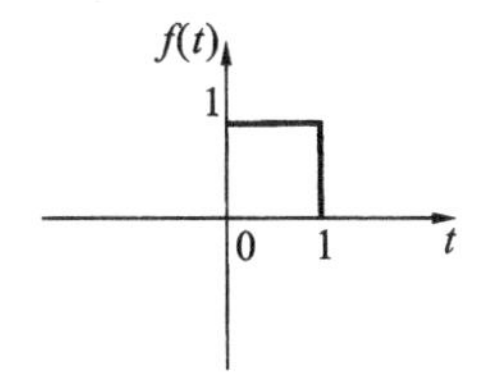

图 2.6-6 $f(t)$的波形

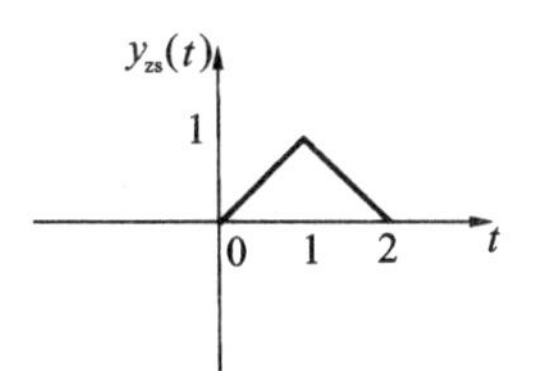

图 2.6-7 $y_{zs}(t)$的波形

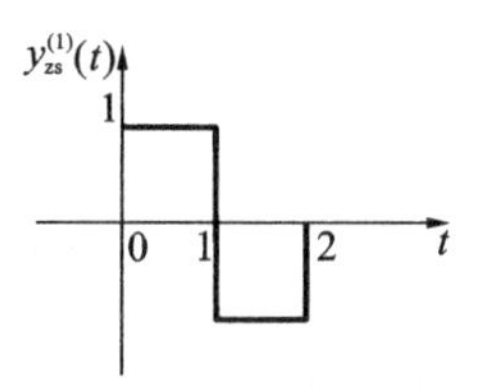

图 2.6-8 $y_{zs}^{(1)}(t)$的波形

解 激励信号 $f(t)$是门函数,其产生的零状态响应 $y_{zs}(t)$为三角函数,$f(t)$和 $y_{zs}(t)$求一阶导数比较容易,$f(t)=g_1\left(t+\frac{1}{2}\right)=u(t)-u(t-1)$,$f(t)$的一阶导数为

$$f^{(1)}(t)=u^{(1)}(t)-u^{(1)}(t-1)=\delta(t)-\delta(t-1) \tag{2.6-1}$$

零状态响应的一阶导数如式(2.6-2),波形如图 2.6-8 所示。

$$\begin{aligned}y_{zs}^{(1)}(t)&=g_1\left(t-\frac{1}{2}\right)-g_1\left(t-\frac{3}{2}\right)=[u(t)-u(t-1)]-[u(t-1)-u(t-2)]\\&=u(t)-2u(t-1)+u(t-2)\end{aligned} \tag{2.6-2}$$

比较式(2.6-1)和式(2.6-2),因为系统满足线性,所以 $\delta(t)$对应的零状态响应为 $u(t)-u(t-1)$,$\delta(t-1)$对应的零状态响应为 $u(t-1)-u(t-2)$,所以,该系统的单位冲激响应$h(t)=u(t)-u(t-1)$。

当系统所加的激励信号为 $f_1(t)=\sin(\pi t)[u(t)-u(t-1)]$时,系统的零状态响应 $y_{zs1}(t)$等于激励信号和单位冲激响应的卷积,即

$$\begin{aligned}y_{zs1}(t)&=\sin(\pi t)[u(t)-u(t-1)]*[u(t)-u(t-1)]\\&=\int_{-\infty}^{+\infty}\sin(\pi\tau)[u(\tau)-u(\tau-1)][u(t-\tau)-u(t-\tau-1)]\mathrm{d}\tau\\&=\int_{-\infty}^{+\infty}\sin(\pi\tau)u(\tau)u(t-\tau)\mathrm{d}\tau-\int_{-\infty}^{+\infty}\sin(\pi\tau)u(\tau)u(t-\tau-1)\mathrm{d}\tau\\&\quad-\int_{-\infty}^{+\infty}\sin(\pi\tau)u(\tau-1)u(t-\tau)\mathrm{d}\tau+\int_{-\infty}^{+\infty}\sin(\pi\tau)u(\tau-1)u(t-\tau-1)\mathrm{d}\tau\\&=\int_0^t\sin(\pi\tau)\mathrm{d}\tau-\int_0^{t-1}\sin(\pi\tau)\mathrm{d}\tau-\int_1^t\sin(\pi\tau)\mathrm{d}\tau+\int_1^{t-1}\sin(\pi\tau)\mathrm{d}\tau\\&=\frac{2}{\pi}[1-\cos(\pi t)][u(t)-u(t-2)]\end{aligned}$$

【例 2.6-3】 已知 LTI 连续系统的激励 $f(t)$和零状态响应 $y_{zs}(t)$之间的关系如下:

$$y_{zs}(t)=\int_t^{+\infty}f(\alpha-3)\mathrm{e}^{-(t-1-\alpha)}\mathrm{d}\alpha$$

求系统的单位冲激响应 $h(t)$。

解 LTI 连续系统的零状态响应 $y_{zs}(t)$等于激励信号 $f(t)$和单位冲激响应 $h(t)$的卷积,即

$$y_{zs}(t)=f(t)*h(t)=\int_{-\infty}^{+\infty}f(\tau)h(t-\tau)\mathrm{d}\tau \tag{2.6-3}$$

零状态响应为

$$y_{zs}(t)=\int_t^{+\infty}f(\alpha-3)\mathrm{e}^{-(t-1-\alpha)}\mathrm{d}\alpha$$

$$=\int_{-\infty}^{+\infty} f(\alpha-3)\mathrm{e}^{-(t-1-\alpha)}u(\alpha-t)\mathrm{d}\alpha \tag{2.6-4}$$

假设 $\alpha-3=\tau$，则 $\alpha=\tau+3$，将 α 代入式(2.6-4)中，得

$$y_{zs}(t)=\int_{-\infty}^{+\infty} f(\tau)\mathrm{e}^{-(t-4-\tau)}u(\tau+3-t)\mathrm{d}\tau \tag{2.6-5}$$

将式(2.6-5)和式(2.6-3)对比，得

$$h(t-\tau)=\mathrm{e}^{-(t-4-\tau)}u(\tau+3-t)$$

所以，系统的单位冲激响应为

$$h(t)=\mathrm{e}^{-(t-4)}u(3-t)$$

2.7 连续时间信号和系统的仿真

在学习信号与系统的过程中，可以利用数学软件 MATLAB 进行仿真。下面简单介绍在 MATLAB 中产生几种常用信号、微分方程求解零输入响应和零状态响应，以及计算卷积的方法。关于 MATLAB 在信号与系统中的应用可以参考相关书籍，本节内容旨在引导利用 MATLAB 学习信号与系统的方法。

一、常用信号及其仿真

1. 余弦信号 $2\cos(5t+\frac{3}{4}\pi)$（见图 2.7-1）

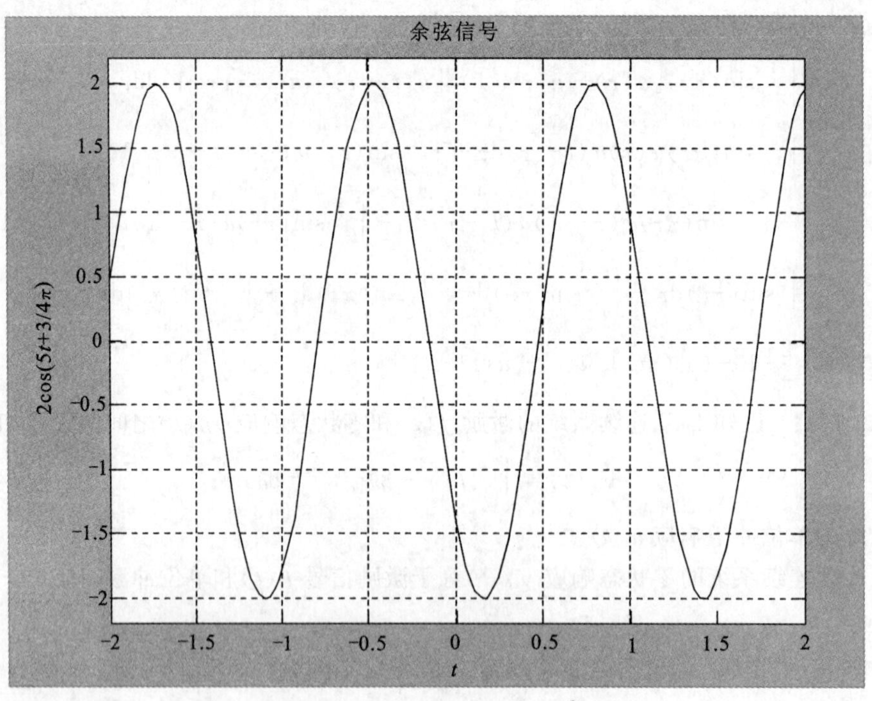

图 2.7-1 余弦信号 $2\cos(5t+\frac{3}{4}\pi)$

```
A= 2;                              %余弦信号的幅度
w= 5;                              %余弦信号的角频率
```

```
phi= 3* pi/4;                    %余弦信号的初始相位
t= -2:0.01:2;                    %自变量 t 的取值范围[-2,2],步长 0.01
ft= A* cos(w*t+ phi);            %产生信号 f(t)
plot(t,ft);                      %用绘图函数 plot 绘制余弦信号
grid on;                         %产生网格
axis([-2,2,-2.2,2.2]);           %axis 限定绘图窗口中横轴和纵轴的取值范围
xlabel('t');                     %横坐标加标签 t
ylabel('2cos(5t+3/4 π)');        %纵坐标加标签 2cos(5t+3/4π)
title('余弦信号');                %图形窗口加标题
```

2. 取样信号 $Sa(t)$(见图 2.7-2)

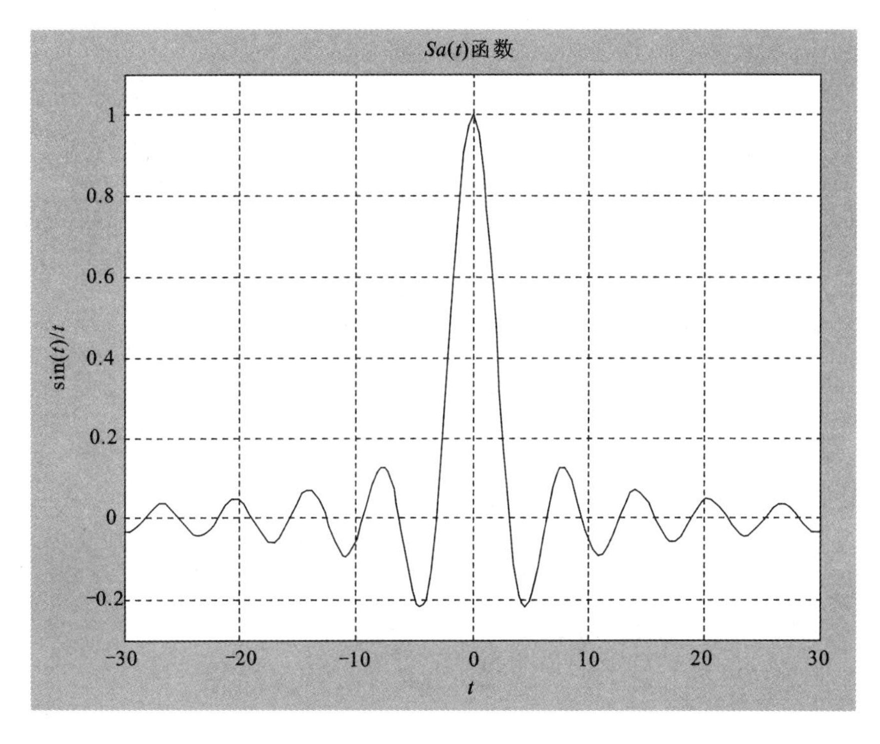

图 2.7-2　取样信号 $Sa(t)$

```
t= -30:0.01:30;
plot(t,sin(t)/t);
grid on;
axis([-30,30,-0.3,1.1]);
xlabel('t');
ylabel('sin(t)/t');
title('Sa(t)函数');
```

3. 指数信号 $e^{j\frac{\pi}{4}t}$

```
t= -10:0.01:10;
```

```
y= exp(j* pi/4*t);
subplot(1,2,1);               %将图形窗口划分成两个子窗口
plot(t,real(y));              %real(y):求 y 的实部,如图 2.7-3 所示;第一个子窗口用来绘制 y 的实部
xlabel('t');
ylabel('cos(pi/4t)');
title('指数函数的实部');
grid on;
subplot(1,2,2);
plot(t,imag(y));              %imag(y):求 y 的虚部,如图 2.7-4 所示;第二个子窗口用来绘制 y 的虚部
xlabel('t');
ylabel('sin(pi/4t)');
title('指数函数的虚部');
grid on;
```

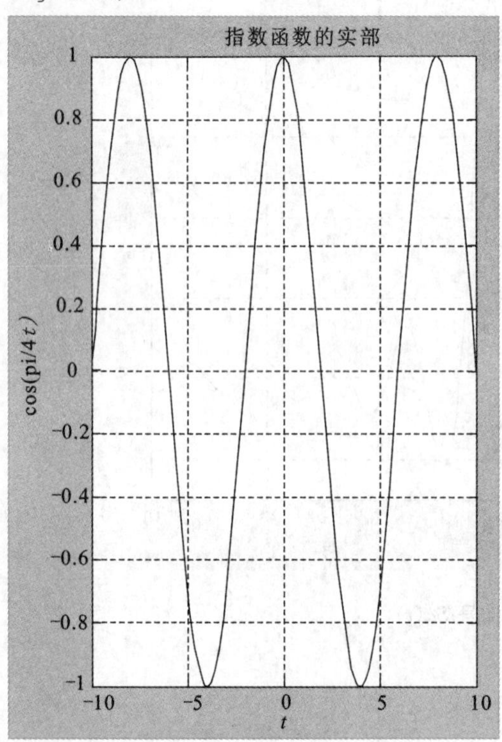

图 2.7-3　指数信号 $e^{j\frac{\pi}{4}t}$ 的实部

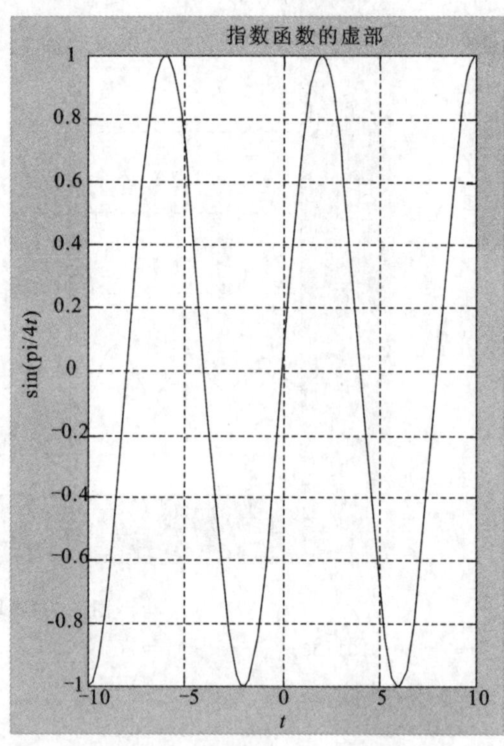

图 2.7-4　指数信号 $e^{j\frac{\pi}{4}t}$ 的虚部

对于复数信号,除了用实部和虚部共同描述之外,还可以用该信号的模和相位来描述。

```
t= -10:0.01:10;
y= exp(j* pi/4*t);
subplot(1,2,1);               %将图形窗口划分成两个子窗口
plot(t,abs(y));               %abs(y):求 y 的模,如图 2.7-5 所示;第一个子窗口用来绘制 y 的模
xlabel('t');
```

```
ylabel('cos(pi/4t)');
axis([-10,10,-2,2]);
title('指数函数的模');
grid on;
subplot(1,2,2);
plot(t,angle(y));              %angle(y):求 y 的辐角,如图 2.7-6 所示;第二个子窗口用来绘制 y 的
                               相位
xlabel('t');
ylabel('sin(pi/4t)');
axis([-10,10,-3.2,3.2]);
title('指数函数的辐角');
grid on;
```

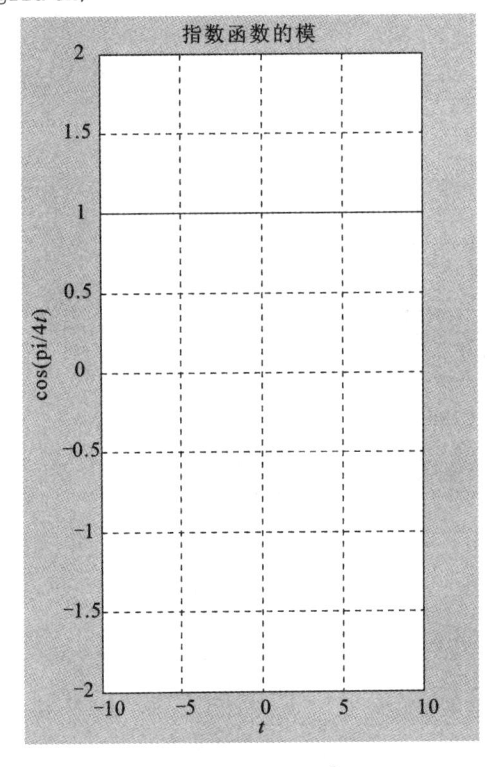

图 2.7-5　指数信号 $e^{j\frac{\pi}{4}t}$ 的模

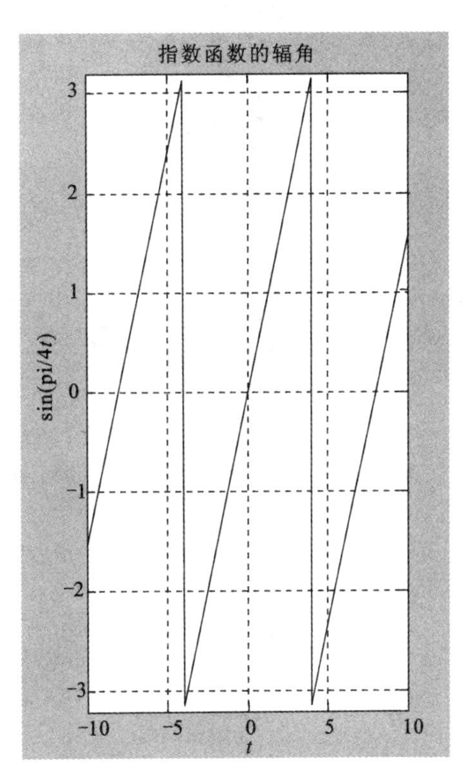

图 2.7-6　指数信号 $e^{j\frac{\pi}{4}t}$ 的辐角

4. 单位冲激信号(见图 2.7-7)

```
t= sym('t')
f= Dirac(t);                   %Dirac(t)产生单位冲激函数
ezplot(f,t);                   %符号函数绘图
grid on;
title('单位冲激信号');
xlabel('t');
```

5. 单位阶跃信号(见图 2.7-8)

```
ylabel('δ(t)');
```

```
t= sym('t');
f= Heaviside(t);                    %Heaviside(t)产生单位阶跃函数
ezplot(f,[-1,1]);
grid on;
title('单位阶跃信号');
xlabel('t');
ylabel('u(t)');
```

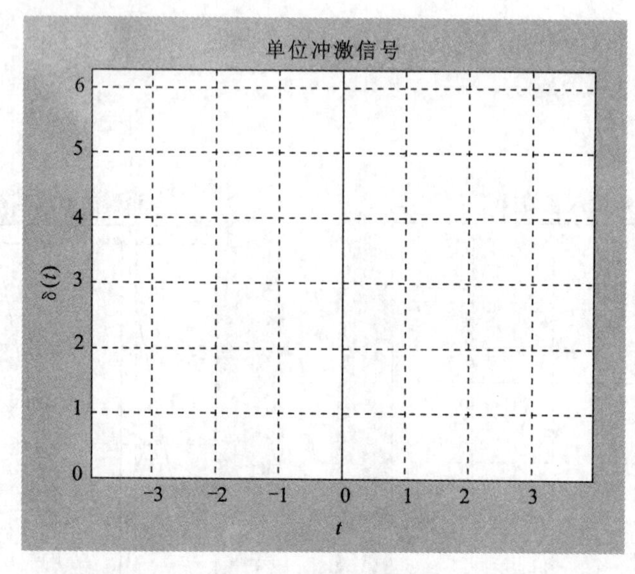

图 2.7-7　单位冲激信号

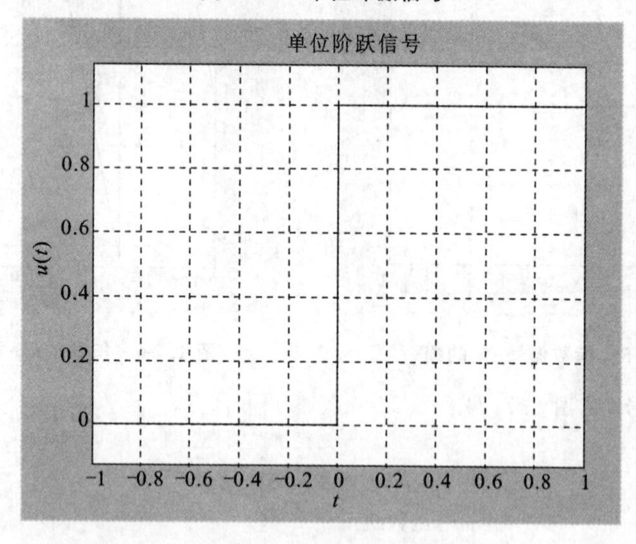

图 2.7-8　单位阶跃信号

二、利用 MATLAB 求解零输入响应和零状态响应

【例 2.7-1】 已知 LTI 连续系统的微分方程

$$\frac{\mathrm{d}y^2(t)}{\mathrm{d}t^2}+4\frac{\mathrm{d}y(t)}{\mathrm{d}t}+3y(t)=f(t)$$

求当激励 $f(t)=e^{-2t}u(t)$，初始条件 $y(0_-)=1$、$y^{(1)}(0_-)=1$ 时的全响应。

解

```
yzi=dsolve('D2y+ 4* Dy+ 3* y=0','y(0)=1,Dy(0)=1')
%D2y+4*Dy+3*y=0为齐次方程;y(0)=1,Dy(0)=1为系统的初始状态
%dsolve用来求解微分方程,得到系统的零输入响应
yzi=simplify(yzi);            %化简零输入响应
yzs=dsolve('D2y+4*Dy+3*y=exp(-2*t)*Heaviside(t)','y(-0.01)=0,
Dy(-0.01)=0');
%D2y+4*Dy+3*y=exp(-2*t)*heaviside(t)为微分方程
%heaviside(t)产生单位阶跃信号
%y(-0.01)=0,Dy(-0.01)=0为零状态响应的初始状态
%dsolve用来求解微分方程,得到系统的零状态响应
yzs=simplify(yzs);            %化简零状态响应
y=yzi+yzs                     %全响应
```

三、利用 MATLAB 求解单位冲激响应和单位阶跃响应

【例 2.7-2】 已知 LTI 连续系统的微分方程

$$\frac{dy^2(t)}{dt^2}+4\frac{dy(t)}{dt}+3y(t)=f(t)$$

求该系统的单位冲激响应和单位阶跃响应。

```
yzs1=dsolve('D2y+4*Dy+3*y=dirac(t)','y(-0.01)=0,Dy(-0.01)=0');
%dirac(t)用来产生单位冲激信号
yzs1=simplify(yzs1);
yzs2=dsolve('D2y+4*Dy+3*y=heaviside(t)','y(-0.01)=0,Dy(-0.01)=0');
yzs2=simplify(yzs2);
```

四、连续时间信号的卷积

MATLAB 中的 conv(x,y)可以计算序列 x 和 y 的卷积，但计算的卷积结果自变量默认从 0 开始，若希望计算卷积时，自变量的取值不是从零开始，则需要自定义函数求卷积。在 MATLAB 新建 m 文件中，输入代码如下：

```
function[f,k]=conv1(f1,f2,t1,t2,p);
%定义一个函数,函数名conv1,输入参数f1和t1表示函数f1(t)的函数值和自
%变量取值;f2和t2表示函数f2(t)的函数值和自变量的取值;p表示采样间隔;
%输出参数f和k分别表示f1(t)和f2(t)卷积的函数值和自变量
f=conv(f1,f2);                   %conv(f1,f2)计算f1和f2的卷积
f=f* p;
k0=t1(1)+t2(1);                  %分别取行向量t1和t2的第一个值相加作为k0的值
t3==length(f1)+length(f2)-2;     %t3等于f1行向量的长度和f2行向量的长度之和减2
k=0:p:t3* p;
end
```

自定义函数 conv1 不仅能计算两个序列卷积的函数值，还能准确得出函数值对应的自变量的取值范围。下面以计算两个常用信号 $f_1(t)$ 和 $f_2(t)$ 的卷积为例，说明函数 conv1()的调

用过程。

```
p=0.001;                          %连续时间信号的采样周期
t1=-1:p:5;                        %信号 f1(t)自变量的取值范围
f1=stepfun(t1,0);                 %信号 f1(t)为单位阶跃信号 u(t)
subplot(2,2,1);
plot(t1,f1);
grid on;
axis([-1,5,-0.2,1.2]);
xlabel('t');
ylabel('f1(t)');
title('f1(t)');
t2=0:p:7;                         %信号 f1(t)自变量的取值范围
f2=stepfun(t2,2);                 %信号 f1(t)为单位阶跃信号 u(t-2)
subplot(2,2,2);
plot(t2,f2);
grid on;
axis([-1,5,-0.2,1.2]);
xlabel('t');
ylabel('f2(t)');
title('f2(t)');
[f,t]=conv1(f1,f2,t1,t2,p);
subplot(2,2,3);
plot(t,f);
grid on;
xlabel('t');
ylabel('f(t)');
title('f(t)=f1(t)* f2(t)');
h=get(gca,'position');
h(3)=2.3*h(3);
set(gca,'position',h);            %将第三幅图的横坐标放大为原来的 2.3 倍。
```

本章小结

本章从时域的角度分析了 LTI 连续系统响应的求解方法。首先讨论了表征动态连续系统的常系数微分方程的求解方法，微分方程的全解可以分为齐次解和特解两部分，齐次解对应系统的自由响应部分，特解对应系统的强迫响应部分。而系统的响应根据是由系统的初始状态引起还是由激励信号引起又可以分为零输入响应和零状态响应。由系统所加的激励信号引起的零状态响应是本章讨论的重点内容。求解系统的零状态响应有两种方法：时域经典法和卷积法。

时域经典法求出零状态响应满足的微分方程的齐次解和特解即为系统的零状态响应；在卷积法中，本章首先讨论了基本信号单位冲激函数 $\delta(t)$ 作用于 LTI 连续系统产生的零状态响

应 $h(t)$，然后把任意信号分解，得到任意信号可由基本信号 $\delta(t)$ 组合而成，即 $f(t)=\int_{-\infty}^{+\infty}f(\tau)\delta(t-\tau)\mathrm{d}\tau$，最后利用系统的线性和时不变性，可以得到 $y_{zs}(t)=f(t)*h(t)=\int_{-\infty}^{+\infty}f(\tau)h(t-\tau)\mathrm{d}\tau$，即系统的零状态响应 $y_{zs}(t)$ 等于作用于系统的激励信号 $f(t)$ 和系统的冲激响应 $h(t)$ 的卷积。

习　题　2

2-1　已知描述系统的微分方程为 $y^{(2)}(t)+5y^{(1)}(t)+4y(t)=f(t)$，初始状态 $y(0)=1$，$y^{(1)}(0)=2$，激励信号 $f(t)=\mathrm{e}^{-2t}u(t)$，求系统的自由响应和强迫响应。

2-2　微分方程为 $\frac{\mathrm{d}^2y(t)}{\mathrm{d}t^2}+4y(t)=f(t)$，初始条件 $y(0_-)=0$，$y^{(1)}(0_-)=1$，求系统的零输入响应。

2-3　系统的微分方程为 $\frac{\mathrm{d}^2y(t)}{\mathrm{d}t^2}+4y(t)=\frac{\mathrm{d}f(t)}{\mathrm{d}t}+2f(t)$，初始条件 $y(0_-)=0$，$y^{(1)}(0_-)=1$，求系统的零输入响应。

2-4　已知描述系统的微分方程为 $\frac{\mathrm{d}^2y(t)}{\mathrm{d}t^2}+5\frac{\mathrm{d}y(t)}{\mathrm{d}t}+6y(t)=\frac{\mathrm{d}^2f(t)}{\mathrm{d}t^2}$，初始条件 $y(0_-)=1$，$y^{(1)}(0_-)=1$，求系统的零输入响应。

2-5　已知描述系统的微分方程为 $\frac{\mathrm{d}^3y(t)}{\mathrm{d}t^3}+3\frac{\mathrm{d}^2y(t)}{\mathrm{d}t^2}+2\frac{\mathrm{d}y(t)}{\mathrm{d}t}=\frac{\mathrm{d}f(t)}{\mathrm{d}t}+4f(t)$，初始条件 $y(0_-)=1$，$y^{(1)}(0_-)=1$，$y^{(2)}(0_-)=1$，求系统的零输入响应。

2-6　已知描述系统的微分方程为 $y^{(2)}(t)+5y^{(1)}(t)+4y(t)=f(t)$，初始条件 $y(0_-)=1$，$y^{(1)}(0_-)=2$，求系统的零输入响应。

2-7　已知描述系统的微分方程为 $y^{(2)}(t)+6y^{(1)}(t)+9y(t)=f(t)$，初始条件 $y(0_-)=1$，$y^{(1)}(0_-)=1$，求系统的零输入响应。

2-8　已知描述系统的微分方程为 $y^{(2)}(t)+4y^{(1)}(t)+5y(t)=f(t)$，初始条件 $y(0_-)=1$，$y^{(1)}(0_-)=1$，求系统的零输入响应。

2-9　已知 LTI 连续系统的微分方程为 $\frac{\mathrm{d}^2y(t)}{\mathrm{d}t^2}+5\frac{\mathrm{d}y(t)}{\mathrm{d}t}+6y(t)=\frac{\mathrm{d}f(t)}{\mathrm{d}t}+2f(t)$，当激励 $f(t)=\mathrm{e}^{-t}u(t)$ 时，系统的全响应 $y(t)=2\mathrm{e}^{-t}u(t)-0.5\mathrm{e}^{-3t}u(t)-2\mathrm{e}^{-2t}u(t)$，求该系统的零输入响应、零状态响应、自由响应和强迫响应。

2-10　LTI 连续系统，当激励信号 $f(t)=\delta(t)$ 时，其零状态响应为 $\mathrm{e}^{-3t}u(t)$，求：

(1) 当激励信号为 $3u(t)$ 时，求其零状态响应。

(2) 当激励信号为 $tu(t)$ 时，求其零状态响应。

2-11　某 LTI 连续系统，若激励为 $f(t)$ 时，系统的全响应为 $y_1(t)=(1-\mathrm{e}^{-3t})u(t)$，激励为 $3f(t)$ 时，全响应 $y_2(t)=(\mathrm{e}^{-2t}-\mathrm{e}^{-3t})u(t)$，求激励为 $5f(t)$ 时，系统的零输入响应和零状态响应。

2-12　已知 LTI 连续系统的微分方程为 $\frac{\mathrm{d}^2y(t)}{\mathrm{d}t^2}+3\frac{\mathrm{d}y(t)}{\mathrm{d}t}+2y(t)=\frac{\mathrm{d}f(t)}{\mathrm{d}t}+4f(t)$，求：

(1)当激励 $f(t)=u(t)$时的零状态响应;

(2)当激励 $f(t)=\mathrm{e}^{-2t}u(t)$时的零状态响应;

2-13　已知描述系统的微分方程、激励信号和响应的初始状态,求系统响应的初始值。

(1)$y^{(3)}(t)+3y^{(2)}(t)+3y^{(1)}(t)+2y(t)=f(t)$,激励信号 $f(t)=\mathrm{e}^{-2t}u(t)$,$y(0_-)=y^{(1)}(0_-)=y^{(2)}(0_-)=1$。

(2)$y^{(2)}(t)+5y^{(1)}(t)+4y(t)=f(t)$,激励信号 $f(t)=\delta(t)$,$y(0_-)=1$,$y^{(1)}(0_-)=2$。

(3)$y^{(1)}(t)+2y(t)=f(t)$,激励信号 $f(t)=u(t)$,$y(0_-)=1$。

(4)$y^{(2)}(t)+7y^{(1)}(t)+6y(t)=2f^{(1)}(t)$,激励信号 $f(t)=u(t)$,$y(0_-)=y^{(1)}(0_-)=1$。

(5)$y^{(2)}(t)+6y^{(1)}(t)+8y(t)=f^{(1)}(t)+3f(t)$,激励信号 $f(t)=\mathrm{e}^{-2t}u(t)$,$y(0_-)=y^{(1)}(0_-)=1$。

(6)$y^{(2)}(t)+7y^{(1)}(t)+12y(t)=f^{(2)}(t)$,激励信号 $f(t)=u(t)$,$y(0_-)=0$,$y^{(1)}(0_-)=1$。

2-14　已知描述系统的微分方程为$\frac{\mathrm{d}^2y(t)}{\mathrm{d}t^2}+6\frac{\mathrm{d}y(t)}{\mathrm{d}t}+8y(t)=\frac{\mathrm{d}f(t)}{\mathrm{d}t}+3f(t)$,求该系统的单位冲激响应和单位阶跃响应。

2-15　LTI 连续系统的激励信号 $f(t)=\mathrm{e}^{-t}u(t)$时,其零状态响应 $y_{zs}(t)=(2\mathrm{e}^{-t}-\mathrm{e}^{-2t}-\mathrm{e}^{-3t})u(t)$,求该系统的阶跃响应。

2-16　LTI 连续系统的单位冲激响应 $h(t)=(1-\mathrm{e}^{-2t}-\mathrm{e}^{-3t})u(t)$,求该系统的阶跃响应。

2-17　LTI 连续系统的单位阶跃响应 $g(t)=(\mathrm{e}^{-2t}-\mathrm{e}^{-5t}+t)u(t)$,求其单位冲激响应。

2-18　LTI 连续系统的激励信号 $f(t)=\mathrm{e}^{-t}u(t)$时,系统的零状态响应 $y_{zs}(t)=(\mathrm{e}^{-t}-\mathrm{e}^{-3t})u(t)$,求当系统所加的激励信号 $f(t)=\delta(t)+\mathrm{e}^{-t}u(t)$时的零状态响应。

2-19　LTI 连续系统的阶跃响应 $g(t)=(1-\mathrm{e}^{-t})u(t)$,求当系统所加的激励信号 $f(t)=\mathrm{e}^{-3t}u(t)$时的零状态响应。

2-20　LTI 连续系统所加的激励信号 $f(t)=\mathrm{e}^{-t}u(t)$时,其零状态响应 $y_{zs}(t)=(\mathrm{e}^{-t}-\mathrm{e}^{-5t})u(t)$,求当激励信号 $f(t)=\mathrm{e}^{-2t}u(t)$时的零状态响应。

2-21　已知信号波形如题 2-21 图所示,计算下列卷积,并画出其波形。

(1)$f_1(t)*f_2(t)$;

(2)$f_1^{(1)}(t)*f_3^{(1)}(t)$;

(3)$f_2(t)*f_3(t)$。

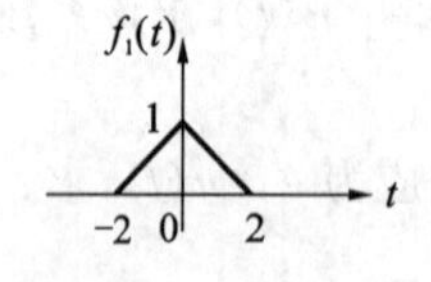

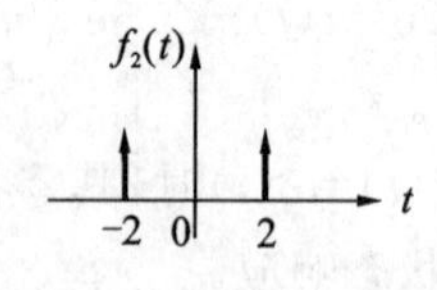

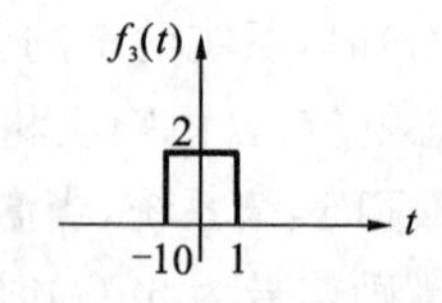

题 2-21 图

2-22　已知信号$f_1(t)$、$f_2(t)$和$f_3(t)$,画出$f_1(t)*f_2(t)$、$f_1(t)*f_3(t)$的波形。

$$f_1(t)=\frac{1}{2}(t+2)u(t+2)-tu(t)+\frac{1}{2}(t-2)u(t-2)$$

$$f_2(t)=\delta(t-2)-\delta(t-3)+\delta(t-4)$$

$$f_3(t)=\delta(t+1)-\delta(t-1)$$

2-23　已知 $f(t)$是因果信号，且 $f(t)*tu(t)=(1-2t-\mathrm{e}^{-2t})u(t)$，求 $f(t)$。

2-24　已知 LTI 连续系统的激励信号 $f(t)=tg_2(t-1)$，单位冲激响应 $h(t)=g_2(t-3)$，画出系统零状态响应的波形。

2-25　已知电路如题 2-25 图所示，电源电压 $u(t)=\sin(2t)u(t)$，电阻$R_1=R_2=1\ \Omega$，电容 $C_1=0.5\ \mathrm{F}$，$C_2=\frac{1}{3}\ \mathrm{F}$，以电容 C_2 两端的电压作为系统响应，求该系统的零状态响应。

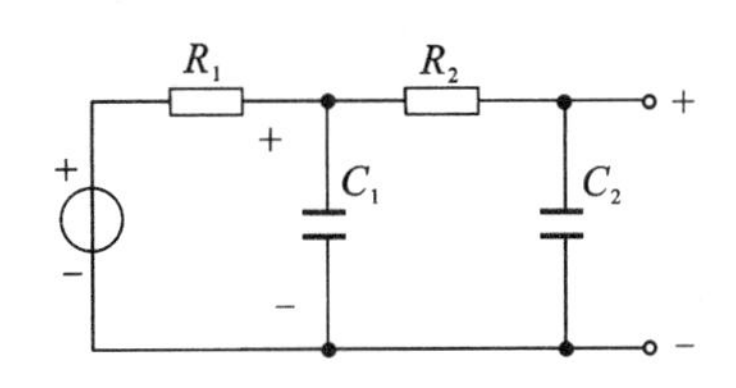

题 2-25 图

2-26　已知$f_1(t)=\begin{cases}1, & -1<t<1\\ 0, & t<-1 \text{ 或 } t>1\end{cases}$，$f_2(t)=\begin{cases}t, & 0<t<2\\ 0, & t<0 \text{ 或 } t>2\end{cases}$。

利用图示法计算$f_1(t)*f_2(t)$。

2-27　已知 LTI 连续系统的单位冲激响应 $h(t)=\mathrm{e}^{-t}u(t)$，求当系统所加的激励信号$f(t)=\mathrm{e}^{-\frac{t}{2}}[u(t)-u(t-2)]$时系统的零状态响应。

2-28　已知 LTI 连续系统的激励信号 $f(t)$和单位冲激响应 $h(t)$的波形如题 2-28 图所示，求该系统的零状态响应的波形。

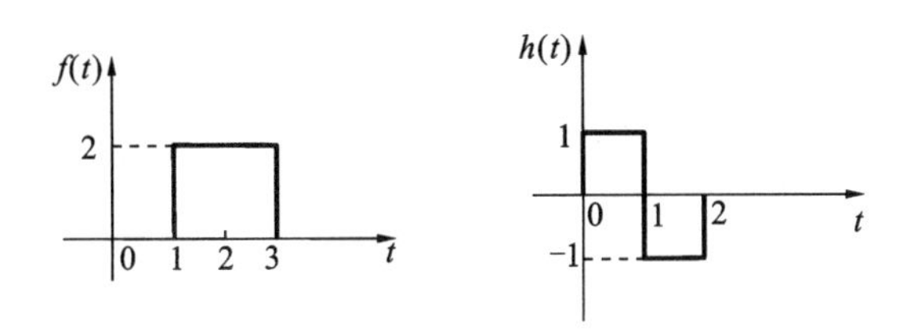

题 2-28 图

2-29　已知 LTI 连续系统的微分方程为$\frac{\mathrm{d}^2y(t)}{\mathrm{d}t^2}+5\frac{\mathrm{d}y(t)}{\mathrm{d}t}+6y(t)=\frac{\mathrm{d}^2f(t)}{\mathrm{d}t^2}+2\frac{\mathrm{d}f(t)}{\mathrm{d}t}+3f(t)$，求该系统的单位冲激响应。

2-30　已知 LTI 连续系统的单位阶跃响应 $g(t)=\left(\frac{1}{2}-\mathrm{e}^{-t}+\frac{1}{2}\mathrm{e}^{-2t}\right)u(t)$，求该系统的单位冲激响应。

2-31　已知 LTI 连续系统由两个子系统级联而成，子系统一的单位冲激响应 $h_1(t)=t[u(t)-u(t-1)]$，子系统二的单位冲激响应$h_2(t)=[u(t)-u(t-4)]$，画出该系统单位冲激响应的波形。

2-32　已知电路如题 2-32 图所示，以电源电压为激励信号，流过电阻 R_1 的电流 $i(t)$为响应，求该系统的单位冲激响应。

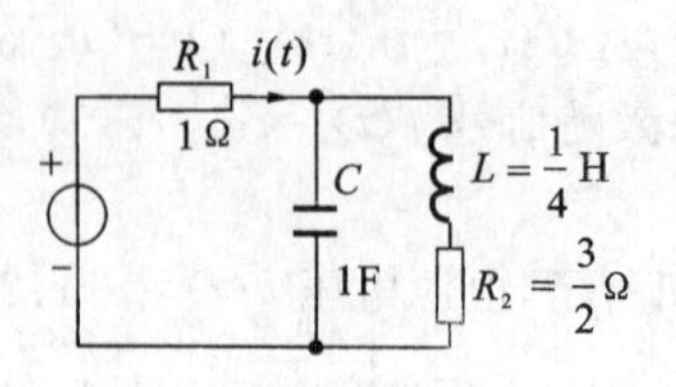

题 2-32 图

2-33 设 LTI 连续系统激励与响应之间的关系满足以下方程

$$y^{(1)}(t)+2y(t)=\int_{-\infty}^{+\infty}f(\tau)p(t-\tau)\mathrm{d}\tau+f(t)$$

其中，$p(t)=\mathrm{e}^{-3t}u(t)-\delta(t)$，求该系统的单位冲激响应 $h(t)$。

2-34 已知电路如题 2-34 图所示，已知激励信号 $v_{\mathrm{i}}(t)=tu(t)$，系统的初始条件$u_{\mathrm{C}}(0_-)=1$ V，$i_{\mathrm{L}}(0_-)=1$ A，求 $i(t)$的全响应。

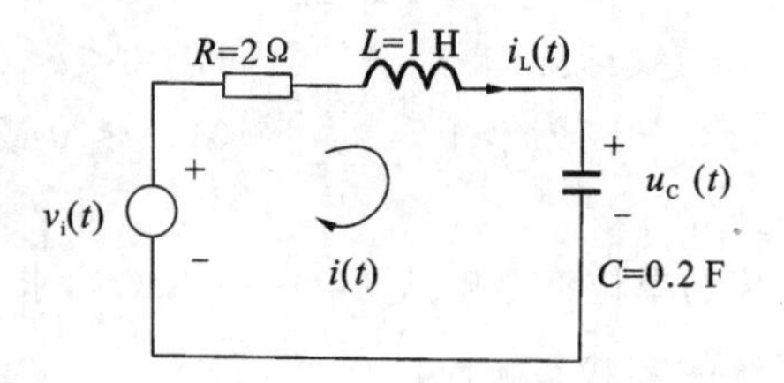

题 2-34 图

2-35 求下列函数的卷积$f_1(t)*f_2(t)$。

(1)$f_1(t)=tu(t)$，$f_2(t)=\mathrm{e}^{-t}u(t)$。

(2)$f_1(t)=tu(t-1)$，$f_2(t)=u(t+3)$。

(3)$f_1(t)=\mathrm{e}^{-2t}u(t-1)$，$f_2(t)=u(t+1)$。

2-36 已知 LTI 连续系统的框图如题 2-36 图所示，激励信号 $f(t)=\mathrm{e}^{-t}u(t)$，$y(0_-)=1$，$y^{(1)}(0_-)=2$，求该系统的全响应 $y(t)$。

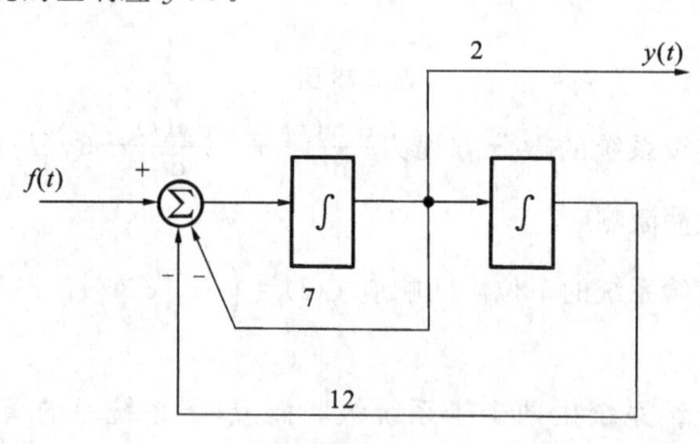

题 2-36 图

2-37 已知 LTI 连续系统激励和响应之间的关系为

$$y(t)=\int_{t}^{+\infty}\mathrm{e}^{(t-x+2)}f(x-4)\mathrm{d}x$$

求该系统的单位冲激响应。

2-38 已知系统如题 2-38 图所示，其中，$h_1(t)=u(t-2)$，$h_2(t)=\delta(t-1)-\delta(t-3)$，求该

系统的单位冲激响应。

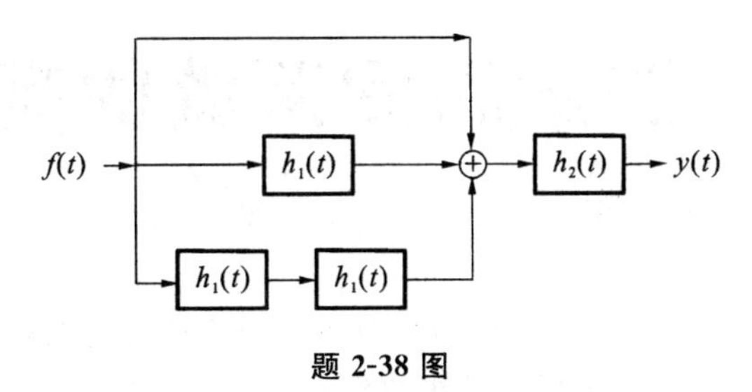

题 2-38 图

2-39　计算如下卷积。

(1) $(1-e^{-3t})u(t)*\delta^{(1)}(t)$。

(2) $e^{-2t}u(t)*\dfrac{d}{dt}[\sin(3t)\delta(t)]$。

2-40　已知某 LTI 连续系统，若激励 $f(t)=e^{-2t}u(t)$ 时，产生的零状态响应为 $y_1(t)$，若激励为 $\dfrac{df(t)}{dt}$ 时，系统的零状态响应为 $-2y_1(t)+\dfrac{1}{2}e^{-t}u(t)$，求该系统的单位冲激响应。

第3章　连续时间系统的频域分析

第2章主要介绍了连续信号和系统的时域分析。本章首先讨论连续时间系统的频域分析即傅里叶分析方法。然后通过介绍傅里叶级数建立信号频谱的概念；通过周期信号的傅里叶级数推出非周期信号的傅里叶变换；通过典型信号频谱以及傅里叶变换性质的研究，掌握傅里叶分析方法的应用。最后利用傅里叶变换的方法对系统进行分析，即把时域中求解响应问题通过傅里叶级数或傅里叶变换转换到频域中，求解后再转换回时域，从而得到最终结果。频域分析将时间变量变换为频率变量，揭示了信号内在的频率特性以及信号时间特性与其频率特性之间的密切关系。

3.1　周期信号的傅里叶级数

3.1.1　傅里叶级数的三角形式

按照傅里叶级数理论，任何一个周期为 T 的周期信号 $f(t)$，当满足狄利可雷(Dirichlet)条件时，即 $f(t)$ 在一个周期内有有限个不连续点和极值点，在一个周期内绝对可积，它可分解为如下三角级数——称为 $f(t)$ 的傅里叶级数。

$$\begin{aligned} f(t) &= a_0 + a_1\cos(\omega_0 t) + b_1\sin(\omega_0 t) + a_2\cos(2\omega_0 t) + b_2\sin(2\omega_0 t) + \cdots + a_n\cos(n\omega_0 t) \\ &\quad + b_n\sin(n\omega_0 t) + \cdots \\ &= a_0 + \sum_{n=1}^{+\infty}[a_n\cos(n\omega_0 t) + b_n\sin(n\omega_0 t)] \end{aligned} \tag{3.1-1}$$

其中，系数 a_n、b_n 称为傅里叶系数；$\omega_0=\frac{2\pi}{T}$ 为基波角频率。

$$a_0 = \frac{1}{T}\int_{t_0}^{t_0+T} f(t)\,\mathrm{d}t \tag{3.1-2}$$

$$a_n = \frac{2}{T}\int_{t_0}^{t_0+T} f(t)\cos(n\omega_0 t)\,\mathrm{d}t,\ n = 1,2,\cdots \tag{3.1-3}$$

$$b_n = \frac{2}{T}\int_{t_0}^{t_0+T} f(t)\sin(n\omega_0 t)\,\mathrm{d}t,\ n = 1,2,\cdots \tag{3.1-4}$$

由傅里叶系数表达式可证明

$$a_n=a_{-n} \tag{3.1-5}$$

$$b_n=-b_{-n} \tag{3.1-6}$$

即 a_n 是 $n\omega_0$ 的偶函数，b_n 是 $n\omega_0$ 的奇函数。

令式(3.1-1)中

$$a_n\cos(n\omega_0 t)+b_n\sin(n\omega_0 t)=A_n\cos(n\omega_0 t+\varphi_n) \tag{3.1-7}$$

那么

$$a_n = A_n \cos\varphi_n, \quad n=1,2,\cdots \tag{3.1-8}$$

$$b_n = -A_n \sin\varphi_n, \quad n=1,2,\cdots \tag{3.1-9}$$

$$A_n = \sqrt{a_n^2 + b_n^2}, \quad n=1,2,\cdots \tag{3.1-10}$$

$$\varphi_n = -\arctan\frac{b_n}{a_n}, \quad n=1,2,\cdots \tag{3.1-11}$$

同频率项合并,可写为

$$f(t) = A_0 + \sum_{n=1}^{+\infty} A_n \cos(n\omega_0 t + \varphi_n) \tag{3.1-12}$$

其中,

$$A_0 = a_0 = \frac{1}{T}\int_{t_0}^{t_0+T} f(t)\mathrm{d}t \tag{3.1-13}$$

A_n 是 n 的偶函数,φ_n 是 n 的奇函数。

式(3.1-12)表明,周期信号可分解为直流和许多余弦分量。其中,A_0 为直流分量,也为周期信号的平均值;$A_1\cos(\omega_0 t+\varphi_1)$称为基波或一次谐波,它的角频率与原周期信号的相同;$A_2\cos(2\omega_0 t+\varphi_2)$称为二次谐波,它的频率是基波的 2 倍;一般而言,$A_n\cos(n\omega_0 t+\varphi_n)$称为 n 次谐波,A_n 为 n 次谐波分量的振幅,φ_n 为 n 次谐波分量的初相位。

3.1.2　傅里叶级数的性质

讨论傅里叶级数的性质,主要是方便和简化傅里叶级数系数的计算。

(1)若周期信号 $f(t)$是时间 t 的偶函数——对称纵坐标,即

$$f(t) = f(-t) \tag{3.1-14}$$

波形如图 3.1-1 所示。

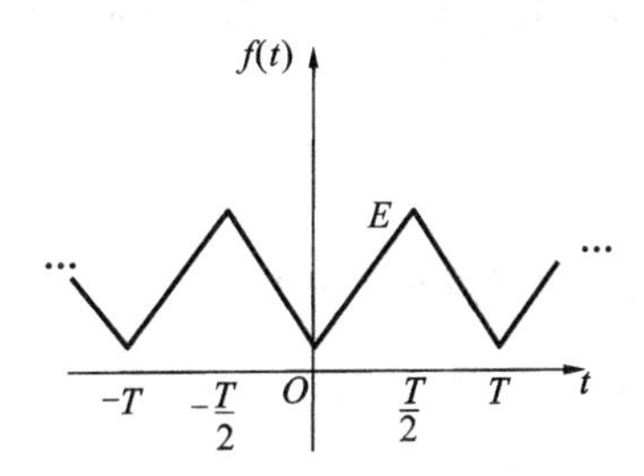

图 3.1-1　周期信号为偶函数

可以证明

$$a_n = \frac{2}{T}\int_{-\frac{T}{2}}^{\frac{T}{2}} f(t)\cos(n\omega_0 t)\mathrm{d}t = \frac{4}{T}\int_0^{\frac{T}{2}} f(t)\cos(n\omega_0 t)\mathrm{d}t, n = 1,2,\cdots \tag{3.1-15}$$

$$b_n = 0 \tag{3.1-16}$$

则对应的傅里叶级数展开式为

$$f(t) = a_0 + \sum_{n=1}^{+\infty} a_n \cos(n\omega_0 t) \tag{3.1-17}$$

展开为余弦级数。

说明:时域中的偶函数,其傅里叶级数展开数中不含正弦分量,而余弦分量系数 a_n 和直流分量可通过半周期内积分求得。

(2)若周期信号 $f(t)$是时间 t 的奇函数——对称于原点,即

$$f(t)=-f(-t) \tag{3.1-18}$$

波形如图 3.1-2 所示，可以证明

$$a_n=0 \tag{3.1-19}$$

$$b_n=\frac{2}{T}\int_{-\frac{T}{2}}^{\frac{T}{2}}f(t)\sin(n\omega_0 t)\mathrm{d}t=\frac{4}{T}\int_{0}^{\frac{T}{2}}f(t)\sin(n\omega_0 t)\mathrm{d}t \tag{3.1-20}$$

则对应的傅里叶级数展开式为

$$f(t)=\sum_{n=1}^{+\infty}b_n\sin(n\omega_0 t) \tag{3.1-21}$$

这表明：时域中的奇函数不含直流和余弦分量，其正弦分量系数 b_n 可通过半周期内积分求得。

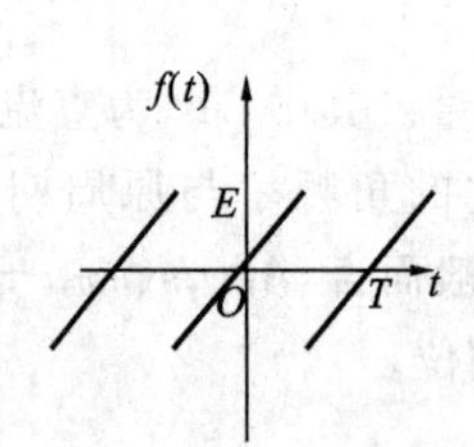

图 3.1-2　周期信号为奇函数

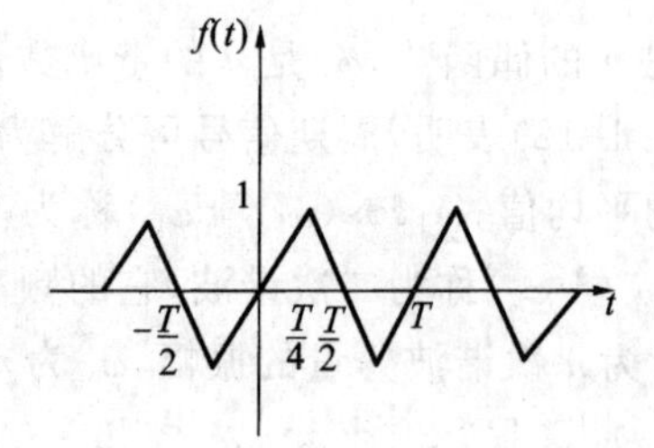

图 3.1-3　周期信号为奇谐函数

(3)若周期信号 $f(t)$ 是时间 t 的奇谐函数，即

$$f(t)=-f(f\pm\frac{T}{2}) \tag{3.1-22}$$

波形如图 3.1-3 所示，从图形上看，每一周期的前半周期向右移动半个周期与后半周期波形对称于横轴，也称半波对称。

其傅里叶级数系数为

$$a_n=\begin{cases}\frac{4}{T}\int_{0}^{\frac{T}{2}}f(t)\cos(n\,\omega_0 t)\mathrm{d}t, & n=1,3,5,\cdots\\ 0, & n=0,2,4,\cdots\end{cases} \tag{3.1-23}$$

$$b_n=\begin{cases}\frac{4}{T}\int_{0}^{\frac{T}{2}}f(t)\sin(n\omega_0 t)\mathrm{d}t, & n=1,3,5,\cdots\\ 0, & n=0,2,4,\cdots\end{cases} \tag{3.1-24}$$

对应的傅里叶级数展开式为

$$f(t)=\sum_{n=1}^{+\infty}A_n\cos(n\omega_0 t+\varphi_n),\ n=1,3,5,\cdots \tag{3.1-25}$$

式(3.1-23)和式(3.1-24)表明了奇谐函数只含 $T/2$ 奇次谐波分量。

(4)若周期信号 $f(t)$ 是时间 t 的偶谐函数，即

$$f(t)=f(t\pm\frac{T}{2}) \tag{3.1-26}$$

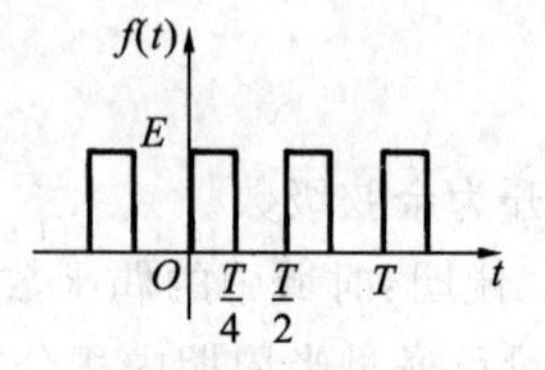

图 3.1-4　周期信号为偶谐函数

波形如图 3.1-4 所示，从图形上看，图形的前半周期移动半

周期后，与后半周期波形完全相同。

其傅里叶级数系数为

$$a_n = \begin{cases} \dfrac{4}{T}\displaystyle\int_0^{\frac{T}{2}} f(t)\cos(n\omega_0 t)\mathrm{d}t, & n = 0,2,4,\cdots \\ 0, & n = 1,3,5,\cdots \end{cases} \tag{3.1-27}$$

$$b_n = \begin{cases} \dfrac{4}{T}\displaystyle\int_0^{\frac{T}{2}} f(t)\sin(n\omega_0 t)\mathrm{d}t, & n = 0,2,4,\cdots \\ 0, & n = 1,3,5,\cdots \end{cases} \tag{3.1-28}$$

对应的傅里叶级数展开式为

$$f(t) = A_0 + \sum_{n=1}^{+\infty} A_n \cos(n\omega_0 t + \varphi_n), n = 2,4,6,\cdots \tag{3.1-29}$$

式(3.1-27)和式(3.1-28)表明了偶谐函数只含偶次谐波分量。

若不具有上述对称性的周期信号，可将此称为非奇非偶函数。一般情况下，可以先对信号 $f(t)$ 进行奇分量 $f_{\mathrm{od}}(t)$ 和偶分量 $f_{\mathrm{ev}}(t)$ 的分解，即进一步求得 $f_{\mathrm{od}}(t)$ 和 $f_{\mathrm{ev}}(t)$ 傅里叶级数，可按各自的对称性求其相应的傅里叶级数。

3.1.3　傅里叶级数的指数形式

三角形式的傅里叶级数的含义比较明确，但运算常感不便，因而经常采用指数形式的傅里叶级数。可利用三角形式推导：

利用欧拉公式

$$\cos t = \frac{\mathrm{e}^{\mathrm{j}t} + \mathrm{e}^{-\mathrm{j}t}}{2} \tag{3.1-30}$$

$$\sin t = \frac{\mathrm{e}^{\mathrm{j}t} - \mathrm{e}^{-\mathrm{j}t}}{2\mathrm{j}} \tag{3.1-31}$$

将上两式代入式(3.1-12)，得

$$\begin{aligned} f(t) &= A_0 + \sum_{n=1}^{+\infty} A_n \cos(n\omega_0 t + \varphi_n) \\ &= A_0 + \sum_{n=1}^{+\infty} \frac{A_n}{2}\left[\mathrm{e}^{\mathrm{j}(n\omega_0 t + \varphi_n)} + \mathrm{e}^{-\mathrm{j}(n\omega_0 t + \varphi_n)}\right] \\ &= A_0 + \frac{1}{2}\sum_{n=1}^{+\infty} A_n \mathrm{e}^{\mathrm{j}\varphi_n}\mathrm{e}^{\mathrm{j}n\omega_0 t} + \frac{1}{2}\sum_{n=1}^{+\infty} A_n \mathrm{e}^{-\mathrm{j}\varphi_n}\mathrm{e}^{-\mathrm{j}n\omega_0 t} \end{aligned} \tag{3.1-32}$$

上式中第三项的 n 用 $-n$ 代换，$A_{-n} = A_n$，$\varphi_{-n} = \varphi_n$，则上式写为

$$f(t) = A_0 + \frac{1}{2}\sum_{n=1}^{+\infty} A_n \mathrm{e}^{\mathrm{j}\varphi_n}\mathrm{e}^{\mathrm{j}n\omega_0 t} + \frac{1}{2}\sum_{n=1}^{-\infty} A_n \mathrm{e}^{\mathrm{j}\varphi_n}\mathrm{e}^{\mathrm{j}n\omega_0 t} \tag{3.1-33}$$

$$f(t) = \frac{1}{2}\sum_{n=-\infty}^{+\infty} A_n \mathrm{e}^{\mathrm{j}\varphi_n}\mathrm{e}^{\mathrm{j}n\omega_0 t} \tag{3.1-34}$$

令复数$\frac{1}{2}A_n e^{j\varphi_n}=|F_n|e^{j\varphi_n}=F_n$，$F_n$ 称为复傅里叶系数，简称傅里叶系数。

$$
\begin{aligned}
F_n&=\frac{1}{2}A_n e^{j\varphi_n}=\frac{1}{2}(A_n\cos\varphi_n+jA_n\sin\varphi_n)=\frac{1}{2}(a_n-jb_n)\\
&=\frac{1}{T}\int_{-\frac{T}{2}}^{\frac{T}{2}}f(t)\cos(n\omega_0 t)dt-j\frac{1}{T}\int_{-\frac{T}{2}}^{\frac{T}{2}}f(t)\sin(n\omega_0 t)dt\\
&=\frac{1}{T}\int_{-\frac{T}{2}}^{\frac{T}{2}}f(t)e^{-jn\omega_0 t}dt
\end{aligned}
\tag{3.1-35}
$$

$$
f(t)=\sum_{n=-\infty}^{+\infty}F_n e^{jn\omega_0 t} \tag{3.1-36}
$$

$$
F_n=\frac{1}{T}\int_{t_0}^{t_0+T}f(t)e^{-jn\omega_0 t}dt,\quad n=0,\pm 1,\pm 2,\cdots \tag{3.1-37}
$$

表明：任意周期信号 $f(t)$ 可分解为许多不同频率的虚指数信号之和。$F_0=A_0$ 为直流分量。

F_n 与其他系数有如下关系：

$$
\begin{cases}
F_0=A_0=a_0\\
F_n=|F_n|e^{j\varphi_n}=\frac{1}{2}(a_n-jb_n)\\
F_{-n}=|F_{-n}|e^{j\varphi_n}=\frac{1}{2}(a_n+jb_n)\\
|F_n|=|F_{-n}|=\frac{1}{2}A_n=\frac{1}{2}\sqrt{a_n^2+b_n^2}\\
F_n+F_{-n}=a_n\\
b_n=j(F_n-F_{-n})\\
A_n^2=a_n^2+b_n^2=4F_nF_{-n}
\end{cases}
\tag{3.1-38}
$$

其他常用周期信号的傅里叶系数如表 3.1-1 所示。

表 3.1-1　常用信号的傅里叶系数

傅里叶级数形式	展　开　式	傅里叶系数	傅里叶系数之间的关系
三角形式	$f(t)=a_0+\sum_{n=1}^{+\infty}[a_n\cos(n\omega_0 t)+b_n\sin(n\omega_0 t)]$ $f(t)=A_0+\sum_{n=1}^{+\infty}A_n\cos(n\omega_0 t+\varphi_n)$	$a_0=\frac{1}{T}\int_{t_0}^{t_0+T}f(t)dt$ $a_n=\frac{2}{T}\int_{t_0}^{t_0+T}f(t)\cos(n\omega_0 t)dt$ $n=1,2,\cdots$ $b_n=\frac{2}{T}\int_{t_0}^{t_0+T}f(t)\sin(n\omega_0 t)dt$ $n=1,2,\cdots$	$A_0=a_0$ $A_n=\sqrt{a_n^2+b_n^2}$ $\varphi_n=-\arctan\frac{b_n}{a_n}$ $a_n=A_n\cos\varphi_n$ $b_n=-A_n\sin\varphi_n$ $n=1,2,\cdots$

续表

傅里叶级数形式	展　开　式	傅里叶系数	傅里叶系数之间的关系
指数形式	$f(t)=\sum_{n=-\infty}^{+\infty}F_n e^{jn\omega_0 t}$	$F_n=\frac{1}{T}\int_{t_0}^{t_0+T}f(t)e^{-jn\omega_0 t}dt$ $n=0,\pm1,\pm2,\cdots$	$F_0=A_0=a_0$ $F_n=\frac{1}{2}(a_n-jb_n)$ $F_{-n}=\frac{1}{2}(a_n+jb_n)$ $n=1,2,3,\cdots$

3.2　周期信号的频谱

3.2.1　周期信号频谱的定义

从广义上说，信号的某种特征量随信号频率变化的关系，称为信号的频谱，所画出的图形称为信号的频谱图。周期信号的频谱是指周期信号中各次谐波幅值、相位随频率的变化关系。

1. 三角形式的频谱

设任意信号 $x(t)$ 的傅里叶系数为 a_n 和 b_n，代入式(3.1-10)可得 $A_n=A_{-n}$，$\varphi_n=-\varphi_{-n}$，即 A_n 是关于 $n\omega_0$ 的偶函数；φ_n 是关于 $n\omega_0$ 的奇函数。各分量幅度 a_n、b_n、A_n 及 φ_n 都是 $n\omega_0$ 的函数。根据 A_n-$n\omega_0$ 和 φ_n-$n\omega_0$ 的关系分别画出以 $n\omega_0$ 为横轴的平面上得到的两个图，分别称为振幅频谱图和相位频谱图。因为 $n\geqslant0$，所以称这种频谱为单边幅度频谱。频谱图如图 3.2-1 所示。

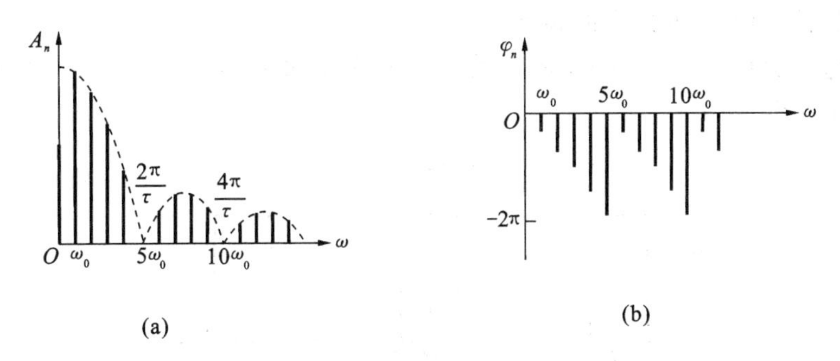

图 3.2-1　周期信号的三角形式频谱图

(a)单边幅度频谱；(b)单边相位频谱

2. 复指数形式的频谱

F_n 是复函数，$F_n=|F_n|e^{j\varphi_n}$，可以画出复数幅度谱和复数相位谱。然后，当 F_n 为实数时，可以用 F_n 的正负表示 φ_n 的 0、π，因此经常把幅度谱与相位谱合画在一张图上。

由此可得 $|F_n|=\frac{1}{2}A_n$，也可以画 $|F_n|$-ω 和 φ_n-ω 的关系，称为双边幅度频谱。若 F_n 为实数，也可以直接画 F_n。由于式(3.1-37)中不仅包括正频率项而且含有负频率项，因此复指数形式的频谱相对于纵轴是左右对称的。频谱图如图 3.2-2 所示。

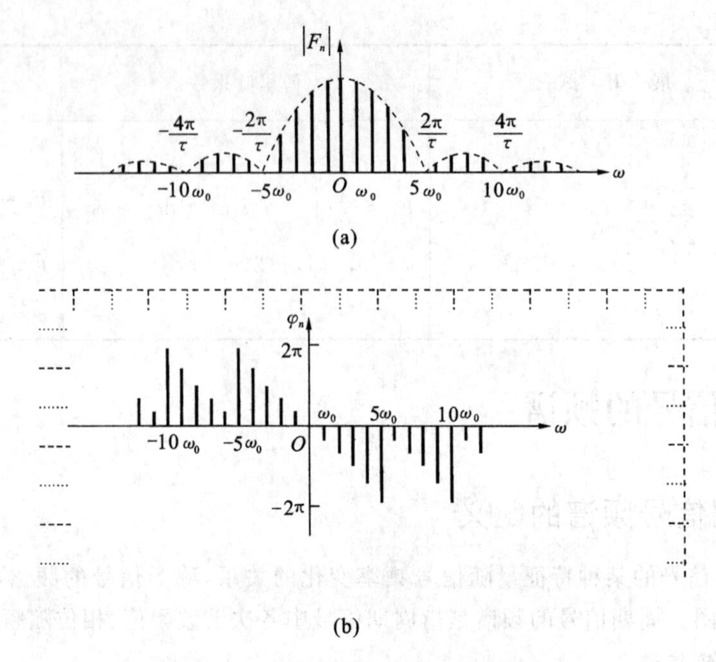

图 3.2-2　周期信号的指数形式的频谱图

(a)双边幅度频谱;(b)双边相频谱

3.2.2　典型的周期信号频谱的特点

周期信号的频谱分析既可利用傅里叶级数,也可借助傅里叶变换,本节以傅里叶级数展开形式研究典型周期矩形脉冲信号的频谱。

【例 3.2-1】　设有一幅度为 E,脉冲宽度为 τ 的周期矩形脉冲 $f(t)$,其周期为 T,如图3.2-3所示。求频谱。

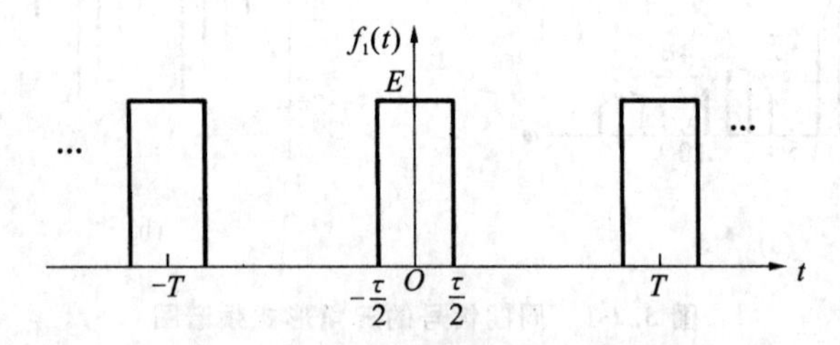

图 3.2-3　周期矩形脉冲信号的波形

显然,角频率 $\omega_0=2\pi f=\frac{2\pi}{T}$,此信号在一个周期($-\frac{T}{2}\leqslant t\leqslant\frac{T}{2}$)内的表达式为

$$f(t)=E\left[u\left(t+\frac{\tau}{2}\right)-u\left(t-\frac{\tau}{2}\right)\right]\tag{3.2-1}$$

将周期矩形 $f(t)$展开成三角形式傅里叶级数为

$$f(t)=\frac{a_0}{2}+\sum_{n=1}^{+\infty}\left[a_n\cos(n\omega_0 t)+b_n\sin(n\omega_0 t)\right]\tag{3.2-2}$$

求出各系数

$$a_n = \frac{2}{T}\int_{-\frac{T}{2}}^{\frac{T}{2}} f(t)\cos(n\omega_0 t)\,\mathrm{d}t = \frac{2E}{n\pi}\sin\left(\frac{n\omega_0\tau}{T}\right) \tag{3.2-3}$$

由于 $f(t)$ 是偶函数，所以

$$b_n = 0$$

$$A_n = a_n = \frac{2E}{n\pi}\sin\left(\frac{n\omega_0\tau}{T}\right), \quad n = 1, 2, \cdots \tag{3.2-4}$$

令 $Sa(t) = \frac{\sin t}{t}$(取样函数)，其波形如图 3.2-4 所示。所以，周期矩形信号的三角形式傅里叶级数为

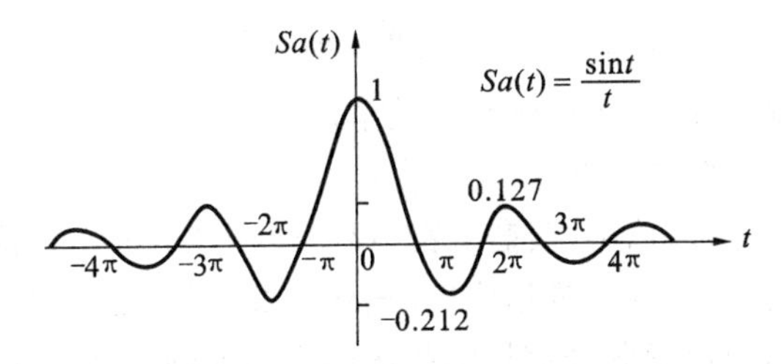

图 3.2-4　对比的抽样信号图

$$f(t) = \frac{E\tau}{T} + \frac{2E\tau}{T}\sum_{n=1}^{+\infty} Sa\left(\frac{n\pi\tau}{T}\right)\cos(n\omega_0 t) \tag{3.2-5}$$

若将 $f(t)$ 展开成指数形式的傅里叶级数，可得

$$F_n = \frac{1}{T}\int_{-\frac{T}{2}}^{\frac{T}{2}} f(t)\mathrm{e}^{-\mathrm{j}n\omega_0 t}\,\mathrm{d}t = \frac{1}{T}\int_{-\frac{\tau}{2}}^{\frac{\tau}{2}} E\mathrm{e}^{-\mathrm{j}n\omega_0 t}\,\mathrm{d}t = \frac{E\tau}{T}\frac{\sin\left(\frac{n\omega_0\tau}{2}\right)}{\frac{n\omega_0\tau}{2}} = \frac{E\tau}{T}Sa\left(\frac{n\omega_0\tau}{2}\right) \tag{3.2-6}$$

则

$$f(t) = \sum_{n=-\infty}^{+\infty} F_n \mathrm{e}^{\mathrm{j}n\omega_0 t} = \frac{E\tau}{T}\sum_{n=-\infty}^{+\infty} Sa\left(\frac{n\omega_0\tau}{2}\right)\mathrm{e}^{\mathrm{j}\omega_0 t} \tag{3.2-7}$$

图 3.2-5 给出幅度谱复数谱 F_n。

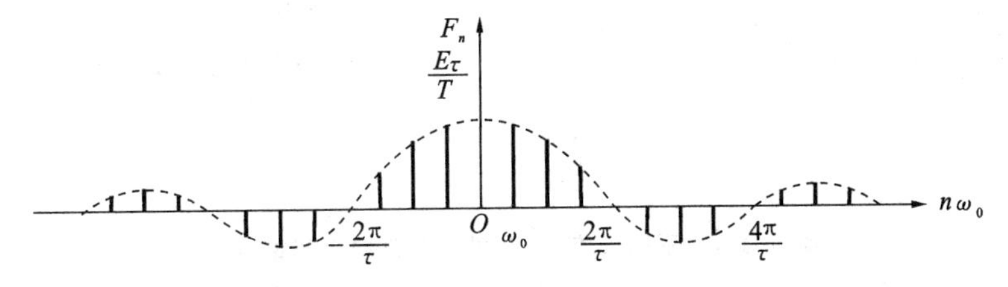

图 3.2-5　周期矩形信号的频谱

3.2.3　周期信号频谱结构的特点

(1)周期矩形脉冲如同一般周期信号，频谱是离散的，两谱线的间隔为 ω_0，脉冲重复周期越大，谱线越靠近。

(2)直流分量、基波及各谐波分量的大小正比于幅度和脉宽,反比于周期。当 $\omega=\frac{2m\pi}{\tau}$($m=1,2,\cdots$)时,谱线的包络线经过零点。

(3)周期矩形信号包含无穷多条谱线,其主要能量集中在第一个零点以内,实际上,在允许一定失真的条件下,可以要求一个通信系统只把 $\omega\leqslant\frac{2\pi}{\tau}$ 频率范围内的各个频谱分量传送过去,而舍弃 $\omega>\frac{2\pi}{\tau}$ 的分量。

$\omega=\frac{2\pi}{\tau}$ 这段频率范围称为矩形信号的频带宽度,记作 B,于是

$$B_{\omega}=\frac{2\pi}{\tau}\quad 或\quad B_{f}=\frac{1}{\tau} \tag{3.2-8}$$

频带宽度 B 只与脉宽 τ 有关,而且成反比关系。

谱线的结构与波形参数的关系如下。

(1)τ 一定,T 增大,间隔 ω_0 减小,频谱变密,幅度减小。谱线宽度值保持不变,频谱包络线的零点所在的位置就保持不变,而周期增大时,谱线变密,即在信号占有的频带内谐波分量增多,谐波幅度减小,T 对周期矩形脉冲信号的频谱的影响如图 3.2-6 所示。

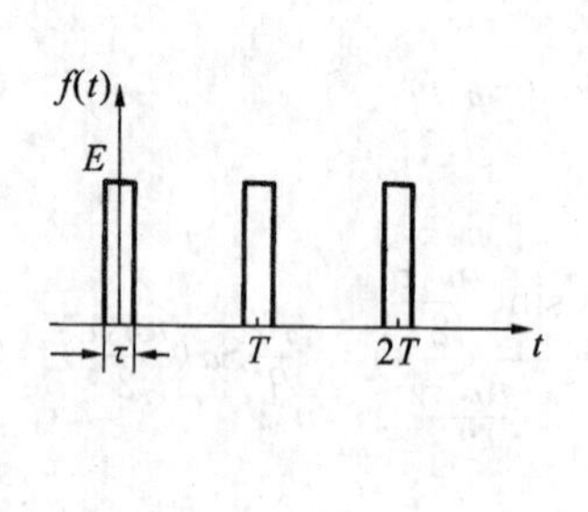

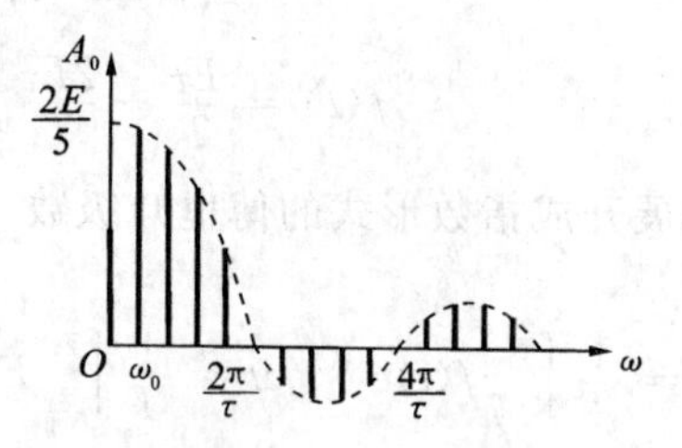

(a)

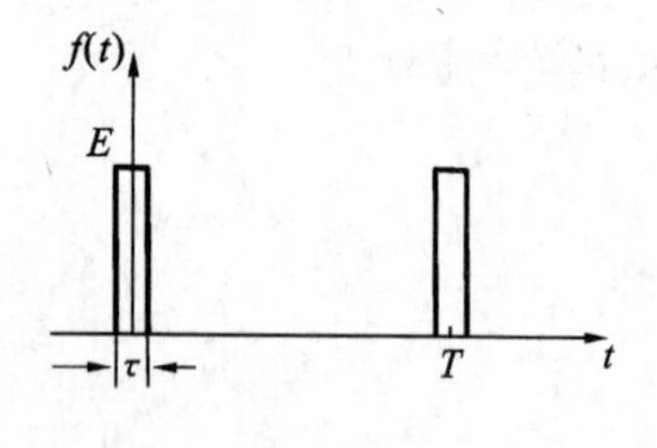

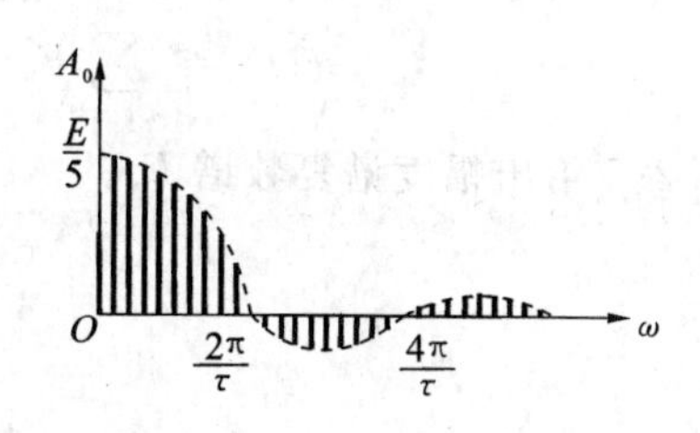

(b)

图 3.2-6　不同 T 值下周期矩形脉冲信号的频谱

(a) $T=5\tau$;(b) $T=10\tau$

如果周期 T 无限增长(这时就成为非周期信号),那么,谱线间隔将趋近于零,周期信号的离散频谱就过渡到非周期信号的连续频谱。各频谱分量的幅度也趋近于无穷小。

(2)周期 T 一定,τ 变小,此时 ω_0(谱线间隔)不变,脉冲宽度值减小时,信号频带宽度增大,在信号占有频带内谐波分量增多,谐波幅度减小,幅度收敛速度减慢。τ 对周期矩形脉冲信号的频谱的影响如图 3.2-7 所示。

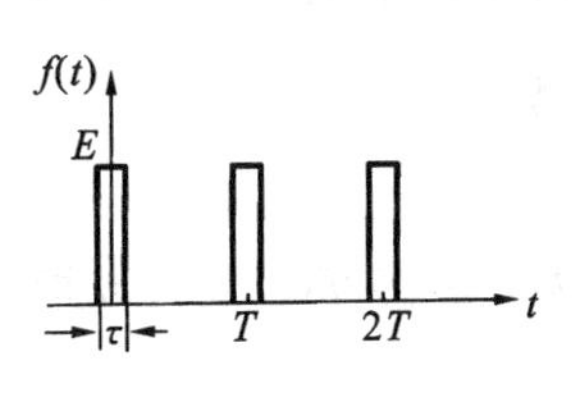

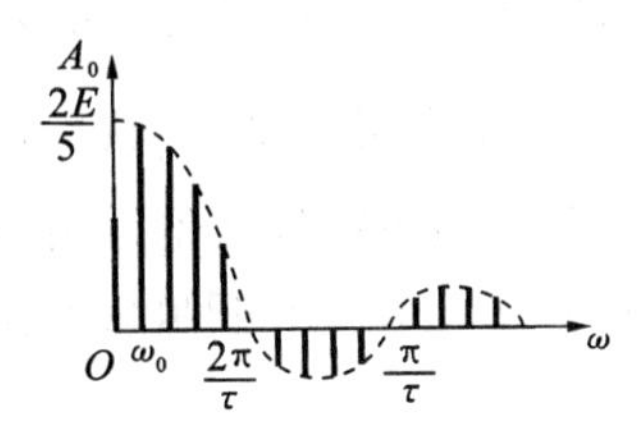

(a)

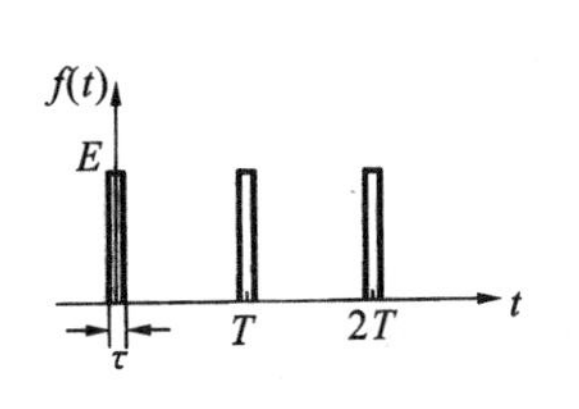

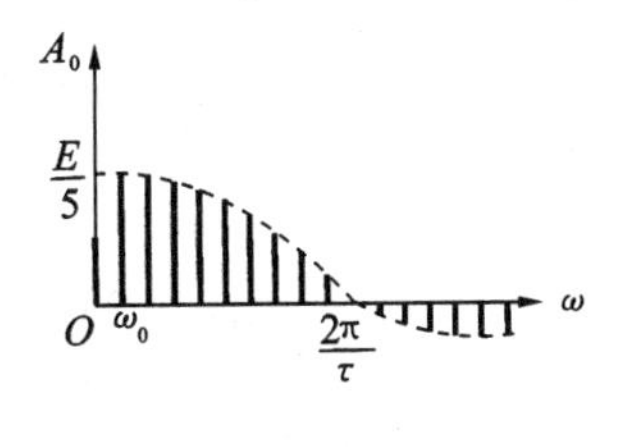

(b)

图 3.2-7　不同 τ 值下周期矩形脉冲信号的频谱

(a)$\tau=\frac{T}{5}$；(b)$\tau=\frac{T}{10}$

3.2.4　周期信号的频谱特点

(1)离散型——谱线是离散的而不是连续的，谱线之间的间隔为 $\omega_0=\frac{2\pi}{T}$，这种频谱通常称为离散频谱。

(2)谐波性——谱线在频谱轴上的位置是基频 ω_0 的整数倍。

(3)收敛性——各频谱的高度随着谐波次数增高而逐渐减小，当谐波次数无限增高时，谱线的高度也无限减小。

以上频谱的三个主要特点：离散性、谐波性、收敛性，这是所有周期信号共有的特点。

3.3　非周期信号的频谱

前两节已经讨论了周期信号的傅里叶级数，并得到了周期信号的频谱是离散谱。本节将把傅里叶的分析方法推广到非周期信号中，导出傅里叶变换。

3.3.1　非周期信号频谱的定义——傅里叶变换

如图 3.2-3 所示的周期信号，当周期 T 趋近于无穷大时，周期信号就转化为非周期信号的单脉冲信号。当谱线间隔 ω_0 趋近于无穷小时，信号的频谱变成连续频谱。各频率分量的幅度也趋近于无穷小，趋于 0。这就是说，按 3.2 节的频谱公式失去原有的意义。但是，从物理概念上考虑，既然成为一个信号，就必然含有一定的能量，无论信号怎样分解，其所含的能量都是不变的。所以，不管周期增大什么程度，频谱分布依然存在。

为了描述非周期信号的频谱特性，引入“频谱密度函数”的概念。令 $F(\mathrm{j}\omega)=\lim\limits_{T\to+\infty}\dfrac{F_n}{1/T}=\lim\limits_{T\to+\infty}F_nT$（单位频率上的频谱），称 $F(\mathrm{j}\omega)$ 为频谱密度函数。

下面由周期信号的傅里叶级数推导出傅里叶变换。

设有一周期信号 $f(t)$ 及其傅里叶级数的复指数系数 F_n，将 $f(t)$ 展开成指数形式的傅里叶级数为

$$f(t)=\sum_{n=-\infty}^{+\infty}F_n\mathrm{e}^{\mathrm{j}n\omega_0 t} \tag{3.3-1}$$

根据傅里叶级数

$$F_n=\frac{1}{T}\int_{-\frac{T}{2}}^{\frac{T}{2}}f(t)\mathrm{e}^{-\mathrm{j}n\omega_0 t}\mathrm{d}t \tag{3.3-2}$$

两边乘以 T，得到

$$F_nT=\frac{2\pi F_n}{\omega_0}=\int_{-\frac{T}{2}}^{\frac{T}{2}}f(t)\mathrm{e}^{-\mathrm{j}n\omega_0 t}\mathrm{d}t \tag{3.3-3}$$

对于非周期信号，重复周期 $T\to+\infty$，重复频率 $\omega_0\to+\infty$，谱线间隔 $\Delta(n\omega_0)\to\mathrm{d}\omega$，而离散频率 $n\omega_0$ 变成连续频率 ω。在这种极限情况下，$F_n\to0$，但 $2\pi\dfrac{F_n}{\omega_0}$ 可望不趋于零，而趋于有限值，且变成一个连续函数，通常记为 $F(\omega)$ 或 $F(\mathrm{j}\omega)$，即

$$F(\omega)=\lim_{\omega_0\to0}2\pi\frac{F_n}{\omega_0}=\lim_{T\to+\infty}F_nT \tag{3.3-4}$$

式中：$\dfrac{F_n}{\omega_0}$ 表示单位频带的频谱值，即频谱密度的概念。

因此，$F(\omega)$ 称为原函数 $f(t)$ 的频谱密度函数，或简称为频谱函数。

考虑到 $T\to+\infty$，$n\omega_0\to+\omega$（由离散量变为连续量），而

$$F(\mathrm{j}\omega)=\lim_{T\to+\infty}\int_{-\frac{T}{2}}^{\frac{T}{2}}f(t)\mathrm{e}^{-\mathrm{j}n\omega_0 t}\mathrm{d}t \tag{3.3-5}$$

即

$$F(\mathrm{j}\omega)=\int_{-\infty}^{+\infty}f(t)\mathrm{e}^{-\mathrm{j}\omega t}\mathrm{d}t \tag{3.3-6}$$

同样傅里叶级数为

$$f(t)=\sum_{n=-\infty}^{+\infty}F_n\mathrm{e}^{\mathrm{j}n\omega_0 t} \tag{3.3-7}$$

考虑到谱线间隔 $\Delta(n\omega_0)=\omega_0$，式(3.3-7)可以改写为

$$f(t)=\sum_{n\omega_0=-\infty}^{+\infty}\frac{X(n\omega_0)}{\omega_0}\mathrm{e}^{\mathrm{j}n\omega_0 t}\Delta(n\omega_0) \tag{3.3-8}$$

考虑到 $T\to+\infty$，$\omega_0\to$ 无穷小，$\Delta(n\omega_0)\to\mathrm{d}\omega$，$n\omega_0\to\omega$（由离散量变为连续量），而 $\dfrac{1}{T}=\dfrac{\omega_0}{2\pi}\to\dfrac{\mathrm{d}\omega}{2\pi}$，同时，$\sum\to\int$，于是，傅里叶级数变成积分形式，即

$$f(t)=\frac{1}{2\pi}\int_{-\infty}^{+\infty}F(\mathrm{j}\omega)\mathrm{e}^{\mathrm{j}\omega t}\mathrm{d}\omega \tag{3.3-9}$$

$F(\mathrm{j}\omega)$是 $f(t)$的傅里叶变换或频谱密度函数，简称频谱。

$f(t)$是 $F(\mathrm{j}\omega)$的傅里叶逆变换或原函数。也可简记为

$$\begin{cases} F(\mathrm{j}\omega)=F[f(t)] \\ f(t)=F^{-1}[F(\mathrm{j}\omega)] \\ f(t)\leftrightarrow F(\mathrm{j}\omega) \end{cases} \tag{3.3-10}$$

$F(\mathrm{j}\omega)$一般是复函数，写为

$$F(\mathrm{j}\omega)=|F(\mathrm{j}\omega)|\mathrm{e}^{\mathrm{j}\varphi(\omega)}=R(\omega)+\mathrm{j}X(\omega) \tag{3.3-11}$$

与周期信号类似，也可以将 $F(\mathrm{j}\omega)$写成三角函数形式

$$\begin{aligned} f(t) &= \frac{1}{2\pi}\int_{-\infty}^{+\infty}F(\mathrm{j}\omega)\mathrm{e}^{\mathrm{j}\omega t}\mathrm{d}\omega = \frac{1}{2\pi}\int_{-\infty}^{+\infty}|F(\mathrm{j}\omega)|\mathrm{e}^{\mathrm{j}[\omega t+\varphi(\omega)]}\mathrm{d}\omega \\ &= \frac{1}{2\pi}\int_{-\infty}^{+\infty}|F(\mathrm{j}\omega)|\cos[\omega t+\varphi(\omega)]\mathrm{d}\omega+\mathrm{j}\frac{1}{2\pi}\int_{-\infty}^{+\infty}|F(\mathrm{j}\omega)|\sin[\omega t+\varphi(\omega)]\mathrm{d}\omega \end{aligned} \tag{3.3-12}$$

若 $f(t)$是实函数，$F(\mathrm{j}\omega)$和 $\varphi(\mathrm{j}\omega)$分别是频率 ω 的偶函数和奇函数。这样，式(3.3-12)可以简化为

$$f(t) = \frac{1}{2\pi}\int_{-\infty}^{+\infty}|F(\mathrm{j}\omega)|\cos[\omega t+\varphi(\omega)]\mathrm{d}\omega = \frac{1}{\pi}\int_{0}^{+\infty}|F(\mathrm{j}\omega)|\cos[\omega t+\varphi(\omega)]\mathrm{d}\omega \tag{3.3-13}$$

式(3.3-13)表明：

(1)非周期信号可看作不同频率分量的正、余弦分量；

(2)非周期信号的周期趋于无限大，基波趋于无限小，于是它包含了从零到无限高的所有频率分量；

(3)由于周期趋于无限大，因此，对任一能量有限的信号，在各频率点的分量幅度趋于无限小；

(4)频谱不能用幅度表示，改用频谱密度函数来表示。

函数 $f(t)$的傅里叶变换存在的充分条件是狄里克雷条件，即应在无限区间内绝对可积，即满足 $\int_{-\infty}^{+\infty}|f(t)|\mathrm{d}t<+\infty$。

用下列关系还可方便地计算一些积分：

$$F(0) = \int_{-\infty}^{+\infty}|f(t)|\mathrm{d}t \tag{3.3-14}$$

$$f(0) = \frac{1}{2\pi}\int_{-\infty}^{+\infty}F(\mathrm{j}\omega)\mathrm{d}\omega \tag{3.3-15}$$

$$\int_{-\infty}^{+\infty}F(\mathrm{j}\omega)\mathrm{d}\omega = 2\pi f(0) \tag{3.3-16}$$

3.3.2　典型非周期信号的频谱

本节利用傅里叶变换求几种典型的非周期信号的频谱，为后续复杂信号的傅里叶变换的求解提供方便。

1. 单边指数函数的频谱

已知单边指数函数的表达式为

$$f(t)=A\mathrm{e}^{-\alpha t}u(t),\quad \alpha>0 \tag{3.3-17}$$

代入傅里叶变换式得

$$F(\mathrm{j}\omega)=\int_{0}^{+\infty}A\mathrm{e}^{-\alpha t}\mathrm{e}^{-\mathrm{j}\omega t}\mathrm{d}t=-\frac{A}{\alpha+\mathrm{j}\omega}\mathrm{e}^{-(\alpha+\mathrm{j}\omega)t}\Big|_{0}^{+\infty}=\frac{A}{\alpha+\mathrm{j}\omega} \tag{3.3-18}$$

其幅度频谱和相位频谱分别为

$$|F(\mathrm{j}\omega)|=\frac{A}{\sqrt{\alpha^{2}+\omega^{2}}} \tag{3.3-19}$$

$$\varphi(\omega)=-\arctan\frac{\omega}{\alpha} \tag{3.3-20}$$

其波形图及频谱图如图 3.3-1 所示。

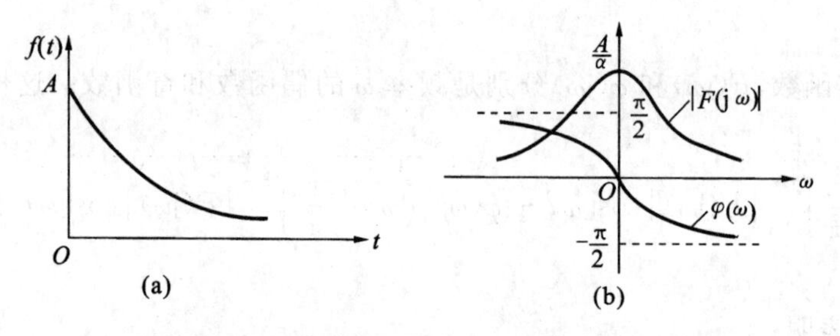

图 3.3-1　单边指数信号的波形及其频谱图

(a)函数波形；(b)频谱图

单边指数信号只有当 $\alpha>0$ 时，傅里叶变换存在；当 $\alpha<0$ 时，函数 $f(t)$ 不符合绝对可积条件，即积分 $\int_{-\infty}^{+\infty}|\mathrm{e}^{-\alpha t}|\mathrm{d}t<+\infty$ 不收敛，傅里叶变换不存在。

2. 双边指数函数的频谱

双边指数函数的表达式为

$$f(t)=\mathrm{e}^{-\alpha|t|},\quad a>0,\quad -\infty<t<+\infty \tag{3.3-21}$$

$$F(\mathrm{j}\omega)=\int_{-\infty}^{0}\mathrm{e}^{\alpha t}\mathrm{e}^{-\mathrm{j}\omega t}\mathrm{d}t+\int_{0}^{+\infty}\mathrm{e}^{-\alpha t}\mathrm{e}^{-\mathrm{j}\omega t}=\frac{1}{\alpha-\mathrm{j}\omega}+\frac{1}{\alpha+\mathrm{j}\omega}=\frac{2\alpha}{\alpha^{2}+\omega^{2}} \tag{3.3-22}$$

此即为双边指数的幅度频谱，相位频谱 $\varphi(\omega)=0$，其频谱图如图 3.3-2 所示。

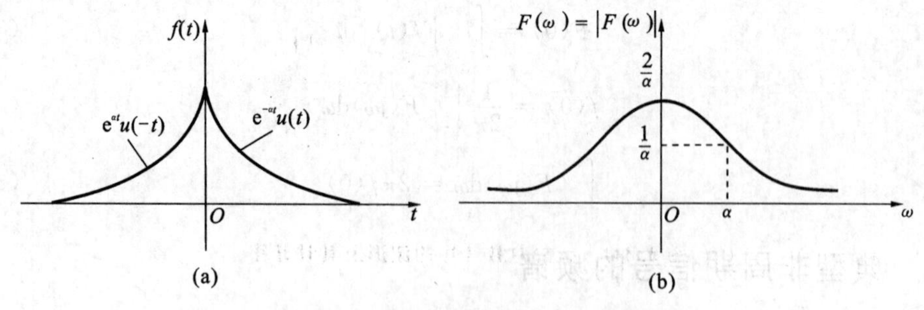

图 3.3-2　双边指数信号的波形及其频谱图

(a)波形图；(b)频谱图

3. 门函数（矩形脉冲）的频谱

门宽为 τ，门高为 E 的矩形脉冲为

$$G_\tau(t)=\begin{cases}E, & |t|\leqslant\dfrac{\tau}{2}\\ 0, & |t|>\dfrac{\tau}{2}\end{cases} \tag{3.3-23}$$

$$F(\mathrm{j}\omega)=\int_{-\frac{\tau}{2}}^{\frac{\tau}{2}}E\mathrm{e}^{-\mathrm{j}\omega t}\,\mathrm{d}t=\frac{E(\mathrm{e}^{-\mathrm{j}\omega\frac{\tau}{2}}-\mathrm{e}^{\mathrm{j}\omega\frac{\tau}{2}})}{-\mathrm{j}\omega}=\frac{2E\sin(\frac{\omega\tau}{2})}{\omega}=E\tau Sa(\frac{\omega\tau}{2}) \tag{3.3-24}$$

其波形如图 3.3-3 所示。

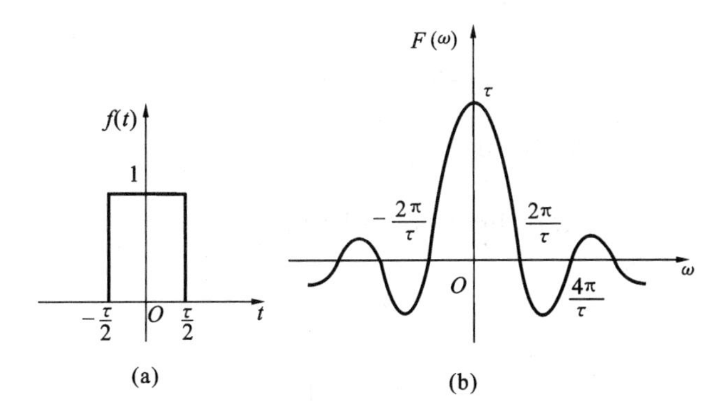

图 3.3-3　门函数的波形及其频谱图

(a)门函数波形；(b)频谱图

由此结果可知，非周期矩形脉冲频谱中为零值的频率与周期矩形脉冲的零值点是一样的，即$\frac{2\pi}{\tau}$，$\frac{4\pi}{\tau}$，…。进一步可以证明：非周期矩形脉冲的频带宽度也与脉冲持续时间成反比。

4. 单位冲激函数 $\delta(t)$ 的频谱

冲激函数 $f(t)=\delta(t)$ 代入式(3.3-6)，同时考虑冲激函数的抽样性质可得

$$F(\mathrm{j}\omega)=\int_{-\infty}^{+\infty}\delta(t)\mathrm{e}^{-\mathrm{j}\omega t}\,\mathrm{d}t=1 \tag{3.3-25}$$

即

$$\delta(t)\leftrightarrow 1 \tag{3.3-26}$$

单位冲激信号及其频谱图如图 3.3-4 所示。

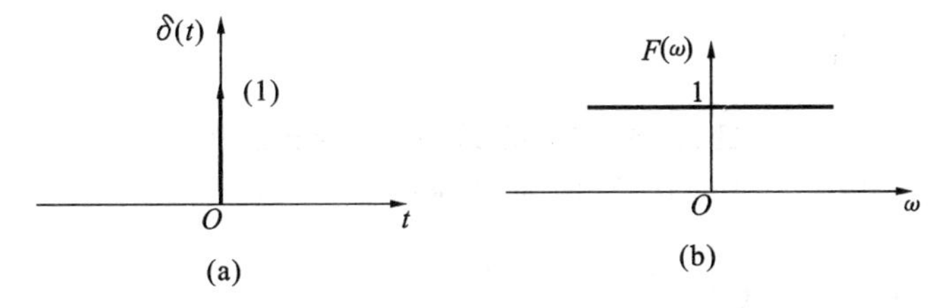

图 3.3-4　单位冲激信号的波形及其频谱图

(a)时域波形图；(b)频谱图

单位冲激函数的频谱为常数，这说明它在整个频率($-\infty<t<+\infty$)范围内频谱分布是均匀的，其频率分量不仅幅度相同，相位也相同。频带具有无限宽度。

5. 符号函数的频谱

符号函数(或称正负号函数)用符号 sgn 标记,其表示为

$$f(t)=\mathrm{sgn}(t)=\begin{cases}-1, & t<0\\ 1, & t>0\end{cases} \tag{3.3-27}$$

显然,这种信号不满足绝对可积条件,但却存在傅里叶变换。可以借助符号函数与双边指数衰减函数相乘,先求得此乘积信号 $f_\alpha(t)$ 的频谱,然后取极限,从而求出符号函数 $f(t)$ 的频谱。

先求出双边指数 $f_\alpha(t)$ 的频谱 $F_\alpha(\mathrm{j}\omega)$。

$$f_\alpha(t)=\begin{cases}-\mathrm{e}^{\alpha t}, & t<0,\alpha>0\\ \mathrm{e}^{\alpha t}, & t>0,\alpha>0\end{cases} \tag{3.3-28}$$

$$\mathrm{sgn}(t)=\lim_{\alpha>0}f_\alpha(t) \tag{3.3-29}$$

$$f_\alpha(t)\leftrightarrow F_\alpha(\mathrm{j}\omega)=\frac{1}{\alpha+\mathrm{j}\omega}-\frac{1}{\alpha-\mathrm{j}\omega}=-\frac{\mathrm{j}2\omega}{\alpha^2+\omega^2} \tag{3.3-30}$$

$$\mathrm{sgn}(t)\leftrightarrow\lim_{\alpha\to0}F_\alpha(\mathrm{j}\omega)=\lim_{\alpha\to0}\left(-\frac{\mathrm{j}2\omega}{\alpha^2+\omega^2}\right)=\frac{2}{\mathrm{j}\omega} \tag{3.3-31}$$

所以

$$F(\mathrm{j}\omega)=\frac{2}{\mathrm{j}\omega} \tag{3.3-32}$$

$$|F(\mathrm{j}\omega)|=\frac{2}{|\omega|} \tag{3.3-33}$$

$$\varphi(\omega)=\begin{cases}-\dfrac{\pi}{2}, & \omega>0\\ +\dfrac{\pi}{2}, & \omega<0\end{cases} \tag{3.3-34}$$

其波形和频谱图如图 3.3-5 所示。

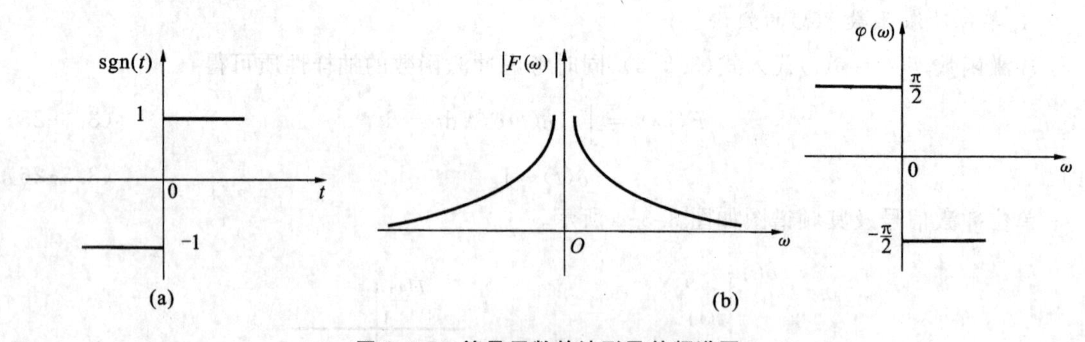

图 3.3-5　符号函数的波形及其频谱图

(a)时域波形图;(b)幅频图及相频图

6. 单位阶跃函数 $u(t)$ 的频谱

由单位阶跃函数的定义可知,该函数不满足绝对可积的条件,故不能直接通过傅里叶变化的公式求出,可采用取极限的方法。可构造一函数序列 $\{f_n(t)\}$ 逼近 $f(t)$,即 $f(t)=\lim\limits_{n\to+\infty}f_n(t)$。而 $f_n(t)$ 满足绝对可积条件,并且 $\{f_n(t)\}$ 的傅里叶变换所形成的序列 $\{F_n(\mathrm{j}\omega)\}$ 是极限收敛的,

则可定义 $f(t)$的傅里叶变换 $F(\mathrm{j}\omega)$为

$$F(\mathrm{j}\omega)=\lim_{n\to+\infty}F_n(\mathrm{j}\omega) \tag{3.3-35}$$

这样定义的傅里叶变换也称为广义傅里叶变换。

将单位阶跃函数看作是单边指数函数 $f_\alpha(t)=\mathrm{e}^{-\alpha t}u(t)$，在 $\alpha\to0$ 时的极限，即

$$u(t)=\lim_{\alpha\to0}\mathrm{e}^{-\alpha t}u(t) \tag{3.3-36}$$

已知

$$F[\mathrm{e}^{-\alpha t}u(t)]=\frac{1}{\alpha+\mathrm{j}\omega}=\frac{\alpha}{\alpha^2+\omega^2}+\frac{\omega}{\mathrm{j}(\alpha^2+\omega^2)} \tag{3.3-37}$$

对式(3.3-37)两边同时取极限有

$$\lim_{\alpha\to0}F[F_\alpha(\mathrm{j}\omega)]=F[u(t)]=\lim_{\alpha\to0}\left(\frac{\alpha}{\alpha^2+\omega^2}\right)+\lim_{\alpha\to0}\left[\frac{\omega}{\mathrm{j}(\alpha^2+\omega^2)}\right] \tag{3.3-38}$$

其中，

$$\lim_{\alpha\to0}\left(\frac{\alpha}{\alpha^2+\omega^2}\right)=\begin{cases}+\infty, & \omega=0\\ 0, & \omega\neq0\end{cases} \tag{3.3-39}$$

显然这一结果符合冲激函数的定义，其冲激强度应为

$$\begin{aligned}\int_{-\infty}^{+\infty}\frac{\alpha}{\alpha^2+\omega^2}\mathrm{d}\omega&=\lim_{\alpha\to0}\int_{-\infty}^{+\infty}\frac{1}{1+\left(\frac{\omega}{\alpha}\right)^2}\mathrm{d}\,\frac{\omega}{\alpha}\\&=\lim_{\alpha\to0}2\arctan\frac{\omega}{\alpha}\bigg|_{-\infty}^{+\infty}=\pi\end{aligned} \tag{3.3-40}$$

而第二项为

$$\lim_{\alpha\to0}\frac{\omega}{\mathrm{j}(\alpha^2+\omega^2)}=\frac{1}{\mathrm{j}\omega} \tag{3.3-41}$$

由此可得

$$F[u(t)]=\pi\delta(\omega)+\frac{1}{\mathrm{j}\omega} \tag{3.3-42}$$

单位阶跃函数 $u(t)$的波形及频谱图如图 3.3-6 所示。

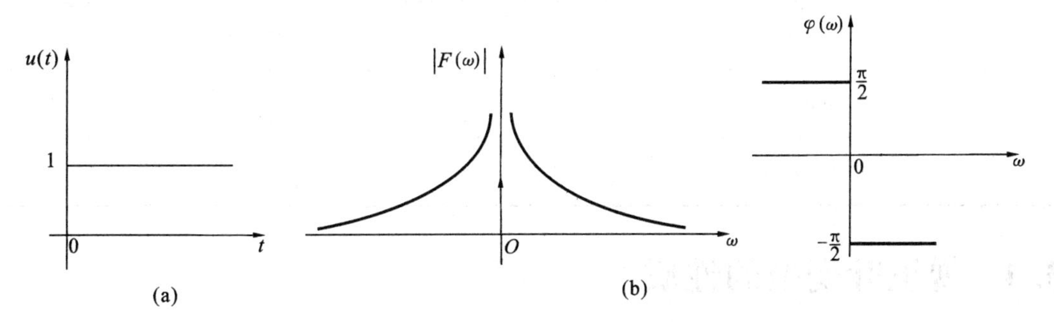

图 3.3-6　单位阶跃函数的波形及频谱图

(a)时域波形图；(b)幅频图及相频图

7. 直流信号

设直流信号

$$f(t)=A,\quad -\infty<t<+\infty$$

它不满足绝对可积的条件,因此不能用傅里叶变换式求其频谱,但傅里叶逆变换式可以求得冲激信号在时域中的原函数为

$$F^{-1}[\delta(\omega)] = \frac{1}{2\pi}\int_{-\infty}^{+\infty}\delta(\omega)\mathrm{e}^{\mathrm{j}\omega t}\mathrm{d}\omega = \frac{1}{2\pi} \tag{3.3-43}$$

即

$$\delta(\omega)\leftrightarrow\frac{1}{2\pi} \tag{3.3-44}$$

则

$$A\leftrightarrow 2\pi A\delta(\omega)$$

其波形及频谱图如图 3.3-7 所示。

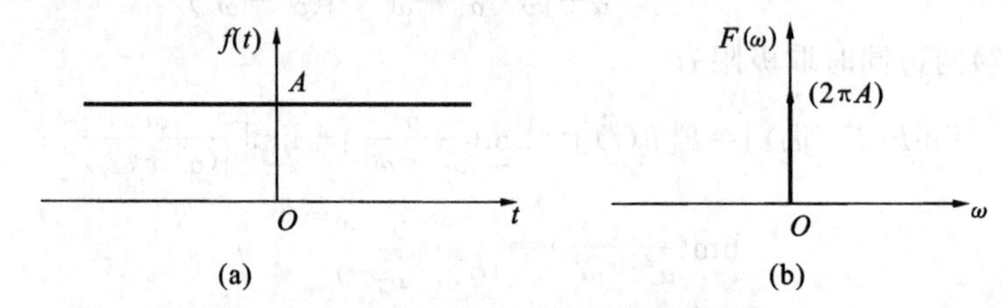

图 3.3-7　直流信号波形及频谱图

(a)时域波形图;(b)频谱图

常用函数的傅里叶变换如表 3.3-1 所示。

表 3.3-1　典型信号的傅里叶变换

$f(t)$	$F(\mathrm{j}\omega)$
$\delta(t)$	1
1	$2\pi\delta(\omega)$
$u(t)$	$\pi\delta(\omega)+\frac{1}{\mathrm{j}\omega}$
$\mathrm{e}^{-\alpha t}u(t)$	$\frac{1}{\alpha+\mathrm{j}\omega}$
$g_\tau(t)$	$\tau Sa(\frac{\omega\tau}{2})$
$\mathrm{sgn}(t)$	$\frac{2}{\mathrm{j}\omega}$
$\mathrm{e}^{-\alpha\|t\|}u(t)$	$\frac{2\alpha}{\alpha^2+\omega^2}$

3.4　傅里叶变换的性质

在前面几节中,已经讨论了信号的时域函数和频域函数可以用傅里叶变换互相转换得到,两者只要一个确定,另一个也随之确定。通过傅里叶正反变换式可以揭示出在一个域中进行某种运算后,另一个域中会产生什么样的变化。下面就几个常用的傅里叶变换的性质分别加以讨论。

3.4.1　线性性质

如果 $f_1(t)\leftrightarrow F_1(\mathrm{j}\omega)$，$f_2(t)\leftrightarrow F_2(\mathrm{j}\omega)$，则

$$F[af_1(t)+bf_2(t)]\leftrightarrow F[aF_1(\mathrm{j}\omega)+bF_2(\mathrm{j}\omega)] \tag{3.4-1}$$

证明

$$F[af_1(t)+bf_2(t)]=\int_{-\infty}^{+\infty}[af_1(t)+bf_2(t)]\mathrm{e}^{-\mathrm{j}\omega t}\mathrm{d}t$$

$$=\int_{-\infty}^{+\infty}af_1(t)\mathrm{e}^{-\mathrm{j}\omega t}\mathrm{d}t+\int_{-\infty}^{+\infty}bf_2(t)\mathrm{e}^{-\mathrm{j}\omega t}\mathrm{d}t=F[aF_1(\mathrm{j}\omega)+bF_2(\mathrm{j}\omega)]$$

【例 3.4-1】　已知 $f(t)$ 如图 3.4-1 所示，求 $F(\mathrm{j}\omega)$。

解

$$f(t)=1-g_2(t)$$

$$F(\mathrm{j}\omega)=F[f(t)]=F[1-g_2(t)]$$

$$=2\pi\delta(\omega)-2Sa(\omega)$$

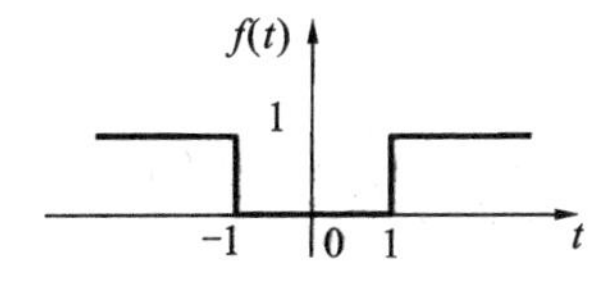

图 3.4-1　例 3.4-1 图

3.4.2　奇偶特性

如果 $f(t)\leftrightarrow F(\mathrm{j}\omega)$，即

$$F(\mathrm{j}\omega)=\int_{-\infty}^{+\infty}f(t)\mathrm{e}^{-\mathrm{j}\omega t}\mathrm{d}t$$

由欧拉公式

$$\mathrm{e}^{-\mathrm{j}\omega t}=\cos(\omega t)-\mathrm{j}\sin(\omega t)$$

上式可写成

$$F(\mathrm{j}\omega)=\int_{-\infty}^{+\infty}f(t)\mathrm{e}^{-\mathrm{j}\omega t}\mathrm{d}t=\int_{-\infty}^{+\infty}f(t)\cos(\omega t)\mathrm{d}t-\mathrm{j}\int_{-\infty}^{+\infty}f(t)\sin(\omega t)\mathrm{d}t$$

$$=R(\omega)+\mathrm{j}X(\omega)=|F(\mathrm{j}\omega)|\mathrm{e}^{\mathrm{j}\varphi(\omega)} \tag{3.4-2}$$

其中，频谱函数的实部 $R(\omega)$ 和虚部 $X(\omega)$ 以及模量 $|F(\mathrm{j}\omega)|$ 与相角 $\varphi(\omega)$ 分别为

$$\left.\begin{aligned}R(\omega)&=\int_{-\infty}^{+\infty}f(t)\cos(\omega t)\mathrm{d}t\\X(\omega)&=-\int_{-\infty}^{+\infty}f(t)\sin(\omega t)\mathrm{d}t\end{aligned}\right\} \tag{3.4-3}$$

$$\left.\begin{aligned}|F(\mathrm{j}\omega)|&=\sqrt{R^2(\omega)+X^2(\omega)}\\\varphi(\omega)&=\arctan\left[\frac{X(\omega)}{R(\omega)}\right]\end{aligned}\right\} \tag{3.4-4}$$

频谱函数的实部与幅值是频率 ω 的偶函数，频谱函数的虚部与相位是频率的奇函数。

如果 $f(t)$ 是 t 的偶函数，其频谱函数仅有实部，即

$$F(\mathrm{j}\omega)=R(\omega)=\int_{-\infty}^{+\infty}f(t)\cos(\omega t)\mathrm{d}t$$

$$= 2\int_{0}^{+\infty} f(t)\cos(\omega t)\mathrm{d}t \tag{3.4-5}$$

如果 $f(t)$ 是 t 的奇函数，其频谱函数仅有虚部，即

$$F(\mathrm{j}\omega) = \mathrm{j}X(\omega) = -\mathrm{j}\int_{-\infty}^{+\infty} f(t)\sin(\omega t)\mathrm{d}t = -\mathrm{j}2\int_{0}^{+\infty} f(t)\sin(\omega t)\mathrm{d}t \tag{3.4-6}$$

3.4.3 对称性质

如果 $f(t)\leftrightarrow F(\mathrm{j}\omega)$，则

$$F(\mathrm{j}t)\leftrightarrow 2\pi f(-\omega) \tag{3.4-7}$$

证明

$$f(t) = \frac{1}{2\pi}\int_{-\infty}^{+\infty} F(\mathrm{j}\omega)\mathrm{e}^{\mathrm{j}\omega t}\mathrm{d}\omega \tag{1}$$

将式(1)变量互换，$t\rightarrow\omega$，$\omega\rightarrow t$，得出

$$f(\omega) = \frac{1}{2\pi}\int_{-\infty}^{+\infty} F(\mathrm{j}t)\mathrm{e}^{\mathrm{j}\omega t}\mathrm{d}t \tag{2}$$

将式(2)$\omega\rightarrow-\omega$，得出

$$f(-\omega) = \frac{1}{2\pi}\int_{-\infty}^{+\infty} F(\mathrm{j}t)\mathrm{e}^{-\mathrm{j}\omega t}\mathrm{d}t$$

所以

$$F(\mathrm{j}t)\leftrightarrow 2\pi f(-\omega)$$

如果 $f(t)$ 是 t 的实偶函数，则其频谱函数是 ω 的实偶函数，则

$$f(t)\leftrightarrow F(\mathrm{j}\omega)=R(\omega)$$

此时 $f(-\omega)=f(\omega)$，上式变为

$$R(t)\leftrightarrow 2\pi f(\omega) \tag{3.4-8}$$

对称特性为某些信号的时间函数和频域函数互求，提供了不少方便。

【例 3.4-2】 已知 $f(t)=\dfrac{1}{1+t^2}$，求 $F(\mathrm{j}\omega)$。

解

$$\mathrm{e}^{-\alpha t}\leftrightarrow\frac{2\alpha}{\alpha^2+\omega^2}$$

如果 $\alpha=1$，$\mathrm{e}^{-|t|}\leftrightarrow\dfrac{2}{1+\omega^2}$，则根据对称性

$$\frac{2}{1+t^2}\leftrightarrow 2\pi\mathrm{e}^{-|\omega|}$$

例如，如图 3.4-2 所示的傅里叶变换对称性。

显然矩形脉冲的频谱为 Sa() 函数，而 Sa() 函数的频谱必为矩形函数。

【例 3.4-3】 已知 $\mathrm{sgn}(t)\leftrightarrow\dfrac{2}{\mathrm{j}\omega}=-\mathrm{j}\dfrac{2}{\omega}$

$$\mathrm{j}\frac{1}{2\pi}\cdot\frac{2}{t}=\mathrm{j}\frac{1}{\pi t}$$

即

$$\mathrm{j}\frac{1}{\pi t}\leftrightarrow\mathrm{sgn}(\omega)$$

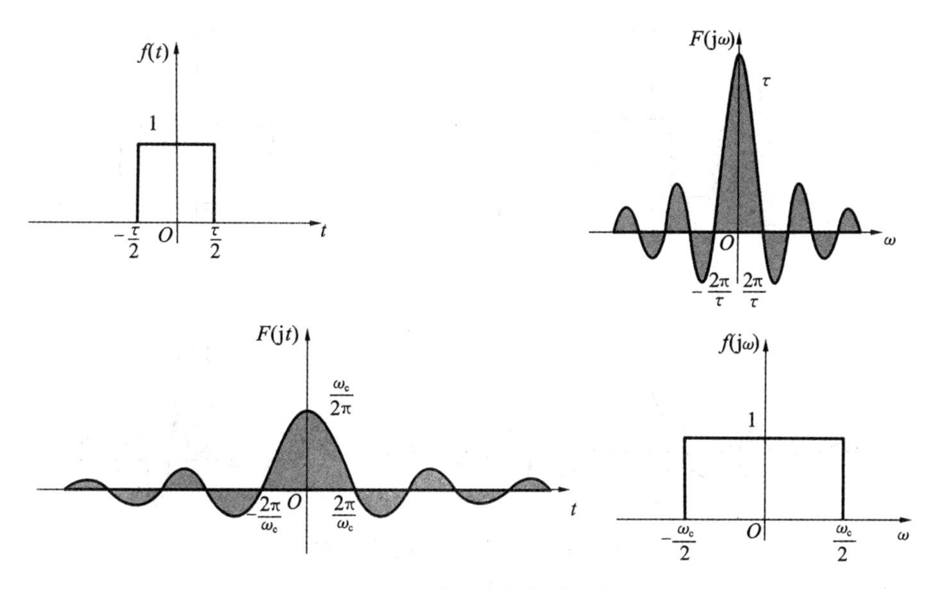

图 3.4-2　傅里叶变换对称性

3.4.4　尺度变换性质

如果 $f(t)\leftrightarrow F(\mathrm{j}\omega)$，则

$$f(at)\leftrightarrow\frac{1}{|a|}F(\mathrm{j}\ \frac{\omega}{a}),\quad a\ 是非零实数 \tag{3.4-9}$$

证明　$F[f(at)]=\int_{-\infty}^{+\infty}f(at)\mathrm{e}^{-\mathrm{j}\omega t}\mathrm{d}t$

当 $a>0$ 时，

$$F[f(at)]\overset{\tau=at}{=}\int_{-\infty}^{+\infty}f(\tau)\mathrm{e}^{-\mathrm{j}\omega\frac{\tau}{a}}\ \frac{1}{a}\mathrm{d}\tau=\frac{1}{a}F(\mathrm{j}\ \frac{\omega}{a})$$

当 $a<0$ 时，

$$F[f(at)]\overset{\tau=at}{=}\int_{+\infty}^{-\infty}f(\tau)\mathrm{e}^{-\mathrm{j}\omega\frac{\tau}{a}}\ \frac{1}{a}\mathrm{d}\tau=-\frac{1}{a}\int_{-\infty}^{+\infty}f(\tau)\mathrm{e}^{-\mathrm{j}\omega\frac{\tau}{a}}\mathrm{d}\tau=-\frac{1}{a}F(\mathrm{j}\ \frac{\omega}{a})$$

所以 $f(at)\leftrightarrow\frac{1}{|a|}F(\mathrm{j}\ \frac{\omega}{a})$。

由对称性得出信号的波形压缩 a 倍，信号随时间变化加快 a 倍，所以它所包含的频率分量增加 a 倍，也即频谱展宽 a 倍。根据能量守恒定理，各频率分量大小必然减小为原来的 $\frac{1}{a}$。

当 $a=-1$ 时，得到 $f(t)$ 的反转函数 $f(-t)$，其频谱也为原频谱的反转，即

$$f(-t)\leftrightarrow F(-\mathrm{j}\omega)$$

由图 3.4-3 可以看出，信号在时域中压缩（$a>1$）等效于在频域中扩展；反之，信号在时域中扩展（$a<1$）等效于在频域中压缩。在无线通信中，常常既希望脉宽较小，又希望频宽较小，所以通信速度与占用频带宽度是一对矛盾。

【例 3.4-4】　已知 $\varepsilon(t)\leftrightarrow\pi\delta(\omega)+\frac{1}{\mathrm{j}\omega}$

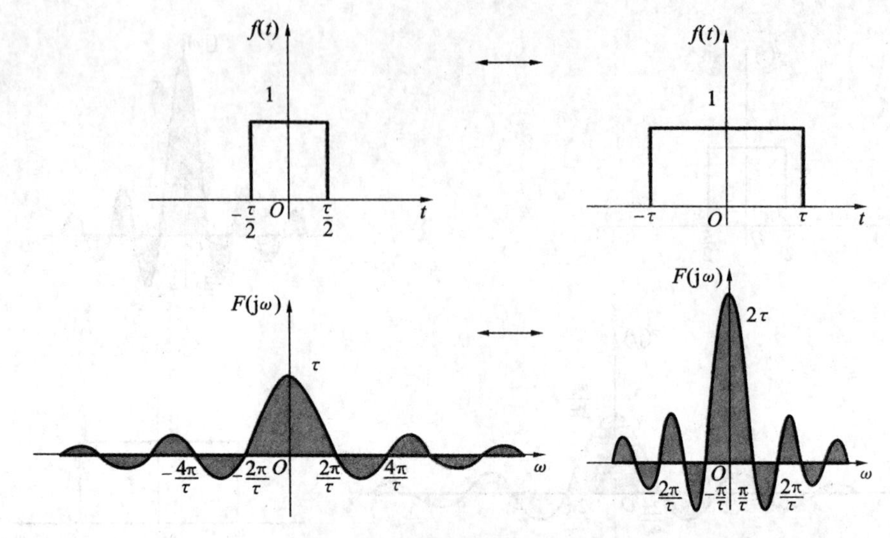

图 3.4-3　尺度变换性质的说明

又因为

$$\mathrm{sgn}(t)=u(t)-u(-t)$$

$$\mathrm{sgn}(t)\leftrightarrow\pi\delta(\omega)+\frac{1}{\mathrm{j}\omega}-\left[\pi\delta(\omega)-\frac{1}{\mathrm{j}\omega}\right]=\frac{2}{\mathrm{j}\omega}$$

3.4.5　时移性质

如果 $f(t)\leftrightarrow F(\mathrm{j}\omega)$，则

$$f(t-t_0)\leftrightarrow \mathrm{e}^{-\mathrm{j}\omega t_0}F(\mathrm{j}\omega) \tag{3.4-10}$$

证明

$$F[f(t-t_0)]=\int_{-\infty}^{+\infty}f(t-t_0)\mathrm{e}^{-\mathrm{j}\omega t}\mathrm{d}t \xlongequal{t-t_0=\tau} \int_{-\infty}^{+\infty}f(\tau)\mathrm{e}^{-\mathrm{j}\omega\tau}\mathrm{d}\tau\mathrm{e}^{-\mathrm{j}\omega t_0}$$

$$=\mathrm{e}^{-\mathrm{j}\omega t_0}F(\mathrm{j}\omega)$$

因为

$$F(\mathrm{j}\omega)=F[f(t)]=|F(\mathrm{j}\omega)|\mathrm{e}^{\mathrm{j}\varphi(\omega)}$$

$$F_1(\mathrm{j}\omega)=F[f(t-t_0)]=|F_1(\mathrm{j}\omega)|\mathrm{e}^{\mathrm{j}\varphi_1(\omega)}$$

所以

$$|F_1(\mathrm{j}\omega)|=|F(\mathrm{j}\omega)|\varphi(\omega)=\varphi_1(\omega)-\omega t_0$$

说明：信号在时域中的延时和在频域中的移相相对应，其幅值保持不变。要使用一个信号 $f(t)$ 通过一个系统传输后仅时延 t_0，则系统设计的每个频率分量都滞后相位 ωt_0，否则输出会失真。

当 $f(t)$ 既发生时移又有尺度变换时，则有

$$f(at\pm b)\leftrightarrow\frac{1}{|a|}F\left(\mathrm{j}\frac{\omega}{b}\right)\mathrm{e}^{\pm\mathrm{j}\frac{b}{a}\omega}$$

式中：a、b 为实数，且 $a\neq0$。

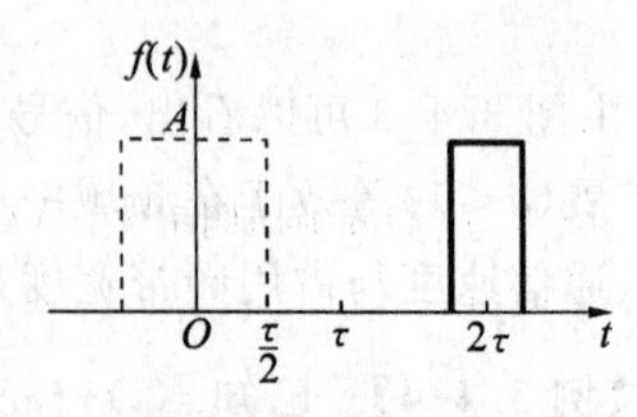

图 3.4-4　例 3.4-5 图

【例 3.4-5】　求图 3.4-4 所示矩形脉冲信号的频谱函数。

解　$f(t)=g[2(t-2\tau)]$ 是先将原信号延时 2τ，再在时

间上压缩2倍得到的。

$$f(t)\leftrightarrow F(\mathrm{j}\omega)$$

$$F(\mathrm{j}\omega)=A\tau Sa(\frac{\omega\tau}{2})$$

根据 $f(at\pm b)\leftrightarrow\frac{1}{|a|}F(\mathrm{j}\ \frac{\omega}{b})\mathrm{e}^{\pm\mathrm{j}\frac{b}{a}\omega}$，得出

$$g[2(t-2\tau)]=\frac{A\tau}{2}Sa(\frac{\omega\tau}{4})\mathrm{e}^{-\mathrm{j}2\omega\tau}$$

3.4.6　频移性质

如果 $f(t)\leftrightarrow F(\mathrm{j}\omega)$，则

$$f(t)\mathrm{e}^{\mathrm{j}\omega_0 t}\leftrightarrow F[\mathrm{j}(\omega-\omega_0)] \tag{3.4-11}$$

式中：ω_0 为常数。

证明

$$F[f(t)\mathrm{e}^{\mathrm{j}\omega_0 t}]=\int_{-\infty}^{+\infty}\mathrm{e}^{\mathrm{j}\omega_0 t}f(t)\mathrm{e}^{-\mathrm{j}\omega t}\mathrm{d}t=\int_{-\infty}^{+\infty}f(t)\mathrm{e}^{-\mathrm{j}(\omega-\omega_0)t}\mathrm{d}t$$
$$=F[\mathrm{j}(\omega-\omega_0)]$$

此式说明，一个信号在时域中与因子 $\mathrm{e}^{\mathrm{j}\omega_0 t}$ 相乘，等效于在频域中将整个频域向频率增加方向搬移 ω_0。

在实际应用中，通常会把一时间的实函数与正弦函数或者余弦函数相乘。正弦函数可以通过欧拉公式表示为复指数函数之和，如

$$\cos(\omega_0 t)=\frac{\mathrm{e}^{\mathrm{j}\omega_0 t}+\mathrm{e}^{-\mathrm{j}\omega_0 t}}{2}$$

$$\sin(\omega_0 t)=\frac{\mathrm{e}^{\mathrm{j}\omega_0 t}-\mathrm{e}^{-\mathrm{j}\omega_0 t}}{2\mathrm{j}}$$

因此，函数 $f(t)\cos(\omega_0 t)$ 的傅里叶变换为

$$F(\mathrm{j}\omega)=F[f(t)\cos(\omega_0 t)]=\frac{1}{2}F[f(t)\mathrm{e}^{\mathrm{j}\omega_0 t}]+\frac{1}{2}F[f(t)\mathrm{e}^{-\mathrm{j}\omega_0 t}]$$
$$=\frac{1}{2}[F(\mathrm{j}\omega-\mathrm{j}\omega_0)+F(\mathrm{j}\omega+\mathrm{j}\omega_0)]$$

即

$$f(t)\cos(\omega_0 t)\leftrightarrow\frac{1}{2}[F(\mathrm{j}\omega+\mathrm{j}\omega_0)+F(\mathrm{j}\omega-\mathrm{j}\omega_0)] \tag{3.4-12}$$

以上表明，一个信号在时域中与频率为 ω_0 的正弦信号相乘，等效于在频域中将频谱同时向正负方向搬移 ω_0，这种频移如图3.4-5所示，这里 ω_0 的负值并不表示存在负频率的分量，而是一对同值的正负 ω_0 的指数函数构成一个正弦分量。

这里 $f(t)$ 是调制信号，$f(t)\cos(\omega_0 t)$ 是已调高频信号，$\cos(\omega_0 t)$ 是载波信号。调制定理的内容是将原来 $f(t)$ 的频谱一分为二，左右平移 ω_0，振幅减半。上述频谱搬移的过程，就是通信技术中的调幅的过程。式(3.4-12)称为调制定理。

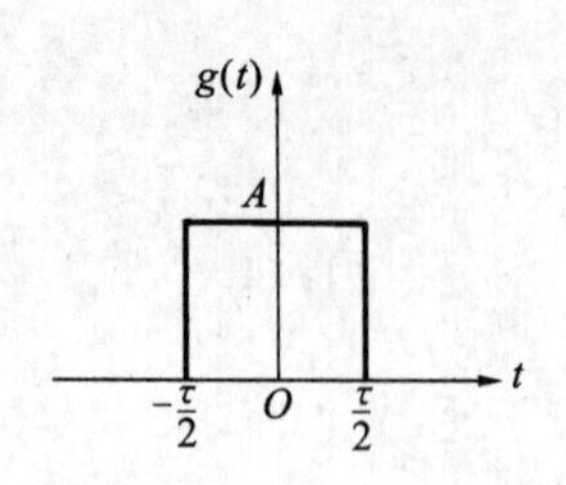

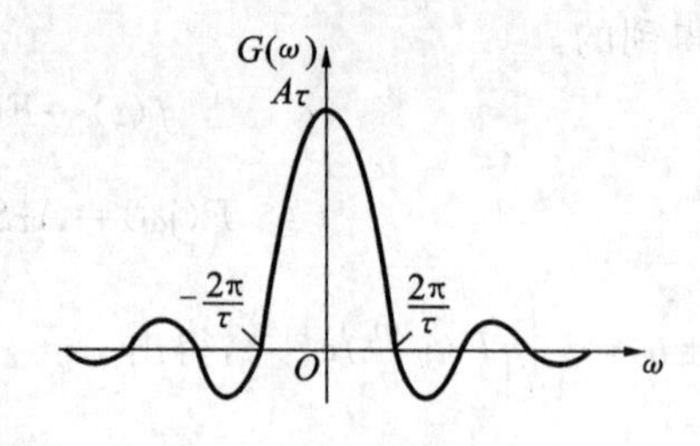

(a)

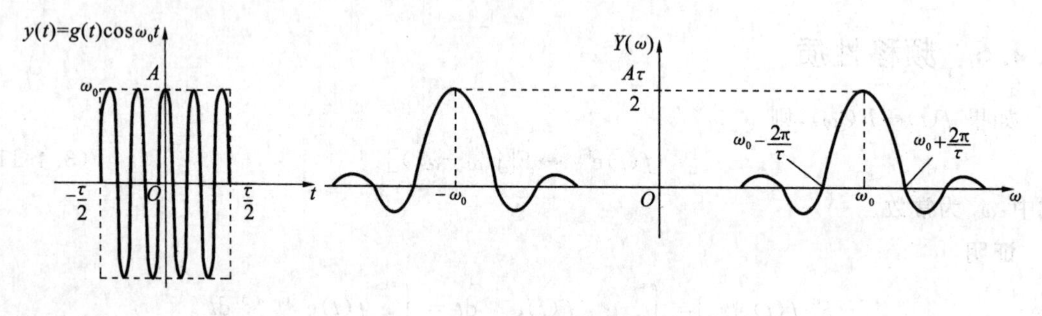

(b)

图 3.4-5　高频脉冲信号的频谱

(a)门函数及其频谱;(b)高频脉冲信号及其频谱

频谱搬移技术在通信系统中得到广泛应用,如调幅、同步解调、变频等过程在此基础上完成。

【例 3.4-6】　已知 $f(t)=e^{j3t}$,求 $F(j\omega)$。

解

$$1\leftrightarrow 2\pi\delta(\omega)$$

$$e^{j3t}\times 1\leftrightarrow 2\pi\delta(\omega-3)$$

【例 3.4-7】　$f(t)=e^{-\alpha t}\cos(\omega_0 t)u(t)$,求该信号的傅里叶变换。

解　根据调制特性

$$e^{-\alpha t}\cos(\omega_0 t)u(t)\leftrightarrow \frac{1}{2}\left[\frac{1}{j(\omega+\omega_0)+\alpha}+\frac{1}{j(\omega-\omega_0)+\alpha}\right]=\frac{\alpha+j\omega}{(\alpha+j\omega)^2+\omega_0^2}$$

3.4.7　卷积性质

时域卷积定理:如果 $f_1(t)\leftrightarrow F_1(j\omega)$,$f_2(t)\leftrightarrow F_2(j\omega)$,那么

$$f_1(t)*f_2(t)\leftrightarrow F_1(j\omega)F_2(j\omega) \tag{3.4-13}$$

证明

$$f_1(t)*f_2(t)=\int_{-\infty}^{+\infty}f_1(\tau)f_2(t-\tau)d\tau$$

$$F[f_1(t)*f_2(t)]=\int_{-\infty}^{+\infty}\left[\int_{-\infty}^{+\infty}f_1(\tau)f_2(t-\tau)d\tau\right]e^{-j\omega t}dt$$

$$=\int_{-\infty}^{+\infty}f_1(\tau)\left[\int_{-\infty}^{+\infty}f_2(t-\tau)e^{j\omega t}dt\right]d\tau$$

根据时移性质 $\int_{-\infty}^{+\infty}f_2(t-\tau)e^{j\omega t}dt=F_2(j\omega)e^{-j\omega\tau}$,得出

$$F[f_1(t)*f_2(t)]=\int_{-\infty}^{+\infty}f_1(\tau)F_2(\mathrm{j}\omega)\mathrm{e}^{-\mathrm{j}\omega\tau}\mathrm{d}\tau$$
$$=F_2(\mathrm{j}\omega)\int_{-\infty}^{+\infty}f_1(\tau)\mathrm{e}^{-\mathrm{j}\omega\tau}\mathrm{d}\tau$$
$$=F_1(\mathrm{j}\omega)F_2(\mathrm{j}\omega)$$

频域卷积定理：如果 $f_1(t)\leftrightarrow F_1(\mathrm{j}\omega)$，$f_2(t)\leftrightarrow F_2(\mathrm{j}\omega)$，那么

$$f_1(t)\cdot f_2(t)\leftrightarrow\frac{1}{2\pi}F_1(\mathrm{j}\omega)*F_2(\mathrm{j}\omega)\tag{3.4-14}$$

【例 3.4-8】 已知 $f(t)=\left(\frac{\sin t}{t}\right)^2$，求 $F(\mathrm{j}\omega)$。

解　$g_2(t)\leftrightarrow 2Sa(\omega)$

根据傅里叶变换的对称性质，有

$$2Sa(t)\leftrightarrow 2\pi g_2(-\omega)$$
$$Sa(t)\leftrightarrow \pi g_2(-\omega)$$
$$\left(\frac{\sin t}{t}\right)^2\leftrightarrow\frac{1}{2\pi}[\pi g_2(\omega)]*[\pi g_2(\omega)]=\frac{\pi}{2}g_2(\omega)*g_2(\omega)$$

3.4.8　时域的微分和积分

1. 时域的微分

如果 $f(t)\leftrightarrow F(\mathrm{j}\omega)$，那么

$$\frac{\mathrm{d}f(t)}{\mathrm{d}t}\leftrightarrow\mathrm{j}\omega F(\mathrm{j}\omega)\tag{3.4-15}$$

证明

$$\frac{\mathrm{d}f(t)}{\mathrm{d}t}=\frac{1}{2\pi}\frac{\mathrm{d}}{\mathrm{d}t}\left[\int_{-\infty}^{+\infty}F(\mathrm{j}\omega)\mathrm{e}^{\mathrm{j}\omega t}\mathrm{d}\omega\right]$$
$$=\frac{1}{2\pi}\int_{-\infty}^{+\infty}\frac{\mathrm{d}}{\mathrm{d}t}[F(\mathrm{j}\omega)\mathrm{e}^{\mathrm{j}\omega t}]\mathrm{d}\omega$$
$$=\frac{1}{2\pi}\int_{-\infty}^{+\infty}[\mathrm{j}\omega F(\mathrm{j}\omega)\mathrm{e}^{\mathrm{j}\omega t}]\mathrm{d}\omega$$

即

$$\frac{\mathrm{d}f(t)}{\mathrm{d}t}\leftrightarrow\mathrm{j}\omega F(\mathrm{j}\omega)$$

这一结论很容易推广到：信号在时域中取 n 阶导数，相当于在频域中用因子 $(\mathrm{j}\omega)^n$ 去乘以它的傅里叶变换，即

$$f^{(n)}(t)\leftrightarrow(\mathrm{j}\omega)^nF(\mathrm{j}\omega)$$

2. 时域的积分

如果 $f(t)\leftrightarrow F(\mathrm{j}\omega)$，那么

$$\int_{-\infty}^{t}f(x)\mathrm{d}x\leftrightarrow\pi F(0)\delta(\omega)+\frac{F(\mathrm{j}\omega)}{\mathrm{j}\omega}$$

证明

$$F\left[\int_{-\infty}^{+\infty}f(\tau)\mathrm{d}\tau\right]=\int_{-\infty}^{+\infty}\left[\int_{-\infty}^{\tau}f(\tau)\mathrm{d}\tau\right]\mathrm{e}^{-\mathrm{j}\omega t}\mathrm{d}t$$

$$= \int_{-\infty}^{+\infty} \left[\int_{-\infty}^{+\infty} f(\tau) u(t-\tau) \mathrm{d}\tau \right] \mathrm{e}^{-\mathrm{j}\omega t} \mathrm{d}t$$

变换积分次序，

即
$$\int_{-\infty}^{+\infty} f(\tau) \left[\int_{-\infty}^{+\infty} u(t-\tau) \mathrm{e}^{-\mathrm{j}\omega t} \mathrm{d}t \right] \mathrm{d}\tau = \int_{-\infty}^{+\infty} f(\tau) \pi\delta(\omega) \mathrm{e}^{-\mathrm{j}\omega\tau} \mathrm{d}\tau + \int_{-\infty}^{+\infty} f(\tau) \frac{1}{\mathrm{j}\omega} \mathrm{e}^{-\mathrm{j}\omega\tau} \mathrm{d}\tau$$

$$= \pi F(0)\delta(\omega) + \frac{1}{\mathrm{j}\omega} F(\mathrm{j}\omega)$$

即得
$$\int_{-\infty}^{t} f(x) \mathrm{d}x \leftrightarrow \pi F(0)\delta(\omega) + \frac{F(\mathrm{j}\omega)}{\mathrm{j}\omega}$$

$$F(0) = F(\mathrm{j}\omega)\big|_{\omega=0} = \int_{-\infty}^{+\infty} f(t) \mathrm{d}t$$

【例 3.4-9】 已知 $f(t)=\frac{1}{t^2}$，求 $F(\mathrm{j}\omega)$。

解

$$\mathrm{sgn}(t) \leftrightarrow \frac{2}{\mathrm{j}\omega}$$

$$\frac{2}{\mathrm{j}\omega} \leftrightarrow 2\pi \mathrm{sgn}(-\omega)$$

$$\frac{1}{t} \leftrightarrow -\mathrm{j}\pi \mathrm{sgn}(\omega)$$

$$\frac{\mathrm{d}}{\mathrm{d}t}\left(\frac{1}{t}\right) \leftrightarrow -(\mathrm{j}\omega)\mathrm{j}\pi \mathrm{sgn}(\omega) = \pi\omega \mathrm{sgn}(\omega)$$

$$\frac{1}{t^2} \leftrightarrow -\pi\omega \mathrm{sgn}(\omega) = -\pi|\omega|$$

【例 3.4-10】 已知信号 $f(t)$ 如图 3.4-6 所示，求 $F(\mathrm{j}\omega)$。

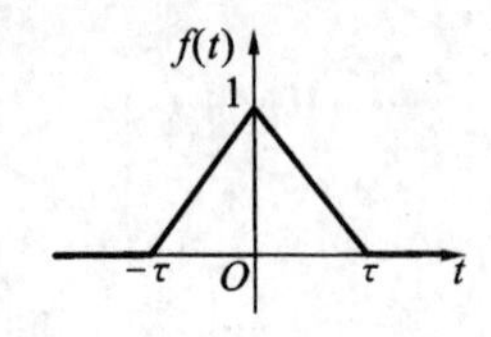

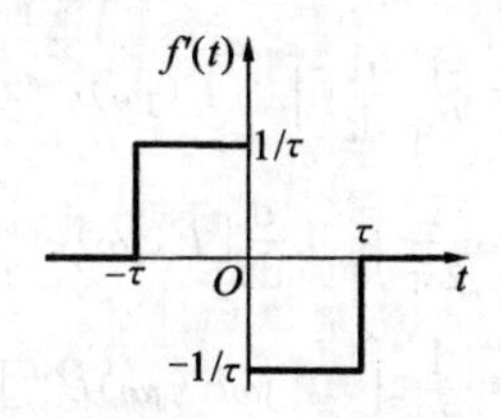

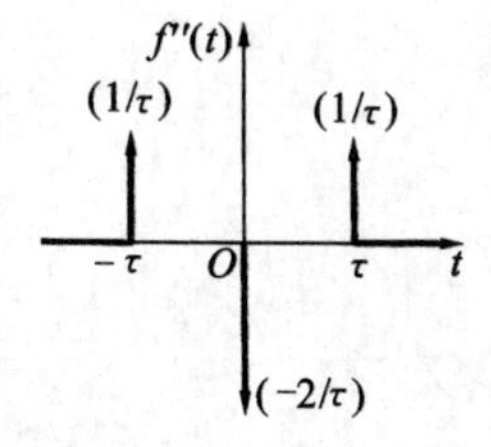

图 3.4-6 例 3.4-9 图

解

$$f''(t) = \frac{1}{\tau}\delta(t+\tau) - \frac{2}{\tau}\delta(t) + \frac{1}{\tau}\delta(t-\tau)$$

$$F^{(2)}(\mathrm{j}\omega) = \frac{1}{\tau}\mathrm{e}^{\mathrm{j}\omega\tau} - \frac{2}{\tau} + \frac{1}{\tau}\mathrm{e}^{-\mathrm{j}\omega\tau}$$

$$F^{(1)}(\mathrm{j}\omega) = \left(\frac{1}{\tau}\mathrm{e}^{\mathrm{j}\omega\tau} - \frac{2}{\tau} + \frac{1}{\tau}\mathrm{e}^{-\mathrm{j}\omega\tau}\right)/\mathrm{j}\omega$$

$$F(\mathrm{j}\omega) = \left(\frac{1}{\tau}\mathrm{e}^{\mathrm{j}\omega\tau} - \frac{2}{\tau} + \frac{1}{\tau}\mathrm{e}^{-\mathrm{j}\omega\tau}\right)/(\mathrm{j}\omega)^2$$

$$F(\mathrm{j}\omega) = \frac{2}{\tau\omega^2}[1-\cos(\omega\tau)] = \tau Sa^2\left(\frac{\omega\tau}{2}\right)$$

3.4.9　频域的微分和积分

如果 $f(t)\leftrightarrow F(\mathrm{j}\omega)$，那么

$$-\mathrm{j}tf(t)\leftrightarrow\frac{\mathrm{d}f(\mathrm{j}\omega)}{\mathrm{d}\omega}\tag{3.4-16}$$

推广

$$(-\mathrm{j}t)^n f(t)\leftrightarrow f^{(n)}(\mathrm{j}\omega)\tag{3.4-17}$$

如果 $f(t)\leftrightarrow F(\mathrm{j}\omega)$，那么

$$\pi f(0)\delta(t)+\frac{1}{-\mathrm{j}t}f(t)\leftrightarrow\int_{-\infty}^{\omega}F(\mathrm{j}x)\mathrm{d}x\tag{3.4-18}$$

$$f(0)=\frac{1}{2\pi}\int_{-\infty}^{+\infty}F(\mathrm{j}\omega)\mathrm{d}\omega$$

【例 3.4-11】　已知 $f(t)=tu(t)$，求 $F(\mathrm{j}\omega)$。

解　已知 $u(t)\leftrightarrow\pi\delta(\omega)+\frac{1}{\mathrm{j}\omega}$，由频域微分得

$$-\mathrm{j}tu(t)\leftrightarrow\frac{\mathrm{d}}{\mathrm{d}\omega}\left[\pi\delta(\omega)+\frac{1}{\mathrm{j}\omega}\right]$$

$$tu(t)\leftrightarrow\mathrm{j}\pi\delta'(\omega)-\frac{1}{\omega^2}$$

3.4.10　帕塞瓦尔关系

$$E=\int_{-\infty}^{+\infty}|f(t)|^2\mathrm{d}t=\frac{1}{2\pi}\int_{-\infty}^{+\infty}|F(\mathrm{j}\omega)|^2\mathrm{d}\omega\tag{3.4-19}$$

3.5　周期信号的傅里叶变换

3.5.1　正、余弦的傅里叶变换

已知冲激信号的傅里叶变换

$$\delta(t)\leftrightarrow 1$$

由傅里叶变换的对称性可得

$$1\leftrightarrow 2\pi\delta(\omega)$$

由频移特性得

$$\mathrm{e}^{\mathrm{j}\omega_0 t}\leftrightarrow 2\pi\delta(\omega-\omega_0)$$

$$\mathrm{e}^{-\mathrm{j}\omega_0 t}\leftrightarrow 2\pi\delta(\omega+\omega_0)$$

$$\cos(\omega_0 t)=\frac{1}{2}(\mathrm{e}^{\mathrm{j}\omega_0 t}+\mathrm{e}^{-\mathrm{j}\omega_0 t})\leftrightarrow\pi[\delta(\omega+\omega_0)+\delta(\omega-\omega_0)]\tag{3.5-1}$$

$$\sin(\omega_0 t)=\frac{1}{2\mathrm{j}}(\mathrm{e}^{\mathrm{j}\omega_0 t}-\mathrm{e}^{-\mathrm{j}\omega_0 t})\leftrightarrow\mathrm{j}\pi[\delta(\omega+\omega_0)-\delta(\omega-\omega_0)]\tag{3.5-2}$$

3.5.2 一般周期信号的傅里叶变换

周期信号不满足绝对可积条件，即傅里叶变换不存在但同样可以用冲激函数表述出来。已知周期信号 $f(t)$，其周期为 T，角频率为 $\omega_0=2\pi f=\frac{2\pi}{T}$，将 $f(t)$ 展开成傅里叶级数为

$$f(t)=\sum_{n=-\infty}^{+\infty}F_n \mathrm{e}^{\mathrm{j}n\omega_0 t}$$

将上式两边进行傅里叶变换

$$F[f(t)]=F[\sum_{n=-\infty}^{+\infty}F_n \mathrm{e}^{\mathrm{j}n\omega_0 t}]=\sum_{n=-\infty}^{+\infty}F_n F \mathrm{e}^{\mathrm{j}n\omega_0 t}$$

而

$$F[\mathrm{e}^{\mathrm{j}n\omega_0 t}]=2\pi\delta(\omega-n\omega_0)$$

可得到周期信号 $f(t)$ 的傅里叶变换为

$$F[f(t)]=2\pi\sum_{n=-\infty}^{+\infty}F_n\delta(\omega-n\omega_0) \tag{3.5-3}$$

式中：F_n 是 $f(t)$ 的傅里叶级数的系数，即

$$F_n=\frac{1}{T}\int_{-\frac{T}{2}}^{\frac{T}{2}}f_T(t)\mathrm{e}^{-\mathrm{j}n\omega_0 t}\mathrm{d}t \tag{3.5-4}$$

式(3.5-4)表明：周期信号 $f(t)$ 的傅里叶变换是由一些冲激函数组成，这些冲激位于信号的谐频$(0,\pm\omega_0,\pm 2\omega_0,\cdots)$处，每个冲激的强度等于 $f(t)$ 的傅里叶级数响应系数 F_n 的 2π 倍。显然，周期信号的频谱是离散的，这一点与前面的结论是一致的。由于傅里叶变换是反映频谱密度的概念，因此周期信号的傅里叶变换不同于傅里叶级数，这里不是有限值，而是冲激函数，它表明在无穷小的频带范围内（即谐波点）取得了无限大的频谱值。

【例 3.5-1】 周期为 T 的单位冲激周期函数 $\delta_T(t)=\sum_{n=-\infty}^{+\infty}\delta(t-mT)$，如图 3.5-1(a)所示，求其傅里叶变换。

解

$$F_n=\frac{1}{T}\int_{-\frac{T}{2}}^{\frac{T}{2}}f_T(t)\mathrm{e}^{-\mathrm{j}n\omega_0 t}\mathrm{d}t=\frac{1}{T}$$

$$\delta_T(t)\leftrightarrow\frac{2\pi}{T}\sum_{n=-\infty}^{+\infty}\delta(\omega-n\omega_0)=\omega_0\sum_{n=-\infty}^{+\infty}\delta(\omega-n\omega_0)=\omega_0\delta(t)$$

傅里叶变换如图 3.5-1(b)所示。

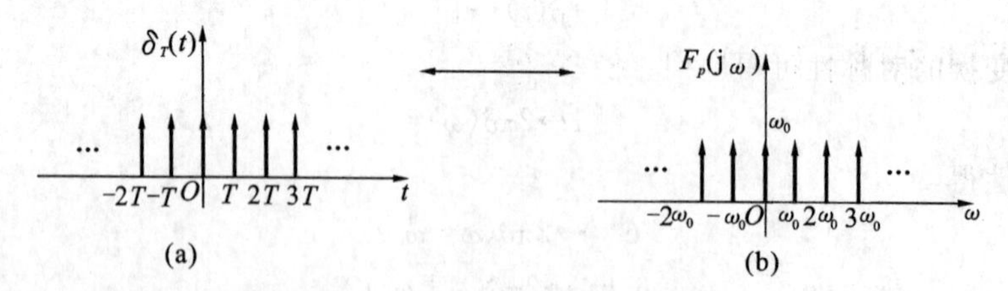

图 3.5-1 周期信号的傅里叶变换

(a)周期单位冲激序列；(b)周期单位冲激序列的频谱

3.5.3　周期信号的傅里叶变换和傅里叶级数的关系

$f(t)$的傅里叶级数为 $f(t)=\sum\limits_{n=-\infty}^{+\infty}F_n\mathrm{e}^{\mathrm{j}n\omega_0 t}$，其中傅里叶系数 $F_n=\dfrac{1}{T}\int_{-\frac{T}{2}}^{\frac{T}{2}}f_T(t)\mathrm{e}^{-\mathrm{j}n\omega_0 t}\mathrm{d}t$，

从周期性脉冲序列 $f(t)$中截取一个周期，得到单脉冲信号 $f_0(t)$，它的傅里叶变换 $F_0(\mathrm{j}\omega)$ 为

$$F_0(\mathrm{j}\omega)=\int_{-\frac{T_1}{2}}^{\frac{T_2}{2}}f(t)\mathrm{e}^{-\mathrm{j}\omega t}\mathrm{d}t \tag{3.5-5}$$

比较两式，可以得到

$$F_n=\frac{1}{T}F_0(\mathrm{j}\omega)\Big|_{\omega=n\omega_0} \tag{3.5-6}$$

式(3.5-6)表明，周期脉冲序列的傅里叶级数的系数 F_n 等于单脉冲的傅里叶变换 $F_0(\mathrm{j}\omega)$ 在 $n\omega_0$ 频率点乘以$\dfrac{1}{T}$。利用单脉冲的傅里叶变换式可以很方便地求出周期性脉冲序列的傅里叶系数，如图 3.5-2 所示。

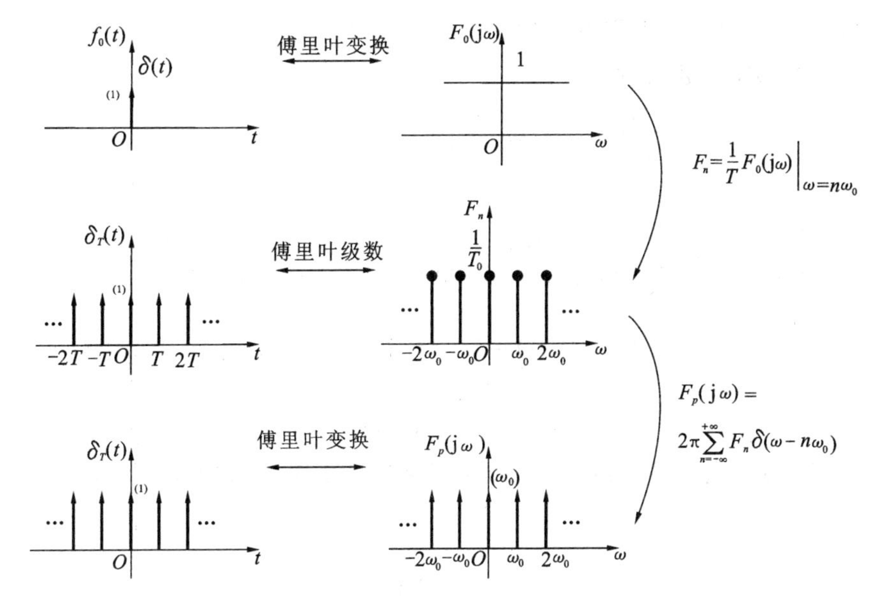

图 3.5-2　傅里叶变换和傅里叶级数之间的关系

3.6　从频域分析 LTI 连续系统

第 2 章已经讨论过系统响应的时域求解法，本节将讨论连续时间系统的频域求解方法。线性系统的频域分析法是一种变换域的分析方法，它把时域中的求解响应的问题通过傅里叶级数和傅里叶变换转换成频域中的问题。在频域中求解后再转换回时域得到最终结果。变换域的实质是通过函数变量的转换，使系统方程转换为便于处理的简单形式，从而使求解响应的过程得以简化。信号的频域具有明确的物理意义，在许多只需定性分析的问题中用频谱的概念来说明是很方便的。

3.6.1 频域响应

频域分析法就是把信号分解为一系列的等幅正弦函数，再求取系统对每一单元信号的响应，并将叠加的信号频谱通过系统以后产生的变化的分析方法。因此，频域分析法主要用于研究信号频谱通过系统以后产生的变化。本节的响应指零状态响应，记为 $y_{zs}(t)$。

1. 基本信号 $e^{j\omega t}$ 作用于 LTI 连续系统的响应

设 LTI 连续系统的冲激响应为 $h(t)$，激励信号为基本信号 $e^{j\omega t}$，其响应为

$$y(t)=h(t)*e^{j\omega t}$$

$$y(t)=\int_{-\infty}^{+\infty}h(\tau)e^{-j\omega(t-\tau)}d\tau=\int_{-\infty}^{+\infty}h(\tau)e^{-j\omega\tau}d\tau\cdot e^{j\omega t}$$

而上式积分$\int_{-\infty}^{+\infty}h(\tau)e^{-j\omega\tau}d\tau$ 正好是 $h(t)$ 的傅里叶变换，记为 $H(j\omega)$，常称为系统的频率响应函数。

$$y(t)=H(j\omega)e^{j\omega t} \tag{3.6-1}$$

2. 一般信号 $f(t)$ 作用于 LTI 连续系统的响应 $y(t)$

已知 $e^{j\omega t}\rightarrow H(j\omega)e^{j\omega t}$，由齐次性可得

$$\frac{1}{2}F(j\omega)e^{j\omega t}d\omega\rightarrow\frac{1}{2\pi}F(j\omega)H(j\omega)e^{j\omega t}d\omega$$

由叠加性可得

$$\frac{1}{2}\int_{-\infty}^{+\infty}F(j\omega)e^{j\omega t}d\omega\rightarrow\frac{1}{2\pi}\int_{-\infty}^{+\infty}F(j\omega)H(j\omega)e^{j\omega t}d\omega$$

即满足

$$f(t)\rightarrow y(t)=F^{-1}[F(j\omega)\cdot H(j\omega)]$$

可推出

$$Y(j\omega)=F(j\omega)\cdot H(j\omega) \tag{3.6-2}$$

频率响应 $H(j\omega)$可定义为系统零状态响应的傅里叶变换 $Y(j\omega)$与激励 $f(t)$的傅里叶变换 $F(j\omega)$之比，即

$$H(j\omega)=\frac{Y(j\omega)}{X(j\omega)} \tag{3.6-3}$$

频域中系统函数是频率的函数，故又称为频率响应函数，简称频响。

$$H(j\omega)=|H(j\omega)|e^{j\varphi(\omega)}=\frac{|Y(j\omega)|}{|X(j\omega)|}e^{j[\varphi_y(\omega)-\varphi_f(\omega)]} \tag{3.6-4}$$

$|H(j\omega)|$称为幅频特性（或相频响应），$\varphi(\omega)$称为相频特性（或相频响应）。

$|H(j\omega)|$是 ω 的偶函数，$\varphi(\omega)$是 ω 的奇函数。

3. 周期信号可用傅里叶级数法求频率响应

周期信号 $$f_T(t)=\sum_{n=-\infty}^{+\infty}F_n e^{jn\omega_0 t}$$

$$y(t)=h(t)*f_T(t)=\sum_{n=-\infty}^{+\infty}F_n[h(t)*e^{jn\omega_0 t}]=\sum_{n=-\infty}^{+\infty}F_nH(jn\omega_0)e^{jn\omega_0 t}$$

若 $f_T(t)=\frac{A_0}{2}+\sum_{n=1}^{+\infty}A_n\cos(n\omega_0 t+\varphi_n)H(\mathrm{j}\omega)=|H(\mathrm{j}\omega)|\mathrm{e}^{\mathrm{j}\varphi(\omega)}$，则可推导出

$$y(t)=h(t)*f_T(t)=\frac{A_0}{2}H(0)+\sum_{n=1}^{+\infty}A_n|H(\mathrm{j}n\omega_0)|\cos[n\omega_0 t+\varphi_n+\varphi(n\omega_0)] \tag{3.6-5}$$

【例 3.6-1】 某 LTI 连续系统的 $|H(\mathrm{j}\omega)|$ 和 $\varphi(\omega)$ 如图 3.6-1 所示，若 $f(t)=2+4\cos(5t)+4\cos(10t)$，求系统的响应。

解　方法一：傅里叶变换

$$F(\mathrm{j}\omega)=4\pi\delta(\omega)+4\pi[\delta(\omega-5)+\delta(\omega+5)]+4\pi[\delta(\omega-10)+\delta(\omega+10)]$$

$$H(\mathrm{j}\omega)=|H(\mathrm{j}\omega)|\mathrm{e}^{\mathrm{j}\varphi(\omega)}$$

$$\begin{aligned}Y(\mathrm{j}\omega)&=F(\mathrm{j}\omega)\cdot H(\mathrm{j}\omega)\\&=4\pi\delta(\omega)H(0)+4\pi[\delta(\omega-5)H(5)+\delta(\omega+5)H(-5)]\\&\quad+4\pi[\delta(\omega-10)H(10)+\delta(\omega+10)H(-10)]\\&=4\pi\delta(\omega)+4\pi[-\mathrm{j}0.5\delta(\omega-5)+\mathrm{j}\delta(\omega+5)]\end{aligned}$$

$$y(t)=F^{-1}[Y(\mathrm{j}\omega)]=2+\sin(5t)$$

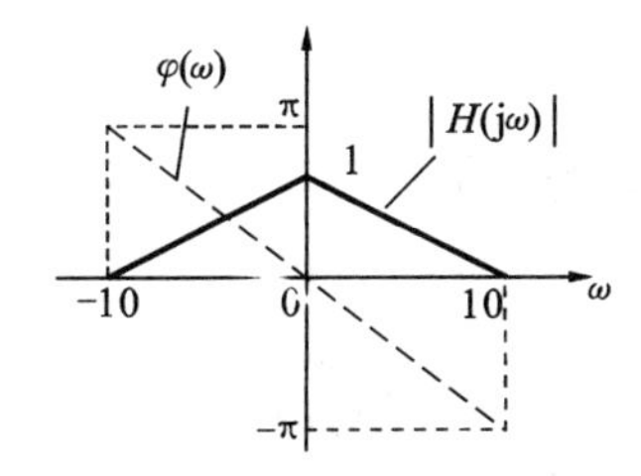

图 3.6-1　例 3.6-1 图

方法二：傅里叶级数

$f(t)$ 的基波角频率 $\omega=5$ rad/s，则

$$f(t)=2+4\cos(\omega t)+4\cos(2\omega t)$$

$$H(0)=1,\quad H(\mathrm{j}\omega)=0.5\mathrm{e}^{-\mathrm{j}0.5\pi},\quad H(\mathrm{j}2\omega)=0$$

$$\begin{aligned}y(t)&=2+4\times0.5\cos(\omega t-0.5\pi)\\&=2+\sin(5t)\end{aligned}$$

4. 频率响应 $H(\mathrm{j}\omega)$ 的求法

(1) $H(\mathrm{j}\omega)=F[h(t)]$；

(2) $H(\mathrm{j}\omega)=\frac{Y(\mathrm{j}\omega)}{F(\mathrm{j}\omega)}$。

【例 3.6-2】 电路如图 3.6-2(a) 所示，$R=1\ \Omega$，$C=1$ F，以 $u_C(t)$ 为输出，求其 $h(t)$。

解　画电路频域模型（见图 3.6-2(b)）

$$H(\mathrm{j}\omega)=\frac{U_C(\mathrm{j}\omega)}{U_S(\mathrm{j}\omega)}=\frac{\frac{1}{\mathrm{j}\omega C}}{R+\frac{1}{\mathrm{j}\omega C}}=\frac{1}{\mathrm{j}\omega+1}$$

$$h(t)=\mathrm{e}^{-t}u(t)$$

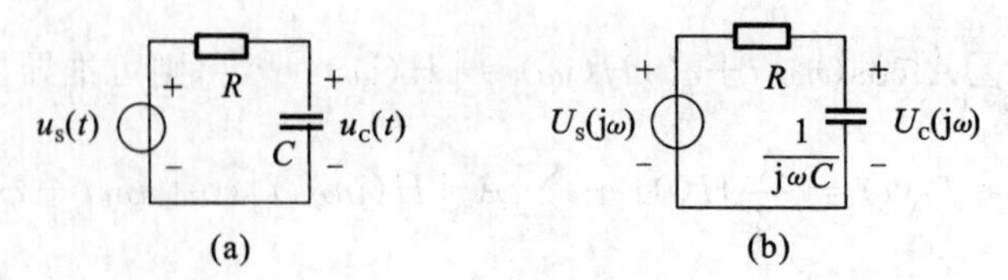

图 3.6-2 例 3.6-2 图

3.6.2 信号的无失真传输

通信传输中的应用有两个任务：其一是将信号原样从甲方传到乙方；其二是将信号改变后进行传输。采用哪种传输，要取决于通信自身的要求。

1. 定义

信号无失真传输是指系统的输出信号与输入信号相比，只有幅度的大小和出现时间的先后的不同，而没有波形上的变化。

输入信号为 $f(t)$，经过无失真传输后，输出信号应为

$$y(t)=Af(t-t_0) \tag{3.6-6}$$

其频谱关系为

$$Y(j\omega)=Ae^{-j\omega t_0}F(j\omega) \tag{3.6-7}$$

2. 无失真传输条件

系统要实现无失真传输，系统的频率响应

$$h(t)=A\delta(t-t_0) \tag{3.6-8}$$

$$H(j\omega)=\frac{Y(j\omega)}{F(j\omega)}=Ae^{-j\omega t_0} \tag{3.6-9}$$

即

$$|H(j\omega)|=k\varphi(\omega)=-\omega t_0 \tag{3.6-10}$$

因此，无失真传输系统在频域应满足如下两个条件：

(1)系统的幅频特性在整个频率范围内应为常数 k，即系统的通频带为无穷大，如图 3.6-3(a)所示；

(2)系统的相频特性在整个范围内应与 ω 成正比，即 $\varphi(\omega)=-\omega t_0$，如图 3.6-3(b)所示。

无失真传输系统的幅频特性应在无限宽的频率范围内保持常量，这是不可能实现的。实际上，由于所有信号的能量总是随频率的增高而减少的，因此，系统只要有足够大的频宽，使实际包含绝大多数能量的频率分量能够通过，就可以获得较满意的传输质量。

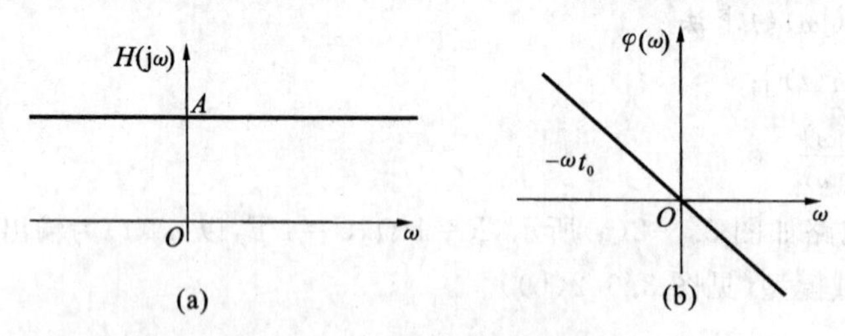

图 3.6-3 幅频特性和相频特性

线性系统引起的信号失真由两方面的因素造成：一是幅度失真，由各频率分量幅度产生不同程度的衰减；二是相位失真，各频率分量产生的相移不与频率成正比，使得响应的各频率分量在时间轴上的相对位置发生变化。线性系统的失真只有幅度相位变化，不产生新的频率，而

非线性系统产生的非线性失真会产生新的频率分量。

3.6.3 理想低通滤波器的冲激响应与阶跃响应

无失真传输系统的条件是比较苛刻的，对于实际系统而言很难满足这个条件。所以，一般都会根据系统不同的功能，适当将此条件放宽。理想低通滤波器就是放宽无失真条件下的一种理想系统。

1. 理想低通滤波器的冲激响应

理想低通滤波器是实际滤波器的理想化模型，如图 3.6-4 所示，该系统的频率特性可表示为

$$H(\mathrm{j}\omega)=\begin{cases}k\mathrm{e}^{-\mathrm{j}\omega t_0}, & |\omega|<\omega_c\\ 0, & |\omega|>\omega_c\end{cases} \tag{3.6-11}$$

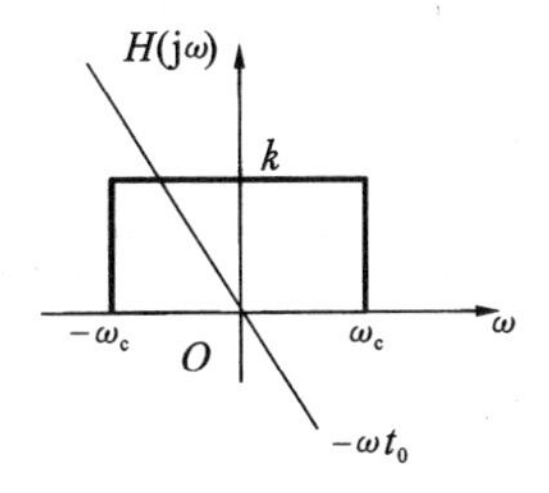

图 3.6-4　理想低通滤波器的频率特性

由式(3.6-11)可以看到理想低通滤波器的截止频率为 ω_c。其幅频特性要求，在截止频率范围内，即在通带范围内，它的传输系数的量为一个常数 k，高于截止频率的那些信号将被滤掉。同时相应的相频特性要求在通带内与频率呈线性正比关系。显然理想低通滤波器的系统函数要比无失真传输系统条件得到了放宽。

作为理想滤波器的单位冲激响应 $h(t)$ 与其系统频率特性的关系是一对傅里叶变换对，即

$$\begin{aligned}h(t)&=F^{-1}[H(\mathrm{j}\omega)]=\frac{1}{2\pi}\int_{-\omega_c}^{\omega_c}H(\mathrm{j}\omega)\mathrm{e}^{\mathrm{j}\omega t}\mathrm{d}\omega\\&=\frac{1}{2\pi}\int_{-\omega_c}^{\omega_c}k\omega_{2\omega_c}\mathrm{e}^{-\mathrm{j}\omega t_0}\mathrm{e}^{\mathrm{j}\omega t}\mathrm{d}\omega=\frac{k}{2\pi}\int_{-\omega_c}^{\omega_c}\mathrm{e}^{-\mathrm{j}\omega t_0}\mathrm{e}^{\mathrm{j}\omega t}\mathrm{d}\omega\\&=\frac{k\omega_c}{\pi}Sa[\omega_c(t-t_0)]\end{aligned} \tag{3.6-12}$$

对于理想低通滤波器而言，输入的是单位冲激响应 $\delta(t)$，而输出的则是冲激响应 $h(t)$，如图 3.6-5 所示。

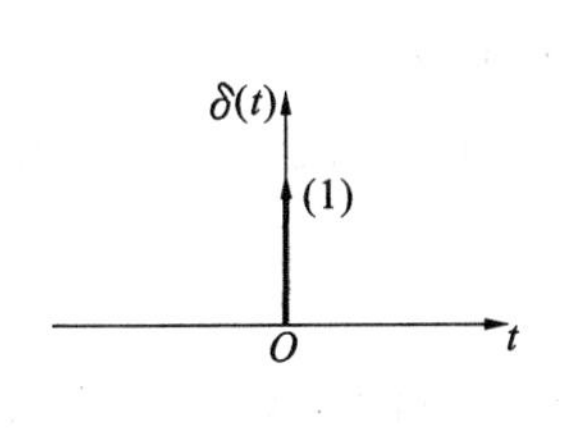

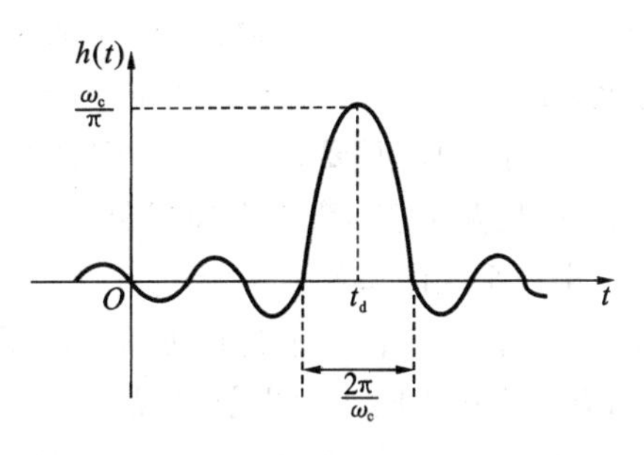

图 3.6-5　理想低通滤波器的输入及输出

由图 3.6-5 可以看到，该系统在 $t<0$ 时，$h(t)\neq 0$，这说明该系统在没有输入之前，就已经有响应了。所以理想低通滤波器是非因果系统，是物理不可实现的系统。尽管如此，由于理想低通滤波器的频率特性比较简单，且实际系统的频率特性较为接近理想低通滤波器的频率特性，故近似采用该系统的频率特性，从而实现对实际系统的逐步修正。

2. 理想低通滤波器的阶跃响应

设理想低通滤波器的阶跃响应为 $g(t)$，它与系统的冲激响应满足关系式 $g(t)=\int_{-\infty}^{t}h(\tau)\mathrm{d}\tau$，将理想低通滤波器的冲激响应的结果代入该式中，有

$$\begin{aligned}g(t)&=\int_{-\infty}^{t}\frac{k\omega_c}{\pi}Sa[\omega_c(\tau-t_0)]\mathrm{d}\tau\\&=\frac{k\omega_c}{\pi}\int_{-\infty}^{t}\frac{\sin\omega_c(\tau-t_0)}{\omega_c(\tau-t_0)}\mathrm{d}\tau\end{aligned}\tag{3.6-13}$$

令 $\xi=\omega_c(\tau-t_0)$，则式(3.6-13)可为

$$\begin{aligned}g(t)&=\frac{k}{\pi}\int_{-\infty}^{\omega_c(t-t_0)}\frac{\sin\xi}{\xi}\mathrm{d}\xi=\frac{k}{\pi}\int_{-\infty}^{0}\frac{\sin\xi}{\xi}\mathrm{d}\xi+\frac{k}{\pi}\int_{0}^{\omega_c(t-t_0)}\frac{\sin\xi}{\xi}\mathrm{d}\xi\\&=\frac{k}{\pi}\cdot\frac{\pi}{2}+\frac{k}{\pi}\mathrm{Si}[\omega_c(t-t_0)]\end{aligned}\tag{3.6-14}$$

式中：$\mathrm{Si}(t)$ 为正弦积分函数，$\mathrm{Si}(t)=\int_{0}^{t}\frac{\sin\xi}{\xi}\mathrm{d}\xi$。

该函数具有以下性质：

(1) $\mathrm{Si}(t)$ 为奇函数，即 $\mathrm{Si}(t)=-\mathrm{Si}(-t)$；

(2) 取自变量 $t\to 0$ 的极限，可有 $\lim\limits_{t\to 0}\mathrm{Si}(t)=0$；

(3) $\mathrm{Si}(+\infty)=\frac{\pi}{2}$，$\mathrm{Si}(-\infty)=-\frac{\pi}{2}$。

理想低通滤波器的输入信号为单位阶跃信号 $u(t)$，而输出信号的函数表达式为正弦积分函数 $\mathrm{Si}(t)$，故系统为失真系统。其阶跃响应的时域波形如图 3.6-6 所示。

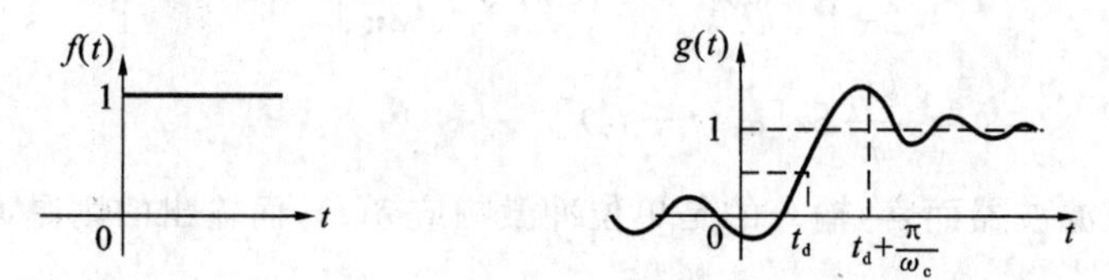

图 3.6-6 理想低通滤波器的阶跃响应

同时该系统在 $t<0$ 时，仍有输出 $g(t)\neq 0$，故该系统为非因果系统。

特点：有明显失真，只要 $\omega_c<+\infty$，则必要振荡，其过冲比稳态值高约 9%。这一由频率阶段效应引起的振荡现象称为吉布斯现象。

物理可实现系统的条件：

(1) 就时域特性而言，一个物理可实现的系统，其冲激响应在 $t<0$ 时必须为 0，即 $h(t)=0$，$t<0$，即响应不应在激励作用之前出现。

(2) 就频域特性来说，物理可实现的幅频特性必须满足

$$\int_{-\infty}^{+\infty}|H(j\omega)|^2 d\omega<+\infty \text{ 且} \int_{-\infty}^{+\infty}\frac{|\ln|H(j\omega)||}{1+\omega^2}d\omega<+\infty$$

这称为佩利-维纳准则(必要条件)。

3.7　抽样定理

随着计算机的日益普及以及通信技术向数字化方向迅速发展,离散信号机系统得到了广泛应用。一个连续信号完全可以用离散样本值表示。这些样本值包含了该连续信号的全部信息,利用这些样本值可以恢复原信号。

3.7.1　抽样的定义

所谓抽样,就是利用取样脉冲序列 $s(t)$ 从连续信号 $f(t)$ 中抽取一系列离散样本值的过程,这样得到的离散信号称为抽样信号。抽样过程就是指将连续信号变为离散信号的过程。

1. 自然抽样

连续时间信号 $f(t)$ 的工作原理如图 3.7-1 所示,抽样器相当于一个定时开关,它每隔一个周期 T_s 闭合一次,每次闭合的时间为 τ,从而得到样值信号 $f_s(t)$。

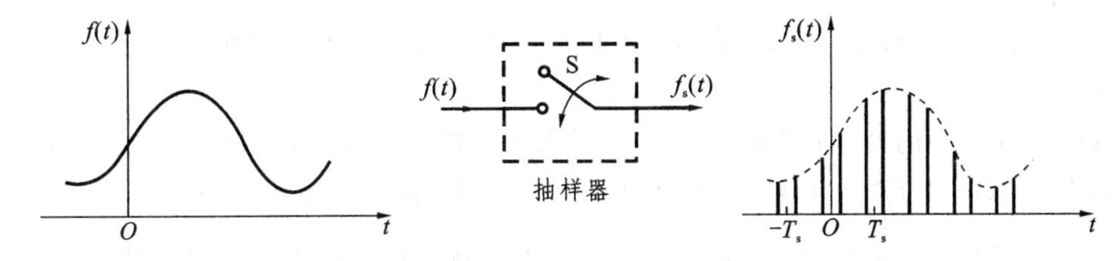

图 3.7-1　信号的抽样

自然抽样的时域模型如图 3.7-2 所示,原始的连续信号 $f(t)$ 经过一系列幅值离散的周期为 T_s 的周期矩形脉冲信号 $s(t)$ 抽样得到离散信号 $f_s(t)$。周期脉冲信号 $s(t)$ 也称为开关函数,T_s 为抽样周期。

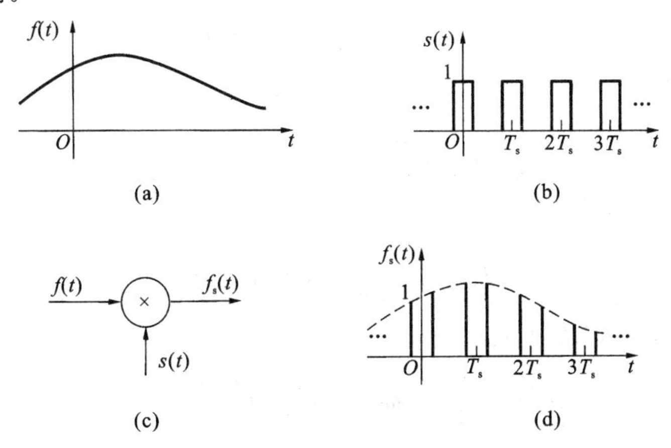

图 3.7-2　自然抽样过程

(a)输入信号;(b)开关函数;(c)抽样模型;(d)抽样信号

2.冲激抽样(理想抽样)

如图3.7-3所示,周期为 T_s,幅度为1的冲激脉冲序列为 $\delta_T(t)$,与所示的连续信号 $f(t)$ 相乘后得到抽样信号 $f_s(t)$,显然抽样信号仍然是冲激序列,但是是加权的冲激序列,各点的冲激强度(即权值)取信号 $f(t)$ 在该时刻的数值。

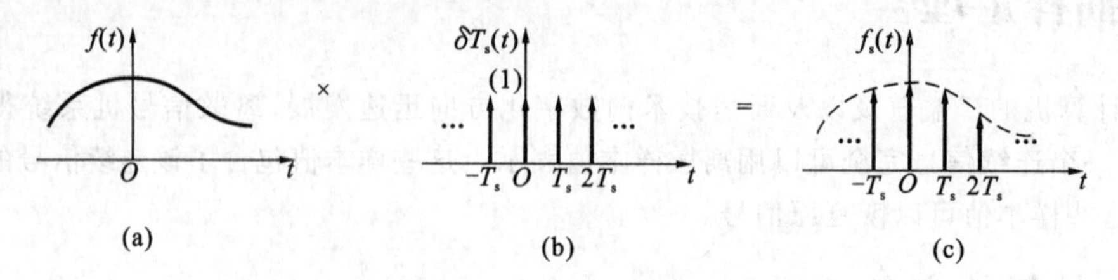

图3.7-3 理想抽样过程

(a)连续信号;(b)冲激脉冲序列;(c)抽样信号

3.7.2 时域抽样

抽样过程要解决两个问题:

(1)抽样信号 $f_s(t)$ 的傅里叶变换是什么形式,它和未经抽样的原连续信号 $f(t)$ 的傅里叶变换之间的关系;

(2)连续信号 $f(t)$ 被抽样后,它是否保留原信号的全部信息,能否从抽样信号 $f_s(t)$ 中无失真地恢复原信号。

设连续信号 $f(t)$ 的傅里叶变换为 $F(\mathrm{j}\omega)$,任意抽样脉冲序列 $p(t)$ 的傅里叶变换为 $P(\mathrm{j}\omega)$,抽样后幅值离散信号 $f_s(t)$ 的傅里叶变换为 $F_s(\mathrm{j}\omega)$。假设连续信号 $f(t)$ 的频谱 $F(\mathrm{j}\omega)$ 的最高频率为 ω_m,抽样角频率为 ω_s,抽样频率为 f_s,$f_s=\dfrac{\omega_s}{2\pi}$,抽样周期为 $T_s=\dfrac{1}{f_s}$ 时域抽样过程中,抽样信号满足

$$f_s(t)=f(t)\cdot p(t) \tag{3.7-1}$$

任意抽样信号序列 $p(t)$ 是周期信号,其傅里叶变换为

$$P(\mathrm{j}\omega)=2\pi\sum_{n=-\infty}^{+\infty}P_n\delta(\omega-n\omega_s) \tag{3.7-2}$$

其中,傅里叶系数为

$$P_n=\frac{1}{T_s}\int_{-\frac{T_s}{2}}^{\frac{T_s}{2}}p(t)\mathrm{e}^{-\mathrm{j}\omega_s t}\mathrm{d}t \tag{3.7-3}$$

根据频域卷积定理可得

$$F_s(\mathrm{j}\omega)=\frac{1}{2\pi}F(\mathrm{j}\omega)*P(\mathrm{j}\omega) \tag{3.7-4}$$

将式(3.7-2)代入式(3.7-4)有

$$\begin{aligned}F_s(\mathrm{j}\omega)&=\frac{1}{2\pi}F(\mathrm{j}\omega)*2\pi\sum_{n=-\infty}^{+\infty}P_n\delta(\omega-n\omega_s)\\&=\sum_{n=-\infty}^{+\infty}P_nF[\mathrm{j}(\omega-n\omega_s)]\end{aligned} \tag{3.7-5}$$

式(3.7-5)表明，连续信号 $f(t)$ 在时域被抽样后，它的频谱 $F_s(j\omega)$ 是连续信号 $f(t)$ 的频谱 $F(j\omega)$ 以抽样角频率 ω_s 为间隔，周期地重复得到的。

3.7.3　时域抽样定理

假设连续信号 $f(t)$ 的频谱 $F(j\omega)$ 的最高频率为 ω_m，抽样角频率为 ω_s，显然，两个频率的取值不同，会导致抽样信号的频谱 $F_s(j\omega)$ 与原信号的频谱 $F(j\omega)$ 之间有了变化。

理想抽样与频谱分析如图 3.7-4 所示。

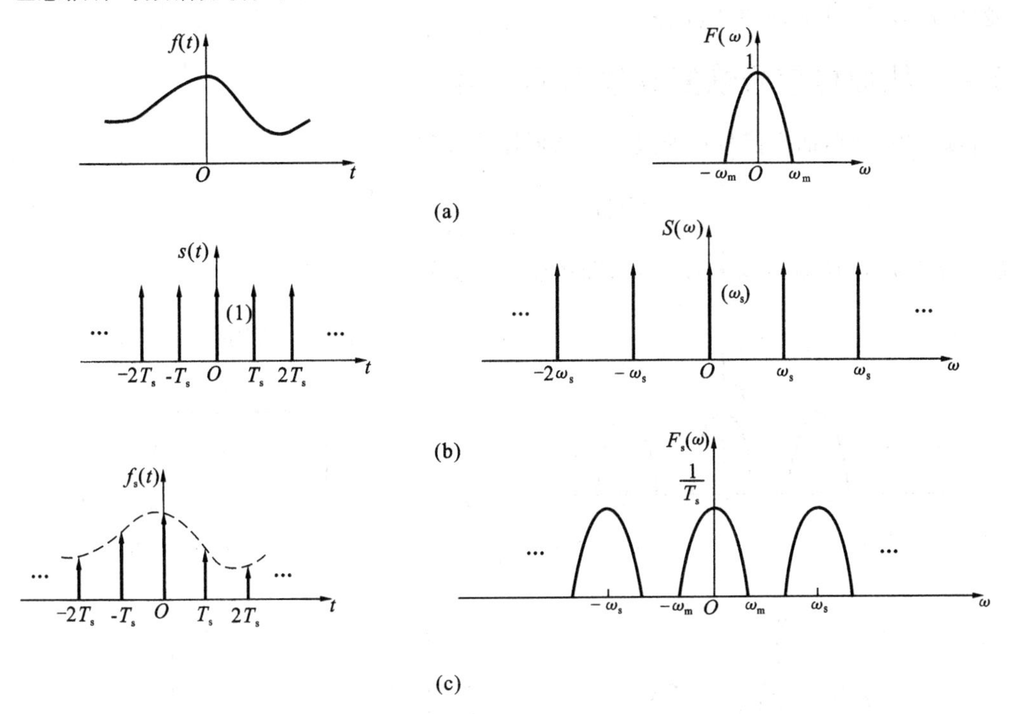

图 3.7-4　理想抽样过程

信号在抽样时必须满足当 $\omega_s \geqslant 2\omega_m$ 的波形之间无重叠，ω_s 为最低允许的抽样频率，T_s 为最大允许的抽样间隔，$T_s \leqslant \dfrac{1}{2f_m}$。

当 $\omega_s < 2\omega_m$ 时，抽样后的频谱 $F_s(j\omega)$ 将发生频谱的混叠，如图 3.7-5 所示，频率混频后就会使信号在恢复过程中出现失真，无法达到抽样的目的。

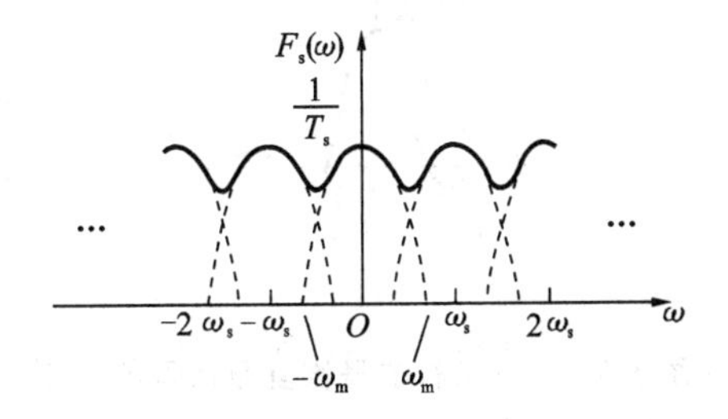

图 3.7-5　抽样信号频谱的混叠现象

时域抽样定理：

一个频谱在区间$(-\omega_m,\omega_m)$以外为0的带限信号$f(t)$，可唯一地由其在均匀间隔T_s上的样值点确定。一个限带信号要想从它的抽样中完全恢复过来，则其抽样的时间间隔必须满足$T_s=\frac{1}{2f_m}$，T_s称为奈奎斯特间隔，相对应的$f_s=2f_m$称为奈奎斯特频率。

限制条件如下：

(1)输入信号$f(t)$必须是限带信号；

(2)取样频率不能太低，必须$f\geqslant 2f_m$，或者说抽样的时间间隔要小于或等于奈奎斯特间隔，必须$f\geqslant 2f_m$，否则将发生混叠。

3.7.4　从抽样信号恢复连续时间信号

当$\omega_s\geqslant 2\omega_m$时，抽样信号将通过下面的低通滤波器，

$$H(j\omega)=\begin{cases}T_s, & |\omega_s|<\omega_c\\ 0, & |\omega_s|>\omega_c\end{cases}\tag{3.7-6}$$

其截止角频率ω_c取$\omega_m<\omega_c<\omega_s-\omega_m$，即可恢复原信号，如图3.7-6所示。

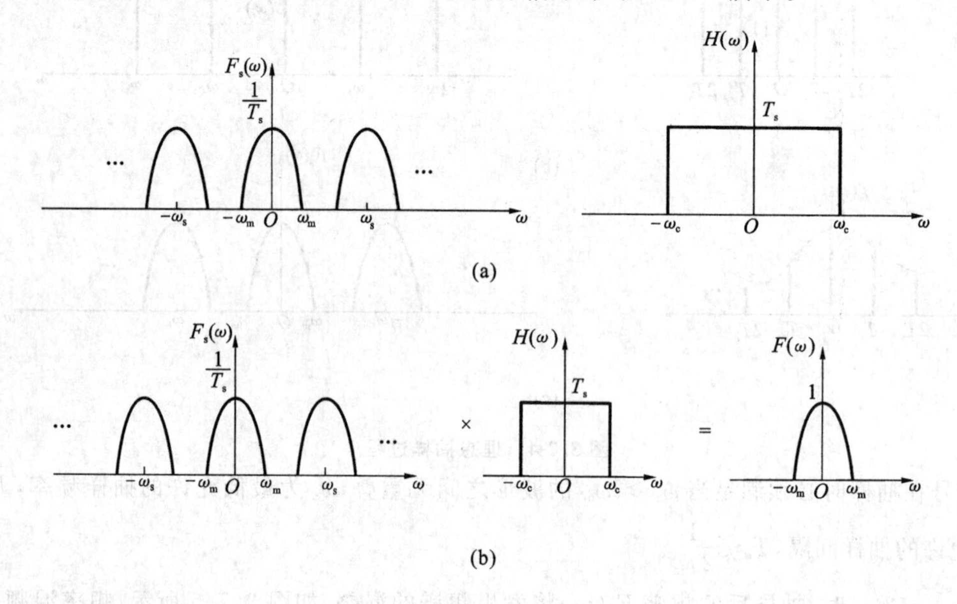

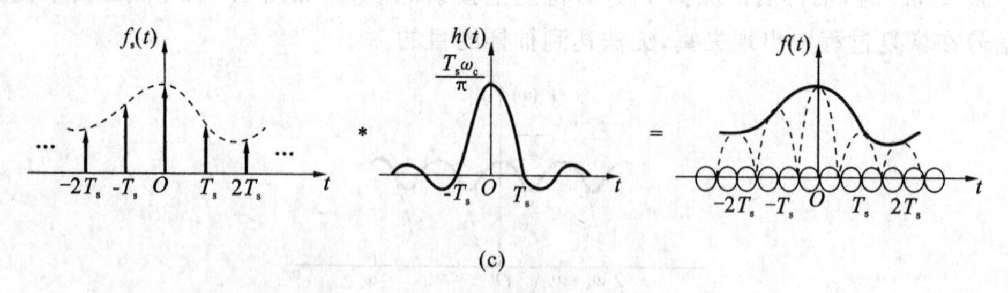

图3.7-6　从抽样信号恢复原信号的过程

(a)理想低通滤波器的频率特性；(b)由抽样信号过滤出原信号的频谱；(c)抽样信号恢复原信号

3.7.5　频域取样定理

根据时域与频域的对偶性,可以推出频域抽样定理。

一个在时域区间$(-t_m,t_m)$以外为 0 的时限信号 $f(t)$的频谱函数 $F(j\omega)$,可以唯一地由其在均匀频率间隔 f_s 上的样值点确定。

3.8　连续信号频域分析的 MATLAB 实现

3.8.1　周期信号傅里叶级数的 MATLAB 仿真

1. 周期信号的分解

任何满足狄里赫利条件的周期信号,都可以表示成三角或指数形式的周期信号级数展开式:

$$f(t)=\sum_{n=-\infty}^{+\infty}F_n e^{jn\omega_0 t}=a_0+\sum_{n=1}^{N}a_n\cos(n\omega_0 t)+\sum_{n=1}^{N}b_n\sin(n\omega_0 t)$$

式中:a_n、b_n 称为傅里叶系数。

傅里叶系数有无限个非零值,即任何具有有限个间断点的周期信号都一定有一个无限项非零系数的傅里叶级数表示,但对数值计算来说,这是无法实现的。在实际的应用中,可以用有限项的傅里叶级数求和来逼近,即对有限项求和。

例如,一个方波信号可以分解为

$$f(t)=\frac{4E}{\pi}\left[\sin(\omega_0 t)+\frac{1}{3}\sin(3\omega_0 t)+\frac{1}{5}\sin(5\omega_0 t)+\frac{1}{7}\sin(7\omega_0 t)+\cdots\right]$$

合成波形所包含的谐波分量越多,除间隔点附近外,它越接近于原波形,在间断点附近,即时合成的波形所含谐波次数足够多,也仍存在约 9%的偏差,这就是吉布斯现象。

2. MATLAB 程序代码设计

【例 3.8-1】　用正弦信号的叠加近似合成一个频率为 50 Hz、幅度为 3 的方波。

```
clear
fs= 10000;
t= [0:1/fs:0.1];
f0= 50;
sum= 0;
subplot(211);
for n= 1:2:9
plot(t,4/pi* 1/n*sin(2* pi* n* f0*t),'k');
hold on;
end
title('信号叠加前');
subplot(212);
for n= 1:2:9;
```

```
sum= sum+ 4/pi* 1/n*sin(2* pi* n* f0*t);
end
plot(t,sum,'k');
title('信号叠加后');
```

产生的波形如图 3.8-1 所示。

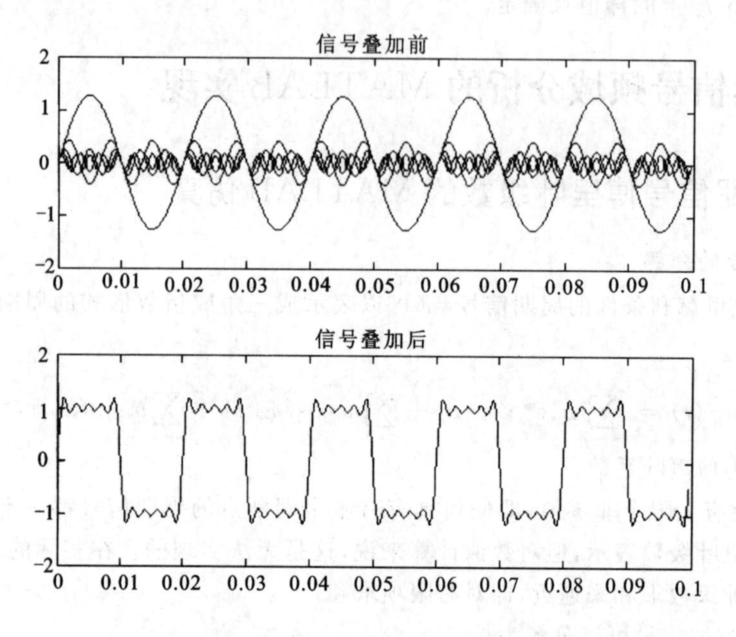

图 3.8-1　正弦信号的叠加

3.8.2　非周期信号傅里叶变换的 MATLAB 仿真

1. 傅里叶变换定义式

$$F(\mathrm{j}\omega)=\int_{-\infty}^{+\infty}f(t)\mathrm{e}^{-\mathrm{j}\omega t}\mathrm{d}t$$

其逆变换式为

$$f(t)=\frac{1}{2\pi}\int_{-\infty}^{+\infty}F(\mathrm{j}\omega)\mathrm{e}^{\mathrm{j}\omega t}\mathrm{d}\omega$$

2. MATLAB 提供了能直接求解傅里叶变换及逆变换的函数 fourier()及 ifourier()两个函数的调用格式如下。

(1)傅里叶变换，描述如下：

F=fourier(f)是函数 f 的傅里叶变换，默认返回是关于 ω 的函数；

F=fourier(f,v)即返回函数 F 是关于符号对象 v 的函数，而不是默认的 ω；

F=fourier(f,u,v)对关于 u 的函数 f 进行变换，返回函数 F 是关于符号对象 v 的函数。

(2)傅里叶逆变换，描述如下(其调用含义与傅里叶变换含义类似)：

f=ifourier(F)

f=ifourier(F,v)

f=ifourier(F,u,v)

注意:在调用函数 fourier()及 ifourier()之前,要用 syms 命令对所用到的变量(如 t、u、v、w)进行说明,即将这些变量说明成符号变量。

3. MATLAB 程序代码实例

(1)求 $f(t)=e^{-2|t|}$ 的傅里叶变换。

```
syms t;
f=fourier(exp(－2* abs(t)));
ezplot(f);
```

(2)$F(j\omega)=\dfrac{1}{1+j\omega}$的逆变换 $f(t)$。

```
syms t w
ifourier(1/(1+ w^2),t)
```

(3)分别绘出 $f(t)=\frac{1}{2}e^{-2t}\varepsilon(t)$和 $f(t-1)$的频谱,求 $f(t)=\frac{1}{2}e^{-2t}\varepsilon(t)$的频谱。

具体程序如下:

```
%f(t)= 1/2 e^(-2t) ε(t)的频谱
r= 0.02;t= －5:r:5;
N= 200; W= 2* pi; k= －N:N;
w= k* W/N;
f1= 1/2* exp(－2* t).* stepfun(t,0);
F= r* f1* exp(－j* t'* w);
F1= abs(F); P1= angle(F);
subplot(3,1,1); plot(t,f1); grid on;
xlabel('t'); ylabel('f(t)'); title('f(t)'); subplot(3,1,2);
plot(w,F1);
xlabel('w');; grid; ylabel('F(jw)'); subplot(3,1,3);
plot(w,P1* 180/pi),grid on;
xlabel('w'); grid on; ylabel('相位(度)');
% 求信号 f(t－1)的频谱
r= 0.02; t= －5:r:5;
N= 200; W= 2* pi; k= －N:N;
w= k* W/N;
f1= 1/2* exp(-2* (t－1)).* stepfun(t,1);
F= r* f1* exp(-j* t'* w);
F1= abs(F); P1= angle(F);
subplot(3,1,1); plot(t,f1);grid on;
xlabel('t'); ylabel('f(t)'); title('f(t－1)'); subplot(3,1,2);
plot(w,F1);
xlabel('w'); grid on;
ylabel('F(jw)的模'); subplot(3,1,3);
```

```
plot(w,P1* 180/pi), grid on;
xlabel('w');; grid on; ylabel('相位(度)');
```

(4)傅里叶变换的频移特性。

信号 $f(t)=g(t)$为门信号，绘出信号 $f_1(t)=f(t)e^{-j10t}$和信号 $f_2(t)=f(t)e^{j10t}$的频谱，并与原信号的频谱图进行比较。

$f(t)=g(t)=\varepsilon(t-1)-\varepsilon(t+1)$，求其频谱。

```
R= 0.02;
t= -2:R:2;
f= stepfun(t,-1)-stepfun(t,1);
W1= 2* pi* 5;
N= 500;
k= 0:N;
w= k* W1/N;
F= f*exp(-j*t* w)* R;
F= real(F);
W= [-fliplr(W),W(2:501)];
F= [fliplr(F),F(2:501)];
subplot(2,1,1);plot(t,f);
xlabel('t');ylabel('f(t)');axis([-2,-2,-0.5,2]);
title('f(t)= u(t-1)-u(t-1)');
subplot(2,1,2);
plot(w,F);
xlabel('w');
ylabel('F(jw)');
title('f(t)的傅里叶变换');
%绘出信号 f1(t)= f(t)e^-j10t 和信号 f2(t)= f(t)e^j10t 的频谱
R= 0.02;
t= -2:R:2;
f= stepfun(t,-1)-stepfun(t,1);
f1= f.*exp(-j* 10*t);
f2= f.*exp(j* 10*t);
W1= 2* pi* 5;
N= 500;
k= -N:N;
w= k* W1/N;
F1= f1*exp(-j*t* w)* R;
F2= f2*exp(-j*t* w)* R;
F1= real(F1); F2= real(F2);
subplot(2,1,1);plot(W,F1);
xlabel('W');ylabel('F1(W))');
title('频谱 F1(W)');
```

```
subplot(2,1,2);
plot(w,F2);
xlabel('W');
ylabel('F2(jw)');
title('频谱(W)');
```

本章小结

(1)周期信号的傅里叶级数。

任一满足狄利克雷条件的周期信号 $f(t)$(T_1 为其周期)可展开为傅里叶级数。

①三角函数形式的傅里叶级数。

$$f(t)=a_0+\sum_{n=1}^{+\infty}[a_n\cos(n\omega_1 t)+b_n\sin(n\omega_1 t)]$$

式中:$\omega_1=\dfrac{2\pi}{T_1}$,$n$ 为正整数。

直流分量
$$a_0=\frac{1}{T_1}\int_{t_0}^{t_0+T_1}f(t)\mathrm{d}t$$

余弦分量的幅度
$$a_n=\frac{2}{T_1}\int_{t_0}^{t_0+T_1}f(t)\cos(n\omega_1 t)\mathrm{d}t$$

正弦分量的幅度
$$b_n=\frac{2}{T_1}\int_{t_0}^{t_0+T_1}f(t)\sin(n\omega_1 t)\mathrm{d}t$$

三角函数形式的傅里叶级数的另一种形式为

$$f(t)=a_0+\sum_{n=1}^{+\infty}A_n\cos(n\omega_1 t+\varphi_n)$$

②指数形式的傅里叶级数。

$$f(t)=\sum_{n=-\infty}^{+\infty}F_n\mathrm{e}^{\mathrm{j}n\omega_1 t}$$

式中:n 为从$-\infty$到$+\infty$的整数。

复数频谱
$$F_n=\frac{1}{T_1}\int_{t_0}^{t_0+T_1}f(t)\mathrm{e}^{-\mathrm{j}n\omega_1 t}\mathrm{d}t$$

(2)从对周期矩形脉冲信号的分析可知:

①信号的持续时间与频带宽度成反比;

②周期 T 越大,谱线越密,离散频谱将变成连续频谱;

③周期信号频谱的三大特点:离散性、谐波性、收敛性。

重难点:傅里叶变换。

傅里叶变换定义为

正变换
$$F(\omega)=f[f(t)]=\int_{-\infty}^{+\infty}f(t)\mathrm{e}^{-\mathrm{j}\omega t}\mathrm{d}t$$

逆变换
$$F(t)=f^{-1}[f(\omega)]=\frac{1}{2\pi}\int_{-\infty}^{+\infty}F(\omega)\mathrm{e}^{\mathrm{j}\omega t}\mathrm{d}\omega$$

频谱密度函数 $F(\omega)$一般是复函数,可以写为

$$F(\omega)=|F(\omega)|\mathrm{e}^{\mathrm{j}\varphi(\omega)}$$

其中，$|F(\omega)|$是$F(\omega)$的模，它代表信号中各频谱分量的相对大小，是ω的偶函数。$\varphi(\omega)$是$F(\omega)$的相位函数，它表示信号中各频率分量之间的相位关系，是ω的奇函数。

(3)常用函数F变换对如下。

$$\delta(t)\leftrightarrow 1$$

$$1\leftrightarrow 2\pi\delta(\omega)$$

$$u(t)\leftrightarrow \pi\delta(\omega)+\frac{1}{j\omega}$$

$$e^{-\alpha t}u(t)\leftrightarrow \frac{1}{j\omega+\alpha}$$

$$g_\tau(t)\leftrightarrow \tau Sa\left(\frac{\omega\tau}{2}\right)$$

$$\mathrm{sgn}(t)\leftrightarrow \frac{2}{j\omega}$$

$$e^{-\alpha|t|}\leftrightarrow \frac{2\alpha}{\alpha^2+\omega^2}$$

$$e^{j\omega_c t}\leftrightarrow 2\pi\delta(\omega-\omega_c)$$

$$\cos(\omega_c t)\leftrightarrow \pi[\delta(\omega+\omega_c)+\delta(\omega-\omega_c)]$$

$$\sin(\omega_c t)\leftrightarrow j\pi[\delta(\omega+\omega_c)-\delta(\omega-\omega_c)]$$

(4)傅里叶变换的基本性质如下。

①线性特性　$af_1(t)+bf_2(t)\leftrightarrow aF_1(j\omega)+bF_2(j\omega)$

②对称特性　$F(jt)\leftrightarrow 2\pi f(-\omega)$

③展缩特性　$f(at)\leftrightarrow \frac{1}{|a|}F(j\frac{\omega}{a})$

④时移特性　$f(t-t_0)\leftrightarrow F(j\omega)\cdot e^{-j\omega t_0}$

⑤频移特性　$f(t)\cdot e^{j\omega_0 t}\leftrightarrow F[j(\omega-\omega_0)]$

⑥时域卷积特性　$f_1(t)*f_2(t)\leftrightarrow F_1(j\omega)\cdot F_2(j\omega)$

⑦频域卷积特性　$f_1(t)\cdot f_2(t)\leftrightarrow \frac{1}{2\pi}[F_1(j\omega)*F_2(j\omega)]$

⑧时域微分特性　$\frac{d^n f}{dt^n}\leftrightarrow (j\omega)^n\cdot F(j\omega)$

⑨积分特性　$\int_{-\infty}^{t}f(\tau)d\tau\leftrightarrow \frac{1}{j\omega}F(j\omega)+\pi F(0)\delta(\omega)$

⑩频域微分特性　$t^n f(t)\leftrightarrow j^n\cdot\frac{dF^n(j\omega)}{d\omega^n}$

(5)周期信号的傅里叶变换。

周期信号$f(t)$的傅里叶变换是由一些冲激函数组成的，这些冲激位于信号的谐频$(0,\pm\omega_1,\pm 2\omega_1,\cdots)$处，每个冲激的强度等于$f(t)$的傅里叶级数相应系数$F_n$的$2\pi$倍，即

$$F[f(t)]=2\pi\sum_{n=-\infty}^{+\infty}F_n\delta(\omega-n\omega_1)$$

重难点：冲激抽样信号的频谱。

冲激抽样信号$f_s(t)$的频谱为

$$f_s(\omega)=\frac{1}{T_s}\sum_{n=-\infty}^{+\infty}F(\omega-n\omega_s)$$

其中，T_s 为抽样周期；$f(\omega)$为被抽样信号 $f(t)$的频谱。

上式表明，信号在时域被冲激序列抽样后，它的频谱 $F_s(\omega)$是连续信号频谱 $f(\omega)$以抽样频谱 ω_s 为周期等幅地重复。

(6)对于线性非时变系统，若输入为非周期信号，系统的零状态响应可用傅里叶变换求得。其方法如下：

①求激励 $f(t)$的傅里叶变换 $F(\mathrm{j}\omega)$。

②求频域系统函数 $H(\mathrm{j}\omega)$。

③求零状态响应 $y_{zs}(t)$的傅里叶变换 $Y_{zs}(\mathrm{j}\omega)$，即 $Y_{zs}(\mathrm{j}\omega)=H(\mathrm{j}\omega)F(\mathrm{j}\omega)$。

④求零状态响应的时域解，即 $y_{zs}(t)=F^{-1}[Y_{zs}(\mathrm{j}\omega)]$。

(7)对于线性非时变稳定系统，若输入为余弦信号 $f(t)=A\cos(\omega_0 t)$，则稳态响应为

$$y(t)=|H(\mathrm{j}\omega_0)|A\cos(\omega_0 t+\varphi_0)$$

其中，$H(\mathrm{j}\omega_0)=|H(\mathrm{j}\omega_0)|\mathrm{e}^{\mathrm{j}\varphi_0}$ 为频域系统函数。

对于线性非时变系统，若输入为非正弦的周期信号，则系统的稳态响应的频谱为

$$y(t)=h(t)*f_T(t)=\sum_{n=-\infty}^{+\infty}F_n[h(t)*\mathrm{e}^{\mathrm{j}n\Omega t}]=\sum_{n=-\infty}^{+\infty}F_nH(\mathrm{j}n\Omega)\mathrm{e}^{\mathrm{j}n\Omega t}$$

其中，$\dot{F}_n$ 是输入信号的频谱，即 $f(t)$的指数傅里叶级数的复系统。$H(\mathrm{j}n\Omega)$是系统函数，Ω 为基波。$\dot{Y}_n$ 是输出信号的频谱。时间响应为

$$y(t)=\sum_{n=-\infty}^{+\infty}\dot{Y}_n\mathrm{e}^{\mathrm{j}n\Omega t}$$

(8)在时域中，无失真传输的条件为

$$y(t)=Kf(t-t_0)$$

在频域中，无失真传输系统的特性为

$$H(\mathrm{j}\omega)=K\mathrm{e}^{-\mathrm{j}\omega t_0}$$

(9)理想滤波器是指可使通带之内的输入信号的所有频率分量以相同的增益和延时完全通过，且完全阻止通带之外的输入信号的所有频率分量的滤波器。理想滤波器是非因果性的，物理上不可实现的。

(10)理想低通滤波器的阶跃响应的上升时间与系统的截止频率(带宽)成反比。

(11)时域取样定理。

为恢复原信号，必须满足两个条件：①$f(t)$必须是带限信号；②取样频率不能太低，必须 $f_s\geqslant 2f_m$，或者说，取样间隔不能太大，必须 $T_s\leqslant 1/(2f_m)$；否则将发生混叠。

通常把最低允许的取样频率 $f_s=2f_m$ 称为奈奎斯特(Nyquist)频率。把最大允许的取样间隔 $T_s=1/(2f_m)$称为奈奎斯特间隔。

习　题　3

3-1　周期矩形信号如题 3-1 图所示。若重复频率 $f=5$ kHz，脉宽 $\tau=20$ μs，幅度 $E=10$ V，求直流分量大小以及基波、二次和三次谐波的有效值。

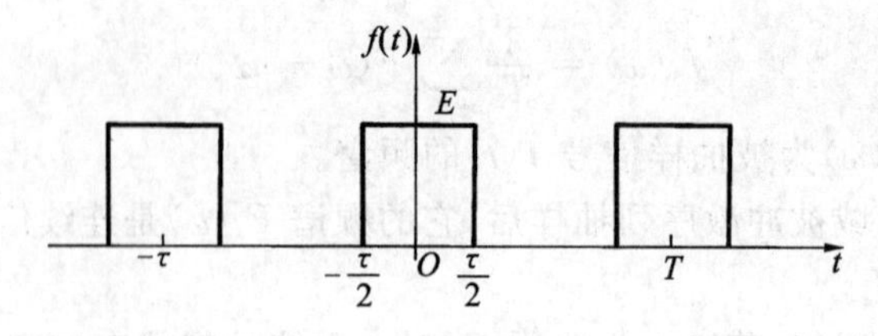

题 3-1 图

3-2　试求题 3-2 图所示信号的三角形傅里叶级数展开式，并画出频谱图。

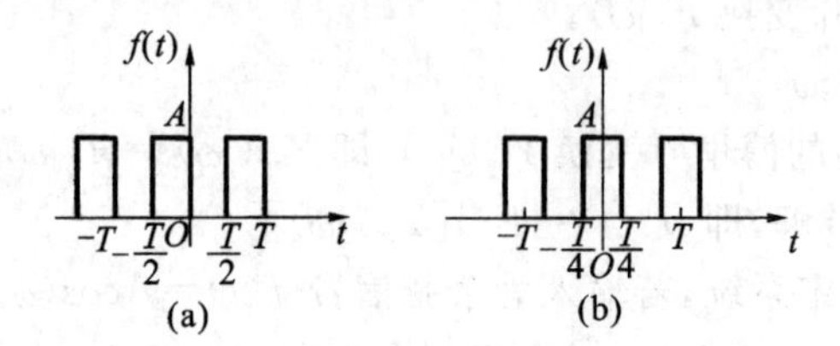

题 3-2 图

3-3　试求题 3-3 图所示周期信号的指数形式傅里叶级数系数。

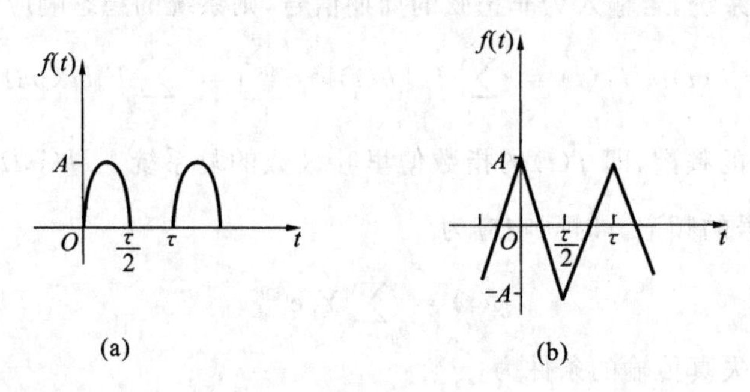

题 3-3 图

3-4　求下面方波的三角形傅里叶级数，并解释为什么只包含余弦项。

$$f(t)=\begin{cases} A, & -\dfrac{T}{4}<t\leqslant\dfrac{T}{4} \\ -A, & -\dfrac{T}{2}<t\leqslant-\dfrac{T}{4}\text{且}\dfrac{T}{4}<t\leqslant\dfrac{T}{2} \end{cases}$$

且对于所有 t，$f(t)=f(t+T)$。

3-5　已知周期函数 $f(t)$前四分之一的周期波形如题 3-5 图所示，根据下列各情况要求，画出 $f(t)$在一个周期($0<t<T$)的波形。

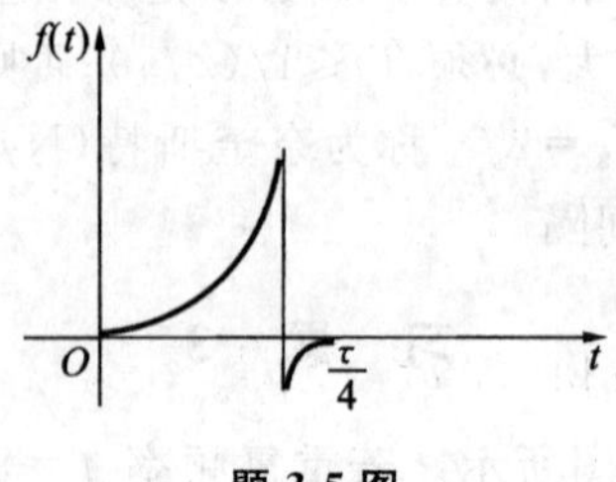

题 3-5 图

(1) $f(t)$是偶函数，只含偶次谐波；

(2) $f(t)$是偶函数，只含奇次谐波；

(3) $f(t)$是奇函数，只含偶次谐波；

(4) $f(t)$是奇函数，只含奇次谐波。

3-6　周期信号 $f(t)=\sum_{n=1}^{+\infty}\frac{6}{n}\sin^2\left(\frac{n\pi}{2}\right)\cos(1600n\pi t)$。

(1)求基频 ω_0 和周期 T；

(2)求傅里叶级数的系数 a_n、b_n、A_n、φ_n 及 F_n；

(3)判断在 $f(t)$中的任何对称性。

3-7　求题 3-7 图所示的锯齿脉冲与单周正弦脉冲的傅里叶变换。

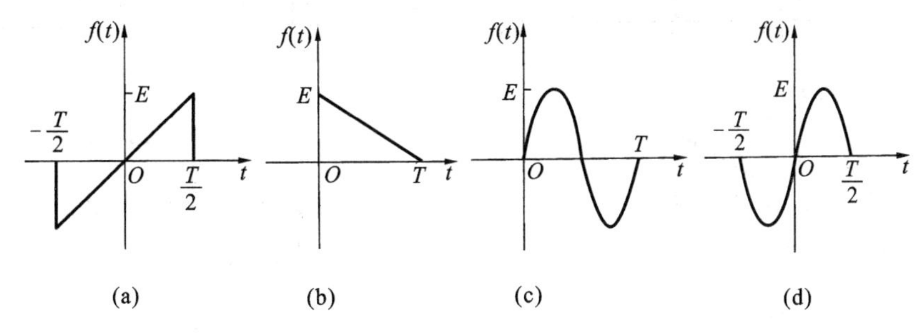

题 3-7 图

3-8　求题 3-8 图所示的锯齿脉冲与单周正弦脉冲的傅里叶变换。

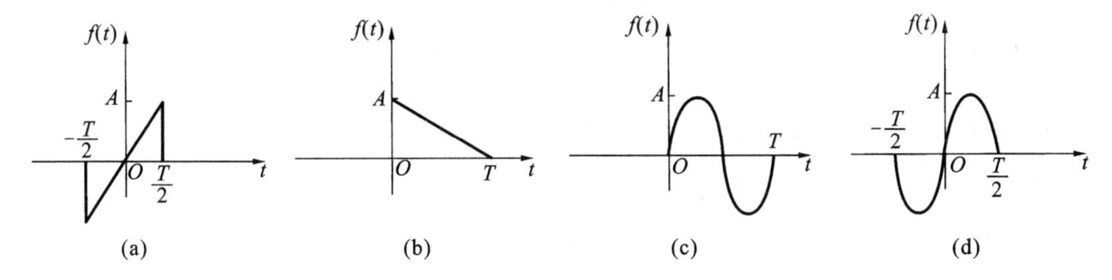

题 3-8 图

3-9　试用 $f(t)$的傅里叶变换 $F(\mathrm{j}\omega)$表示如下函数的傅里叶变换。

(1) $tf(2t)$　　(2) $(t-2)f(t)$

(3) $(t-2)f(-2t)$　　(4) $t\frac{\mathrm{d}f(t)}{\mathrm{d}t}$

(5) $(1-t)f(1-t)$

3-10　试求下列信号的频谱函数。

(1) $\frac{\sin t\cdot\sin(2t)}{t^2}$　　(2) $g_{2\pi}(t)\cdot\cos(5t)$

(3) $\mathrm{e}^{-(2+2t)}\delta(t)$　　(4) $\mathrm{sgn}(t)\cdot g_2(t)$

3-11　求下列信号的傅里叶变换 $F(\mathrm{j}\omega)$。

(1) $f(t)=\mathrm{e}^{-2|t-1|}$　　(2) $f(t)=\mathrm{e}^{-2t}\cos(2\pi t)u(t)$

(3) $f(t)=\frac{\sin[2\pi(t-2)]}{\pi(t-2)}$　　(4) $f(t)=G_1(t-0.5)$

3-12　已知 $f(t)$ 的傅里叶变换 $F(\mathrm{j}\omega)=2G_4(\omega)$。利用性质求出并画出它的幅度频谱和相位频谱。

(1) $y(t)=f(2t)$　　　　(2) $y(t)=f(t-2)$

(3) $y(t)=f^2(t)$　　　　(4) $y(t)=f(t)\cos(2t)$

3-13　求题 3-13 图所示 $F(\mathrm{j}\omega)$ 的傅里叶逆变换 $f(t)$。

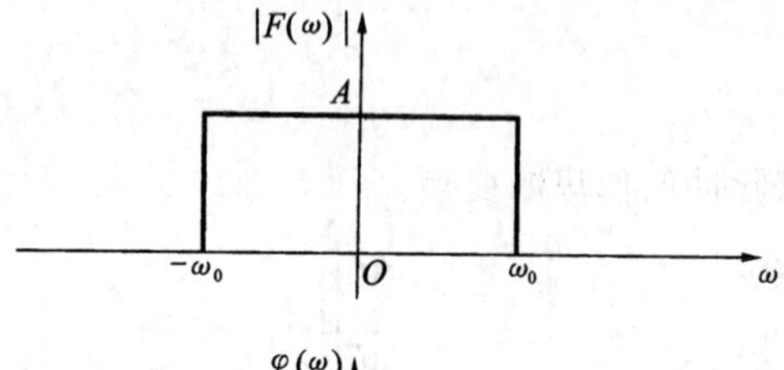

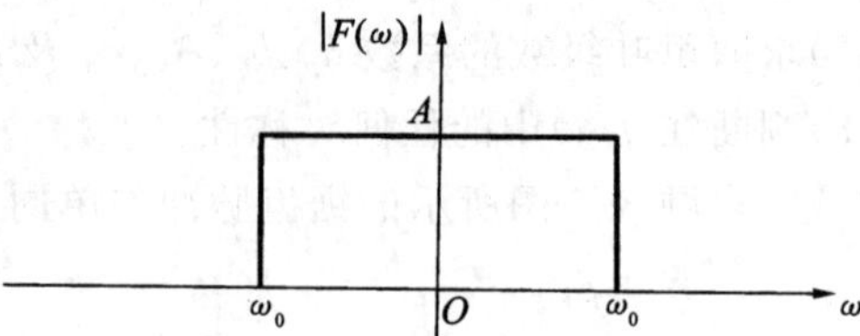

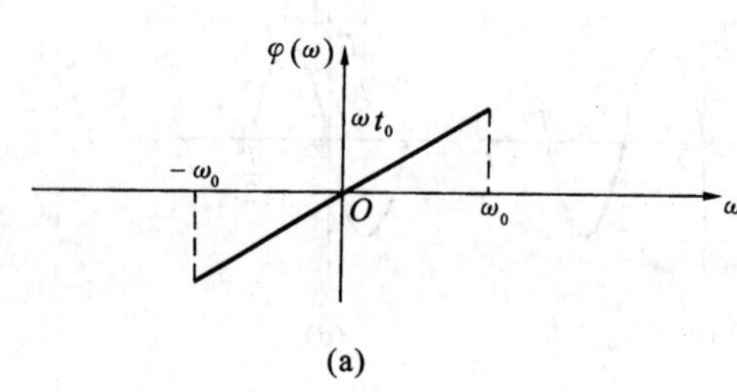

(a)

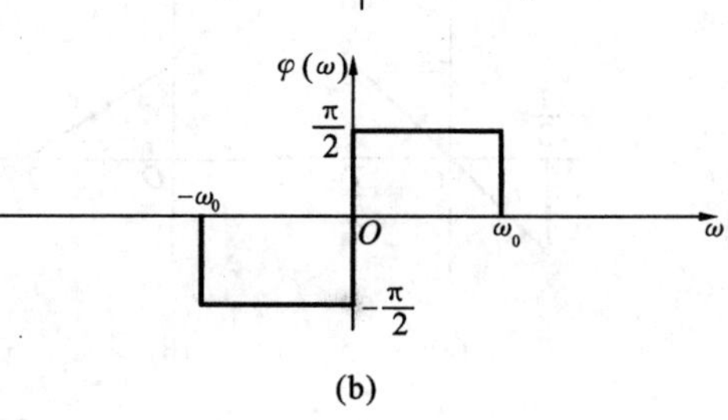

(b)

题 3-13 图

3-14　求下列频谱 $F(\mathrm{j}\omega)$ 的傅里叶逆变换 $f(t)$。

(1) $F(\mathrm{j}\omega)=\dfrac{\mathrm{j}\omega}{1+\omega^2}$　　　　(2) $F(\mathrm{j}\omega)=\dfrac{\mathrm{e}^{-\mathrm{j}2\omega}}{1+\omega^2}$

(3) $F(\mathrm{j}\omega)=G_2(\omega+5)+G_2(\omega-5)$　　　　(4) $F(\mathrm{j}\omega)=\dfrac{2\sin^2\omega}{\omega^2}$

3-15　求下列函数的傅里叶逆变换。

(1) $\dfrac{1}{(2+\mathrm{j}\omega)^2}$　　　　(2) $-\dfrac{2}{\omega^2}$

(3) $\delta(\omega-\omega_0)$　　　　(4) $g_{2\omega_0}(\omega)$

3-16　用题 3-16 图所示的门函数表示下列信号，并求出它的傅里叶变换。

3-17　求题 3-17 图所示的三角形调幅信号的频谱。

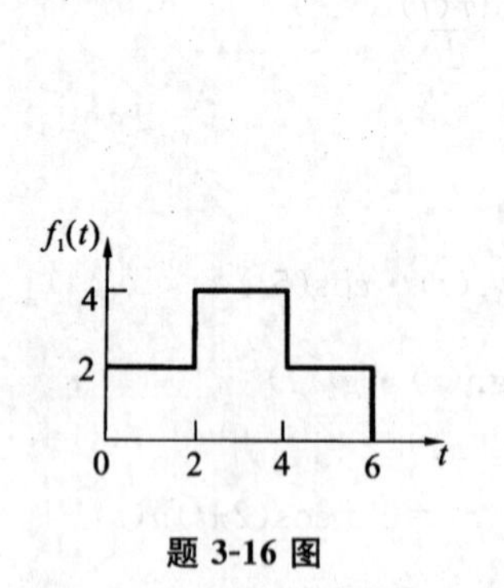

题 3-16 图

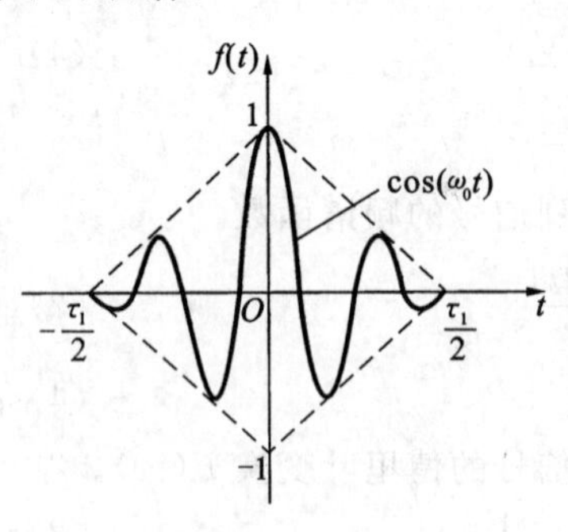

题 3-17 图

3-18　求题 3-18 图所示的半波余弦脉冲的傅里叶变换。

3-19　如题 3-19 图所示的信号 $f(t)$，已知其傅里叶变换式 $f(t)\leftrightarrow F(\mathrm{j}\omega)=|F(\mathrm{j}\omega)|\mathrm{e}^{\mathrm{j}\varphi(\omega)}$，利用傅里叶变换的性质，求：

(1) $\varphi(\omega)$　　(2) $F(0)$　　(3) $\int_{-\infty}^{+\infty}F(\omega)\mathrm{d}\omega$

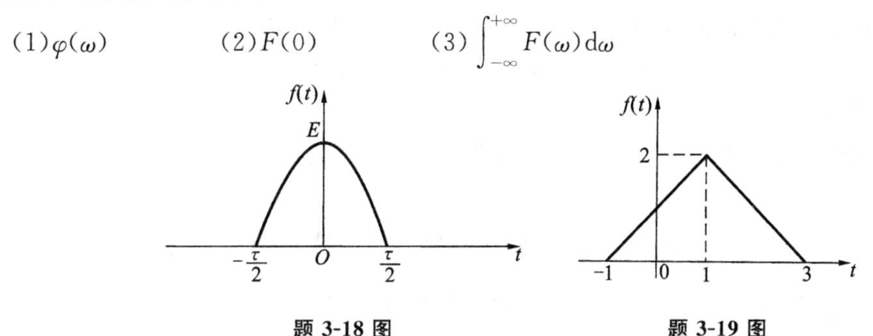

题 3-18 图　　题 3-19 图

3-20　已知 $f(t)\leftrightarrow F(\mathrm{j}\omega)$，其中 $f(t)=t\mathrm{e}^{-2t}u(t)$。不用计算 $F(\mathrm{j}\omega)$，求对应以下频谱的时间函数。

(1) $F_1(\mathrm{j}\omega)=F(j2\omega)$

(2) $F_2(\mathrm{j}\omega)=F(\omega-1)+F(\omega+1)$

(3) $F_3(\mathrm{j}\omega)=F'(\mathrm{j}\omega)$

(4) $F_4(\mathrm{j}\omega)=\mathrm{j}\omega F(\mathrm{j}2\omega)$

3-21　利用傅里叶变换证明如下等式：

(1) $\frac{1}{\pi}\int_{-\infty}^{+\infty}\frac{\sin\omega}{\omega}\mathrm{d}\omega=\begin{cases}1, & t>0\\ -1, & t<0\end{cases}$

(2) $\int_{-\infty}^{+\infty}\frac{\sin(a\omega)}{a\omega}\mathrm{d}\omega=\frac{\pi}{a}$

3-22　已知 $f(t)*f'(t)=(1-t)\mathrm{e}^{-t}u(t)$，求信号 $f(t)$。

3-23　求下列周期信号 $f(t)$ 的傅里叶变换 $F(\mathrm{j}\omega)$，并画出幅度频谱和相位频谱。

(1) $f(t)=3+2\cos(10\pi t)$

(2) $f(t)=3\cos(10\pi t)+6\cos(20\pi t+\frac{\pi}{4})$

3-24　已知系统函数 $H(\mathrm{j}\omega)=\frac{1}{\mathrm{j}\omega+2}$，激励信号 $f(t)=\mathrm{e}^{-3t}u(t)$，求零状态响应 $y_{zs}(t)$。

3-25　已知系统函数 $H(\mathrm{j}\omega)=\frac{1-\mathrm{j}\omega}{\mathrm{j}\omega+1}$，试求其冲激响应及 $f(t)=\mathrm{e}^{-2t}u(t)$ 时的零状态响应。

3-26　已知某线性时不变系统的微分方程为

$$\frac{\mathrm{d}^2y(t)}{\mathrm{d}t^2}+4\frac{\mathrm{d}y(t)}{\mathrm{d}t}+3y(t)=\frac{\mathrm{d}f(t)}{\mathrm{d}t}+2f(t)$$

求其系统函数 $H(\mathrm{j}\omega)$ 和冲激响应 $h(t)$。

3-27　某线性时不变系统的频率响应为

$$H(\mathrm{j}\omega)=\begin{cases}1, & 2\leqslant|\omega|\leqslant7\\ 0, & 其他\end{cases}$$

对于下列输入信号 $f(t)$，求系统的响应 $y(t)$。

(1) $f(t)=2+3\cos(3t)-5\sin(6t-30°)+4\cos(13t-20°)$

(2) $f(t)=1+\sum_{k=1}^{+\infty}\frac{1}{k}\cos(2kt)$

3-28　已知某滤波器的冲激响应为 $h(t)=\delta(t)-e^{-t}u(t)$，输入为

$$f(t)=4+\cos(4\pi t)-\sin(8\pi t)$$

试求滤波器的响应 $y(t)$。

3-29　一个因果线性时不变滤波器的系统函数 $H(j\omega)=-2j\omega$，求系统对下列信号 $f(t)$ 的响应 $y(t)$。

(1) $f(t)=e^{jt}$　　(2) $f(t)=\sin(\omega_0 t)\cdot u(t)$

(3) $F(j\omega)=\frac{1}{j\omega(6+j\omega)}$　　(4) $F(j\omega)=\frac{1}{j\omega+2}$

3-30　如题 3-30 图所示的电路中，输出电压为 $u(t)$，输入电流为 $i_s(t)$，试求电路频域系统函数 $H(j\omega)$。为了能无失真传输，试确定 R_1 和 R_2 的数值。

3-31　试证明题 3-31 图所示的电路在 $R_1L_2=R_2L_1$ 条件下为一无失真系统。

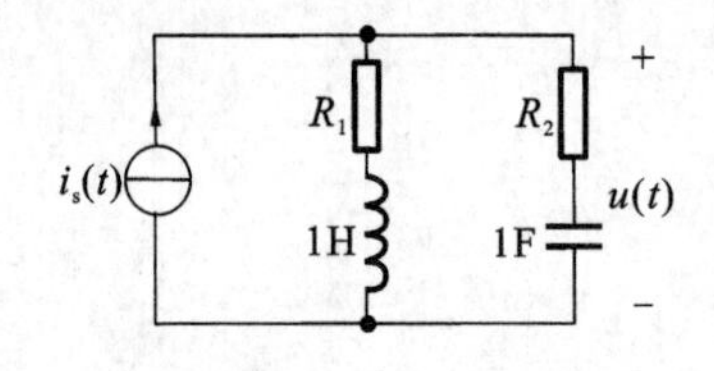

题 3-30 图

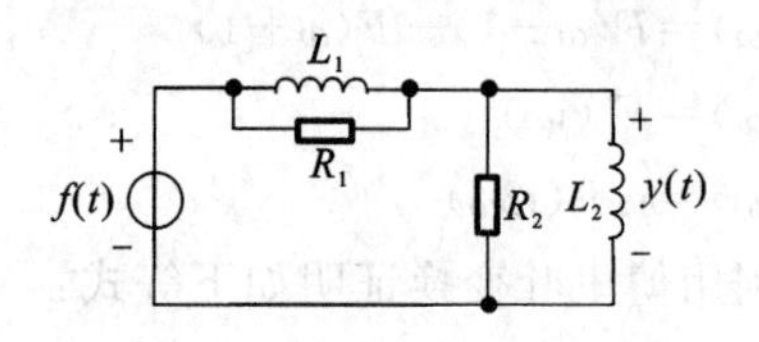

题 3-31 图

3-32　对下列信号求奈奎斯特间隔。

(1) $Sa(100t)$　　(2) $Sa^2(100t)$

(3) $Sa(100t)+Sa(50t)$　　(4) $Sa(100t)+Sa^2(60t)$

3-33　已知 $f(t)=2\cos(997t)\frac{\sin(5t)}{\pi t}$；$h(t)=2\cos(1000t)\frac{\sin(4t)}{\pi t}$，试用傅里叶变换法求 $f(t)*h(t)$。

3-34　如题 3-34 图所示的系统，其中 $h_1(t)=\frac{\sin(2t)}{\pi t}$，$h_2(t)=2\pi\frac{\sin t}{\pi t}\frac{\sin(2t)}{\pi t}$，试求整个系统的冲激响应 $h(t)$。

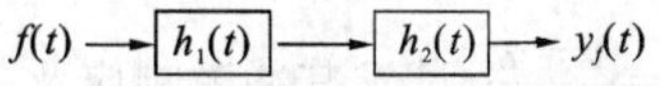

$f(t)\rightarrow\boxed{h_1(t)}\rightarrow\boxed{h_2(t)}\rightarrow y_f(t)$

题 3-34 图

3-35　已知一系统由两个相同的子系统级联构成，子系统的冲激响应为 $h_1(t)=h_2(t)=\frac{1}{\pi t}$，激励信号为 $f(t)$，试证明系统响应 $y(t)=-f(t)$。

3-36　如题 3-36 图所示的系统，滤波器的频率响应为

$$H(j\omega)=\begin{cases}2e^{-j3\omega}, & -2\leqslant\omega\leqslant2\\0, & 其他\end{cases}$$

(1)求当 $f(t)=\cos t$ 时的系统响应 $y(t)$；

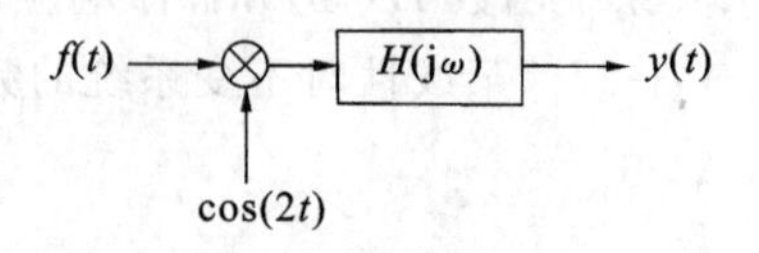

题 3-36 图

(2)求当 $f(t)=\cos(2t)$时的系统响应 $y(t)$。

3-37　已知信号 $f_1(t)$的最高频率分量为 2 kHz 的带限信号，$f_2(t)$的最高频率分量为 3 kHz的带限信号。根据抽样定理，求下列信号的奈奎斯特频率。

(1) $f_1(t)*f_2(t)$

(2) $f_1(t)\cos(1000\pi t)$

3-38　理想低通滤波器具有特性 $H(\mathrm{j}\omega)=g_{2\omega_1}\mathrm{e}^{-\mathrm{j}\omega t_0}$。试证明它对于信号 $f_1(t)=\dfrac{\pi}{\omega_1}\delta(t)$和 $f_2(t)=Sa(\omega_1 t)$的响应是一样的。

3-39　带限信号 $f(t)$的频谱如题 3-39 图所示，$\varphi(\omega)=0$，滤波器的 $H_1(\mathrm{j}\omega)$和 $H_2(\mathrm{j}\omega)$的频谱为

$$H_1(\mathrm{j}\omega)=\begin{cases}2, & 3\leqslant|\omega|\leqslant 5\\ 0, & \text{其他}\end{cases},\quad H_2(\mathrm{j}\omega)=\begin{cases}2, & |\omega|\leqslant 3\\ 0, & \text{其他}\end{cases}$$

试求出 $f(t)$通过题 3-39 图所示的系统后的 $x(t)$及响应 $y(t)$，并画出频谱图。

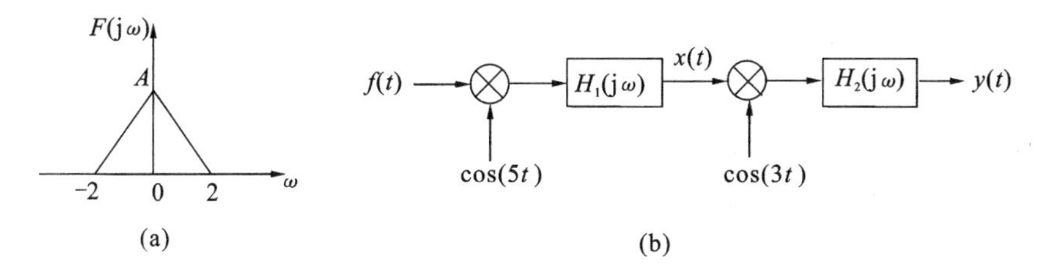

题 3-39 图

3-40　如题 3-40 图(a)所示的锯齿形脉冲 $f_1(t)$为周期信号的第一周期，试求题 3-40 图(b)所示的系统在激励为 $f(t)=\sum\limits_{k=-\infty}^{+\infty}f_1(t+kT)$ 的输出 $y(t)$。已知 $T=1$ s，理想低通的幅频特性如题 3-40 图(c)所示，相频为零。

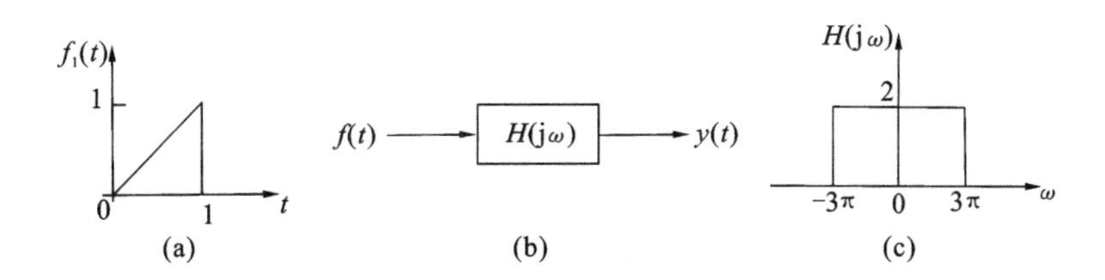

题 3-40 图

3-41　如题 3-41 图(a)所示的系统，滤波器的 $H_1(\mathrm{j}\omega)$和 $H_2(\mathrm{j}\omega)$的频谱为

$$H_1(\mathrm{j}\omega)=\begin{cases}3, & -2\leqslant\omega\leqslant 2\\ 0, & \text{其他}\end{cases},\quad H_2(\mathrm{j}\omega)=\begin{cases}\mathrm{e}^{-\mathrm{j}\omega}, & \omega<-2,\omega>3\\ 0, & -2<\omega<2\end{cases}$$

(1)当 $f(t)=Sa(t)$时，求系统响应 $y(t)$；

(2)当 $f(t)=Sa(t)\cos(2t)$时，求系统响应 $y(t)$；

(3)当 $f(t)$为题 3-41 图(b)所示的周期信号时,求系统响应 $y(t)$。

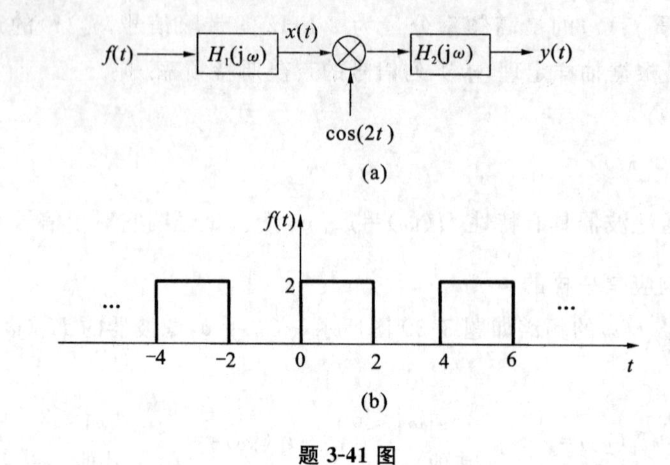

题 3-41 图

第4章　连续时间系统的 s 域分析

第3章研究了连续系统的频域分析。频域分析以虚指数信号 $e^{j\omega t}$ 为基本信号，任意信号可分解为众多不同频率的虚指数分量之和，而LTI系统的响应是输入信号各分量所引起响应的积分（傅里叶变换）。这种分析方法使响应的求解得到简化，物理意义清楚，但也有不足：

(1)有些重要信号不存在傅里叶变换，如 $e^{2t}\varepsilon(t)$；

(2)对于给定初始状态的系统难以利用频域分析。

在这一章将通过把频域中的傅里叶变换推广到复频域来解决这些问题。

本章引入复频率 $s=\sigma+j\omega$，以复指数函数 e^{st} 为基本信号，任意信号可分解为不同复频率的复指数分量之和，而LTI系统的零状态响应是输入信号各分量引起响应的积分（拉普拉斯变换），而且若考虑到系统的初始状态，则系统的零输入响应也可同时求得，从而得到系统的全响应。这里用于系统分析的独立变量是复频率 s，故称为 s 域分析或复频域分析。所采用的数学工具为拉普拉斯变换。

4.1　拉普拉斯变换

4.1.1　拉普拉斯变换的定义

由第3章已知，当函数 $f(t)$ 满足狄利克雷条件时，便可求得信号 $f(t)$ 的傅里叶变换，即频谱函数

$$F(j\omega)=\int_{-\infty}^{+\infty}f(t)e^{-j\omega t}dt \tag{4.1-1}$$

从狄利克雷条件考虑，某些函数，如指数增长函数 $e^{\alpha t}$，$\alpha>0$，不存在傅里叶变换；而另一些函数，如单位阶跃函数 $u(t)$ 虽然存在傅里叶变换，但很难利用式(4.1-1)求解。为了克服以上困难，可以引入一衰减因子 $e^{-\sigma t}$（σ 为实常数），使它与信号 $f(t)$ 相乘，根据不同信号的特性，适当选取 σ 的值，使乘积信号 $e^{-\sigma t}f(t)$ 收敛，从而使 $e^{-\sigma t}f(t)$ 的傅里叶变换存在。

相应的傅里叶变换为

$$F[e^{-\sigma t}f(t)]=\int_{-\infty}^{+\infty}e^{-\sigma t}f(t)e^{-j\omega t}dt=\int_{-\infty}^{+\infty}f(t)e^{-(\sigma+j\omega)t}dt \tag{4.1-2}$$

上式积分结果是关于 $(\sigma+j\omega)$ 的函数，令其为 $F_b(\sigma+j\omega)$，则

$$F_b(\sigma+j\omega)=\int_{-\infty}^{+\infty}f(t)e^{-(\sigma+j\omega)t}dt \tag{4.1-3}$$

下面由傅里叶逆变换表示式求 $e^{-\sigma t}f(t)$ 为

$$e^{-\sigma t}f(t)=\frac{1}{2\pi}\int_{-\infty}^{+\infty}F_b(\sigma+j\omega)e^{j\omega t}d\omega$$

上式两端同乘以 $e^{\sigma t}$，得

$$f(t)=\frac{1}{2\pi}\int_{-\infty}^{+\infty}F_b(\sigma+\mathrm{j}\omega)\mathrm{e}^{(\sigma+\mathrm{j}\omega)t}\mathrm{d}\omega \tag{4.1-4}$$

令 $s=\sigma+\mathrm{j}\omega$,其中 σ 为常数,则 $\mathrm{d}\omega=\frac{\mathrm{d}s}{\mathrm{j}}$,代入式(4.1-3)、式(4.1-4),并相应改变积分上下限,得

$$F_b(s)=\int_{-\infty}^{+\infty}f(t)\mathrm{e}^{-st}\mathrm{d}t \tag{4.1-5}$$

$$f(t)=\frac{1}{2\pi\mathrm{j}}\int_{-\sigma-\mathrm{j}\infty}^{\sigma+\mathrm{j}\infty}F_b(s)\mathrm{e}^{st}\mathrm{d}s \tag{4.1-6}$$

式(4.1-5)和式(4.1-6)称为双边拉普拉斯变换对或复傅里叶变换对,$F_b(s)$称为 $f(t)$的双边拉普拉斯变换(或象函数),$f(t)$称为 $F_b(s)$的双边拉普拉斯逆变换(或原函数)。常用记号 $L[f(t)]$表示取 $f(t)$的拉普拉斯变换,用记号 $L^{-1}[F_b(s)]$表示取 $F_b(s)$的逆拉普拉斯变换,于是式(4.1-5)和式(4.1-6)可写为

$$L[f(t)]=F_b(s)=\int_{-\infty}^{+\infty}f(t)\mathrm{e}^{-st}\mathrm{d}t$$

$$L^{-1}[F_b(s)]=f(t)=\frac{1}{2\pi\mathrm{j}}\int_{-\sigma-\mathrm{j}\infty}^{\sigma+\mathrm{j}\infty}F_b(s)\mathrm{e}^{st}\mathrm{d}s$$

拉普拉斯变换与傅里叶变换的基本区别在于:傅里叶变换是将时域函数 $f(t)$变换为频域函数 $F(\mathrm{j}\omega)$,或作相反变换,这里时域变量 t 和频域变量 ω 都是实数;而拉普拉斯变换则是将时域函数 $f(t)$变换为复频域函数 $F_b(s)$,或作相反变换,这里时域变量 t 是实数,复频域变量 s 却是复数。概括地说,傅里叶变换建立了时域与频域间的联系,而拉普拉斯变换则是建立了时域与复频域(s 域)间的联系。

在以上讨论中,衰减因子 $\mathrm{e}^{-\sigma t}$的引入是一个关键问题:从数学上看,是使函数 $f(t)$满足绝对可积的条件;从物理意义上看,是将频域变量 ω 变换为复频率变量 s,ω 只能描述振荡的重复频率,而 s 不仅能描述重复频率,还可以表示振荡幅度的增长速率或衰减速率。

在信号与系统分析中,一般所遇到的信号都是因果信号,因果信号可明确地写为$f(t)u(t)$,其拉普拉斯变换为

$$F(s)=\int_{-\infty}^{+\infty}f(t)u(t)\mathrm{e}^{-st}\mathrm{d}t=\int_{0_-}^{+\infty}f(t)\mathrm{e}^{-st}\mathrm{d}t \tag{4.1-7}$$

同理可得

$$f(t)=\begin{cases}0, & t<0\\ \frac{1}{2\pi\mathrm{j}}\int_{-\sigma-\mathrm{j}\infty}^{\sigma+\mathrm{j}\infty}F(s)\mathrm{e}^{st}\mathrm{d}s, & t>0\end{cases} \tag{4.1-8}$$

式(4.1-7)和式(4.1-8)称为单边拉普拉斯变换对。考虑到 $f(t)$中可能包含奇异函数,所以式(4.1-8)中使用 0_-,今后未注明的 $t=0$ 均指 0_-。

目前,应用最广泛的是单边拉普拉斯变换,常简称为拉普拉斯变换或拉式变换,而对双边拉普拉斯变换将特别注明。

4.1.2　拉普拉斯变换的收敛域

只有选择适当的 σ 值才能使积分式(4.1-5)收敛，信号 $f(t)$ 的双边拉普拉斯变换存在。使 $f(t)$ 拉普拉斯变换式(4.1-5)存在的 σ 的取值范围称为 $F_b(s)$ 的收敛域(region of convergence)，简记为 ROC。为简便，分别研究因果信号、反因果信号和双边信号三种情形。下面举例说明 $F_b(s)$ 收敛域的问题。

【例 4.1-1】 求因果信号 $f_1(t)=\mathrm{e}^{\alpha t}u(t)$ 的双边拉普拉斯变换及收敛域。

解
$$F_{b1}(s)=\int_{-\infty}^{+\infty}f_1(t)\mathrm{e}^{-st}\mathrm{d}t=\int_{-\infty}^{+\infty}\mathrm{e}^{\alpha t}u(t)\mathrm{e}^{-st}\mathrm{d}t=\int_{0}^{+\infty}\mathrm{e}^{-(s-\alpha)t}\mathrm{d}t$$

当 $\sigma=\mathrm{Re}[s]>\alpha$ 时，有

$$F_{b1}(s)=-\frac{1}{s-\alpha}\mathrm{e}^{-(s-\alpha)t}\Big|_0^{+\infty}=\frac{1}{s-\alpha}$$

仅当 $\mathrm{Re}[s]=\sigma>\alpha$ 时，其双边拉普拉斯变换存在，收敛域如图 4.1-1 所示。

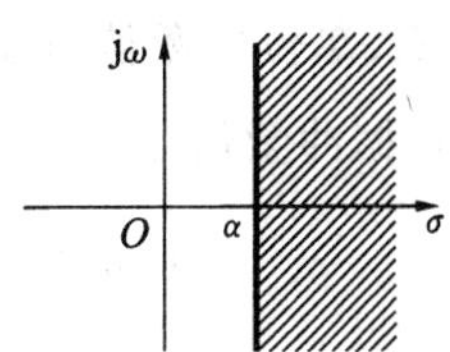

图 4.1-1　$F_{b1}(s)$ 的收敛域

可见，因果信号若存在双边拉普拉斯变换，其收敛域在平行于 jω 轴的一条直线的右边区域，若 $\alpha<0$，收敛轴将移到 jω 轴的左侧。

【例 4.1-2】 求反因果信号 $f_2(t)=\mathrm{e}^{\beta t}u(-t)$ 的双边拉普拉斯变换及收敛域。

解
$$F_{b2}(s)=\int_{-\infty}^{+\infty}f_2(t)\mathrm{e}^{-st}\mathrm{d}t=\int_{-\infty}^{+\infty}\mathrm{e}^{\beta t}u(-t)\mathrm{e}^{-st}\mathrm{d}t=\int_{-\infty}^{0}\mathrm{e}^{-(s-\beta)t}\mathrm{d}t$$

当 $\sigma=\mathrm{Re}[s]<\beta$ 时，有

$$F_{b2}(s)=\int_{-\infty}^{0}\mathrm{e}^{-(s-\beta)t}\mathrm{d}t=-\frac{1}{s-\beta}\mathrm{e}^{-(s-\beta)t}\Big|_{-\infty}^{0}=-\frac{1}{s-\beta}$$

仅当 $\mathrm{Re}[s]=\sigma<\beta$ 时，其双边拉普拉斯变换存在，收敛域如图 4.1-2 所示。

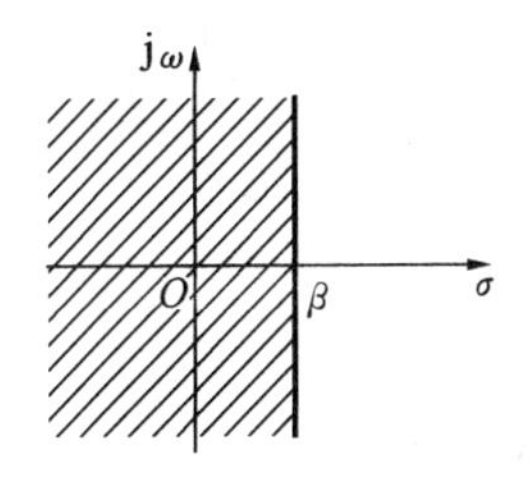

图 4.1-2　$F_{b2}(s)$ 的收敛域

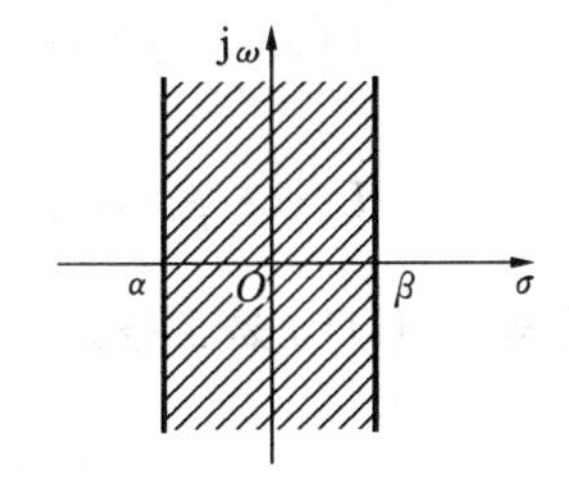

图 4.1-3　$F_b(s)$ 的收敛域

可见，反因果信号若存在双边拉普拉斯变换，其收敛域在平行于 jω 轴的一条直线的左边区域，若 $\beta<0$，收敛轴将移到 jω 轴的左侧。

【例 4.1-3】 求双边信号 $f(t)=\mathrm{e}^{\alpha t}u(t)+\mathrm{e}^{\beta t}u(-t)f(t)$ 的双边拉普拉斯变换及收敛域。

解　因为 $f(t)=f_1(t)+f_2(t)$，所以其双边拉普拉斯变换 $F_b(s)=F_{b1}(s)+F_{b2}(s)$。

仅当 $\beta>\alpha$ 时，其收敛域为 $\alpha<\mathrm{Re}[s]<\beta$ 是一个带状区域，收敛域如图 4.1-3 所示。

如果 $\beta\leqslant\alpha$，$F_{b1}(s)$ 与 $F_{b2}(s)$ 没有共同的收敛域，因而上式不收敛，函数 $f(t)$ 的双边拉普拉

斯变换不存在。

4.1.3 典型信号的拉普拉斯变换

以下按单边拉普拉斯变换的定义式(4.1-7)来推导几个典型信号的拉普拉斯变换。

一、单边指数信号 $e^{-\alpha t}u(t)$

$$L[e^{-\alpha t}u(t)]=\int_0^{+\infty}e^{-\alpha t}e^{-st}dt=\int_0^{+\infty}e^{-(s+\alpha)t}dt=-\frac{e^{-(s+\alpha)t}}{s+\alpha}\bigg|_0^{+\infty}=\frac{1}{s+\alpha},\quad \mathrm{Re}[s]=\sigma>-\alpha$$

二、单位阶跃信号 $u(t)$

$$L[u(t)]=\int_0^{+\infty}e^{-st}dt=-\frac{e^{-st}}{s}\bigg|_0^{\infty}=\frac{1}{s},\quad \mathrm{Re}[s]=\sigma>0$$

三、单位冲激信号 $\delta(t)$

根据冲激信号的取样特性可很方便求出 $\delta(t)$ 的拉普拉斯变换。

$$L[\delta(t)]=\int_{0_-}^{+\infty}\delta(t)e^{-st}dt=e^{-st}\bigg|_{t=0}=1,\quad \mathrm{Re}[s]=\sigma>-\infty$$

如果冲激函数出现在 $t=t_0(t_0>0)$ 时刻，则有

$$L[\delta(t-t_0)]=\int_{0_-}^{+\infty}\delta(t-t_0)e^{-st}dt=e^{-st}\bigg|_{t=t_0}=e^{-st_0},\quad \mathrm{Re}[s]=\sigma>-\infty$$

可见收敛域为整个 s 平面。

四、正弦函数 $\sin(\beta t)u(t)$ 和余弦函数 $\cos(\beta t)u(t)$

由于 $e^{j\beta t}=[\sin(\beta t)+j\cos(\beta t)]u(t)$，根据单边指数信号的拉普拉斯变换可得

$$L[e^{j\beta t}]=\frac{1}{s-j\beta}=\frac{s}{s^2+\beta^2}+j\frac{\beta}{s^2+\beta^2},\quad \mathrm{Re}[s]>\mathrm{Re}[jk]=0$$

所以

$$L[\sin(\beta t)u(t)]=\frac{s}{s^2+\beta^2},\quad \mathrm{Re}[s]=\sigma>0$$

$$L[\cos(\beta t)u(t)]=\frac{\beta}{s^2+\beta^2},\quad \mathrm{Re}[s]=\sigma>0$$

五、t 的正幂信号 $t^n u(t)$（n 是正整数）

$$L[tu(t)]=\int_0^{+\infty}te^{-st}dt$$

用分部积分法，得

$$\int_0^{+\infty}te^{-st}dt=-\frac{1}{s}\int_0^{+\infty}tde^{-st}=-\frac{1}{s}te^{-st}\bigg|_0^{+\infty}+\frac{1}{s}\int_0^{+\infty}e^{-st}dt=\frac{1}{s}\int_0^{+\infty}e^{-st}dt=\frac{1}{s^2},$$

$$\mathrm{Re}[s]=\sigma>0$$

同理容易求得

$$L[t^n u(t)]=\frac{n!}{s^{n+1}}$$

将上述结果以及其他典型信号的拉普拉斯变换列于表 4.1-1 中。

表 4.1-1　常用信号的拉普拉斯变换

序号	$f(t)(t>0)$	$F(s)=L[f(t)]$	序号	$f(t)(t>0)$	$F(s)=L[f(t)]$
1	e^{-at}	$\frac{1}{s+a}$	7	$e^{-at}\sin(\Omega t)$	$\frac{\Omega}{(s+a)^2+\Omega^2}$
2	$u(t)$	$\frac{1}{s}$	8	$e^{-at}\cos(\Omega t)$	$\frac{s+a}{(s+a)^2+\Omega^2}$
3	$\delta(t)$	1	9	te^{-at}	$\frac{1}{(s+a)^2}$
4	t^n(n 是正整数)	$\frac{n!}{s^{n+1}}$	10	$t^n e^{-at}$(n 是正整数)	$\frac{n!}{(s+a)^{n+1}}$
5	$\sin(\Omega t)$	$\frac{\Omega}{s^2+\Omega^2}$	11	$t\sin(\Omega t)$	$\frac{2\Omega s}{(s^2+\Omega^2)^2}$
6	$\cos(\Omega t)$	$\frac{s}{s^2+\Omega^2}$	12	$t\cos(\Omega t)$	$\frac{s^2-\Omega^2}{(s^2+\Omega^2)^2}$

4.2　拉普拉斯变换的基本性质

虽然由拉普拉斯变换的定义式(4.1-7)可以求得一些常用信号的拉普拉斯变换，但是在实际应用中常常不去做这一积分运算，而是利用拉普拉斯变换的一些基本性质得出它们的变换式。拉普拉斯变换的性质反映了信号的时域特性与 s 域特性的关系，熟悉它们对于掌握复频域分析方法是十分重要的。

一、线性性质

若 $L[f_1(t)]=F_1(s),\mathrm{Re}[s]>\sigma_1,L[f_2(t)]=F_2(s),\quad \mathrm{Re}[s]>\sigma_2$，

则

$$L[af_1(t)+bf_2(t)]=aF_1(s)+bF_2(s),\quad \mathrm{Re}[s]>\max(\sigma_1,\sigma_2) \tag{4.2-1}$$

该性质表明函数线性组合的拉普拉斯变换等于各函数拉普拉斯变换的线性组合，其证明很容易通过定义式(4.1-7)得到，这里从略。式(4.2-1)中收敛域 $\mathrm{Re}[s]>\max(\sigma_1,\sigma_2)$ 是两个函数收敛域相重叠的部分。实际上，如果是两个函数之差，其收敛域可能扩大。

【例 4.2-1】 求函数 $\sin(\omega t)$ 和 $\cos(\omega t)$ 的拉普拉斯变换。

解　因为 $\sin(\omega t)=\frac{1}{2j}(e^{j\omega t}-e^{-j\omega t}),L[e^{j\omega t}]=\frac{1}{s-j\omega},L[e^{-j\omega t}]=\frac{1}{s+j\omega}$，由线性性质可得

$$L[\sin(\omega t)]=\frac{1}{2j}(\frac{1}{s-j\omega}-\frac{1}{s+j\omega})=\frac{\omega}{s^2+\omega^2}$$

用同样的方法可求得

$$L[\cos(\omega t)]=\frac{s}{s^2+\omega^2}$$

二、尺度变换

若 $L[f(t)]=F(s),\mathrm{Re}[s]>\sigma_0$，且有实常数 $a>0$，则

$$L[f(at)]=\frac{1}{a}F(\frac{a}{s}),\quad \mathrm{Re}[s]>a\sigma_0 \tag{4.2-2}$$

证明　$f(at)$ 的拉普拉斯变换为

$$L[f(at)] = \int_0^{+\infty} f(at)\mathrm{e}^{-st}\mathrm{d}t$$

另 $x=at, t=\frac{x}{a}$，于是

$$L[f(at)] = \int_0^{+\infty} f(x)\mathrm{e}^{-\frac{s}{a}x}\frac{\mathrm{d}x}{a} = \frac{1}{a}F(\frac{s}{a})$$

由上式可见，若 $F(s)$ 的收敛域为 $\mathrm{Re}[s]>\sigma_0$，则 $F(\frac{s}{a})$ 的收敛域为 $\mathrm{Re}[\frac{s}{a}]>\sigma_0$，即 $\mathrm{Re}[s]>a\sigma_0$。

【例 4.2-2】 已知 $L(\frac{\sin t}{t})=\arctan\frac{1}{s}$，求 $L[\frac{\sin(at)}{t}]$。

解 因为 $L(\frac{\sin t}{t})=\arctan\frac{1}{s}$，根据尺度变换性质得

$$L[\frac{\sin(at)}{t}]=aL[\frac{\sin(at)}{at}]=a\cdot\frac{1}{a}\arctan\frac{1}{\frac{s}{a}}=\arctan\frac{a}{s}$$

三、时移(延时)特性

若 $L[f(t)]=F(s)$，$\mathrm{Re}[\frac{s}{a}]>\sigma_0$，且有实常数 $t_0>0$，则

$$L[f(t-t_0)u(t-t_0)]=\mathrm{e}^{-st_0}F(s),\quad \mathrm{Re}[\frac{s}{a}]>\sigma_0 \tag{4.2-3}$$

证明 $L[f(t-t_0)u(t-t_0)] = \int_0^{+\infty} f(t-t_0)u(t-t_0)\mathrm{e}^{-st}\mathrm{d}t = \int_{t_0}^{+\infty} f(t-t_0)\mathrm{e}^{-st}\mathrm{d}t$

令 $x=t-t_0$，则 $t=x+t_0$，于是上式可写成

$$L[f(t-t_0)u(t-t_0)] = \int_0^{+\infty} f(x)\mathrm{e}^{-sx}\mathrm{e}^{-st_0}\mathrm{d}x = \mathrm{e}^{-st_0}\int_0^{+\infty} f(x)\mathrm{e}^{-sx}\mathrm{d}x = \mathrm{e}^{-st_0}F(s)$$

由上式可见，只要 $F(s)$ 存在，$\mathrm{e}^{-st_0}F(s)$ 也存在，故二者收敛域相同。

需要强调指出，式(4.2-3)中延时信号 $f(t-t_0)u(t-t_0)$ 是指因果信号 $f(t)u(t)$ 延时 t_0 后的信号，而并非 $f(t-t_0)u(t)$。在应用时移特性时，特别要注意它只适用于 $t_0>0$ 的情况。因为当 $t_0<0$ 时，信号左移至原点以左部分，不能包含在从 0_- 到 $+\infty$ 的积分中。

【例 4.2-3】 求矩形脉冲 $g_\tau(t)$ 的拉普拉斯变换。

解 因为 $g_\tau(t)=u(t)-u(t-\tau)$，$L[u(t)]=\frac{1}{s}$，根据时移特性 $L[u(t-\tau)]=\frac{1}{s}\mathrm{e}^{-s\tau}$，所以

$L[f(t)]=L[u(t)-u(t-\tau)]=\frac{1}{s}(1-\mathrm{e}^{-s\tau})$，收敛域为 $\mathrm{Re}[s]>-\infty$。

由上例可见，两个阶跃函数的收敛域均为 $\mathrm{Re}[s]>0$，而两者之差的收敛域比其中任何一个的都大。也就是说，在应用拉普拉斯变换的线性性质后，其收敛域可能扩大。

【例 4.2-4】 求周期性单位冲激序列 $\delta_T(t) = \sum_{n=0}^{+\infty}\delta(t-nT)$ 的拉普拉斯变换。

解 周期性单位冲激序列为

$$\delta_T(t) = \sum_{n=0}^{+\infty}\delta(t-nT) = \delta(t)+\delta(t-T)+\delta(t-2T)+\cdots$$

根据时移特性

$$L[\delta(t)]=1, L[\delta(t-T)]=e^{-sT}, L[\delta(t-2T)]=e^{-2sT}, \cdots$$

根据线性性质可得

$$L[\delta_T(t)]=1+e^{-sT}+e^{-2sT}+\cdots=\frac{1}{1-e^{-sT}}, \quad \mathrm{Re}[s]>0$$

这里 $\delta_T(t)$ 的收敛域比任何一个冲激函数的收敛域（各冲激函数的收敛域为 $\mathrm{Re}[s]>-\infty$）都要小。也就是说，在应用拉普拉斯变换的线性性质后，其收敛域也可能减小。

【例 4.2-5】 已知 $L[f(t)]=F(s)$，求 $L[f(2t-3)u(2t-3)]$。

解　此问题既要用到尺度变换特性，也要用到延时特性。

可先用延时特性求得

$$L[f(t-3)u(t-3)]=F(s)e^{-3s}$$

再利用尺度变换特性

$$L[f(2t-3)u(2t-3)]=\frac{1}{2}F\left(\frac{s}{2}\right)e^{-\frac{3}{2}s}$$

此题亦可先利用尺度变换特性求得 $f(2t)u(2t)$ 的拉普拉斯变换，再利用延时特性求得 $f(2t-3)u(2t-3)$ 的拉普拉斯变换，请读者自行尝试。

四、复频移（s 域平移）特性

若 $L[f(t)]=F(s)$，$\mathrm{Re}[s]>\sigma_1$，且有复常数 $s_0>\sigma_0+j\omega_0$，则

$$L[e^{s_0t}f(t)]=F(s-s_0), \quad \mathrm{Re}[s]>\sigma_0+\sigma_1 \tag{4.2-4}$$

证明　$$L[e^{s_0t}f(t)]=\int_0^{+\infty}e^{s_0t}f(t)e^{-st}dt=\int_0^{+\infty}f(t)e^{-(s-s_0)t}dt$$

上式右方只是把 $F(s)$ 中的 s 换成 $s-s_0$，所以

$$L[e^{s_0t}f(t)]=F(s-s_0)$$

【例 4.2-6】 求 $e^{-\alpha t}\sin(\omega t)$ 和 $e^{-\alpha t}\cos(\omega t)$ 的拉普拉斯变换。

解　已知 $L[\sin(\omega t)]=\frac{\omega}{s^2+\omega^2}$，由 s 域位移特性得

$$L[e^{-\alpha t}\sin(\omega t)]=\frac{\omega}{(s+\alpha)^2+\omega^2}$$

同理，因为 $L[\cos(\omega t)]=\frac{s}{s^2+\omega^2}$，故有

$$L[e^{-\alpha t}\cos(\omega t)]=\frac{s+\alpha}{(s+\alpha)^2+\omega^2}$$

【例 4.2-7】 已知因果函数 $f(t)$ 的拉普拉斯变换为 $F(s)=\frac{s}{s^2+1}$，求 $e^{-t}f(3t-2)$ 的拉普拉斯变换。

解　因为 $L[f(t)]=\frac{s}{s^2+1}$，根据时移特性有

$$L[f(t-2)]=\frac{s}{s^2+1}e^{-2s}$$

由尺度变换得

$$L[f(3t-2)]=\frac{1}{3}\frac{\frac{s}{3}}{(\frac{s}{3})^2+1}e^{-\frac{2}{3}s}=\frac{s}{s^2+9}e^{-\frac{2}{3}s}$$

再由复频域位移性质得

$$L[e^{-t}f(3t-2)]=\frac{s+1}{(s+1)^2+9}e^{-\frac{2}{3}(s+1)}$$

五、时域的微分特性(微分定理)

时域微分和积分特性主要用于研究具有初始条件的微分、积分方程。这里将考虑函数的情形。

若 $L[f(t)]=F(s)$，$\mathrm{Re}[s]>\sigma_0$，则

$$L[f'(t)]=sF(s)-f(0_-)$$

$$L[f''(t)]=s^2F(s)-sf(0_-)-f'(0_-)$$

$$\vdots$$

$$L[f^{(n)}(t)]=s^nF(s)-\sum_{m=0}^{n-1}s^{n-1-m}f^{(m)}(0_-) \tag{4.2-5}$$

以上各象函数的收敛域至少是 $\mathrm{Re}[s]>\sigma_0$。

证明

$$L[f'(t)]=\int_{0_-}^{+\infty}f'(t)e^{-st}\mathrm{d}t$$

应用分部积分法，有

$$\int_{0_-}^{+\infty}f'(t)e^{-st}\mathrm{d}t=f(t)e^{-st}\Big|_{0_-}^{+\infty}-\int_{0_-}^{+\infty}f(t)(e^{-st})'\mathrm{d}t$$

$$=f(t)e^{-st}\Big|_{0_-}^{+\infty}-\int_{0_-}^{+\infty}(-s)f(t)e^{-st}\mathrm{d}t=sF(s)-f(0_-) \tag{4.2-6}$$

反复应用式(4.2-6)可推广至高阶导数。例如，二阶导数 $f''(t)=\frac{\mathrm{d}}{\mathrm{d}t}[f'(t)]$，应用分部积分法和式(4.2-6)，有

$$L[f''(t)]=\int_{0_-}^{+\infty}f''(t)e^{-st}\mathrm{d}t=f'(t)e^{-st}\Big|_{0_-}^{+\infty}+s\int_{0_-}^{+\infty}f'(t)e^{-st}\mathrm{d}t$$

$$=f'(0_-)+s[sF(s)-f(0_-)]=s^2F(s)-sf(0_-)-f'(0_-)$$

如果 $f(t)$ 为因果信号，那么 $f(t)$ 及其各阶导数的初始值 $f^{(n)}(0_-)=0(n=0,1,2,\cdots)$，这时微分特性具有更简洁的形式

$$L[f^{(n)}(t)]=s^nF(s)$$

【例 4.2-8】 求 $\delta^{(n)}(t)$ 的拉普拉斯变换。

解 因为 $L[\delta(t)]=1$，根据微分性质，并考虑到 $f(0_-)=\delta(t)\Big|_{t=0_-}=0$，则

$$L[\delta'(t)]=s-\delta(0_-)=s$$

同理：

$$L[\delta''(t)]=s^2$$

依次可推得

$$L[\delta''(t)]=s^n$$

【例 4.2-9】 已知 $f(t)=\mathrm{e}^{-\alpha t}u(t)$，利用微分性质求 $f'(t)$的拉普拉斯变换。

解
$$F(s)=L[f(t)]=\frac{1}{s+\alpha}$$

根据微分性质得

$$L[f'(t)]=sF(s)-f(0_-)=\frac{s}{s+\alpha}-0=\frac{s}{s+\alpha}$$

【例 4.2-10】 已知 $f(t)=\cos tu(t)$的象函数 $F(s)=\frac{s}{s^2+1}$，求 $\sin tu(t)$的象函数。

解　根据导数的运算法则

$$f'(t)=\frac{\mathrm{d}f(t)}{\mathrm{d}t}=\cos t\ \frac{\mathrm{d}u(t)}{\mathrm{d}t}+\frac{\mathrm{d}\cos t}{\mathrm{d}t}u(t)=\cos t\delta(t)-\sin tu(t)=\delta(t)-\sin tu(t)$$

即
$$\sin tu(t)=\delta(t)-f'(t)$$

利用微分性质，并考虑到 $f(0_-)=\cos tu(t)\Big|_{t=0_-}=0$，有

$$L[\sin tu(t)]=L[\delta(t)]-L[f'(t)]=1-[sF(s)-f(0_-)]=1-s\ \frac{s}{s^2+1}=\frac{1}{s^2+1}$$

六、时域积分特性(积分定理)

若 $L[f(t)]=F(s)$，$\mathrm{Re}[s]>\sigma_0$，则

$$L[\int_{-\infty}^{t}f(\tau)\mathrm{d}\tau]=\frac{F(s)}{s}+\frac{f^{(-1)}(0_-)}{s}\tag{4.2-7}$$

式中：$f^{(-1)}(0_-)=\int_{-\infty}^{0_-}f(\tau)\mathrm{d}\tau$ 是 $f(t)$ 积分式在 $t=0_-$ 的取值，其收敛域至少是 $\mathrm{Re}[s]>\sigma_0$ 与 $\mathrm{Re}[s]>0$ 相重叠的部分。

证明　由于
$$L[\int_{-\infty}^{t}f(\tau)\mathrm{d}\tau]=L[\int_{-\infty}^{0_-}f(\tau)\mathrm{d}\tau+\int_{0_-}^{t}f(\tau)\mathrm{d}\tau]$$

其中第一项为常量，即 $\int_{-\infty}^{0_-}f(\tau)\mathrm{d}\tau=f^{(-1)}(0_-)$，所以

$$L[\int_{-\infty}^{0_-}f(\tau)\mathrm{d}\tau]=\frac{f^{(-1)}(0_-)}{s}$$

第二项可借助分部积分法求得

$$\begin{aligned}L[\int_{0_-}^{t}f(\tau)\mathrm{d}\tau]&=\int_{0_-}^{+\infty}[\int_{0_-}^{t}f(\tau)\mathrm{d}\tau]\mathrm{e}^{-st}\mathrm{d}t\\&=-\frac{\mathrm{e}^{-st}}{s}[\int_{0_-}^{t}f(\tau)\mathrm{d}\tau]\Big|_{0_-}^{+\infty}+\frac{1}{s}\int_{0_-}^{+\infty}f(t)\mathrm{e}^{-st}\mathrm{d}t=\frac{1}{s}F(s)\end{aligned}$$

所以
$$L[\int_{-\infty}^{t}f(\tau)\mathrm{d}\tau]=\frac{F(s)}{s}+\frac{f^{(-1)}(0_-)}{s}$$

用符号 $f^{(-n)}(t)$表示对函数 $f(x)$从 $-\infty$到 t 的 n 重积分，即 $f^{(-n)}(t)=\int_{-\infty}^{t}f(x)\mathrm{d}x$，同理可求得

$$L[f^{(-n)}(t)]=L[(\int_{-\infty}^{t})^n f(\tau)\mathrm{d}\tau]=\frac{F(s)}{s^n}+\sum_{m=1}^{n}\frac{1}{s^{n-m+1}}f^{(-m)}(0_-)\tag{4.2-8}$$

顺便指出，若 $f(t)$为因果信号，显然 $f(t)$及其积分在 $t=0_-$ 时为零，即 $f^{(-n)}(0_-)=0(n=$

0,1,2,…),这时其积分的象函数为

$$L[f^{(-n)}(t)]=\frac{1}{s^n}F(s) \tag{4.2-9}$$

【例 4.2-11】 求三角形脉冲的象函数。

$$f(t)=\begin{cases}\frac{2}{\tau}t, & 0<t<\frac{\tau}{2}\\ 2-\frac{2}{\tau}t, & \frac{\tau}{2}<t<\tau\\ 0, & t<0,\quad t>\tau\end{cases}$$

分析:如果信号的波形仅由直线段组成,信号导数的象函数容易求得,这时可利用时域积分定理求得。

解 三角形脉冲的一阶、二阶导数如图 4.2-1(b)、(c)所示,首先求二阶导数的象函数,再利用积分定理求一阶导数和原函数的象函数。

$$f''(t)=\frac{2}{\tau}\delta(t)-\frac{4}{\tau}\delta(t-\frac{\tau}{2})+\frac{2}{\tau}\delta(t-\tau)$$

由于 $L[\delta(t)]=1$,应用时移特性可得 $f''(t)$的象函数为

$$L[f''(t)]=\frac{2}{\tau}-\frac{4}{\tau}\mathrm{e}^{-\frac{\tau}{2}s}+\frac{2}{\tau}\mathrm{e}^{-\tau s}=\frac{2}{\tau}(1-\mathrm{e}^{-\frac{\tau}{2}s})^2$$

应用积分特性,考虑到 $f''(0_-)=f'(0_-)=0$,有

$$L[f(t)]=\frac{1}{s^2}L[f(t)]=\frac{1}{s^2}\frac{2}{\tau}(1-\mathrm{e}^{-\frac{\tau}{2}s})^2$$

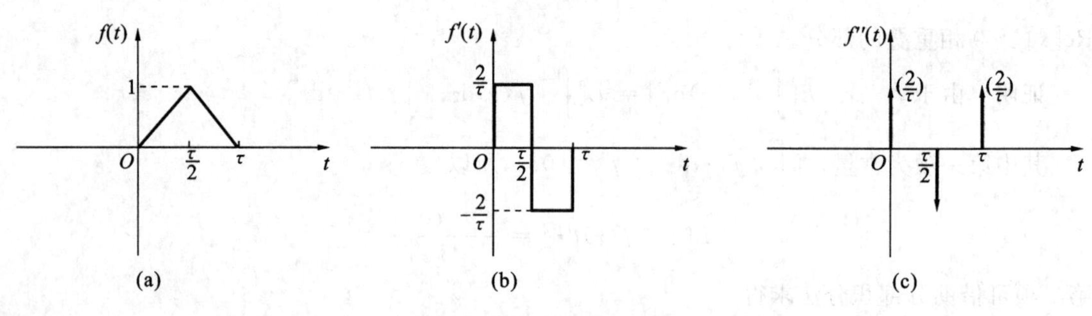

图 4.2-1 例 4.2-11 图

【例 4.2-12】 已知 $L[u(t)]=\frac{1}{s}$,利用积分性质求 $t^2u(t)$的象函数。

解 因为 $\int_{-\infty}^{t}u(\tau)\mathrm{d}\tau=tu(t)$, $u(t)$是因果信号,利用式(4.2-9)可得

$$L[tu(t)]=\frac{1}{s^2}$$

又因为 $\int_{-\infty}^{t}\tau u(\tau)\mathrm{d}\tau=\frac{1}{2}t^2u(t)$,再次利用式(4.2-9)可得

$$L[t^2u(t)]=\frac{2}{s^3}$$

同理可求得

$$L[t^n u(t)]=\frac{n!}{s^{n+1}}$$

七、卷积定理

类似于傅里叶变换中的卷积定理，在拉普拉斯变换中也有时域和频域卷积定理，时域卷积定理在系统分析中更为重要。

1. 时域卷积定理

若因果函数 $L[f_1(t)]=F_1(s)$，$\mathrm{Re}[s]>\sigma_1$，$L[f_2(t)]=F_2(s)$，$\mathrm{Re}[s]>\sigma_2$，则

$$L[f_1(t)*f_2(t)]=F_1(s)\cdot F_2(s) \tag{4.2-10}$$

其收敛至少是 $F_1(s)$ 收敛域与 $F_2(s)$ 收敛域的公共部分。

卷积定理可证明如下。

单边拉普拉斯变换中所讨论的时间函数都是因果函数，为了更加明确，可将 $f_1(t)$、$f_2(t)$ 写成 $f_1(t)u(t)$ 和 $f_2(t)u(t)$，两者的卷积积分写为

$$f_1(t)*f_2(t)=\int_{-\infty}^{+\infty}f_1(\tau)u(\tau)f_2(t-\tau)u(t-\tau)\mathrm{d}\tau$$

$$=\int_{0}^{+\infty}f_1(\tau)f_2(t-\tau)u(t-\tau)\mathrm{d}\tau$$

取上式的拉普拉斯变换，得

$$L[f_1(t)*f_2(t)]=\int_{0}^{+\infty}\left[\int_{0}^{+\infty}f_1(\tau)f_2(t-\tau)u(t-\tau)\mathrm{d}\tau\right]\mathrm{e}^{-st}\mathrm{d}t$$

交换上式的积分顺序，得

$$L[f_1(t)*f_2(t)]=\int_{0}^{+\infty}f_1(\tau)\left[\int_{0}^{+\infty}f_2(t-\tau)u(t-\tau)\mathrm{e}^{-st}\mathrm{d}t\right]\mathrm{d}\tau$$

由时移特性可知，上式括号中的积分为

$$\int_{0}^{+\infty}f_2(t-\tau)u(t-\tau)\mathrm{e}^{-st}\mathrm{d}t=\mathrm{e}^{-s\tau}F_2(s)$$

于是有

$$L[f_1(t)*f_2(t)]=\int_{0}^{+\infty}f_1(\tau)\mathrm{e}^{-s\tau}F_2(s)\mathrm{d}\tau=F_1(s)\cdot F_2(s)$$

2. 复频域(s 域)卷积定理

用类似的方法可以证明如下的复频域卷积定理。

若因果函数 $L[f_1(t)]=F_1(s)$，$\mathrm{Re}[s]>\sigma_1$，$L[f_2(t)]=F_2(s)$，$\mathrm{Re}[s]>\sigma_2$，则

$$L[f_1(t)f_2(t)]=\frac{1}{2\pi\mathrm{j}}\int_{\sigma-\mathrm{j}\infty}^{\sigma+\mathrm{j}\infty}F_1(\eta)F_2(s-\eta)\mathrm{d}\eta,\quad \mathrm{Re}[s]>\sigma_1+\sigma_2 \tag{4.2-11}$$

这里对积分路线的限制比较严，而该积分的计算也比较复杂，因而复频域卷积定理较少应用。下面举例说明时域卷积定理的应用。

【例 4.2-13】 已知 $f_1(t)=\mathrm{e}^{-\alpha t}u(t)$，$f_2(t)=u(t)$，求 $f_1(t)*f_2(t)$。

解 利用时域卷积定理可以间接求出两函数的卷积。

因为
$$F_1(s)=L[f_1(t)]=\frac{1}{s+\alpha},\quad F_2(s)=L[f_2(t)]=\frac{1}{s}$$

$$F_1(s)F_2(s)=\frac{1}{s+\alpha}\cdot\frac{1}{s}=\frac{1}{\alpha}\left(\frac{1}{s}-\frac{1}{s+\alpha}\right)$$

而 $$f_1(t)*f_2(t)=L^{-1}[F_1(s)F_2(s)]=\frac{1}{\alpha}(1-\mathrm{e}^{-\alpha t})u(t)$$

显然,拉普拉斯变换把时域中的卷积转换为变换域中的乘积。

【例 4.2-14】 图 4.2-2(a)所示的为 $t=0$ 时接入的周期性矩形脉冲 $f(t)$,求其象函数。

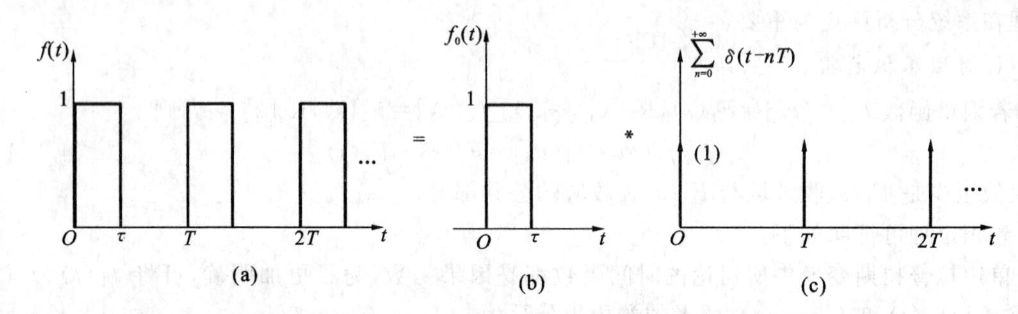

图 4.2-2 例 4.2-14 图

解 取有始周期函数 $f(t)$在第一个周期内的函数为 $f_0(t)$,如图 4.2-2(b)所示。根据卷积积分的原理,有始周期函数可表示为

$$f(t)=f_0(t)*\sum_{n=0}^{+\infty}\delta(t-nT)$$

$\sum_{n=0}^{+\infty}\delta(t-nT)$ 的图形如图 4.2-2(c)所示。应用卷积定理可得

$$F(s)=L[f(t)]=L[f_0(t)]\cdot L[\sum_{n=0}^{+\infty}\delta(t-nT)]=\frac{F_0(s)}{1-\mathrm{e}^{-sT}}$$

下面求矩形脉冲 $f_0(t)$的象函数。

$$f_0(t)=u(t)-u(t-\frac{\tau}{2})$$

所以 $$F_0(s)=L[f_0(t)]=\frac{1}{s}(1-\mathrm{e}^{-s\tau})$$

故有始周期信号 $f(t)$的象函数为

$$F(s)=\frac{1-\mathrm{e}^{-s\tau}}{s(1-\mathrm{e}^{-sT})}$$

八、s 域微分和积分

1. s 域微分

若 $L[f(t)]=F(s)$,$\mathrm{Re}[s]>\sigma_0$,则

$$L[(-t)f(t)]=\frac{\mathrm{d}f(s)}{\mathrm{d}s},\quad \mathrm{Re}[s]>\sigma_0 \tag{4.2-12}$$

$$L[(-t)^n f(t)]=\frac{\mathrm{d}^n F(s)}{\mathrm{d}s^n},\quad \mathrm{Re}[s]>\sigma_0 \tag{4.2-13}$$

证明 $$F(s)=\int_0^{+\infty}f(t)\mathrm{e}^{-st}\,\mathrm{d}t$$

上式两端对 s 求导数,得

$$\frac{\mathrm{d}f(s)}{\mathrm{d}s}=\int_0^{+\infty}f(t)\frac{\mathrm{d}}{\mathrm{d}s}\mathrm{e}^{-st}\mathrm{d}t=\int_0^{+\infty}(-t)f(t)\mathrm{e}^{-st}\mathrm{d}t=L[(-t)f(t)]$$

故得
$$L[(-t)f(t)]=\frac{\mathrm{d}f(s)}{\mathrm{d}s}$$

重复运用上述结果，可得

$$L[(-t)^n f(t)]=\frac{\mathrm{d}^n F(s)}{\mathrm{d}s^n}$$

通常，若 $f(t)$ 是 σ_0 指数阶的，则乘以 t 仍是 σ_0 指数阶的，故式(4.2-12)、式(4.2-13)的收敛域仍是 $\mathrm{Re}[s]>\sigma_0$。

2. s 域积分

若 $L[f(t)]=F(s)$，$\mathrm{Re}[s]>\sigma_0$，则

$$L[\frac{f(t)}{t}]=\int_s^{+\infty}F(\eta)\mathrm{d}\eta,\quad \mathrm{Re}[s]>\sigma_0 \tag{4.2-14}$$

证明
$$F(s)=\int_0^{+\infty}f(t)\mathrm{e}^{-st}\mathrm{d}t$$

上式两边求积分，交换积分顺序，得

$$\int_s^{+\infty}F(\eta)\mathrm{d}\eta=\int_s^{+\infty}[\int_0^{+\infty}f(t)\mathrm{e}^{-\eta t}\mathrm{d}t]\mathrm{d}\eta=\int_0^{+\infty}f(t)\int_s^{+\infty}[\mathrm{e}^{-\eta t}\mathrm{d}\eta]\mathrm{d}t$$
$$=\int_0^{+\infty}\frac{f(t)}{t}\mathrm{e}^{-st}\mathrm{d}t=L\left[\frac{f(t)}{t}\right]$$

故得
$$L\left[\frac{f(t)}{t}\right]=\int_s^{+\infty}F(\eta)\mathrm{d}\eta$$

显然这里的拉普拉斯变换应该存在，即 $\frac{f(t)}{t}$ 应在有限区间可积，并且是指数阶的。

【例 4.2-15】 求函数 $t^2\mathrm{e}^{-\alpha t}u(t)$ 的象函数。

解　令 $f(t)=\mathrm{e}^{-\alpha t}u(t)$，则 $F(s)=\frac{1}{s+\alpha}$，由 s 域微分性质得

$$L[t^2\mathrm{e}^{-\alpha t}u(t)]=L[(-t)^2\mathrm{e}^{-\alpha t}u(t)]=\frac{\mathrm{d}^2F(s)}{\mathrm{d}s^2}=\frac{2}{(s+\alpha)^3}$$

即
$$t^2\mathrm{e}^{-\alpha t}u(t)\leftrightarrow\frac{2}{(s+\alpha)^3}$$

【例 4.2-16】 求函数 $\frac{\sin t}{t}u(t)$ 的象函数。

解　由于 $\sin t u(t)\leftrightarrow\frac{1}{s^2+1}$，由 s 域积分性质得

$$L[\frac{\sin t}{t}u(t)]=\int_s^{+\infty}\frac{1}{\eta^2+1}\mathrm{d}\eta=\arctan\eta\Big|_s^{+\infty}=\frac{\pi}{2}-\arctan s=\arctan\frac{1}{s}$$

九、初值定理和终值定理

初值定理和终值定理常用于由 $F(s)$ 直接求 $f(0_+)$ 和 $f(+\infty)$，而不必求出原函数 $f(t)$。

1. 初值定理

为简单起见，设函数 $f(t)$ 不含 $\delta(t)$ 及其各阶导数，若 $f(t)\leftrightarrow F(s)$，$\mathrm{Re}[s]>\sigma_0$，则

$$f(0_+)=\lim_{t\to 0_+}f(t)=\lim_{s\to+\infty}sF(s) \tag{4.2-15}$$

$$f'(0_+)=\lim_{s\to+\infty}s[sF(s)-f(0_+)] \tag{4.2-16}$$

$$f''(0_+)=\lim_{s\to+\infty}s[s^2F(s)-sf(0_+)-f'(0_+)] \tag{4.2-17}$$

证明 由时域微分特性知，$f'(t)\leftrightarrow sF(s)-f(0_-)$，另一方面

$$\int_{0_-}^{+\infty}f'(t)\mathrm{e}^{-st}\mathrm{d}t=\int_{0_-}^{0_+}f'(t)\mathrm{e}^{-st}\mathrm{d}t+\int_{0_+}^{+\infty}f'(t)\mathrm{e}^{-st}\mathrm{d}t$$

考虑到$(0_-,0_+)$区间，$\mathrm{e}^{-st}=1$，故

$$\int_{0_-}^{0_+}f'(t)\mathrm{e}^{-st}\mathrm{d}t=\int_{0_-}^{0_+}f'(t)\mathrm{d}t=f(0_+)-f(0_-)$$

而
$$\int_{0_-}^{+\infty}f'(t)\mathrm{e}^{-st}\mathrm{d}t=f(0_+)-f(0_-)+\int_{0_+}^{+\infty}f'(t)\mathrm{e}^{-st}\mathrm{d}t=sF(s)-f(0_-)$$

所以
$$sF(s)=f(0_+)+\int_{0_+}^{+\infty}f'(t)\mathrm{e}^{-st}\mathrm{d}t \tag{4.2-18}$$

对式(4.2-16)取$s\to+\infty$的极限，考虑到$\lim\limits_{s\to+\infty}\mathrm{e}^{-st}=0$，得

$$\lim_{s\to+\infty}sF(s)=f(0_+)+\lim_{s\to+\infty}\int_{0_+}^{+\infty}f'(t)\mathrm{e}^{-st}\mathrm{d}t=f(0_+)+\int_{0_+}^{+\infty}f'(t)[\lim_{s\to+\infty}\mathrm{e}^{-st}]\mathrm{d}t=f(0_+)$$

用类似的方法可推导出式(4.2-16)和式(4.2-17)。

关于初值定理，要特别注意所求得的初值是$f(t)$在$t=0_+$时刻的值，而不是$f(t)$在$t=0$或者$t=0_-$时刻的值。

另外，利用式(4.2-15)、式(4.2-16)、式(4.2-17)求函数$f(t)$的初值时，应注意它的应用条件。如果$F(s)$是有理代数式，则$F(s)$必须是真分式，即$F(s)$分子的阶次应低于分母的阶次。如果$F(s)$不是真分式，则应利用长除法，使$F(s)$中出现真分式项$F_0(s)$，而初值$f(0_+)$等于真分式$F_0(s)$之逆变换式$f_0(t)$的初值$f_0(0_+)$，即

$$f(0_+)=f_0(0_+)=\lim_{s\to+\infty}sF_0(s) \tag{4.2-19}$$

下面证明式(4.2-19)的正确性。

设对$F(s)$长除后有

$$F(s)=k_ms^m+k_{m-1}s^{m-1}+\cdots+k_0+F_0(s) \tag{4.2-20}$$

式中：$F_0(s)$为真分式。

对式(4.2-19)取逆变换

$$F(s)=k_m\delta^{(m)}(t)+k_{m-1}\delta^{(m-1)}(t)+\cdots+k_0\delta(t)+f_0(t)$$

其中冲激函数及其各阶导数在$t=0_+$时刻全部为0，于是$f(0_+)=f_0(0_+)$。

2. 终值定理

若$f(t)$在$t\to+\infty$时存在，$f(t)\leftrightarrow F(s)$，$\mathrm{Re}[s]>\sigma_0$，$\sigma_0<0$，且$sF(s)$的所有极点全在s平面的左半部分，则有

$$f(+\infty)=\lim_{t\to+\infty}f(t)=\lim_{s\to 0}sF(s) \tag{4.2-21}$$

证明 对式(4.2-18)取$s\to 0$的极限，由于

$$\lim_{s\to 0}\int_{0_+}^{+\infty} f'(t)\mathrm{e}^{-st}\mathrm{d}t = \int_{0_+}^{+\infty} f'(t)\lim_{s\to 0}\mathrm{e}^{-st}\mathrm{d}t = \int_{0_+}^{+\infty} f'(t)\mathrm{d}t = f(+\infty) - f(0_+)$$

故

$$\lim_{s\to 0} sF(s) = f(0_+) + \lim_{s\to 0}\int_{0_+}^{+\infty} f'(t)\mathrm{e}^{-st}\mathrm{d}t = f(0_+) + f(+\infty) - f(0_+) = f(+\infty)$$

于是得到

$$f(+\infty) = \lim_{t\to+\infty} f(t) = \lim_{s\to 0} sF(s)$$

应用终值定理也应注意它的使用条件，即只有在 $f(t)$ 的终值存在的情况下，才能利用式(4.2-21)求 $f(t)$ 的终值。$f(+\infty)$ 是否存在，可从 s 域作出判断。在第 7 章介绍了极点与时域波形的对应关系之后，上述判断可描述为：$F(s)$ 的极点全部在左半 s 平面或在 $s=0$ 处只有一阶极点，才能应用终值定理。若 $F(s)$ 的极点不满足该条件，则终值 $f(+\infty)$ 不存在。

【例 4.2-17】 如果 $f(t)$ 的象函数为 $F(s)$，求函数 $f(t)$ 的初值和终值。

(1) $F(s)=\dfrac{s^3+s^2+2s+1}{s^2+2s+1}$；

(2) $F(s)=\dfrac{s^2+2s+3}{(s+1)(s^2+4)}$。

解　(1) $F(s)$ 不是真分式，利用长除法求得

$$F(s) = s-1+\frac{3s+2}{s^2+2s+1}$$

于是初值

$$f(0_+) = \lim_{s\to+\infty} s\frac{3s+2}{s^2+2s+1} = 3$$

终值

$$f(+\infty) = \lim_{s\to 0} s\frac{3s+2}{s^2+2s+1} = 0$$

(2) 初值

$$f(0_+) = \lim_{s\to+\infty} s\frac{s^2+2s+3}{(s+1)(s^2+4)} = 1$$

由于 $F(s)$ 在 $\mathrm{j}\omega$ 轴上有一对共轭极点 $s=\pm\mathrm{j}2$，因此，$f(t)$ 不存在终值。

拉普拉斯变换的性质总结如表 4.2-1 所示。

表 4.2-1　单边拉普拉斯变换的性质

名称	时域　$f(t)\leftrightarrow F(s)$	s 域
定义	$f(t) = \dfrac{1}{2\pi\mathrm{j}}\int_{\sigma-\mathrm{j}\omega}^{\sigma+\mathrm{j}\omega} F(s)\mathrm{e}^{st}\mathrm{d}s$	$F(s) = \int_{-\infty}^{+\infty} f(t)\mathrm{e}^{-st}\mathrm{d}t, \sigma > \sigma_0$
线性	$a_1 f_1(t)+a_2 f_2(t)$	$a_1 F_1(s)+a_2 F_2(s), \sigma>\max(\sigma_1,\sigma_2)$
尺度变换	$f(at)$	$\dfrac{1}{a}F\left(\dfrac{s}{a}\right), \sigma>a\sigma_0$
时移	$f(t-t_0)\varepsilon(t-t_0)$	$\mathrm{e}^{-st_0}F(s), \sigma>\sigma_0$
	$f(at-b)\varepsilon(at-b), a>0, b\geqslant 0$	$\dfrac{1}{a}\mathrm{e}^{-\frac{b}{a}s}F\left(\dfrac{s}{a}\right), \sigma>a\sigma_0$

续表

名称	时域 $f(t)\leftrightarrow F(s)$	s 域
复频移	$f(t)e^{s_a t}$	$F(s-s_a),\sigma>\sigma_0+\sigma_a$
时域微分	$f^{(1)}(t)$	$sF(s)-f(0_-),\sigma>\sigma_0$
	$f^{(n)}(t)$	$s^nF(s)-\sum_{m=0}^{n-1}s^{n-1-m}f^{(m)}(0_-)$
时域积分	$\left(\int_{0_-}^{t}\right)^n f(x)\mathrm{d}x$	$\frac{1}{s^n}F(s),\sigma>\max(\sigma_0,0)$
	$f^{(-1)}(t)$	$\frac{1}{s}F(s)+\frac{1}{s}f^{(-1)}(0_-)$
	$f^{(-n)}(t)$	$\frac{1}{s^n}F(s)+\sum_{m=1}^{n}\frac{1}{s^{n-m+1}}f^{(-m)}(0_-)$
时域卷积	$f_1(t)*f_2(t)$	$F_1(s)F_2(s),\sigma>\max(\sigma_1,\sigma_2)$
时域相乘	$f_1(t)f_2(t)$	$\frac{1}{2\pi\mathrm{j}}\int_{c-\mathrm{j}\infty}^{c+\mathrm{j}\infty}F_1(\eta)F_2(s-\eta)\mathrm{d}\eta$ $\sigma>\sigma_1+\sigma_2,\sigma_1<c<\sigma-\sigma_2$
s 域微分	$(-t)^n f(t)$	$\frac{\mathrm{d}^nF(s)}{\mathrm{d}s^n}\cdot\sigma>\sigma_0$
s 域积分	$\frac{f(t)}{t}$	$\int_{s}^{+\infty}F(\eta)\mathrm{d}\eta,\sigma>\sigma_0$
初值定理	$f(0_+)=\lim_{s\to+\infty}sF(s)$，$F(s)$为真分式	
终值定理	$f(+\infty)=\lim_{s\to 0}sF(s)$，$s=0$ 在 $sF(s)$的收敛域内	

表注：①表中 σ_0 为收敛坐标；

② $f^{(n)}(t)\overset{\text{def}}{=}\frac{\mathrm{d}^nf(t)}{\mathrm{d}s^n},F^{(n)}(s)\overset{\text{def}}{=}\frac{\mathrm{d}^nF(s)}{\mathrm{d}s^n},f^{(-n)}(t)=\left(\int_{-\infty}^{t}\right)^n f(x)\mathrm{d}x,n\geqslant 0$。

4.3 拉普拉斯逆变换

前面已经讨论了由已知函数 $f(t)$求它的象函数 $F(s)$，但在实际应用中常会碰到与此相反的问题，即已知象函数 $F(s)$求它的原函数 $f(t)$，本节就来解决这个问题。

对于单边拉普拉斯变换，由式(4.1-8)知，象函数 $F(s)$的拉普拉斯逆变换为

$$k_2=(s+1)F(s)\Big|_{s=-1}=\frac{10\times(-1+2)\times(-1+5)}{-1\times(-1+3)}=-20$$

$$k_3=(s+3)F(s)\Big|_{s=-3}=\frac{10\times(-3+2)\times(-3+5)}{-3\times(-3+1)}=-\frac{10}{3}$$

所以
$$F(s)=\frac{100}{3s}-\frac{20}{s+1}-\frac{10}{3(s+3)}$$

故
$$f(t)=\frac{100}{3}-20\mathrm{e}^{-t}-\frac{10}{3}\mathrm{e}^{-3t},\quad t\geqslant 0$$

以上讨论中，假定 $F(s)=\dfrac{B(s)}{A(s)}$ 为真分式，即 $m<n$，如果不满足此条件，可用长除法将分子中的高次项提出，余下的部分满足 $m<n$，仍按以上方法分析，下面给出实例。

【例 4.3-4】 求 $F(s)=\dfrac{s^3+5s^2+9s+7}{(s+1)(s+2)}$ 的拉普拉斯逆变换。

解　用分子除以分母（长除法）得到

$$F(s)=s+2+\frac{s+3}{(s+1)(s+2)}$$

上式中最后一项满足 $m<n$，可按部分分式展开法求解得到

$$F(s)=s+2+\frac{2}{s+1}-\frac{1}{s+2}$$

则
$$f(t)=\delta'(t)+2\delta(t)+2\mathrm{e}^{-t}-\mathrm{e}^{-2t},\quad t\geqslant 0$$

2. $F(s)$ 有共轭单极点

这种情况仍可用上述实数极点求分解系数的方法，当然，计算要麻烦些，但根据共轭复数的特点可以有一些取巧的方法。

例如，考虑下式函数的分解

$$F(s)=\frac{B(s)}{A(s)}=\frac{B(s)}{D(s)[(s+\alpha)^2+\beta^2]}=\frac{B(s)}{D(s)(s+\alpha-\mathrm{j}\beta)(s+\alpha+\mathrm{j}\beta)}$$

式中：共轭极点出现在 $-\alpha\pm\mathrm{j}\beta$ 处；$D(s)$ 表示分母多项式中的其余部分。

引入符号 $F_1(s)=\dfrac{B(s)}{D(s)}$，则上式可改写为

$$F(s)=\frac{F_1(s)}{(s+\alpha-\mathrm{j}\beta)(s+\alpha+\mathrm{j}\beta)}=\frac{k_1}{s+\alpha-\mathrm{j}\beta}+\frac{k_2}{s+\alpha+\mathrm{j}\beta}+\cdots \tag{4.3-5}$$

$$k_1=(s+\alpha-\mathrm{j}\beta)F(s)\Big|_{s=-\alpha+\mathrm{j}\beta}=\frac{F_1(-\alpha+\mathrm{j}\beta)}{2\mathrm{j}\beta} \tag{4.3-6}$$

不难看出 k_1 与 k_2 为共轭关系，所以

$$k_2=k_1^* \tag{4.3-7}$$

如果把式(4.3-5)中共轭复数极点有关部分的逆变换以 $f_c(t)$ 表示，则

$$f_c(t)=L^{-1}\left[\frac{k_1}{s+\alpha-\mathrm{j}\beta}+\frac{k_2}{s+\alpha+\mathrm{j}\beta}\right]=\mathrm{e}^{-\alpha t}(k_1\mathrm{e}^{\mathrm{j}\beta t}+k_1^*\mathrm{e}^{-\mathrm{j}\beta t}) \tag{4.3-8}$$

设 $k_1=A+\mathrm{j}B$，则 $k_1^*=A-\mathrm{j}B$，于是式(4.3-8)可化简为

$$f_c(t)=2\mathrm{e}^{-\alpha t}[A\cos(\beta t)-B\sin(\beta t)] \tag{4.3-9}$$

【例 4.3-5】 求 $F(s)=\dfrac{s^2+3}{(s^2+2s+5)(s+2)}$ 的拉普拉斯逆变换。

解
$$F(s)=\frac{s^2+3}{(s+1+2\mathrm{j})(s+1-2\mathrm{j})(s+2)}$$
$$=\frac{k_1}{s+2}+\frac{k_2}{s+1-2\mathrm{j}}+\frac{k_2{}^*}{s+1+2\mathrm{j}}$$

分别求系数 k_1、k_2：

$$k_1=(s+2)F(s)\Big|_{s=-2}=\frac{7}{5}$$

$$k_2=(s+1-2\mathrm{j})F(s)\Big|_{s=-1+2\mathrm{j}}=\frac{s^2+3}{(s+1+2\mathrm{j})(s+2)}\Big|_{s=-1+2\mathrm{j}}=\frac{-1+2\mathrm{j}}{5}$$

即 $A=\frac{-1}{5}, B=\frac{2}{5}, \alpha=1, \beta=2$。

利用式(4.3-9)可得到 $F(s)$的逆变换式为

$$f(t)=\frac{7}{5}\mathrm{e}^{-2t}-2\mathrm{e}^{-t}\left[\frac{1}{5}\cos(2t)+\frac{2}{5}\sin(2t)\right],\quad t\geqslant 0$$

另外，对于$\frac{As+B}{s^2+bs+c}$，$b^2-4c<0$ 的形式，也可用配方法求得，下面举例说明。

【例 4.3-6】 求 $F(s)=\frac{s+3}{(s^2+2s+4)(s+1)}$的拉普拉斯逆变换。

解 $F(s)$可展开成如下形式：

$$F(s)=\frac{s+3}{(s^2+2s+4)(s+1)}=\frac{A}{s+1}+\frac{Bs+C}{s^2+2s+4}$$

$$A=(s+1)F(s)\Big|_{s=-1}=\frac{s+3}{s^2+2s+4}\Big|_{s=-1}=\frac{2}{3}$$

然后再利用待定系数法确定系数 B 和 C：

$$\frac{s+3}{(s^2+2s+4)(s+1)}=\frac{2/3}{s+1}+\frac{Bs+C}{s^2+2s+4}=\frac{\frac{2}{3}(s^2+2s+4)+(Bs+C)(s+1)}{(s+1)(s^2+2s+4)}$$

由方程两端分子的对应项相等，得

$$B=-\frac{2}{3},\quad C=\frac{1}{3}$$

所以
$$F(s)=\frac{\frac{2}{3}}{s+1}+\frac{-\frac{2}{3}s+\frac{1}{3}}{s^2+2s+4}$$

应用配方法得

$$F(s)=\frac{\frac{2}{3}}{s+1}-\frac{\frac{2}{3}(s+1)}{(s+1)^2+(\sqrt{3})^2}+\frac{\sqrt{3}}{3}\frac{\sqrt{3}}{(s+1)^2+(\sqrt{3})^2}$$

其逆变换为

$$f(t)=\frac{2}{3}\mathrm{e}^{-t}-\frac{2}{3}\mathrm{e}^{-t}\cos(\sqrt{3}t)+\frac{\sqrt{3}}{3}\mathrm{e}^{-t}\sin(\sqrt{3}t),\quad t\geqslant 0$$

3. *$F(s)$有重极点(特征根为重根)*

如果 $A(s)=0$ 在 $s=s_1$ 处有 r 重根，即 $s_1=s_2=\cdots=s_r$，而其余$(n-r)$个根 $s_{r+1},\cdots,s_n$ 都不

等于 s_1，则象函数 $F(s)$ 的展开式可写为

$$\begin{aligned} F(s) &= \frac{B(s)}{A(s)} = \frac{k_{11}}{(s-s_1)^r} + \frac{k_{12}}{(s-s_1)^{r-1}} + \cdots + \frac{k_{1r}}{s-s_1} + \frac{B_2(s)}{A_2(s)} \\ &= \sum_{i=1}^{r} \frac{k_{1r}}{(s-s_1)^{r+1-i}} + \frac{B_2(s)}{A_2(s)} = F_1(s) + F_2(s) \end{aligned} \tag{4.3-10}$$

式中：$F_2(s)=\dfrac{B_2(s)}{A_2(s)}$是除重根以外的项，且当 $s=s_1$ 时，$A_2(s_1)\neq 0$。

各系数 $k_{1i}(i=1,2,\cdots,r)$可这样求得，将式(4.3-10)等号两端同乘以$(s-s_1)^r$，得

$$(s-s_1)^r F(s)=k_{11}+(s-s_1)k_{12}+\cdots+(s-s_1)^{i-1}k_{1i}+\cdots+(s-s_1)^{r-1}k_{1r}+(s-s_1)^r\frac{B_2(s)}{A_2(s)} \tag{4.3-11}$$

令 $s=s_1$，得

$$k_{11}=\left[(s-s_1)^r F(s)\right]\Big|_{s=s_1} \tag{4.3-12}$$

将式(4.3-11)对 s 求导数，得

$$\begin{aligned} &\frac{\mathrm{d}}{\mathrm{d}s}\left[(s-s_1)^r F(s)\right] \\ &= k_{12}+\cdots+(i-1)(s-s_1)^{i-2}k_{1i}+\cdots+(r-1)(s-s_1)^{r-2}k_{1r}+\frac{\mathrm{d}}{\mathrm{d}s}\left[(s-s_1)^r\frac{B_2(s)}{A_2(s)}\right] \end{aligned}$$

令 $s=s_1$，得

$$k_{12}=\frac{\mathrm{d}}{\mathrm{d}s}\left[(s-s_1)^r F(s)\right]\Big|_{s=s_1} \tag{4.3-13}$$

依此类推，可得

$$k_{1i}=\frac{1}{(i-1)!}\frac{\mathrm{d}^{i-1}}{\mathrm{d}s^{i-1}}\left[(s-s_1)^r F(s)\right]\Big|_{s=s_1} \tag{4.3-14}$$

式中：$i=1,2,3,\cdots,r$。

由于 $L^{-1}[t^n\varepsilon(t)]=\dfrac{n!}{s^{n+1}}$，利用复频域特性，可得

$$L^{-1}\left[\frac{1}{(s-s_1)^{n+1}}\right]=\frac{1}{n!}t^n\mathrm{e}^{s_1 t}u(t) \tag{4.3-15}$$

于是，式(4.3-10)中重根部分象函数 $F_1(s)$ 的原函数为

$$f_1(t)=L^{-1}\left[\sum_{i=1}^{r}\frac{K_{1i}}{(s-s_1)^{r+1-i}}\right]=\left[\sum_{i=1}^{r}\frac{K_{1i}}{(r-i)!}t^{r-i}\right]\mathrm{e}^{s_1 t}u(t) \tag{4.3-16}$$

【例 4.3-7】 求 $F(s)=\dfrac{s+3}{(s+1)^3(s+2)}$的原函数 $f(t)$。

解　$A(s)=0$ 有三重根 $s_1=s_2=s_3=-1$ 和单根 $s_4=-2$，故 $F(s)$可展开成

$$F(s)=\frac{s+3}{(s+1)^3(s+2)}=\frac{k_{11}}{(s+1)^3}+\frac{k_{12}}{(s+1)^2}+\frac{k_{13}}{s+1}+\frac{k_4}{s+2}$$

下面求系数 $k_{1i}(i=1,2,3)$和 k_4。

$$k_{11}=\left[(s+1)^3F(s)\right]\Big|_{s=-1}=2$$

$$k_{12}=\frac{\mathrm{d}}{\mathrm{d}s}[(s+1)^3F(s)]\bigg|_{s=-1}=-1$$

$$k_{13}=\frac{1}{2!}\frac{\mathrm{d}^2}{\mathrm{d}s^2}[(s+1)^3F(s)]\bigg|_{s=-1}=1$$

$$k_4=[(s+2)F(s)]\bigg|_{s=-2}=-1$$

所以
$$F(s)=\frac{2}{(s+1)^3}-\frac{1}{(s+1)^2}+\frac{1}{s+1}-\frac{1}{s+2}$$

取逆变换得

$$f(t)=[(t^2-t+1)\mathrm{e}^{-t}-\mathrm{e}^{-2t}]u(t)$$

【例 4.3-8】 求象函数 $F(s)=\dfrac{1-\mathrm{e}^{-2s}}{s+1}$ 的原函数 $f(t)$。

解 将 $F(s)$ 改写为

$$F(s)=\frac{1}{s+1}-\frac{1}{s+1}\mathrm{e}^{-2s}$$

由于
$$\mathrm{e}^{-t}u(t)\leftrightarrow\frac{1}{s+1}$$

根据延时特性有

$$\mathrm{e}^{-(t-2)}u(t-2)\leftrightarrow\frac{1}{s+1}\mathrm{e}^{-2s}$$

再利用线性性质，求得 $F(s)$ 的原函数为

$$f(t)=\mathrm{e}^{-t}u(t)-\mathrm{e}^{-(t-2)}u(t-2)$$

【例 4.3-9】 求象函数 $F(s)=\dfrac{s+2}{s^2+2s+2}$ 的原函数 $f(t)$。

解 将 $F(s)$ 改写为

$$F(s)=\frac{s+1}{(s+1)^2+1}+\frac{1}{(s+1)^2+1}$$

由正余弦函数的拉普拉斯变换对及复频域位移特性，得

$$f(t)=\mathrm{e}^{-t}\cos tu(t)+\mathrm{e}^{-t}\sin tu(t)$$

特别需要强调的是，在根据已知象函数求原函数时，应注意运用拉普拉斯变换的各种性质和常用的变换对。

4.4 从 s 域分析 LTI 连续系统

拉普拉斯变换是分析线性连续系统的有力数学工具，它将描述系统的时域微积分方程变换为 s 域的代数方程，便于运算和求解；同时它将系统的初始状态自然地包含于象函数方程中，既可分别求得零输入响应、零状态响应，又可一举求得系统的全响应。本节讨论拉普拉斯变换用于 LTI 系统分析的一些问题。

4.4.1 从 s 域求解微分方程

LTI 连续系统的数学模型是常系数微分方程。第 2 章已经讨论了微分方程的时域解法，

求解过程较为烦琐，而这里是用拉普拉斯变换求解微分方程，求解过程简单明了，方便易行。

利用拉普拉斯变换求系统响应，需首先将系统输入与输出关系的微分方程进行拉普拉斯变换，得到一个代数方程，求出其解(复频域)后，经拉普拉斯逆变换即可得到时域解。在求解过程中自动包含了系统起始状态的作用。利用这种方法，可以很方便地求出系统的零输入响应与零状态响应。由拉普拉斯变换将微分方程转换为代数方程的求解过程的原理如图 4.4-1 所示。

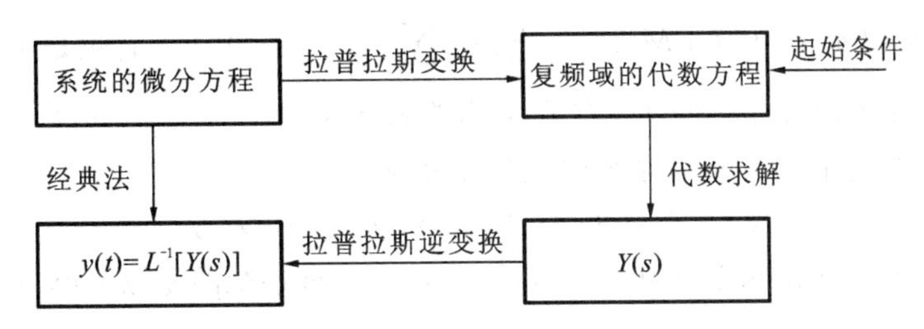

图 4.4-1　用拉普拉斯变换法求解微分方程的过程

下面以二阶常系数线性微分方程为例，说明这种方法的求解过程。

设 LTI 系统的激励为 $f(t)$，响应为 $y(t)$，描述二阶系统的微分方程的一般形式为

$$\begin{cases} y''(t)+py'(t)+qy(t)=f(t) \\ y(0_-)=A, y'(0_-)=B \end{cases} \tag{4.4-1}$$

式中：系数 p、q 为实数；$y(0_-)$、$y'(0_-)$为初始状态。

令 $L[f(t)]=F(s)$，$L[y(t)]=Y(s)$，根据时域微分定理，$y'(t)$、$y''(t)$的拉普拉斯变换为

$$L[y'(t)]=sY(s)-y(0_-)$$

$$L[y''(t)]=s^2Y(s)-sy(0_-)-y'(0_-)$$

取式(4.4-1)的拉普拉斯变换，得

$$s^2Y(s)-sy(0_-)-y'(0_-)+p[sY(s)-y(0_-)]+qY(s)=F(s)$$

由上式可解得

$$Y(s)=\frac{(s+p)y(0_-)}{s^2+ps+q}+\frac{y'(0_-)}{s^2+ps+q}+\frac{F(s)}{s^2+ps+q} \tag{4.4-2}$$

由式(4.4-2)可以看出，其前两项仅与初始状态有关而与激励无关，因而是零输入响应 $y_{zi}(t)$的象函数，记为 $Y_{zi}(s)$；其第三项仅与激励有关，而与系统的初始状态无关，因而是零状态响应 $y_{zs}(t)$的象函数，记为 $Y_{zs}(s)$。于是式(4.4-2)可写为

$$Y(s)=Y_{zi}(s)+Y_{zs}(s) \tag{4.4-3}$$

其中，

$$Y_{zi}(s)=\frac{(s+p)y(0_-)}{s^2+ps+q}+\frac{y'(0_-)}{s^2+ps+q} \tag{4.4-4}$$

$$Y_{zs}(s)=\frac{F(s)}{s^2+ps+q} \tag{4.4-5}$$

取上式的逆变换，得系统的全响应

$$y(t)=y_{zi}(t)+y_{zs}(t) \tag{4.4-6}$$

依此类推，描述 n 阶系统的微分方程的一般形式为

$$\sum_{i=0}^{n}a_i y^{(i)}(t)=\sum_{j=0}^{m}b_j f^{(j)}(t) \tag{4.4-7}$$

式中：系数 $a_i(i=0,1,\cdots,n)$、$b_j(j=0,1,\cdots,m)$ 均为实数。

设系统的初始状态为 $y(0_-),y^{(1)}(0_-),\cdots,y^{(n-1)}(0_-)$，则响应的象函数为

$$Y(s)=\frac{M(s)}{A(s)}+\frac{B(s)}{A(s)}F(s) \tag{4.4-8}$$

式中：$A(s)=\sum_{i=0}^{n}a_is^i$ 是式(4.4-4)的特征多项式；$B(s)=\sum_{j=0}^{m}b_js^j$；多项式 $A(s)$ 和 $B(s)$ 的系数仅与微分方程的系数 a_i、b_j 有关；$M(s)=\sum_{i=0}^{n}a_i[\sum_{p=0}^{i-1}s^{i-1-p}y^{(p)}(0_-)]$，它也是 s 的多项式，其系数与 a_i 和响应的各初始状态 $y^{(p)}(0_-)$ 有关，而与激励无关。

【例 4.4-1】 描述某 LTI 连续系统的微分方程为

$$y''(t)+3y'(t)+2y(t)=2f'(t)+6f(t)$$

已知输入 $f(t)=u(t)$，初始状态 $y(0_-)=2,y'(0_-)=1$。求系统的零输入响应、零状态响应和全响应。

解 根据式(4.4-4)并代入初始条件得

$$Y_{zi}(s)=\frac{(s+p)y(0_-)}{s^2+ps+q}+\frac{y'(0_-)}{s^2+ps+q}=\frac{(s+3)\times 2}{s^2+3s+2}+\frac{1}{s^2+3s+2}=\frac{2s+7}{(s+1)(s+2)}$$

取其拉普拉斯逆变换有

$$y_{zi}(t)=(5e^{-t}-3e^{-2t})u(t)$$

因为 $F(s)=L[f(t)]=\frac{1}{s}$，根据时域微分性质得

$$2f'(t)+6f(t)\leftrightarrow(2s+6)F(s)$$

根据式(4.4-5)并将上式代入得

$$Y_{zs}(s)=\frac{(2s+6)F(s)}{s^2+ps+q}=\frac{(2s+6)\frac{1}{s}}{s^2+3s+2}=\frac{2s+6}{s(s+1)(s+2)}$$

取其拉普拉斯逆变换有

$$y_{zs}(t)=(3-4e^{-t}+e^{-2t})u(t)$$

系统的全响应为

$$y(t)=y_{zi}(t)+y_{zs}(t)=(3+e^{-t}-2e^{-2t})u(t)$$

在系统分析中，有时已知 $t=0_+$ 时刻的初始值，由于激励已经接入，而 $y_{zs}(t)$ 及其各阶导数 $t=0_+$ 时刻的值常不等于零，这时应设法求得初始状态 $y^{(i)}(0_-)=y_{zi}{}^{(i)}(0_-)(i=0,1,\cdots,n-1)$。

由于式(4.4-6)对任何 $t\geqslant 0$ 成立，故有

$$y^{(i)}(0_+)=y_{zi}{}^{(i)}(0_+)+y_{zs}{}^{(i)}(0_+) \tag{4.4-9}$$

在 0_- 时刻，显然有 $y_{zs}{}^{(i)}(0_-)=0$，因而 $y^{(i)}(0_-)=y_{zi}{}^{(i)}(0_-)$，对于零输入响应，应该有 $y_{zi}{}^{(i)}(0_-)=y_{zi}{}^{(i)}(0_+)$，于是有

$$y^{(i)}(0_-)=y_{zi}{}^{(i)}(0_-)=y_{zi}{}^{(i)}(0_+)=y^{(i)}(0_+)-y_{zs}{}^{(i)}(0_+) \tag{4.4-10}$$

【例 4.4-2】 描述某 LTI 系统的微分方程为

$$y''(t)+3y'(t)+2y(t)=2f'(t)+6f(t)$$

已知输入 $f(t)=u(t)$，初始状态 $y(0_+)=2,y'(0_+)=2$。求 $y(0_-)$ 和 $y'(0_-)$。

解　由于零状态响应与初始状态无关，所以可以用与例 4.4-1 相同的方法求得

$$y_{zs}(t)=(3-4e^{-t}+e^{-2t})u(t)$$

不难求得 $y_{zs}(0_+)=0, y'_{zs}(0_+)=2$。

由式(4.4-10)可求得

$$y(0_-)=y(0_+)-y_{zs}(0_+)=2$$

$$y'(0_-)=y'(0_+)-y'_{zs}(0_+)=0$$

【例 4.4-3】　描述某 LTI 系统的微分方程为

$$y''(t)+4y'(t)+4y(t)=f'(t)+3f(t)$$

已知输入 $f(t)=e^{-t}u(t), y(0_+)=1, y'(0_+)=3$。求系统的零输入响应和零状态响应。

解　(1)零状态响应为

$$Y_{zs}(s)=\frac{(s+3)F(s)}{s^2+ps+q}=\frac{(s+3)\frac{1}{s+1}}{s^2+4s+4}=\frac{s+3}{(s+1)(s+2)^2}=\frac{2}{s+1}-\frac{1}{(s+2)^2}-\frac{2}{s+2}$$

取其拉普拉斯逆变换有

$$y_{zs}(t)=[2e^{-t}-(t+2)e^{-2t}]u(t) \tag{4.4-11}$$

(2)零输入响应。

首先应根据 0_+ 时刻的值求出 0_- 时刻的值，由式(4.4-11)不难求得

$$y_{zs}(0_+)=0,\quad y'_{zs}(0_+)=1$$

则由式(4.4-10)得

$$y(0_-)=y(0_+)-y_{zs}(0_+)=1$$

$$y'(0_-)=y'(0_+)-y'_{zs}(0_+)=2$$

接下来用式(4.4-4)求零输入响应为

$$Y_{zi}(s)=\frac{(s+p)y(0_-)}{s^2+ps+q}+\frac{y'(0_-)}{s^2+ps+q}=\frac{(s+4)\times 1}{s^2+4s+4}+\frac{2}{s^2+4s+4}=\frac{s+6}{(s+2)^2}$$

$$=\frac{s+2+4}{(s+2)^2}=\frac{1}{s+2}+\frac{4}{(s+2)^2}$$

取其拉普拉斯逆变换有

$$y_{zi}(t)=(e^{-2t}+4te^{-2t})u(t)$$

4.4.2　系统函数

如前所述，描述 n 阶 LTI 系统的微分方程的一般形式为

$$\sum_{i=0}^{n}a_i y^{(i)}(t)=\sum_{j=0}^{m}b_j f^{(j)}(t)$$

设 $f(t)$ 是 $t=0$ 时接入的，则其零状态响应的象函数为

$$Y_{zs}(s)=\frac{B(s)}{A(s)}F(s)$$

式中：$F(s)$ 为激励 $f(t)$ 的象函数；$A(s)$、$B(s)$ 分别为

$$A(s)=\sum_{i=0}^{n}a_i s^i$$

$$B(s)=\sum_{j=0}^{m}b_js^j$$

系统函数 $H(s)$定义为系统的零状态响应的象函数 $Y_{zs}(s)$与激励的象函数 $F(s)$之比，即

$$H(s)=\frac{Y_{zs}(s)}{F(s)}=\frac{B(s)}{A(s)} \tag{4.4-12}$$

式(4.4-12)说明，由描述系统的微分方程容易写出该系统的系统函数，反之亦然。同时，系统函数只与系统的结构、元件参数有关，而与激励、初始状态无关。

引入系统函数的概念以后，系统零状态响应 $y_{zs}(t)$的象函数可写为

$$Y_{zs}(s)=H(s)F(s) \tag{4.4-13}$$

由冲激响应的定义可知，$h(t)$是输入 $f(t)$为 $\delta(t)$时的零状态响应，由于 $\delta(t)\leftrightarrow 1$，故系统的冲激响应 $h(t)$与系统函数 $H(s)$是拉普拉斯变换对，即

$$h(t)\leftrightarrow H(s) \tag{4.4-14}$$

系统的阶跃响应 $g(t)$是输入 $f(t)$为 $u(t)$时的零状态响应，由于 $u(t)\leftrightarrow\frac{1}{s}$，故有

$$g(t)\leftrightarrow\frac{1}{s}H(s) \tag{4.4-15}$$

【例 4.4-4】 描述某 LTI 系统的微分方程为 $y''(t)+2y'(t)+2y(t)=f'(t)+3f(t)$，求系统的冲激响应 $h(t)$和阶跃响应 $g(t)$。

解 对方程两边取拉普拉斯变换，得

$$s^2Y_{zs}(s)+2sY_{zs}(s)+2Y_{zs}(s)=sF(s)+3F(s)$$

根据系统函数的定义得

$$H(s)=\frac{Y_{zs}(s)}{F(s)}=\frac{s+3}{s^2+2s+2}=\frac{s+1+2}{(s+1)^2+1}=\frac{s+1}{(s+1)^2+1}+\frac{2}{(s+1)^2+1}$$

对上式取拉普拉斯逆变换得

$$h(t)=\mathrm{e}^{-t}(\cos t+2\sin t)u(t)$$

由式(4.4-15)可知

$$G(s)=\frac{1}{s}H(s)=\frac{s+3}{s(s^2+2s+2)}=\frac{\frac{3}{2}}{s}-\frac{\frac{3}{2}s+2}{s^2+2s+2}=\frac{\frac{3}{2}}{s}-\frac{\frac{3}{2}(s+1)}{(s+1)^2+1}-\frac{\frac{1}{2}}{(s+1)^2+1}$$

对上式取拉普拉斯逆变换得

$$g(t)=\frac{1}{2}[3-\mathrm{e}^{-t}(3\cos t+\sin t)]u(t)$$

【例 4.4-5】 已知当输入 $f(t)=\mathrm{e}^{-t}u(t)$时，某 LTI 系统的零状态响应为 $y_{zs}(t)=(3\mathrm{e}^{-t}-4\mathrm{e}^{-2t}+\mathrm{e}^{-3t})u(t)$，求描述该系统的微分方程。

解 由给定的 $f(t)$和 $y_{zs}(t)$可得

$$F(s)=L[f(t)]=\frac{1}{s+1}$$

$$Y_{zs}(s)=L[y_{zs}(t)]=\frac{1}{s+1}-\frac{4}{s+2}+\frac{1}{s+3}=\frac{2(s+4)}{(s+1)(s+2)(s+3)}$$

系统函数

$$H(s)=\frac{Y_{zs}(s)}{F(s)}=\frac{2(s+4)}{(s+2)(s+3)}=\frac{2s+8}{s^2+5s+6}$$

由 $H(s)$ 的分母、分子多项式的系数与系统微分方程的系数一一对应，可得描述系统的微分方程为

$$y''(t)+5y'(t)+6y(t)=2f'(t)+8f(t)$$

4.4.3　系统的 s 域框图

在系统分析中也常遇到用时域框图描述的系统，这时可根据系统框图中各基本运算部件的运算关系列出描述该系统的微分方程，然后求该方程的解（用时域法或拉普拉斯变换法）。如果根据系统的时域框图画出求其相应的 s 域框图，就可直接按 s 域框图列写有关象函数的代数方程，然后解出相应的象函数，取其逆变换求得系统的响应，这将使运算简化。

对各种基本运算部件（数乘器、加法器、积分器）的输入、输出取拉普拉斯变换，并利用线性、积分等性质，可得各部件 s 域模型，如表 4.4-1 所示。

表 4.4-1　基本运算部件的 s 域模型

名　称	时 域 模 型	s 域 模 型
数乘器（标量乘法器）	$f(t)$ → (a) → $af(t)$ 或 $f(t)$ —a→ $af(t)$	$F(s)$ → (a) → $aF(s)$ 或 $F(s)$ —a→ $aF(s)$
加法器	$f_1(t)$ (+), $f_2(t)$ (±) → Σ → $f_1(t)\pm f_2(t)$	$F_1(s)$ (+), $F_2(s)$ (±) → Σ → $F_1(s)\pm F_2(s)$
积分器	$f(t)$ → ∫ → $\int_{-\infty}^{t} f(x)\mathrm{d}x$	$F(s)$ → $\frac{1}{s}$ → Σ（+ $\frac{f^{(-1)}(0_-)}{s}$）→ $\frac{F(s)}{s}+\frac{f^{(-1)}(0_-)}{s}$
积分器（零状态）	$f(t)$ / $g'(t)$ → ∫ → $\int_{0}^{t} f(x)\mathrm{d}x$ / $g(t)$	$F(s)$ / $sG(s)$ → $\frac{1}{s}$ → $\frac{F(s)}{s}$ / $G(s)$

由于含初始状态的框图比较复杂，而且通常最关心的是系统的零状态响应，因此常采用零状态的 s 域框图。这时系统的时域框图与其 s 域框图形式上相同，因而使用简便，当然也给求零输入响应带来不便。

【例 4.4-6】　某 LTI 系统的时域框图如图 4.4-2(a)所示，已知输入 $f(t)=u(t)$，求零状态响应 $y_{zs}(t)$。

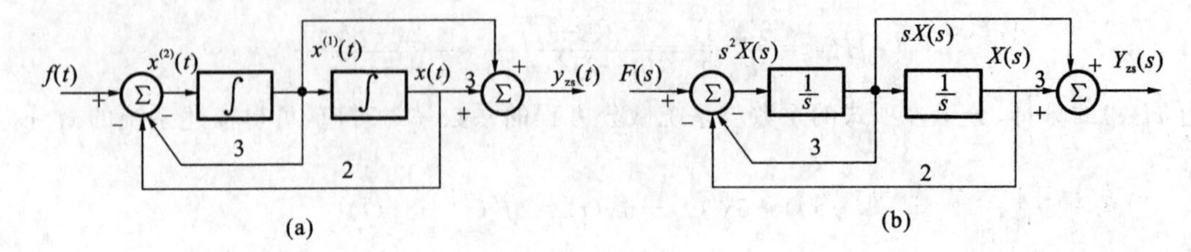

图 4.4-2　例 4.4-6 图

(a)时域框图；(b)s 域框图

解　画出该系统的 s 域框图如图 4.4-2(b)所示，设最右边的积分器的输出为中间变量 $X(s)$，则最后边积分器的输入为 $sX(s)$，最左边的积分器的输入为 $s^2X(s)$，由左边的加法器可列写方程

$$s^2X(s)=F(s)-3sX(s)-2X(s)$$

移项得

$$s^2X(s)+3sX(s)+2X(s)=F(s) \tag{4.5-16}$$

由右边的加法器可列写方程

$$Y_{zs}(s)=sX(s)+3X(s) \tag{4.5-17}$$

由式(4.5-16)、式(4.5-17)消掉中间变量 $X(s)$，并将 $F(s)=\dfrac{1}{s}$代入可得

$$Y_{zs}(s)=\frac{s+3}{s^2+3s+2}F(s)=\frac{s+3}{s(s^2+3s+2)}=\frac{s+3}{s(s+1)(s+2)}$$

对上式取拉普拉斯逆变换得

$$y_{zs}(t)=(\frac{3}{2}-2\mathrm{e}^{-t}+\frac{1}{2}\mathrm{e}^{-2t})u(t)$$

4.4.4　电路的 s 域模型

在第 2 章中，我们学习了用列写微分方程取拉普拉斯变换的方法分析电路，虽然具有许多优点，但对于比较复杂的电路(回路或节点较多)，列写微分方程就较困难。实际上，在分析具体网络时，可不必列写电路的微分方程，根据原电路图就能画出其 s 域的模型，从而可根据基尔霍夫定律直接列出其象函数方程(代数方程)，并进一步解出网络的象函数。为此，我们来讨论基尔霍夫定律(KCL 或 KVL)在 s 域的形式，以及各电路元件在 s 域的模型。

基尔霍夫电流定律(KCL 方程)所表明的是：对任意节点，在同一时刻流入(或流出)该节点的电流的代数和恒等于零，即 $\sum i(t)=0$。对式 $\sum i(t)=0$ 进行拉普拉斯变换，根据拉普拉斯变换的线性性质可得 KCL 在 s 域的形式为

$$\sum I(s)=0 \tag{4.5-18}$$

式中：$I(s)$为各相应电流 $i(t)$的象函数。

式(4.5-18)表明，对于任意节点，流入(或流出)该节点的象电流的代数和恒等于零。式(4.5-18)仍称为基尔霍夫电流定律。

同理，可得基尔霍夫电压定律(KVL)在 s 域的形式为

$$\sum U(s)=0 \tag{4.5-19}$$

式中：$U(s)$为各相应支路电压 $u(t)$的象函数。

式(4.5-19)表明，沿任意闭合回路。各段象电压的代数和恒等于零。式(4.5-19)仍称为基尔霍夫电压定律。

下面讨论电阻、电感和电容等元件的 s 域模型。

对于线性时不变二端元件电阻、电感、电容，若规定其端电压 $u(t)$与电流 $i(t)$为关联参考方向，其相应的象函数分别为 $U(s)$和 $I(s)$，那么由拉普拉斯变换的线性性质及微分性质、积分性质可得到它们的 s 域模型。

1. 电阻

电阻 R 的时域电压、电流关系为 $U_R(t)=Ri_R(t)$，取拉普拉斯变换有

$$U_R(s)=RI_R(s) \tag{4.5-20}$$

电阻的 s 域框图如图 4.4-3(a)所示。

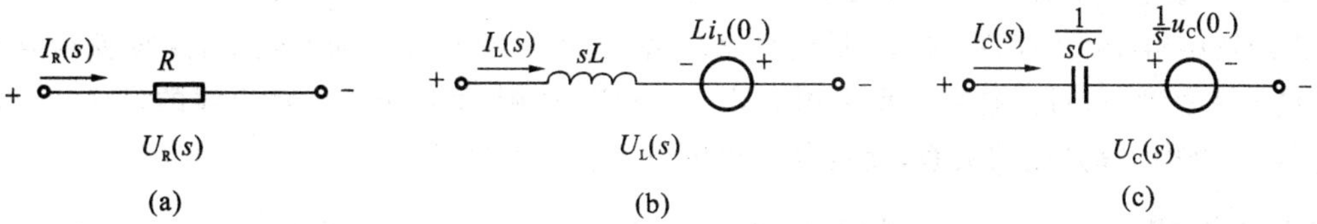

$I_R(s)$　R　$U_R(s)$　(a)
$I_L(s)$　sL　$Li_L(0_-)$　$U_L(s)$　(b)
$I_C(s)$　$\frac{1}{sC}$　$\frac{1}{s}u_C(0_-)$　$U_C(s)$　(c)

图 4.4-3　s 域电压源模型

(a)电阻；(b)电感；(c)电容

2. 电感

对于含有初始值 $i_L(0_-)$的电感 L，其时域的电压-电流关系为 $u_L(t)=L\dfrac{\mathrm{d}i_L(t)}{\mathrm{d}t}$，根据时域微分定理有

$$U_L(s)=sLI_L(s)-Li_L(0_-) \tag{4.5-21}$$

由式(4.5-21)可见，电感端电压的象函数等于两项之差，根据 KVL，它是两部分电压相串联，其第一项是 s 域感抗 sL 与象电流 $I_L(s)$的乘积；其第二项相当于某电压源的象函数 $Li_L(0_-)$，可称为内部象电压源。这样，电感 L 的 s 域电压源模型如图 4.4-3(b)所示。

将式(4.5-21)两边同除以 sL，并移项得

$$I_L(s)=\frac{1}{sL}U_L(s)+\frac{i_L(0_-)}{s} \tag{4.5-22}$$

根据 KCL，式(4.5-22)表明，象电流 $I(s)$等于两项之和，它由两部分电流并联组成，其第一项是感纳$\dfrac{1}{sL}$与象电压 $U_L(s)$的乘积，第二项是内部象电流源，电感的 s 域电流源模型如图 4.4-4(b)所示。

3. 电容

对于含有初始值 $u_C(0_-)$的电容 C，其时域的电压-电流关系为 $i_C(t)=C\dfrac{\mathrm{d}u_C(t)}{\mathrm{d}t}$，根据时域微分定理有

$$I_C(s)=sCU_C(s)-Cu_C(0_-) \tag{4.5-23}$$

这样，电容 C 的 s 域电流源模型如图 4.4-4(c)所示。

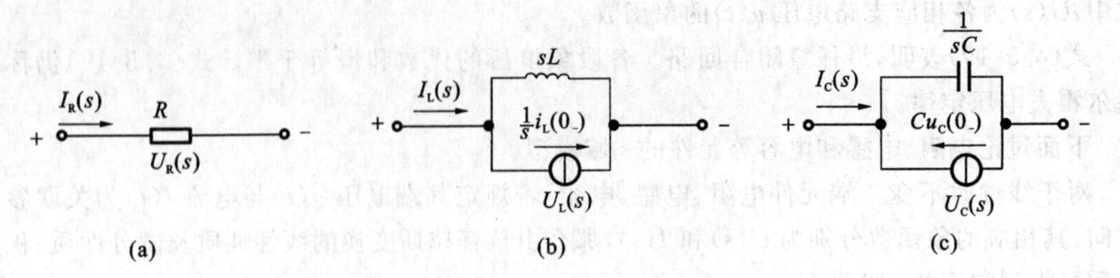

图 4.4-4　s 域电流源模型

(a)电阻；(b)电感；(c)电容

将式(4.5-23)两边同除以 sC，并移项得

$$U_C(s)=\frac{1}{sC}I_C(s)+\frac{u_C(0_-)}{s} \tag{4.5-24}$$

电容 C 的 s 域电压源模型如图 4.4-3(c)所示。

将网络中每个元件都用它的 s 域模型来代替，把信号源直接写为变换式，这样就得到全部网络的 s 域模型图，对此电路模型采用 KVL 和 KCL 分析，即可列出所需求解的变换式，这时，所进行的数学运算是代数关系，使得求解更为方便。

【例 4.4-7】 图 4.4-5 所示的电路中，已知 $E=28\ \text{V}$，$L=4\ \text{H}$，$C=\frac{1}{4}\ \text{F}$，$R_1=12\ \Omega$，$R_2=R_3=2\ \Omega$。$t=0$ 时将开关 S 断开，设开关断开前电路已稳定，求开关断开后其端电压 $y(t)$ 的零输入响应和零状态响应。

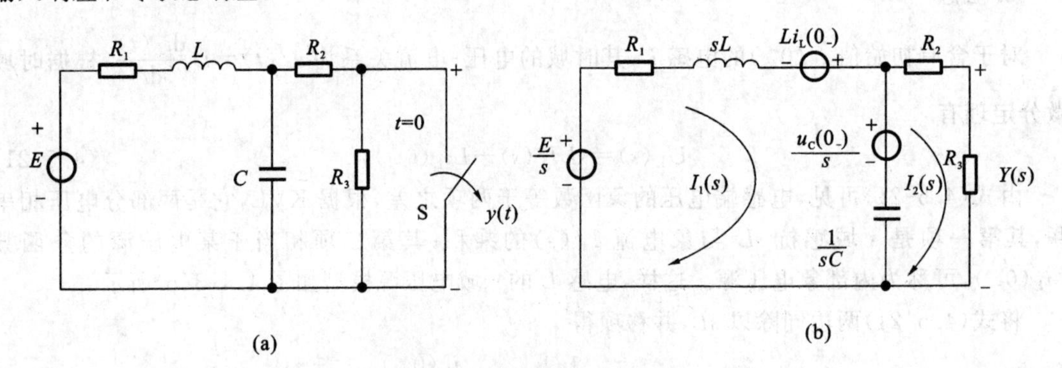

图 4.4-5　例 4.4-7 图

解　首先求出电容电压和电感电流的起始值 $u_C(0_-)$ 和 $i_L(0_-)$。在 $t=0_-$ 时，开关尚未断开，由图 4.4-5(a)可求得电容电压和电感电流分别为

$$u_C(0_-)=\frac{R_2}{R_1+R_2}E=4\ \text{V}$$

$$i_L(0_-)=\frac{E}{R_1+R_2}=2\ \text{A}$$

画出电路的 s 域模型如图 4.4-5(b)所示。

先求零状态响应，令 $u_C(0_-)=0$，$i_L(0_-)=0$，由图 4.4-5(b)列写回路方程，即

$$\left(R_1+sL+\frac{1}{sC}\right)I_1(s)-\frac{1}{sC}I_2(s)=\frac{E}{s}$$

$$-\frac{1}{sC}I_1(s)+(R_2+R_3+\frac{1}{sC})I_2(s)=0$$

将激励信号及各元件的参数代入上式，可得

$$(12+4s+\frac{4}{s})I_1(s)-\frac{4}{s}I_2(s)=\frac{28}{s}$$

$$-\frac{4}{s}I_1(s)+(4+\frac{4}{s})I_2(s)=0$$

求得

$$I_2(s)=\frac{7}{s(s^2+4s+4)}$$

所以

$$Y_{zs}(s)=R_3I_2(s)=\frac{14}{s(s^2+4s+4)}=\frac{7}{2s}-\frac{7}{2(s+2)}-\frac{7}{(s+2)^2}$$

取上式的拉普拉斯逆变换，得

$$y_{zs}(t)=3.5-(3.5+7t)\mathrm{e}^{-2t}u(t)$$

再求零输入响应，这时只要零激励信号等于零，即将图 4.4-5(b)中 E/s 短路，可列出回路方程

$$(R_1+sL+\frac{1}{sC})I_1(s)-\frac{1}{sC}I_2(s)=Li_L(0_-)-\frac{u_C(0_-)}{s}$$

$$-\frac{1}{sC}I_1(s)+(R_2+R_3+\frac{1}{sC})I_2(s)=\frac{u_C(0_-)}{s}$$

将元件的参数代入上式，用与求零状态响应类似的方法，可求出零输入响应的象函数为

$$Y_{zi}(s)=\frac{2s+10}{(s+2)^2}=\frac{2}{s+2}+\frac{6}{(s+2)^2}$$

取上式的拉普拉斯逆变换，得

$$y_{zi}(t)=(2+6t)\mathrm{e}^{-2t}u(t)$$

通过以上举例可以看出，用 s 域模型求响应的方法，不需要建立微分方程，就能求出零输入响应、零状态响应和全响应。

4.5 LTI 连续系统复频域分析的 MATLAB 实现

拉普拉斯变换是分析连续信号与系统的重要方法。运用拉普拉斯变换可以将 LTI 连续系统的时域模型简便地进行变换，经求解再还原为时域解。从数学角度看，拉普拉斯变换是求解常系数线性微分方程的工具。由拉普拉斯变换导出的系统函数对系统特性分析也具有重要意义。

一、拉普拉斯变换和拉普拉斯逆变换

连续时间信号 $f(t)$的拉普拉斯变换定义为

$$F(s)=\int_{-\infty}^{+\infty}f(t)\mathrm{e}^{-st}\,\mathrm{d}t$$

拉普拉斯逆变换定义为

$$f(t)=\frac{1}{2\pi\mathrm{j}}\int_{\sigma-\mathrm{j}\infty}^{\sigma+\mathrm{j}\infty}F(s)\mathrm{e}^{st}\,\mathrm{d}s$$

其中,$F(s)$称为$f(t)$的象函数,而$f(t)$称为$F(s)$的原函数。可以将拉普拉斯变换理解为广义的傅里叶变换。

考虑到实际问题,人们用物理手段和实验方法所能记录和处理的一切信号都是有起始时刻的,对于这类单边信号或因果信号,引入单边拉普拉斯变换,定义为

$$F(s)=\int_{0_-}^{+\infty} f(t)e^{-st}dt$$

如果连续信号$f(t)$可用符号表达式表示,则可用MATLAB的符号数学工具箱中的函数laplace()来实现其单边拉普拉斯变换,其语句格式为

$$\text{L}=\text{laplace(f)} \tag{4.5-1}$$

其中,L返回的是默认符号为自变量s的符号表达式;f为时域符号表达式,可通过函数sym()来定义。

【例4.5-1】 用MATLAB的函数laplace()求$f(t)=e^{-t}\sin(at)u(t)$的拉普拉斯变换。

解 MATLAB的源程序如下。

```
≫f=sym('exp(-t)*sin(a*t)');
≫L=laplace(f)
```

或

```
≫syms a t
≫L= laplace(exp(-t)*sin(a*t));
```

如果连续信号$f(t)$可用符号表达式表示,则可用MATLAB的符号数学工具箱中的函数ilaplace()来实现其拉普拉斯逆变换,其语句格式为

$$\text{f}=\text{ilaplace(L)} \tag{4.5-2}$$

其中,f返回的是默认符号为自变量t的符号表达式;L为s域符号表达式,也可通过函数sym()来定义。

【例4.5-2】 试用MATLAB的函数ilaplace()求$F(s)=\frac{s^2}{s^2+1}$的拉普拉斯逆变换。

解 MATLAB源程序如下。

```
≫F=sym('s^2/(s^2+1)');
≫ft=ilaplace(F)
```

或

```
≫syms s
≫ft=ilaplace(s^2/(s^2+1))
```

二、用MATLAB进行部分分式展开

用MATLAB函数residue()可以得到复杂有理分式$F(s)$的部分分式展开式,其调用格式为

$$[\text{r,p,k}]=\text{residue(num,den)} \tag{4.5-3}$$

其中,num、den分别为$F(s)$的分子和分母多项式的系数向量;r为部分分式的系数;p为极点;k为$F(s)$中整式部分的系数,若$F(s)$为有理真分式,则k=0。

【例 4.5-3】 用部分分式展开法求 $F(s)$ 的反变换

$$F(s)=\frac{s+2}{s^3+4s^2+3s}$$

解　其 MATLAB 程序如下。

```
format rat;
num=[1,2];
den=[1,4,3,0];
[r,p]=residue(num,den)
```

程序中 format rat 是将结果数据以分数形式显示。

$F(s)$ 可展开为

$$F(s)=\frac{\frac{2}{3}}{s}+\frac{-0.5}{s+1}+\frac{-\frac{1}{6}}{s+3}$$

所以，$F(s)$ 的反变换为

$$f(t)=\left[\frac{2}{3}-\frac{1}{2}e^{-t}-\frac{1}{6}e^{-3t}\right]u(t)$$

【例 4.5-4】 利用 MATLAB 部分分式展开法求 $F(s)=\dfrac{s-2}{s(s+1)^3}$ 的拉普拉斯逆变换。

解　$F(s)$ 的分母不是标准的多项式形式，可利用 MATLAB 的函数 conv() 将因子相乘的形式转换为多项式的形式，其 MATLAB 源程序如下。

```
>>B=[1,-2];
>>A=conv(conv([1,0],[1,1]),conv([1,1,[1,1]]));
>>[r,p]=residue(B,A)
```

程序运行结果略。

根据程序运行结果，$F(s)$ 可展开为

$$F(s)=\frac{2}{s+1}+\frac{2}{(s+1)^2}+\frac{3}{(s+1)^3}+\frac{-2}{s}$$

所以，$F(s)$ 的拉普拉斯逆变换为

$$f(t)=(2e^{-t}+2te^{-t}+1.5t^2e^{-t}-2)u(t)$$

三、用 MATLAB 分析 LTI 系统的特性

系统函数 $H(s)$ 通常是一个有理分式，其分子和分母均为多项式。计算 $H(s)$ 的零极点可以应用 MATLAB 中的函数 roots()，求出分子和分母多项式的根，然后用命令 plot 画图。

在 MATLAB 中还有一种更简便的方法画系统函数 $H(s)$ 的零极点分布图，即用函数 pzmap() 画图，其调用格式为

$$\text{pzmap(sys)} \tag{4.5-4}$$

其中，sys 表示 LTI 系统的模型，要借助函数 tf() 获得，其调用格式为

$$\text{sys}=\text{tf(b,a)} \tag{4.5-5}$$

其中，b、a 分别为系统函数 $H(s)$ 的分子和分母多项式的系数向量。

如果已知系统函数 $H(s)$，求系统的单位冲激响应 $h(t)$ 和频率响应 $H(\mathrm{j}\omega)$ 可以用以前介绍过的函数 impulse() 和 freqs()。

【例 4.5-5】 已知系统函数为

$$H(s)=\frac{1}{s^3+2s^2+2s+1}$$

试画出其零极点分布图，求系统的单位冲激响应 $h(t)$ 和频率响应 $H(\mathrm{j}\omega)$，并判断系统是否稳定。

解 其 MATLAB 程序如下。

```
num=[1];
den=[1,2,2,1];
sys=tf(num,den);
figure(1);pzmap(sys);
t=0:0.02:10;
h=impulse(num,den,t);
figure(2);plot(t,h);
title('Impulse Response');
[H,w]=freqs(num,den);
figure(3);plot(w,abs(H));
xlabel('\omega');
title('Magnitude Response');
```

四、拉普拉斯变换法求解微分方程

拉普拉斯变换法是分析 LTI 连续系统的重要手段。拉普拉斯变换将时域中的常系数线性微分方程变换为复频域中的线性代数方程，而且系统的起始条件同时体现在该代数方程中，因而大大简化了微分方程的求解。借助 MATLAB 符号数学工具箱实现拉普拉斯正反变换的方法可以求解微分方程，即求得系统的完全响应。

【例 4.5-6】 已知某 LTI 连续系统的微分方程为

$$y''(t)+3y'(t)+2y(t)=x(t)$$

且已知激励信号 $x(t)=4\mathrm{e}^{-2t}u(t)$，起始条件为 $y(0_-)=3$，$y'(0_-)=4$，求系统的零输入响应、零状态响应和全响应。

解 对原方程两边进行拉普拉斯变换，并利用起始条件，得

$$s^2Y(s)-sy(0_-)-y'(0_-)+3[sY(s)-y(0_-)]+2Y(s)=X(s)$$

将起始条件及激励变换代入整理可得

$$Y(s)=\frac{3s+13}{s^2+3s+2}+\frac{X(s)}{s^2+3s+2}$$

其中，第一项为零输入响应的拉普拉斯变换，第二项为零状态响应的拉普拉斯变换。利用 MATLAB 求其时域解，源程序如下。

```
>>syms t s
```

```
≫Yzis=(3*s+13)/(s^2+3*s+2);
≫yzi=ilaplace(Yzis);
yzi=
    -7*exp(-2*t)+10*exp(t);
≫xt=4*exp(-2*t)*Heaviside(t);
≫Xs=laplace(xt);
≫Yzss=Xs/(s^2+3*s+2);
≫yzs=ilaplace(Yzss);
yzs=
    4*(-1-t)*exp(-2*t)+4*exp(-t);
≫yt=simplify(yzi+yzs);
yt=
    -11*exp(-2*t)+14*exp(-t)-4*t*exp(-2*t)
```

系统的零输入响应为

$$y_{zi}(t)=(10e^{-t}-7e^{-2t})u(t)$$

系统的零状态响应为

$$y_{zs}(t)=(4e^{-t}-4te^{-t}-4e^{-2t})u(t)$$

系统的完全响应为

$$y(t)=y_{zi}(t)+y_{zs}(t)=(14e^{-t}-4te^{-2t}-11e^{-2t})u(t)$$

本章小结

1. 单边拉氏变换的定义

$$F(s)=\int_{0_-}^{+\infty} f(t)e^{-st}\,dt$$

$$f(t)=\frac{1}{2\pi j}\int_{\sigma-j\infty}^{\sigma+j\infty} F(s)e^{st}\,ds, t>0$$

积分下限定义为 $t=0_-$。因此，单位冲激函数 $\delta(t)\leftrightarrow 1$，求解微分方程时，初始条件取为 $t=0_-$。

2. 拉普拉斯变换收敛域

使得拉普拉斯变换存在的 s 平面上 σ 的取值范围称为拉普拉斯变换的收敛域。$f(t)$是有限长时，收敛域为整个 s 平面；$f(t)$是右边信号时，收敛域为 $\sigma<\sigma_0$ 的右边区域；$f(t)$是左边信号时，收敛域为 $\sigma<\sigma_0$ 的左边区域；$f(t)$是双边信号时，收敛域是 s 平面上一条带状区域。要说明的是，在讨论单边拉普拉斯变换时，只要 σ 取得足够大，就总能满足绝对可积条件，因此一般不写收敛域。

单边拉普拉斯变换，只要 σ 取得足够大，就能满足绝对可积条件，因此一般不写收敛域。

重难点：拉普拉斯正变换求解。

3. 常用信号的单边拉普拉斯变换

$e^{-\alpha t}u(t)\overset{L}{\leftrightarrow}\frac{1}{s+\alpha}$　　$\delta(t)\overset{L}{\leftrightarrow}1$　　$\delta^{(n)}(t)\overset{L}{\leftrightarrow}s^n$

$e^{\alpha t}u(t)\overset{L}{\leftrightarrow}\frac{1}{s-\alpha}$　　$u(t)\overset{L}{\leftrightarrow}\frac{1}{s}$　　$tu(t)\overset{L}{\leftrightarrow}\frac{1}{s^2}$

$\cos(\omega_0 t)u(t)\overset{L}{\leftrightarrow}\frac{s}{s^2+\omega_0^2}$　　$\sin(\omega_0 t)u(t)\overset{L}{\leftrightarrow}\frac{\omega_0}{s^2+\omega_0^2}$

4.拉普拉斯变换的性质

(1)尺度变换　$L[f(at)]=\frac{1}{a}F(\frac{s}{a})$, $a>0$, $\text{Re}[s]>a\sigma_0$

(2)时移性质　$L[f(t-t_0)u(t-t_0)]=e^{-st_0}F(s)$

(3)频域平移性质　$L[e^{-\alpha t}f(t)]=F(s+\alpha)$

(4)时域微分性质　$L[\frac{df(t)}{dt}]=sf(s)-f(0_-)$

(5)时域积分性质　$L[\int_{0_-}^{t}f(t)dt]=\frac{F(s)}{s}$

若 $L[f(t)]=F(s)$,则

$$L\left[\int_{-\infty}^{t}f(\tau)d\tau\right]=\frac{F(s)}{s}+\frac{f^{(-1)}(0_-)}{s}$$

(6)时域卷积定理　$f_1(t)*f_2(t)\leftrightarrow F_1(s)F_2(s)$

(7)周期信号,只要求出第一周期的拉普拉斯变换 $F_1(s)$,$F(s)=\frac{F_1(s)}{1-e^{-sT}}$

(8)频域微分性　$(-t)f(t)\leftrightarrow\frac{dF(s)}{ds}$

$$(-t)^n f(t)\leftrightarrow\frac{d^nF(s)}{ds^n}$$

(9)频域积分性　$\frac{f(t)}{t}\leftrightarrow\int_{s}^{+\infty}F(\eta)d\eta$

(10)初值定理　$f(0_+)=\lim_{t\to 0_+}f(t)=\lim_{s\to+\infty}sF(s)$

(11)终值定理

若 $f(t)$在 $t\to+\infty$时存在,并且 $f(t)\leftrightarrow F(s)$,$\text{Re}[s]>\sigma_0$,$\sigma_0<0$,则 $f(+\infty)=\lim_{s\to 0}sF(s)$。

拉普拉斯变换的性质及应用。

一般规律:有 t 相乘时,用频域微分性质。

有实指数 $e^{\alpha t}$ 相乘时,用频移性质。

分段直线组成的波形,用时域微分性质。

周期信号,只要求出第一周期的拉普拉斯变换 $F_1(s)$,$F(s)=\frac{F_1(s)}{1-e^{-sT}}$。

由于拉普拉斯变换均指单边拉普拉斯变换,对于非因果信号,在求其拉普拉斯变换时应当作因果信号处理。

5.拉普拉斯反变换求解(掌握部分分式展开法求解拉普拉斯逆变换的方法)

(1)单实根时　$\frac{K}{s+a}\leftrightarrow Ke^{-\alpha t}\varepsilon(t)$

(2)二重根时　$\frac{K}{(s+\alpha)^2}\leftrightarrow Kte^{-\alpha t}\varepsilon(t)$

6. 微分方程的拉普拉斯变换分析

当线性时不变系统用线性常系数微分方程描述时，可对方程取拉普拉斯变换，并代入初始条件，从而将时域方程转化为 s 域代数方程，求出响应的象函数，再对其求反变换得到系统的响应。

7. 动态电路的 s 域模型

由时域电路模型能正确画出 s 域电路模型，是用拉普拉斯变换分析电路的基础。

引入复频域阻抗后，电路定律的复频域形式与其相量形式相似。

8. 系统的零状态响应为

$$Y_{zs}(s)=H(s)F(s)$$

式中：$h(t)\leftrightarrow H(s)$；$H(s)$ 是冲激响应的象函数，称为系统函数。

系统函数定义为 $$H(s)=\frac{Y_{zs}(s)}{F(s)}$$

习　题　4

4-1　求下列函数的拉普拉斯变换。

(1) $1-e^{-\alpha t}$　　(2) $\sin t+2\cos t$

(3) te^{-2t}　　(4) $e^{-t}\sin(2t)$

(5) $(1+2t)e^{-t}$　　(6) $[1-\cos(\alpha t)]e^{-\beta t}$

(7) t^2+2t　　(8) $2\delta(t)-3e^{-7t}$

(9) $\cos^2(\omega t)$　　(10) $e^{-(t+\alpha)}\cos(\omega t)$

(11) $te^{-(t-2)}u(t-1)$　　(12) $t^2\cos(2t)$

4-2　求下列函数的拉普拉斯变换，注意阶跃函数的跳变时间。

(1) $f(t)=e^{-t}u(t-2)$　　(2) $f(t)=e^{-(t-2)}u(t-2)$

(3) $f(t)=e^{-(t-2)}u(t)$　　(4) $f(t)=\sin(2t)\ u(t-1)$

(5) $f(t)=(t-1)[u(t-1)-u(t-2)]$　　(6) $f(t)=t[u(t-1)-u(t-2)]$

4-3　已知因果函数 $f(t)$ 的象函数 $F(s)=\frac{1}{s^2-s+1}$，求下列函数的象函数。

(1) $e^{-t}f(\frac{t}{2})$　　(2) $e^{-3t}f(2t-1)$

(3) $te^{-2t}f(3t)$　　(4) $tf(2t-1)$

4-4　求下列函数的拉普拉斯逆变换。

(1) $\frac{4}{s(2s+3)}$　　(2) $\frac{3s}{(s+4)(s+2)}$

(3) $\frac{s+3}{(s+1)^3(s+2)}$　　(4) $\frac{1}{(s^2+3)^2}$

(5) $\frac{s}{(s+1)[(s+1)^2+4]}$　　(6) $\frac{e^{-s}}{4s(s^2+1)}$

4-5　试用拉普拉斯变换的时域卷积定理求下列函数的原函数。

(1) $\frac{1}{(s+\alpha)^2}$　　(2) $(\frac{1-e^{-s}}{s})^2$　　(3) $\frac{s}{(s+\alpha)(s^2+1)}$

4-6　求下列函数的原函数的初值和终值。

(1)$\frac{10(s+2)}{s(s+5)}$　　(2)$\frac{1}{(s+3)^2}$

(3)$\frac{s^3+s^2+2s+1}{s^2+2s+1}$　　(4)$\frac{s^2+2s+3}{(s+1)(s^2+\omega^2)}$

4-7　利用拉普拉斯变换法求解下述微分方程的零输入响应和零状态响应。

$$y''(t)+5y'(t)+6y(t)=3f(t)$$

(1)已知 $f(t)=u(t),y(0_-)=1,y'(0_-)=2$

(2)已知 $f(t)=e^{-t}u(t),y(0_-)=0,y'(0_-)=1$

4-8　描述某 LTI 系统的微分方程为

$$y''(t)+3y'(t)+2y(t)=f'(t)+4f(t)$$

(1)已知 $f(t)=u(t),y(0_-)=0,y'(0_-)=1$

(2)已知 $f(t)=e^{-2t}u(t),y(0_-)=1,y'(0_-)=1$

4-9　求下列方程描述的 LTI 系统的冲激响应和阶跃响应。

(1)$y''(t)+4y'(t)+3y(t)=f'(t)-3f(t)$

(2)$y''(t)+y'(t)+y(t)=f'(t)+f(t)$

4-10　已知系统函数 $H(s)=\frac{s^2+4s+5}{s^2+3s+2}$,若

(1)$f(t)=e^{-3t}u(t),y(0_-)=1,y'(0_-)=1$

(2)$f(t)=e^{-t}u(t),y(0_-)=0,y'(0_-)=0$

试求系统的全响应。

4-11　已知激励信号为 $f(t)=e^{-t}u(t)$,零状态响应为 $y(t)=(0.5e^{-t}-e^{-2t}+2e^{3t})u(t)$,求此系统的冲激响应。

4-12　已知系统的阶跃响应为 $g(t)=(1-e^{-2t})u(t)$,为使其零状态响应为

$$y(t)=(1-e^{-2t}-te^{-2t})u(t)$$

求激励信号 $f(t)$。

4-13　某系统的初始状态一定,已知输入 $f_1(t)=\delta(t)$时,全响应为 $y_1(t)=-3e^{-t}u(t)$;输入 $f_2(t)=u(t)$时,全响应为 $y_2(t)=(1-5e^{-t})u(t)$,试求输入 $f(t)=tu(t)$时的全响应 $y(t)$。

4-14　已知系统函数和初始状态如下,求系统的零输入响应。

(1)$H(s)=\frac{s+6}{s^2+5s+6},y(0_-)=1,y'(0_-)=1$

(2)$H(s)=\frac{s}{s^2+4},y(0_-)=0,y'(0_-)=1$

(3)$H(s)=\frac{s+4}{s(s^2+3s+2)},y(0_-)=1,y'(0_-)=1,y''(0_-)=1$

4-15　某 LTI 系统,当输入 $f(t)=e^{-t}u(t)$时,其零状态响应为

$$y_{zs}(t)=(e^{-t}-2e^{-2t}+3e^{-3t})u(t)$$

求该系统的阶跃响应 $g(t)$。

4-16　写出题 4-16 图所示的各 s 域框图所描述系统的系统函数 $H(s)$。

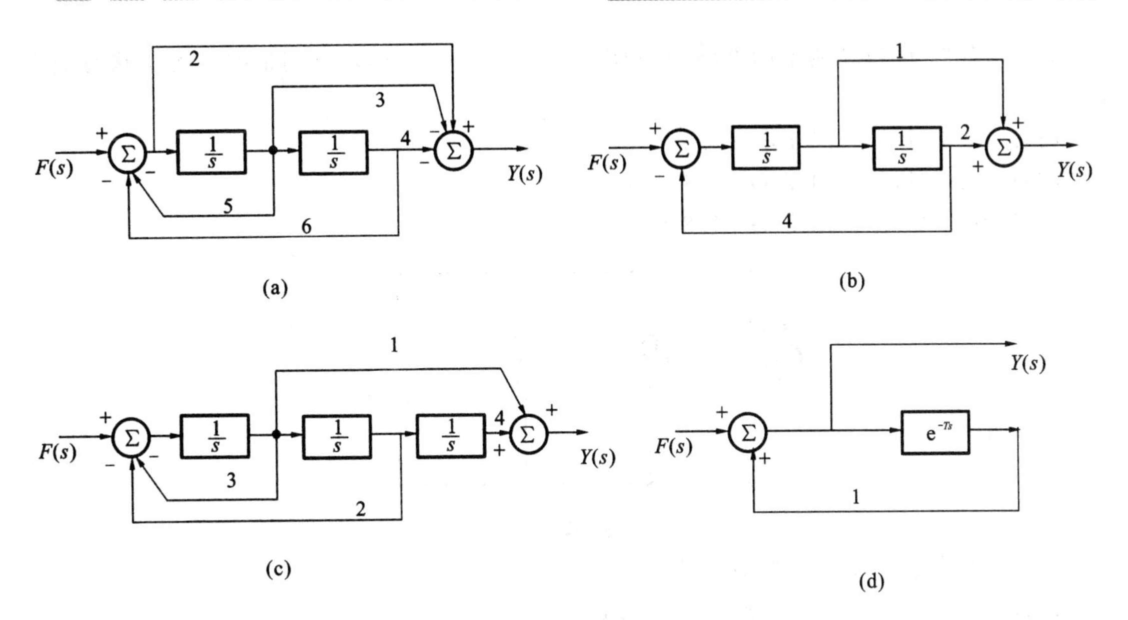

题 4-16 图

4-17　如题 4-17 图所示的复合系统，由 4 个子系统组合而成，若各子系统的系统函数或冲激响应分别为 $H_1(s)=\dfrac{1}{s+1}$，$H_2(s)=\dfrac{1}{s+2}$，$h_3(t)=u(t)$，$h_4(t)=\mathrm{e}^{-2t}u(t)$，求复合系统的冲激响应 $h(t)$。

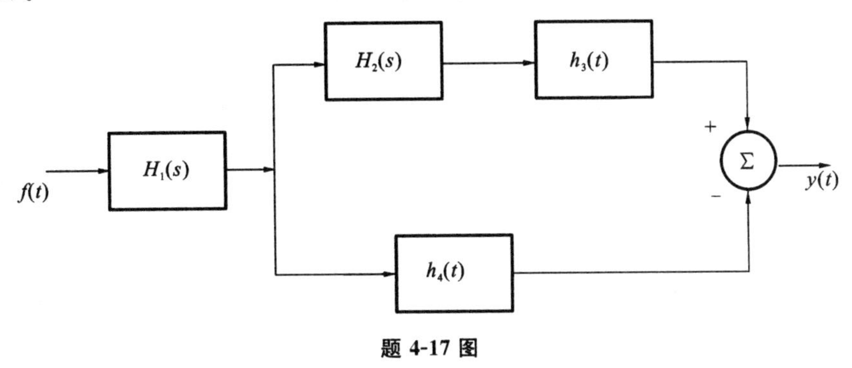

题 4-17 图

4-18　如题 4-17 图所示的复合系统，子系统的系统函数 $H_1(s)=\dfrac{1}{s+1}$，$H_2(s)=\dfrac{2}{s}$，冲激响应 $h_4(t)=\mathrm{e}^{-4t}u(t)$，且复合系统的冲激响应为 $h(t)=(2-\mathrm{e}^{-t}-\mathrm{e}^{-4t})u(t)$，求子系统的冲激响应 $h_3(t)$。

4-19　如题 4-19 图所示的电路，其输入均为单位阶跃响应 $u(t)$，求电压 $u_L(t)$ 的零状态响应。

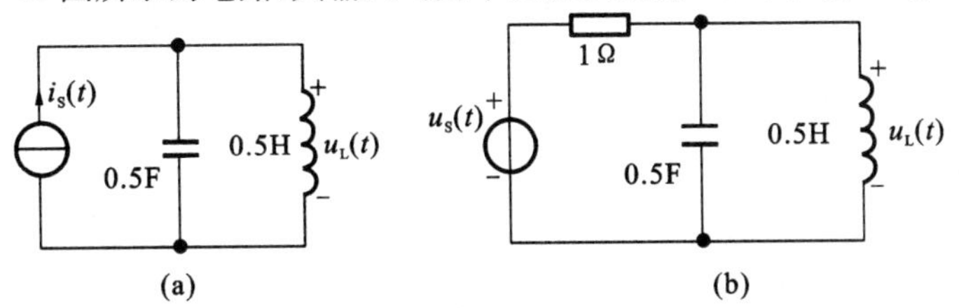

题 4-19 图

4-20　如题 4-20 图所示的电路，激励电流源 $i_S(t)=u(t)$，求下列情况下的零状态响应 $u_{Czs}(t)$。

(1)$L=0.1\ \mathrm{H}, C=0.1\ \mathrm{F}, G=2.5\ \mathrm{S}$

(2)$L=0.1\ \mathrm{H}, C=0.1\ \mathrm{F}, G=2\ \mathrm{S}$

(3)$L=0.1\ \mathrm{H}, C=0.1\ \mathrm{F}, G=1.2\ \mathrm{S}$

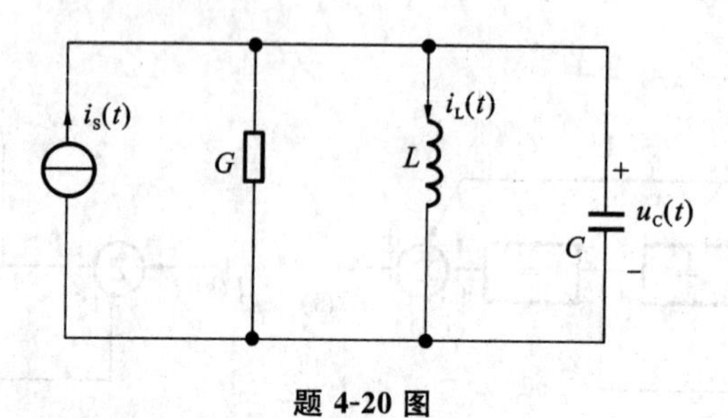

题 4-20 图

4-21　求信号 $f(t)=t\mathrm{e}^{-3t}u(t)$的拉普拉斯变换。

4-22　求函数 $F(s)=\dfrac{s^3+5s^2+9s+7}{s^2+3s+2}$的拉普拉斯逆变换。

4-23　已知连续系统的系统函数如下，试用 MATLAB 绘制系统的零极点图，并根据零极点图判断系统的稳定性。

$$H(s)=\frac{s^2+s+2}{3s^3+5s^2+4s-6}$$

第5章　离散时间系统的时域分析

在许多实际应用中，人们设计一种设备或一个算法对离散时间信号（序列）进行预定的操作，因而就把这个设备或算法称为离散时间系统。确切地说，所谓离散时间系统，就是根据某些定律或法则，将一个输入离散信号 $f(n)$ 变换为另一个输出离散信号 $y(n)$ 的有关物理设备或算法的总称。描述离散时间系统的数学模型是差分方程，差分方程与微分方程的求解方法在很大的程度上相互对应，求解常系数线性差分方程的方法一般有以下四种。

（1）迭代法：差分方程是具有递推关系的代数方程，若已知初始条件和激励，利用迭代法可求得差分方程的数值解。这种方法概念清楚，方法简单，便于利用计算机求解；缺点是不能直接给出一个完整的解析式（闭式）作为解答。

（2）时域经典法：与微分方程的时域解法类似，先求差分方程的齐次解、特解，两者相加后得差分方程的全解，然后代入初始条件确定全解的待定系数。这种方法便于从物理概念说明各响应分量之间的关系，但求解过程比较麻烦，在解决具体问题时较少采用。

（3）分别求零输入响应 $y_{zi}(n)$ 与零状态响应 $y_{zs}(n)$：可以利用求齐次解的方法得到零输入响应，利用卷积和（简称卷积）的方法求零状态响应。与连续时间系统的分析方法类似，卷积方法在离散时间系统分析中同样占有十分重要的地位。

（4）变换域方法：与连续系统分析中的拉普拉斯变换法类似，利用 z 变换方法解差分方程有许多优点，这是实际应用中简便有效的方法。

本章重点介绍（2）、（3）两种方法，变换域方法将在第6章讲述。

5.1　LTI离散系统的响应

5.1.1　差分与差分方程

与连续时间信号的微分、积分运算对应，离散时间信号有差分及序列的求和运算。设有序列 $f(n)$，则称 $\cdots, f(n+2), f(n+1), \cdots, f(n-1), f(n-2), \cdots$ 为 $f(n)$ 的移位序列。序列的差分可分为前向差分、后向差分。一阶前向差分定义为

$$\Delta f(n) \stackrel{\text{def}}{=\!=} f(n+1)-f(n) \tag{5.1-1}$$

一阶后向差分定义为

$$\nabla f(n) \stackrel{\text{def}}{=\!=} f(n)-f(n-1) \tag{5.1-2}$$

式中：Δ 和 ∇ 称为差分算子。

由式(5.1-1)和式(5.1-2)可见，前向差分与后向差分的关系为

$$\nabla f(n)=\Delta f(n-1) \tag{5.1-3}$$

二者仅移位不同，没有原则上的差别，因而它们的性质也相同。本书主要采用后向差分，并简称为差分。

由差分的定义，若有两序列 $f_1(n)$、$f_2(n)$ 和常数 α_1、α_2，则

$$\begin{aligned}\nabla[\alpha_1 f_1(n)+\alpha_2 f_2(n)] &= [\alpha_1 f_1(n)+\alpha_2 f_2(n)]-[\alpha_1 f_1(n-1)+\alpha_2 f_2(n-1)] \\ &= \alpha_1[f_1(n)-f_1(n-1)]+\alpha_2[f_2(n)-f_2(n-1)] \\ &= \alpha_1\nabla f_1(n)+\alpha_2\nabla f_2(n)\end{aligned} \tag{5.1-4}$$

这表明差分运算具有线性性质。

二阶差分定义为

$$\begin{aligned}\nabla^2 f(n) \stackrel{\text{def}}{=\!=} \nabla[\nabla f(n)] &= \nabla[f(n)-f(n-1)] \\ &= \nabla f(n)-\nabla f(n-1) \\ &= f(n)-2f(n-1)+f(n-2)\end{aligned} \tag{5.1-5}$$

类似地，可以定义三阶，四阶，…，N 阶差分。一般地，N 阶差分定义为

$$\nabla^N f(n) \stackrel{\text{def}}{=\!=} \nabla[\nabla^{N-1} f(n)] = \sum_{j=0}^{N}(-1)^j\begin{bmatrix}N\\j\end{bmatrix}f(n-j) \tag{5.1-6}$$

式中：

$$\begin{bmatrix}N\\j\end{bmatrix}=\frac{N!}{(N-j)!\ j!},\quad j=0,1,2,\cdots,N$$

为二项式系数。

差分方程是包含变量 n 的未知序列 $y(n)$ 及其各阶差分的方程式，它的一般形式可写为

$$F[n,y(n),\nabla y(n),\cdots,\nabla^N y(n)]=0 \tag{5.1-7}$$

式中差分的最高阶为 N 阶，称为 N 阶差分方程。由式(5.1-6)可知，各阶差分均可写为 $y(n)$ 及其移位序列的线性组合，故式(5.1-7)常写为

$$F[n,y(n),y(n-1),\cdots,y(n-N)]=0 \tag{5.1-8}$$

通常所说的差分方程是指式(5.1-8)形式的方程。若式(5.1-8)中，$y(n)$ 及其各移位序列的系数均为常数，就称为常系数差分方程；如果某些系数是变量 n 的函数，就称为变系数差分方程，描述 LTI 线性时不变离散系统的是常系数线性差分方程。

5.1.2 差分方程的经典解

常系数线性差分方程的一般形式可表示为

$$\begin{aligned}&a_0 y(n)+a_1 y(n-1)+\cdots+a_{N-1}y(n-N+1)+a_N y(n-N) \\ &= b_0 f(n)+b_1 f(n-1)+\cdots+b_{M-1}f(n-M+1)+b_M f(n-M)\end{aligned} \tag{5.1-9}$$

式中：a_i、b_j 是常数；输出序列 $y(n)$ 的位移阶次 N，即此差分方程的阶次。

式(5.1-9)可简写为

$$\sum_{i=0}^{N} a_i y(n-i)=\sum_{j=0}^{M} b_j f(n-j) \tag{5.1-10}$$

式中：一般情况下 $a_0=1$。

与微分方程的经典解类似，差分方程的全解 $y(n)$ 由齐次解 $y_h(n)$、特解 $y_p(n)$ 两部分组成，即

$$y(n)=y_h(n)+y_p(n) \tag{5.1-11}$$

1. 齐次解 $y_h(n)$

当式(5.1-9)中的输入序列 $f(n)$ 及其各移位项均为零时，齐次方程

$$y(n)+a_1y(n-1)+\cdots+a_{N-1}y(n-N+1)+a_Ny(n-N)=0 \tag{5.1-12}$$

的解称为齐次解。

对于 N 阶齐次差分方程，它的齐次解由形式为 $c\lambda^n$ 的序列组合而成，将 $c\lambda^n$ 代入式(5.1-12)并除以 $c\lambda^{n-N}$，得

$$\lambda^N+a_1\lambda^{N-1}+\cdots+a_{N-1}\lambda+a_N=0 \tag{5.1-13}$$

式(5.1-13)称为差分方程的特征方程，它有 N 个根 $\lambda_j(j=1,2,\cdots,N)$，称为差分方程的特征根。显然，形式为 $c_j\lambda_j^n$ 的序列都满足式(5.1-12)，因而它们是差分方程的齐次解。依特征根取值的不同，齐次解的形式如表 5.1-1 所示，其中 C_j、D_j、A_j、θ_j 为待定常数。

表 5.1-1　不同特征根所对应的齐次解

特征根 λ	齐次解 $y_h(n)$
单实根	$c\lambda^n$
r 重实根	$(c_{r-1}n^{r-1}+c_{r-2}n^{r-2}+\cdots+c_1n+c_0)\lambda^n$
一对共轭复根 $\lambda_{1,2}=a+\mathrm{j}b=\rho\mathrm{e}^{\pm\mathrm{j}\beta}$	$\rho^n[C\cos(\beta n)+D\sin(\beta n)]$
r 重共轭复根	$\rho^n[A_{r-1}n^{r-1}\cos(\beta n-\theta_{r-1})+A_{r-2}n^{r-2}\cos(\beta n-\theta_{r-2})+\cdots+A_0\cos(\beta n-\theta_0)]$

2. 特解 $y_p(n)$

特解的函数形式与激励的函数形式有关，表 5.1-2 列出了几种典型的激励 $f(n)$ 所对应的特解 $y_p(n)$。选定特解后代入原差分方程，求出待定系数 C_j（或 A、θ）等，就得出方程的特解。

3. 全解 $y(n)$

式(5.1-9)的线性差分方程的全解是齐次解与特解之和，如果方程的特征根均为单根，则差分方程的全解为

$$y(n)=y_h(n)+y_p(n)=\sum_{j=1}^{N}c_j\lambda_j^n+y_p(n) \tag{5.1-14}$$

式中：各系数 $c_j(j=1,2,\cdots,N)$ 由初始条件确定。

如果激励信号是在 $n=0$ 时刻接入，差分方程的解适合于 $n\geqslant0$。对于 N 阶差分方程，用给定的 N 个初始条件 $y(0),y(1),\cdots,y(N-1)$ 代入式(5.1-14)，可得到 N 个关于 c_j 的代数方程，求解即可得到全部的待定系数。

表 5.1-2　不同激励所对应的特解

激励 $f(n)$	特解 $y_p(n)$
B_0(常数)	B_1(常数)
a^n	Ca^n(a 不是特征根) $(C_1n+C_0)a^n$(a 是特征单根) $(C_rn^r+C_{r-1}n^{r-1}+\cdots+C_1n+C_0)a^n$ (a 是 r 重特征根)
n^m	$C_mn^m+C_{m-1}n^{m-1}+\cdots+C_1n+C_0$,所有特征根不为 1 $n^r(C_mn^m+C_{m-1}n^{m-1}+\cdots+C_1n+C_0)$,有 r 重等于 1 的特征根
$\cos(\beta n)$ 或 $\sin(\beta n)$	$P\cos(\beta n)+Q\sin(\beta n)$,所有特征根不等于 $e^{\pm j\beta}$

【例 5.1-1】 某离散系统的差分方程为

$$y(n)+3y(n-1)+2y(n-2)=f(n) \tag{5.1-15}$$

已知初始条件 $y(0)=0,y(1)=2$,激励 $f(n)=2^n,n\geqslant 0$,求方程的全解。

解　首先求齐次解。上述差分方程的特征方程为

$$\lambda^2+3\lambda+2=0$$

可解得特征根 $\lambda_1=-1,\lambda_2=-2$,为单特征根,由表 5.1-1 可知,齐次解为

$$y_h(n)=c_1(-1)^n+c_2(-2)^n$$

然后求特解。由表 5.1-2 可知,根据激励的形式可知特解

$$y_p(n)=c2^n,\quad n\geqslant 0$$

将 $y_p(n)=c2^n$ 代入方程式(5.1-15),得

$$c2^n+3c2^{n-1}+2c2^{n-2}=2^n$$

上式中消去 2^n,可解得 $c=\dfrac{1}{3}$,于是得特解

$$y_p(n)=\frac{1}{3}2^n,\quad n\geqslant 0$$

微分方程的全解为

$$y(n)=c_1(-1)^n+c_2(-2)^n+\frac{1}{3}2^n,\quad n\geqslant 0$$

将初始条件代入上式,有

$$\begin{cases} y(0)=c_1+c_2+\dfrac{1}{3}=0 \\ y(1)=-c_1-2c_2+\dfrac{2}{3}=2 \end{cases}$$

由上式可求得 $c_1=\dfrac{2}{3},c_2=-1$。最后得差分方程的全解为

$$y(n)=\frac{2}{3}(-1)^n-(-2)^n+\frac{1}{3}2^n,\quad n\geqslant 0$$

差分方程的齐次解也称为系统的自由响应，特解也称为强迫响应，本例中由于$|\lambda_2|>1$，故自由响应随n的增大而增大。

【例 5.1-2】 若描述某离散系统的差分方程为

$$6y(n)-5y(n-1)+y(n-2)=f(n) \tag{5.1-16}$$

已知初始条件$y(0)=0, y(1)=1$，激励为有始的周期序列$f(n)=10\cos(0.5\pi n)$，$n\geqslant 0$，求其全解。

解　首先求齐次解。差分方程的特征方程为

$$6\lambda^2-5\lambda+1=0$$

可解得特征根$\lambda_1=\dfrac{1}{2}$，$\lambda_2=\dfrac{1}{3}$，方程的齐次解为

$$y_h(n)=c_1\left(\frac{1}{2}\right)^n+c_2\left(\frac{1}{3}\right)^n$$

然后求特解。由表 5.1-2 可知，根据激励的形式可知特解

$$y_p(n)=P\cos\left(\frac{\pi}{2}n\right)+Q\sin\left(\frac{\pi}{2}n\right)$$

其移位序列为

$$y_p(n-1)=P\sin\left(\frac{\pi}{2}n\right)-Q\cos\left(\frac{\pi}{2}n\right)$$

$$y_p(n-2)=-P\cos\left(\frac{\pi}{2}n\right)-Q\sin\left(\frac{\pi}{2}n\right)$$

将$y_p(n)$、$y_p(n-1)$、$y_p(n-2)$及$f(n)$代入式(5.1-16)并稍加整理，得

$$(6P+5Q-P)\cos\left(\frac{\pi}{2}n\right)+(6P-5Q-P)\sin\left(\frac{\pi}{2}n\right)=10\cos\left(\frac{\pi}{2}n\right)$$

上式对任何$n\geqslant 0$均成立，因而等号两边的正弦、余弦序列的系数相等，于是有

$$\begin{cases}6P+5Q-P=10\\6Q-5P-Q=0\end{cases}$$

由上式可解得$P=Q=1$，于是特解

$$y_p(n)=\cos\left(\frac{\pi}{2}n\right)+\sin\left(\frac{\pi}{2}n\right)$$

方程的全解

$$y(n)=c_1\left(\frac{1}{2}\right)^k+c_2\left(\frac{1}{3}\right)^k+\cos\left(\frac{\pi}{2}n\right)+\sin\left(\frac{\pi}{2}n\right)$$

将已知的初始条件$y(0)=0, y(1)=1$代入上式，有

$$\begin{cases}y(0)=c_1+c_2+1=0\\y(1)=\dfrac{1}{2}c_1+\dfrac{1}{3}c_2+1=1\end{cases}$$

由上式解得$c_1=2$，$c_2=-3$，最后得全解

$$y(n)=2\left(\frac{1}{2}\right)^n-3\left(\frac{1}{3}\right)^n+\cos\left(\frac{\pi}{2}n\right)+\sin\left(\frac{\pi}{2}n\right),\quad n\geqslant 0$$

上式中第 1、2 项为自由响应，第 3、4 项为强迫响应。由于本例中特征根$|\lambda_{1,2}|<1$，因而自

由响应是衰减的。一般而言，如果差分方程所有的特征根均满足$|\lambda_j|<1$，那么系统的自由响应会随着n的增大而逐渐衰减趋近于零。这样的系统称为稳定系统，这时自由响应部分也称为瞬态响应。稳定系统在阶跃序列或有始周期序列作用下，其强迫响应也称为稳态响应。

5.1.3 零输入响应、零状态响应和全响应

1. 零输入响应

系统的激励为零，由系统初始状态引起的响应，称为零输入响应，用$y_{zi}(n)$表示。在零输入条件下，式(5.1-10)等号右边为零，化为齐次方程，即

$$\sum_{i=0}^{N} a_i y_{zi}(n-i)=0 \tag{5.1-17}$$

一般设定激励是在$n=0$时接入的，在$n<0$时，激励尚未接入，故式(5.1-17)的几个初始状态满足

$$\left.\begin{array}{l} y_{zi}(-1)=y(-1) \\ y_{zi}(-2)=y(-2) \\ \quad\vdots \\ y_{zi}(-N)=y(-N) \end{array}\right\} \tag{5.1-18}$$

方程组(5.1-18)中的$y(-1),y(-2),\cdots,y(-N)$为系统的初始状态，由式(5.1-17)和方程组(5.1-18)可求得系统的零输入响应$y_{zi}(n)$。

【例 5.1-3】 某离散系统的差分方程为

$$y(n)+3y(n-1)+2y(n-2)=f(n) \tag{5.1-19}$$

已知初始条件$y(-1)=0,y(-2)=\frac{1}{2}$，激励$f(n)=0,n<0$，求该系统的零输入响应。

解 根据定义，零输入响应满足

$$y_{zi}(n)+3y_{zi}(n-1)+2y_{zi}(n-2)=0$$

其初始状态为

$$\begin{cases} y_{zi}(-1)=y(-1)=0 \\ y_{zi}(-2)=y(-2)=\frac{1}{2} \end{cases}$$

式(5.1-19)的特征方程为

$$\lambda^2+3\lambda+2=0$$

可解得特征根$\lambda_1=-1,\lambda_2=-2$，齐次解为

$$y_{zi}(n)=c_{zi1}(-1)^n+c_{zi2}(-2)^n$$

代入初始状态的值，有

$$\begin{cases} y_{zi}(-1)=-c_{zi1}-\frac{1}{2}c_{zi2}=0 \\ y_{zi}(-2)=c_{zi1}+\frac{1}{4}c_{zi2}=\frac{1}{2} \end{cases}$$

可解得$c_{zi1}=1,c_{zi2}=-2$，于是得系统的零输入响应为

$$y_{zi}(n)=(-1)^n-2(-2)^n,\quad n\geqslant 0 \tag{5.1-20}$$

2.零状态响应

系统的初始状态为零,仅由系统激励 $f(n)$ 引起的响应,称为零状态响应,用 $y_{zs}(n)$ 表示。在零状态条件下,式(5.1-10)仍然是非齐次方程,零状态响应是方程

$$\begin{cases}\sum_{i=0}^{N}a_iy_{zs}(n-i)=\sum_{j=0}^{M}b_jf(n-j)\\ y_{zs}(-1)=y_{zs}(-2)=\cdots=y_{zs}(-N)=0\end{cases}\tag{5.1-21}$$

的解。若系统特征根均为单根,则其零状态响应为

$$y_{zs}(n)=\sum_{j=1}^{N}c_{zsj}\lambda_j^n+y_p(n)\tag{5.1-22}$$

式中:c_{zsj} 为待定系数;$y_p(n)$ 为特解。

需要指出的是,零状态响应的初始状态 $y_{zs}(-1)=y_{zs}(-2)=\cdots=y_{zs}(-N)=0$,但确定待定系数 c_{zsj} 的初始条件 $y_{zs}(0)$,$y_{zs}(1)$,$\cdots$. $y_{zs}(N-1)$ 不一定为零,这些初始条件的值需要从差分方程出发,采用迭代法递推得出。

【例 5.1-4】 某离散系统的差分方程为

$$y(n)+3y(n-1)+2y(n-2)=f(n)\tag{5.1-23}$$

已知初始条件 $y(-1)=0$,$y(-2)=\frac{1}{2}$,激励 $f(n)=2^n\varepsilon(n)$,求该系统的零状态响应。

解 根据定义,零状态响应满足

$$\begin{cases}y_{zs}(n)+3y_{zs}(n-1)+2y_{zs}(n-2)=2^n\\ y_{zs}(-1)=y_{zs}(-2)=0\end{cases}\tag{5.1-24}$$

首先求出初始条件 $y_{zs}(0)$,$y_{zs}(1)$,由式(5.1-23),有

$$y_{zs}(n)=2^n-3y_{zs}(n-1)-2y_{zs}(n-2)$$

于是

$$\begin{cases}y_{zs}(0)=1-3y_{zs}(-1)-2y_{zs}(-2)=1\\ y_{zs}(1)=2-3y_{zs}(0)-2y_{zs}(-1)=-1\end{cases}\tag{5.1-25}$$

式(5.1-24)为非齐次方程,其特征根 $\lambda_1=-1$,$\lambda_2=-2$,特解 $y_p(n)=\frac{1}{3}2^n$,故零状态响应为

$$y_{zs}(n)=c_{zs1}(-1)^n+c_{zs2}(-2)^n+\frac{1}{3}(2)^n,\quad n\geqslant 0$$

将式(5.1-25)的初始条件代入上式,有

$$\begin{cases}y_{zs}(0)=c_{zs1}+c_{zs2}+\frac{1}{3}=1\\ y(1)=-c_{zs1}-2c_{zs2}+\frac{2}{3}=-1\end{cases}$$

由上式解得 $c_{zs1}=-\frac{1}{3}$,$c_{zs2}=1$,于是得零状态响应为

$$y_{zs}(n)=-\frac{1}{3}(-1)^n+(-2)^n+\frac{1}{3}(2)^n,\quad n\geqslant 0\tag{5.1-26}$$

3.全响应

与连续系统类似,一个初始状态不为零的 LTI 离散系统,在外加激励作用下,其完全响应

等于零输入响应与零状态响应之和,即

$$y(n)=y_{zi}(n)+y_{zs}(n)$$

若特征根均为单根,则全响应为

$$y(n)=\underbrace{\sum_{j=0}^{N}c_{zij}\lambda_j^n}_{\text{零输入响应}}+\underbrace{\sum_{j=0}^{N}c_{zsj}\lambda_j^n+y_p(n)}_{\text{零状态响应}}=\underbrace{\sum_{j=0}^{N}c_j\lambda_j^n}_{\text{自由响应}}+\underbrace{y_p(n)}_{\text{强迫响应}}$$

式中:

$$c_j=c_{zij}+c_{zsj},\quad j=1,2,\cdots,N$$

可见,系统的全响应有两种分解方式:可以分解为自由响应和强迫响应,也可分解为零输入响应和零状态响应。例 5.1-1 至例 5.1-3 实际上是题设条件相同的例子,例 5.1-1 是将系统的全响应分解为自由响应和强迫响应,例 5.1-2 和例 5.1-3 则是将系统的全响应分解为零输入响应和零状态响应,将式(5.1-20)与式(5.1-26)相加,其结果与例 5.1-1 的结果相同。但这两种分解有明显的不同,虽然自由响应与零输入响应都是差分方程的齐次解,但它们的待定系数是不同的。自由响应的待定系数 c_j 由初始条件 $y(0),y(1),\cdots,y(N-1)$决定,零输入响应的待定系数 c_{zij}可由初始状态 $y(-1),y(-2),\cdots y(-N)$直接决定,零状态响应的待定系数 c_{zsj}则是在 $y(-1)=y(-2)=\cdots=y(-N)=0$ 的条件下,由迭代法推导出的初始条件 $y(0),y(1),\cdots,y(N-1)$决定。

5.2 单位序列响应和单位阶跃响应

5.2.1 单位序列和单位阶跃序列

单位序列的定义为

$$\delta(n)=\begin{cases}1, & n=0\\0, & n\neq 0\end{cases}\tag{5.2-1}$$

它只在 $n=0$ 处取值为 1,而在其余各点取值均为零,如图 5.2-1(a)所示。单位序列也称为单位样值(或取样)序列或单位脉冲序列。它是离散系统分析中最简单,也是最重要的序列之一。它在离散时间系统的作用,类似于冲击函数 $\delta(t)$在连续系统中的作用,因此在不致发生误解的情况下,也可称为单位冲击序列。但是,作为连续时间信号的 $\delta(t)$可理解为脉宽趋近于零,幅度趋近于无限大的信号,或由广义函数定义;而离散时间信号 $\delta(n)$,其幅度在 $n=0$ 时为有限值,其值为 1。

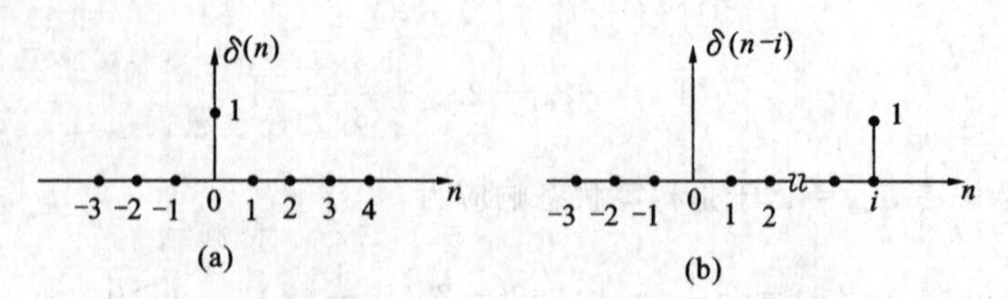

图 5.2-1 $\delta(n)$与$\delta(n-i)$的图形

若将$\delta(n)$平移 i 位,如图 5.2-1(b)所示,得

$$\delta(n-i)=\begin{cases}1, & n=i\\0, & n\neq i\end{cases}$$

由于 $\delta(n-i)$ 只在 $n=i$ 时其值为 1，而取其他 n 值时为零，故有

$$f(n)\delta(n-i)=f(i)\delta(n-i)$$

上式称为单位序列的取样性。

单位阶跃序列的定义为

$$\varepsilon(n)=\begin{cases}1, & n\geqslant 0\\0, & n<0\end{cases} \tag{5.2-2}$$

它在 $n<0$ 的各点为零，在 $n\geqslant 0$ 各点取值 1，如图 5.2-2(a)所示。它类似于连续时间信号中的单位阶跃信号 $\varepsilon(t)$。但要注意，$\varepsilon(t)$ 在 $t=0$ 处发生跃变，在此点常常不予定义（或定义为 $\frac{1}{2}$）；而单位阶跃序列在 $n=0$ 处定义为 1。

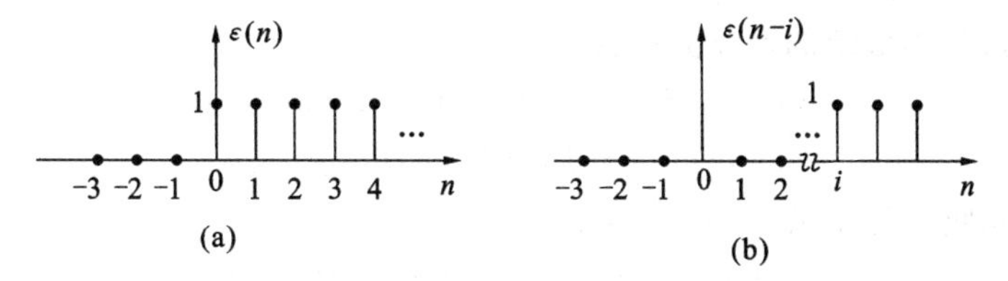

图 5.2-2　$\varepsilon(n)$ 与 $\varepsilon(n-i)$ 的图形

若将 $\varepsilon(n)$ 平移 i 位，如图 5.2-2(b)所示，得

$$\varepsilon(n-i)=\begin{cases}1, & n\geqslant i\\0, & n<i\end{cases}$$

若有序列

$$f(n)=\begin{cases}2^n, & n\geqslant 2\\0, & n<2\end{cases}$$

那么利用移位的阶跃序列，可将 $f(n)$ 表示为

$$f(n)=2^n\varepsilon(n-2)$$

不难看出，单位序列是单位阶跃序列的差分，即

$$\delta(n)=\varepsilon(n)-\varepsilon(n-1) \tag{5.2-3}$$

而单位阶跃序列是单位序列的部分和，即

$$\varepsilon(n)=\sum_{i=-\infty}^{n}\delta(i)=\begin{cases}1, & n\geqslant 0\\0, & n<0\end{cases} \tag{5.2-4}$$

5.2.2　单位序列响应

当 LTI 离散系统的激励为单位序列 $\delta(n)$ 时，系统的零状态响应称为单位序列响应（或单位样值响应、单位取样响应），用 $h(n)$ 表示，它的作用与连续系统中冲击响应 $h(t)$ 的作用类似。求解系统的单位序列响应 $h(n)$ 可用求解差分方程的方法或 z 变换法。

由于单位序列 $\delta(n)$ 仅在 $n=0$ 处等于 1，而在 $n>0$ 时为零，因而在 $n>0$ 时，系统的单位序列响应与该系统的零输入响应的函数形式相同，这样就把求单位序列响应的问题转化为求差

分方程齐次解的问题。求解时，需按零状态的条件，由差分方程给出的迭代公式，推导出初始条件 $h(0),h(1),\cdots,h(N-1)$，来决定齐次解的待定系数 c_j。

【例 5.2-1】 求图 5.2-3 所示的离散系统的单位序列响应 $h(n)$。

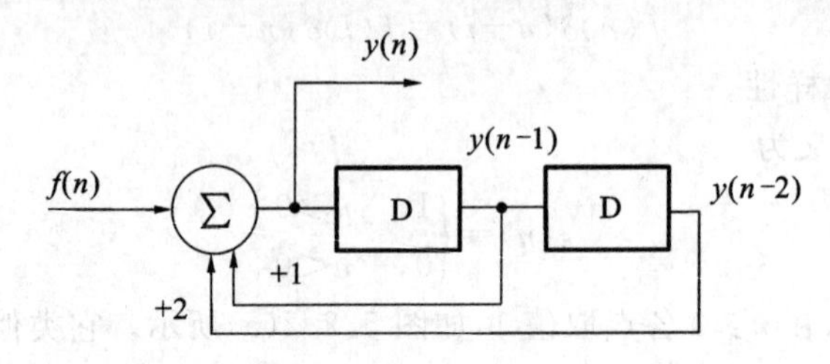

图 5.2-3 例 5.2-1 图

解 (1)列差分方程，求初始值。

如图 5.2-3 所示，左端加法器的输出为 $y(n)$，相应延迟单元的输出为 $y(n-1)$、$y(n-2)$，由加法器的输出可列出系统的差分方程为

$$y(n)=f(n)+y(n-1)+2y(n-2)$$

或

$$y(n)-y(n-1)-2y(n-2)=f(n) \tag{5.2-5}$$

根据单位序列响应的定义，$h(n)$应满足方程

$$h(n)-h(n-1)-2h(n-2)=\delta(n) \tag{5.2-6}$$

且初始状态 $h(-1)=h(-2)=0$。将式(5.2-6)移项有

$$h(n)=\delta(n)+h(n-1)+2h(n-2)$$

令 $n=0,1$，并考虑 $\delta(0)=1,\delta(1)=0$，可求得单位序列响应 $h(n)$的初始值为

$$\begin{cases}h(0)=\delta(0)+h(-1)+2h(-2)=1\\h(1)=\delta(1)+h(0)+2h(-1)=1\end{cases} \tag{5.2-7}$$

(2)求单位序列响应 $h(n)$。

式(5.2-6)的特征方程为

$$\lambda^2-\lambda-2=0$$

可解得特征根 $\lambda_1=-1,\lambda_2=2$，方程的齐次解为

$$h(n)=c_1(-1)^n+c_2(2)^n$$

代入式(5.2-7)初始条件的值，有

$$\begin{cases}h(0)=c_1+c_2=1\\h(1)=-c_1+2c_2=1\end{cases}$$

可解得 $c_1=\dfrac{1}{3},c_2=\dfrac{2}{3}$，于是可得系统的单位序列响应为

$$h(n)=\frac{1}{3}(-1)^n+\frac{2}{3}(2)^n,\quad n\geqslant 0$$

5.2.3 单位阶跃序列响应

当 LTI 离散系统的激励为单位阶跃序列 $\varepsilon(n)$时，系统的零状态响应称为单位阶跃响应(简称阶跃响应)，用 $g(n)$表示。当离散系统的激励为阶跃序列 $\varepsilon(n)$时，描述系统的差分方程是非齐次的，因而阶跃响应 $g(n)$由差分方程的通解和特解组成，其待定系数按零状态响应的

条件由推导出的初始值 $g(0),g(1),\cdots,g(N-1)$ 确定。

【例 5.2-2】 离散系统的框图与例 5.2-1 的相同，如图 5.2-3 所示，求系统的单位阶跃响应 $g(n)$。

解 (1)推导初始条件。

系统的差分方程为

$$y(n)-y(n-1)-2y(n-2)=f(n)$$

由定义，系统的阶跃响应满足

$$g(n)-g(n-1)-2g(n-2)=\varepsilon(n) \tag{5.2-8}$$

且初始状态 $g(-1)=g(-2)=0$。由式(5.2-8)得

$$g(n)=\varepsilon(n)+g(n-1)+2g(n-2)$$

令 $n=0,1$，得初始值为

$$\begin{cases}g(0)=\varepsilon(0)+g(-1)+2g(-2)=1\\ g(1)=\varepsilon(1)+g(0)+2g(-1)=2\end{cases} \tag{5.2-9}$$

(2)求阶跃响应。

式(5.2-8)的特征根为 $\lambda_1=-1,\lambda_2=2$，容易求得特解 $g_p(n)=-\frac{1}{2}$，于是得

$$g(n)=c_1(-1)^n+c_2 2^n-\frac{1}{2},\quad n\geqslant 0$$

将式(5.2-9)的初始值代入上式有

$$\begin{cases}g(0)=c_1+c_2-\frac{1}{2}=1\\ g(1)=-c_1+2c_2-\frac{1}{2}=2\end{cases}$$

可求得 $c_1=\frac{1}{6},c_2=\frac{4}{3}$，于是得系统的单位阶跃响应为

$$g(n)=[\frac{1}{6}(-1)^n+\frac{4}{3}(2)^n-\frac{1}{2}]\varepsilon(n)$$

由式(5.2-3)、式(5.2-4)可知，单位序列是阶跃序列的差分；阶跃序列是单位序列的部分和。根据线性时不变系统的线性性质和移位不变性，可以知道单位序列响应与阶跃序列响应之间也同样存在这种关系，即线性时不变系统的单位序列响应是阶跃序列响应的差分，阶跃序列响应是单位序列响应的部分和，用数学关系式表示为

$$\begin{cases}h(n)=\nabla g(n)=g(n)-g(n-1)\\ g(n)=\sum\limits_{i=-\infty}^{n}h(i)\end{cases}$$

5.3 卷积和

5.3.1 卷积和的定义

在 LTI 连续系统中利用卷积的方法求系统的零状态响应，其原理是首先把激励信号分解

为一系列冲击函数，然后求出每一冲激函数单独作用于系统时的冲激响应，最后把这些响应叠加即可得到系统对于该激励信号的零状态响应。这个叠加的过程表现为求两信号的卷积积分。在离散时间系统中，可以采用大体相似的方法进行分析，由于离散信号本身就是一个不连续的序列，因此，激励信号分解为脉冲序列的工作就很容易完成。如果系统的单位序列响应为已知，那么，不难求得每个单位序列单独作用于系统的响应。把这些响应叠加即得到系统对于该激励信号的零状态响应，这个叠加过程表现为求"卷积和"。

任意离散时间序列 $f(n)$ 可以表示为单位脉冲序列及其移位序列的加权和，即

$$\begin{aligned} f(n) &= \cdots + f(-2)\delta(n+2) + f(-1)\delta(n+1) + f(0)\delta(n) \\ &\quad + f(1)\delta(n-1) + f(2)\delta(n-2) + \cdots \\ &= \sum_{i=-\infty}^{+\infty} f(i)\delta(n-i) \end{aligned} \tag{5.3-1}$$

若 LTI 系统的单位序列响应为 $h(n)$，由系统的齐次性和移位不变性可知，系统对 $f(i)\delta(n-i)$ 的响应为 $f(i)h(n-i)$。根据系统的叠加性，式(5.3-1)所示序列 $f(n)$ 作用于系统所引起的零状态响应为

$$\begin{aligned} y_{zs}(n) &= \cdots + f(-2)h(n+2) + f(-1)h(n+1) + f(0)h(n) \\ &\quad + f(1)h(n-1) + f(2)h(n-2) + \cdots \\ &= \sum_{i=-\infty}^{+\infty} f(i)h(n-i) \end{aligned} \tag{5.3-2}$$

式(5.3-2)称为序列 $f(n)$ 与 $h(n)$ 的卷积和，简称为卷积。卷积常用符号"$*$"表示，即

$$y_{zs}(n) = f(n) * h(n) \overset{\text{def}}{=\!=} \sum_{i=-\infty}^{+\infty} f(i)h(n-i) \tag{5.3-3}$$

式(5.3-3)表明，LTI 系统对于任意激励的零状态响应是激励 $f(n)$ 与系统单位序列响应 $h(n)$ 的卷积和。一般而言，若有两个序列 $f_1(n)$ 和 $f_2(n)$，其卷积和定义为

$$f(n) = f_1(n) * f_2(n) = \sum_{i=-\infty}^{+\infty} f_1(i)f_2(n-i) \tag{5.3-4}$$

5.3.2 卷积和的性质

与连续时间系统卷积运算类似，离散信号的卷积和运算也服从某些代数运算规则，即服从交换率、分配律、结合律，用数学式表示为

$$f_1(n) * f_2(n) = f_2(n) * f_1(n) \tag{5.3-5}$$

$$f_1(n) * [f_2(n) + f_3(n)] = f_1(n) * f_2(n) + f_1(n) * f_3(n) \tag{5.3-6}$$

$$f_1(n) * [f_2(n) * f_3(n)] = [f_1(n) * f_2(n)] * f_3(n) \tag{5.3-7}$$

上面三条性质根据定义都比较容易证明，在系统分析中的物理含义也与连续系统中的类似：两个子系统并联组合成的复合系统，其单位序列响应等于两个子系统单位序列响应之和；两个子系统串联组合成的复合系统，其单位序列响应等于两个子系统单位序列响应的卷积和，如图 5.3-1 所示。

如果两序列之一是单位序列，由于 $\delta(n)$ 仅当 $n=0$ 时等于 1，$n\neq 0$ 时全为零，因而有

$$f(n) * \delta(n) = \delta(n) * f(n) = \sum_{i=-\infty}^{+\infty} \delta(i)f(n-i) = f(n) \tag{5.3-8}$$

即序列 $f(n)$ 与单位序列 $\delta(n)$ 的卷积和就是序列 $f(n)$ 本身。

将式(5.3-8)推广，序列 $f(n)$ 与移位序列 $\delta(n-n_1)$ 的卷积和为

$$f(n)*\delta(n-n_1)=\sum_{i=-\infty}^{+\infty}f(i)\delta(n-i-n_1)=f(n-n_1) \tag{5.3-9}$$

即序列 $f(n)$ 与单位移位序列 $\delta(n-n_1)$ 的卷积和就是将序列 $f(n)$ 移 n_1 位。

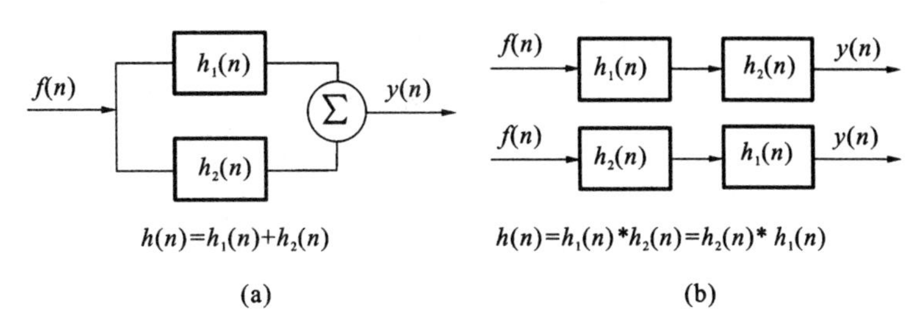

图 5.3-1　复合系统的单位序列响应

(a)并联；(b)串联

5.3.3　卷积和的计算

【例 5.3-1】　已知三序列 $f_1(n)=\left(\frac{1}{2}\right)^n\varepsilon(n)$，$f_2(n)=1$，$-\infty<n<\infty$，$f_3(n)=\varepsilon(n)$。

求：(1) $f_1(n)*f_2(n)$；

(2) $f_1(n)*f_3(n)$。

解　(1)由卷积和的定义式(5.3-4)有

$$f_1(n)*f_2(n)=\sum_{i=-\infty}^{+\infty}f_1(i)f_2(n-i)=\sum_{i=-\infty}^{+\infty}\left(\frac{1}{2}\right)^i\varepsilon(i)\cdot 1$$

$$=\sum_{i=0}^{+\infty}\left(\frac{1}{2}\right)^i=\frac{1}{1-\frac{1}{2}}=2$$

上式对 n 没有限制，故

$$f_1(n)*f_2(n)=2,\quad -\infty<n<\infty \tag{5.3-10}$$

(2)由卷积和的定义式，有

$$f_1(n)*f_3(n)=\sum_{i=-\infty}^{+\infty}f_1(i)f_3(n-i)=\sum_{i=-\infty}^{+\infty}\left(\frac{1}{2}\right)^i\varepsilon(i)\cdot\varepsilon(n-i)$$

$$=\sum_{i=0}^{n}\left(\frac{1}{2}\right)^i=\frac{1-0.5^{n+1}}{1-0.5}=2-2\ (0.5)^{n+1}$$

显然，上式中 $n\geqslant 0$，故

$$f_1(n)*f_3(n)=[2-2\ (0.5)^{n+1}]\varepsilon(n) \tag{5.3-11}$$

【例 5.3-2】　已知两序列

$$f_1(n)=\begin{cases}n+1, n=0,1,2\\0,\text{其他}\end{cases},\quad f_2(n)=\begin{cases}1, n=0,1,2,3\\0,\text{其他}\end{cases}。$$

求：$f_1(n)*f_2(n)$。

解　这两个序列的样本数均为有限长，可采用移位相乘法来求卷积和。首先采用列举式

(集合)来表示信号，即

$$f_1(n)=\{1,2,3\}_0,\quad f_2(n)=\{1,1,1,1\}_0$$

式中下标 0 表示序列起始点的坐标序号，例如，序列 $f_1(n)$ 中样本点 1 的坐标序号为 $n=0$。然后将上面两序列移位相乘并相加(不进位)，有

$$\begin{array}{lrrrrrrr}
f_1(n): & & & & & 1 & 2 & 3 \\
f_2(n): & & & \times & 1 & 1 & 1 & 1 \\
\hline
 & & & & & 1 & 2 & 3 \\
 & & & & 1 & 2 & 3 & \\
 & & & 1 & 2 & 3 & & \\
 & + & 1 & 2 & 3 & & & \\
\hline
 & & 1 & 3 & 6 & 6 & 5 & 3
\end{array}$$

即两序列的卷积和为

$$f_1(n)*f_2(n)=\{1,3,6,6,5,3\}_0 \tag{5.3-12}$$

【例 5.3-3】 某离散系统单位序列响应为 $h(n)=a^n\varepsilon(n)$，其中 $0<a<1$。若系统激励信号为 $f(n)=\varepsilon(n)-\varepsilon(n-N)$，求系统的零状态响应 $y_{zs}(n)$。

解 由式(5.3-3)，系统的零状态响应 $y_{zs}(n)$ 为系统激励与单位序列响应的卷积和，即

$$\begin{aligned}
y_{zs}(n)&=f(n)*h(n)\overset{\text{def}}{=}\sum_{i=-\infty}^{+\infty}f(i)h(n-i)\\
&=\sum_{i=-\infty}^{+\infty}[\varepsilon(i)-\varepsilon(i-N)]\cdot a^{n-i}\varepsilon(n-i)
\end{aligned}$$

与连续信号的卷积方法类似，借助于图形，讨论 n 的取值区间，可确定求和的上下限。

(1)当 $n<0$ 时，$y_{zs}(n)=0$。

(2)当 $0\leqslant n\leqslant N-1$ 时，

$$y_{zs}(n)=\sum_{i=0}^{n}a^{n-i}=a^n\sum_{i=0}^{n}a^{-i}=a^n\,\frac{1-a^{-(n+1)}}{1-a^{-1}}=\frac{a^{n+1}-1}{a-1}$$

(3)当 $n\geqslant N-1$ 时，

$$y_{zs}(n)=\sum_{i=0}^{N-1}a^{n-i}=a^n\sum_{m=0}^{N-1}a^{-i}=a^n\,\frac{1-a^{-N}}{1-a^{-1}}$$

综合以上三种情况，得系统的零状态响应为

$$y_{zs}(n)=\begin{cases}\dfrac{a^{n+1}-1}{a-1}, & 0\leqslant n\leqslant N-1\\ a^n\,\dfrac{1-a^{-N}}{1-a^{-1}}, & N-1\leqslant n\\ 0, & 其他\end{cases} \tag{5.3-13}$$

【例 5.3-4】 如图 5.3-2 所示，某复合系统由两个子系统级联，两个子系统的单位序列响应分别为 $h_1(n)=a^n\varepsilon(n)$，$h_2(n)=b^n\varepsilon(n)$，其中 a、b 为常数。求复合系统的单位序列响应

$h(n)$。

解　两系统级联，单位序列响应 $h(n)$ 为两子系统单位序列响应的卷积和，故

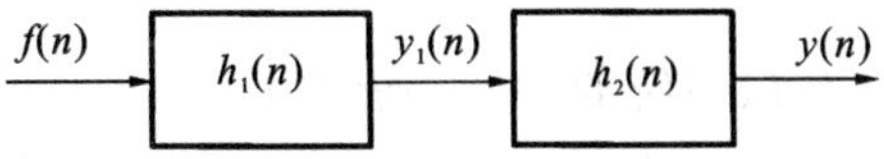

图 5.3-2　例 5.3-4 图

$$h(n)=h_1(n)*h_2(n)=\sum_{i=-\infty}^{+\infty}h_1(i)h_2(n-i)$$
$$=\sum_{i=-\infty}^{+\infty}a^i\varepsilon(i)b^{n-i}\varepsilon(n-i) \tag{5.3-14}$$

考虑到 $i<0$ 时，$\varepsilon(i)=0$，$i>n$ 时，$\varepsilon(n-i)=0$，所以

$$h(n)=\sum_{i=0}^{n}a^i\cdot b^{n-i}=b^n\sum_{i=0}^{n}\left(\frac{a}{b}\right)^i$$
$$=b^n\frac{1-\left(\frac{a}{b}\right)^{n+1}}{1-\left(\frac{a}{b}\right)}=\frac{b^{n+1}-a^{n+1}}{b-a} \tag{5.3-15}$$

式(5.3-15)中，显然 $a\neq b$。当 $a=b$ 时，由式(5.3-14)有

$$h(n)=\sum_{i=0}^{n}a^i\cdot b^{n-i}=b^n\sum_{i=0}^{n}1=(n+1)b^n \tag{5.3-16}$$

式(5.3-15)与式(5.3-16)仅在 $n>0$ 时成立，故系统单位序列响应为

$$h(n)=\begin{cases}\dfrac{b^{n+1}-a^{n+1}}{b-a}\varepsilon(n), & a\neq b\\(n+1)b^n\varepsilon(n), & a=b\end{cases} \tag{5.3-17}$$

式(5.3-17)中，若 $a=b=1$，容易得到

$$\varepsilon(n)*\varepsilon(n)=(n+1)\varepsilon(n) \tag{5.3-18}$$

即两单位阶跃序列的卷积和为斜升序列。

5.4　LTI 离散系统的 MATLAB 分析

5.4.1　LTI 离散系统的响应

1. 零状态响应

离散时间系统可用线性常系数差分方程来描述，即

$$\sum_{i=0}^{N}a_iy(n-i)=\sum_{j=0}^{M}b_jf(n-j) \tag{5.4-1}$$

式中：a_i、b_j 是常数。

MATLAB 中的函数 filter()可对式(5.4-1)的差分方程在指定时间范围内的输入序列所产生的响应进行求解。函数 filter()的调用格式如下：

$$y=\text{filter}(b,a,x)$$

其中，b 与 a 分别为差分方程右端与左端的系数向量，x 为输入的离散序列，y 为输出的离散序列，y 与 x 的长度一样。

【例 5.4-1】 已知某 LTI 离散系统的差分方程如下：

$$3y(n)-4y(n-1)+2y(n-2)=f(n)+2f(n-1)$$

激励 $f(n)=\left(\frac{1}{2}\right)^n\varepsilon(n)$，试用 MATLAB 命令求该系统的零状态响应 $y_{zs}(n)$，并绘出信号波形。

解 实现的 MATLAB 程序如下。

```
≫clear all;
a=[3 －4 2];
b=[1 2];
n=0:30;
x=(1/2).^n;
yzs=filter(b,a,x);
stem(n,yzs,'fill');
grid on;
xlabel('n');title('系统零状态响应 yzs(n)');
```

运行程序，其结果如图 5.4-1 所示。

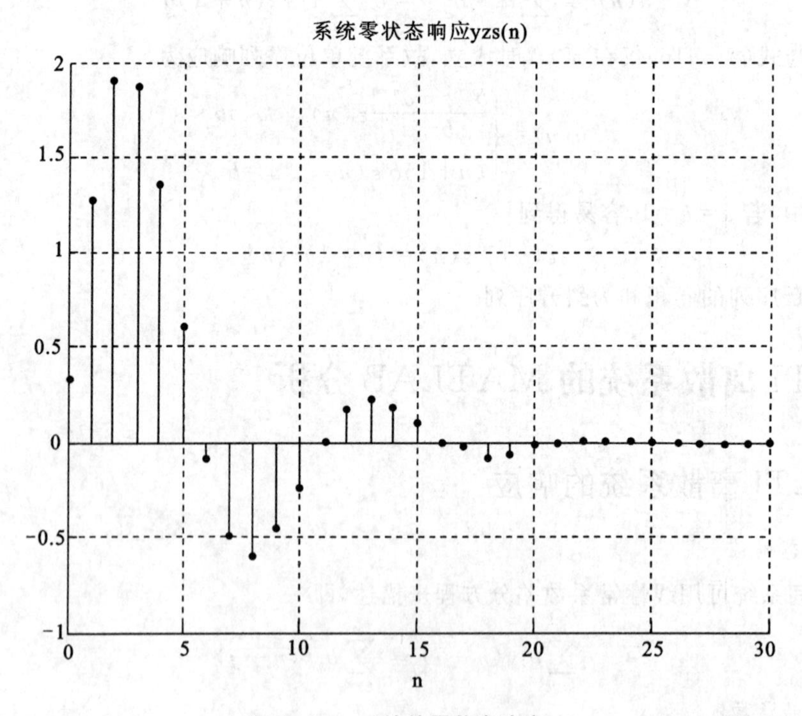

图 5.4-1　系统的零状态响应

2. 全响应

求全响应也是利用函数 filter()，其调用格式为

$$y=\text{filter}(b,a,x,zi)$$

其中，zi 为差分方程的初始状态。

【例 5.4-2】 已知某 LTI 离散系统的差分方程如下：

$$3y(n)-4y(n-1)+2y(n-2)=f(n)+2f(n-1)$$

激励 $f(n)=\left(\frac{1}{2}\right)^n\varepsilon(n)$，初始状态值为 $y(-1)=2, y(-2)=2$，试用 MATLAB 命令求该系统的全响应 $y(n)$，并绘出信号波形。

解　实现的 MATLAB 程序如下。

```
≫clear all;
a=[3 -4 2];
b=[1 2];
zi=[1,2];
n=0:30;
x=(1/2).^n;
y=filter(b,a,x,zi);
stem(n,y,'fill');
grid on;
xlabel('n');title('系统全响应 y(n)');
```

运行程序，其结果如图 5.4-2 所示。

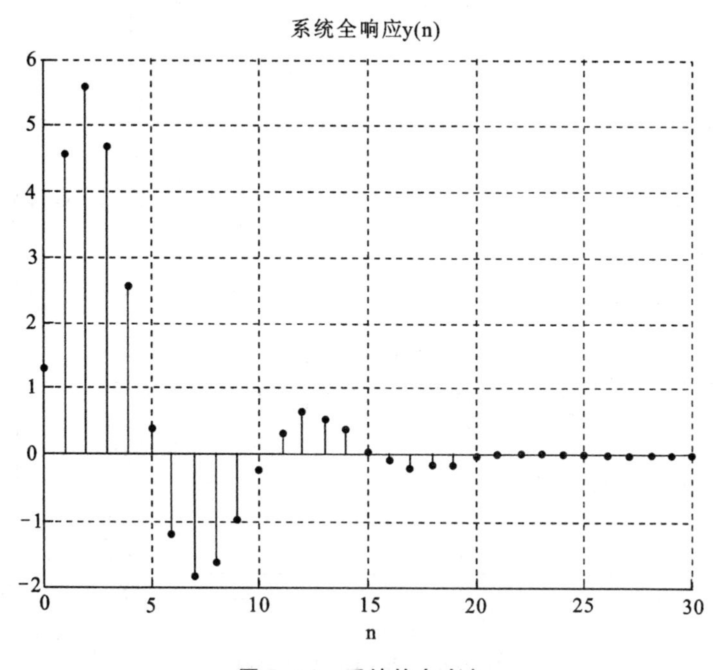

图 5.4-2　系统的全响应

3. 零输入响应

求零输入响应可以调用函数 y=filter(b,a,x,zi)，在式中，设输入向量 x 为零向量即可。

【例 5.4-3】 已知某 LTI 离散系统的差分方程如下：

$$3y(n)-4y(n-1)+2y(n-2)=f(n)+2f(n-1)$$

初始状态值为 $y(-1)=2,y(-2)=2$，试用 MATLAB 命令求该系统的零输入响应 $y_{zi}(n)$，并绘出信号波形。

解 实现的 MATLAB 程序如下。

```
≫clear all;
a=[3 -4 2];
b=[1 2];
zi=[1,2];
n=0:30;
x=0* n;
yzi=filter(b,a,x,zi);
stem(n,yzi,'fill');
grid on;
xlabel('n');title('系统零输入响应 yzi(n)');
```

运行程序，其结果如图 5.4-3 所示。

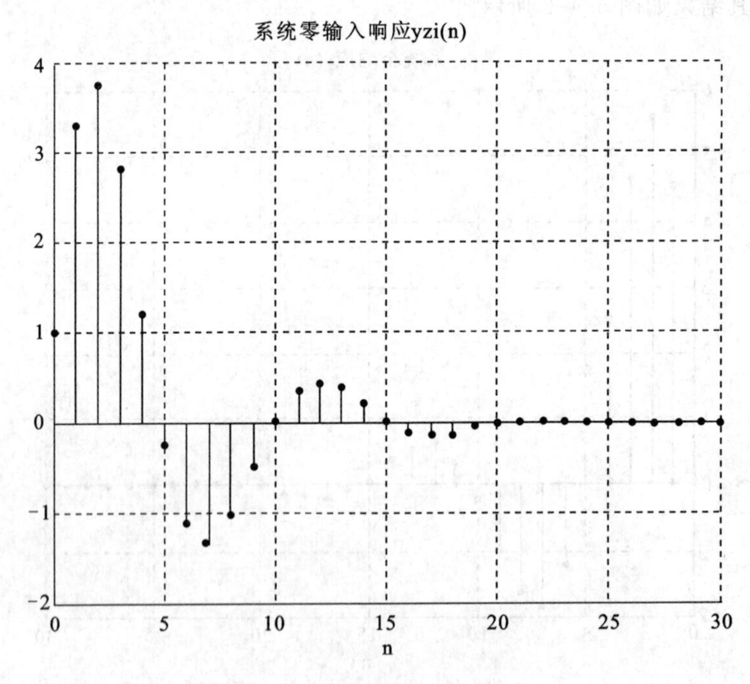

图 5.4-3 系统的零输入响应

5.4.2　单位序列响应与阶跃响应

1. 单位序列响应

系统的单位序列响应定义为系统在序列 $\delta(n)$ 激励下系统的零状态响应，用 $h(n)$ 表示。用 MATLAB 求解单位序列响应可利用函数 filter()，并将激励设为单位序列，单位序列可自定义函数来实现，也可以利用控制系统工具箱提供的函数 impz()来实现。函数 impz()的调用格式如下：

impz(b,a,N)

其中，N 为单位序列响应 $h(n)$ 的长度。

【例 5.4-4】 已知某 LTI 离散系统的差分方程为

$$3y(n)-4y(n-1)+2y(n-2)=f(n)+2f(n-1)$$

试用 MATLAB 命令求该系统的单位序列响应 $h(n)$，并绘出信号波形。

解　实现的 MATLAB 程序如下。

```
≫clear all;
a=[3 －4 2];
b=[1 2];
n=0:30;
impz(b,a,30);
grid on;
title('系统单位序列响应 h(n)');
```

运行程序，其结果如图 5.4-4 所示。

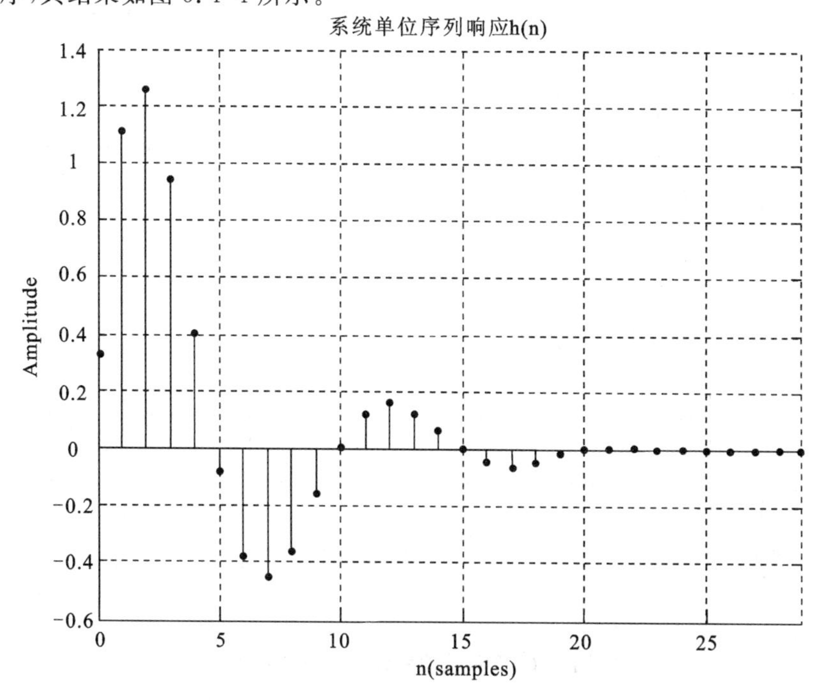

图 5.4-4　系统的单位序列响应

2. 单位阶跃序列响应

单位阶跃序列响应定义为在序列 $\varepsilon(n)$ 激励下系统的零状态响应，用 $g(n)$ 表示。可以利用控制系统工具箱提供的函数 dstep()来实现。函数 dstep()的调用格式如下：

dstep(b,a,N)

其中，N 为阶跃序列响应 $g(n)$ 的长度。

【例 5.4-5】 已知某 LTI 离散系统的差分方程为

$$3y(n)-4y(n-1)+2y(n-2)=f(n)+2f(n-1)$$

试用 MATLAB 命令求该系统的单位阶跃序列响应 $g(n)$，并绘出信号波形。

解 实现的 MATLAB 程序如下。

```
≫clear all;
a=[3 -4 2];
b=[1 2];
n=0:30;
dstep(b,a,30);
grid on;
title('单位阶跃序列响应 g(n)');
```

运行程序，其结果如图 5.4-5 所示。

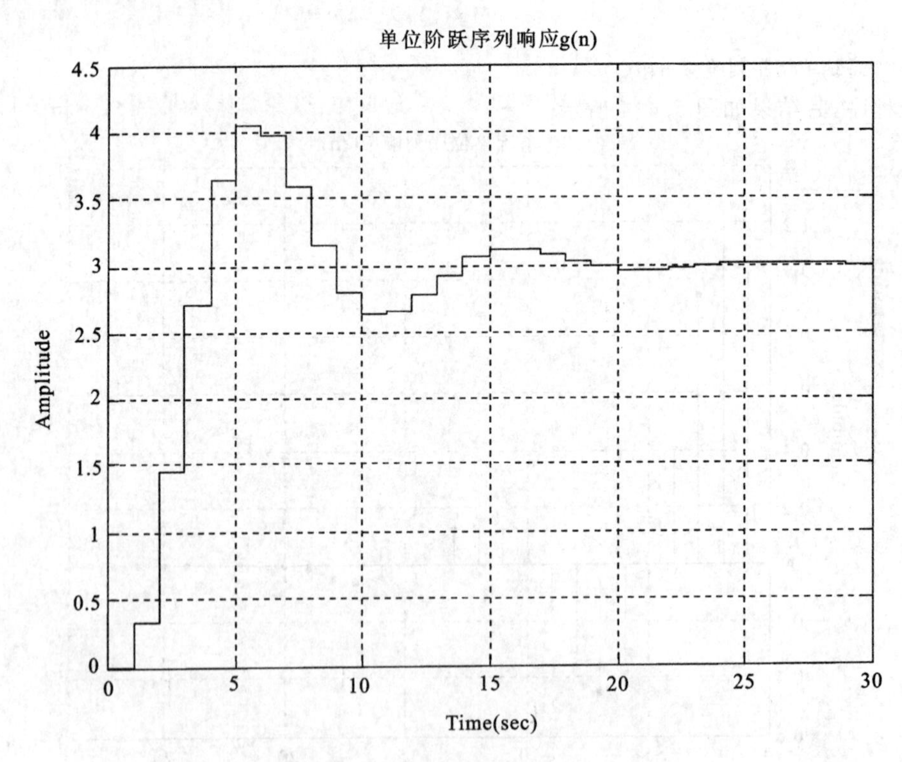

图 5.4-5 系统的单位阶跃序列响应

5.4.3　离散时间信号的卷积和运算

由于系统的零状态响应是系统激励与单位序列响应的卷积和，故卷积和运算在离散时间信号处理领域被广泛应用。两序列的卷积和定义为

$$f(n)=f_1(n)*f_2(n)=\sum_{i=-\infty}^{+\infty}f_1(i)f_2(n-i)$$

MATLAB 求卷积和的函数为 conv()，其调用格式如下：

y=conv(f,h)

其中，f 与 h 为表示序列值的向量，y 为卷积和的结果向量。用 MATLAB 进行卷积和运算时，无法实现无限的累加，只能计算长度有限信号的卷积和。

【例 5.4-6】 已知两序列 $f_1=[1\quad 1\quad 1\quad 1]$，$f_2=[1\quad 1\quad 1\quad 1]$，求序列的卷积和 $y=f_1*f_2$，并绘出波形。

解　实现的 MATLAB 程序如下。

```
≫x1=[1 1 1 1];
x2=[1 1 1 1];
g=conv(x1,x2);
n=1:7;
stem(n,g,'fill');
grid on;
xlabel('n');
```

运行程序，其结果如图 5.4-6 所示。

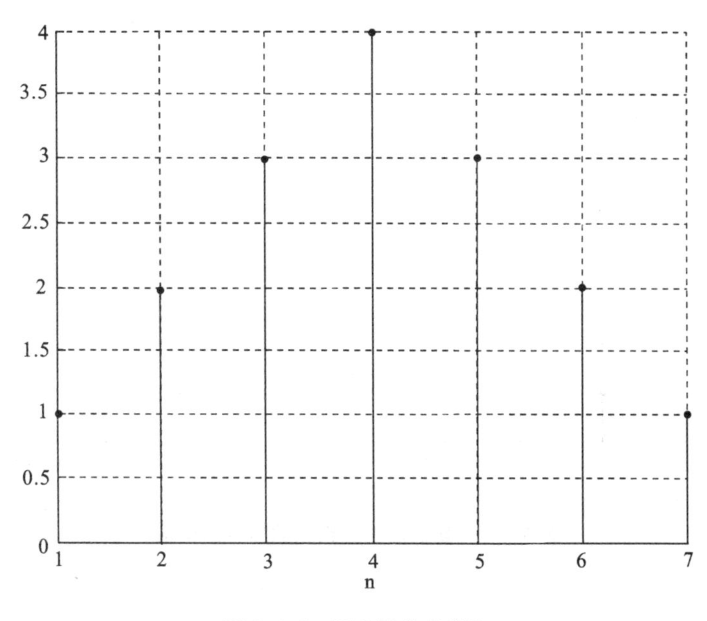

图 5.4-6　两序列的卷积和

【例 5.4-7】 已知某离散系统的单位序列响应为 $h(n)=(0.8)^n[\varepsilon(n)-\varepsilon(n-8)]$，激励信号为 $x(n)=\varepsilon(n)-\varepsilon(n-4)$，试用 MATLAB 命令求系统的零状态响应。

解 实现的 MATLAB 程序如下。

```
≫clear all;
nx=-1:5;                    %x(n)向量显示范围(添加了附加的零值)
nh=-2:10;                   %h(n)向量显示范围(添加了附加的零值)
x=uDT(nx)-uDT(nx-4);
h=0.8.^nh.*(uDT(nh)-uDT(nh-8));
y=conv(x,h);
ny1=nx(1)+ nh(1);           %卷积结果起始点
                            %卷积结果长度为两序列长度之和减 1,即 0 到(length(nx)+ length(nh)
                            -2)
                            %因此,卷积结果的时间范围是将上述长度加上起始点的偏移值
ny=ny1+ (0:(length(nx)+ length(nh)-2));
subplot(3,1,1);stem(nx,x,'fill');
grid on;
xlabel('n');title('x(n)');
axis([-4  16  0  3]);
subplot(3,1,2);stem(nh,h,'fill');
grid on;
xlabel('n');title('h(n)');
axis([-4  16  0  3]);
subplot(3,1,3);stem(ny,y,'fill');
grid on;
xlabel('n');title('y(n)=x(n)*h(n)');
axis([-4  16  0  3]);
```

运行程序,其结果如图 5.4-7 所示。

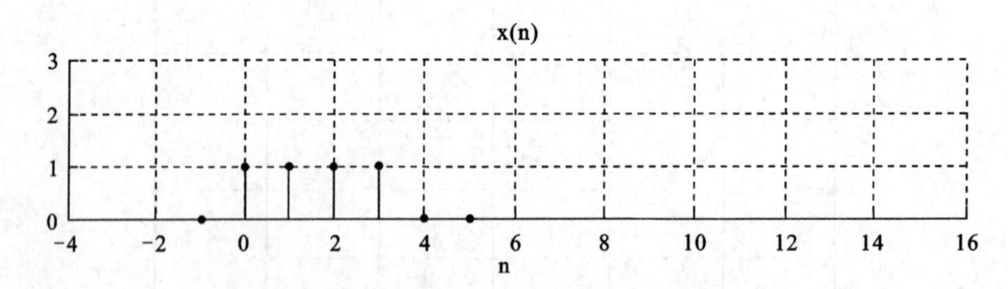

图 5.4-7 卷积法求解系统的零状态响应

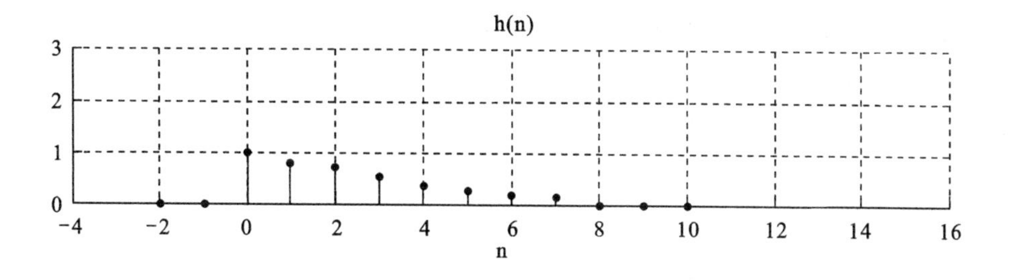

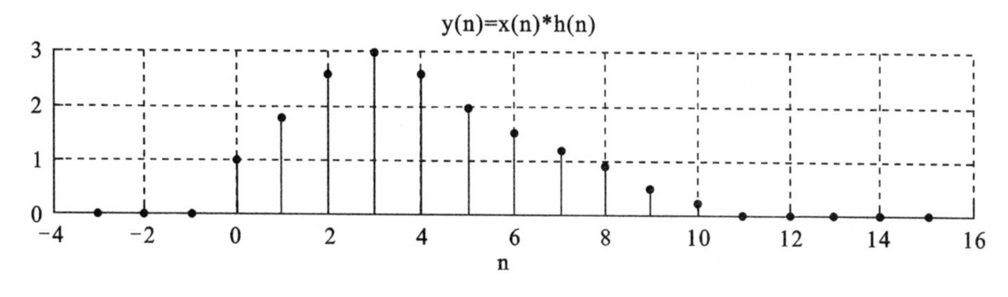

续图 5.4-7

本 章 小 结

本章主要讨论线性时不变离散时间系统全响应的时域解法，系统的全响应 $y(n)$ 可分解为自由响应 $y_h(n)$ 与强迫响应 $y_p(n)$ 之和，也可分解为零输入响应 $y_{zi}(n)$ 与零状态响应 $y_{zs}(n)$ 之和，关键问题是由初始条件确定解的待定系数。由于系统往往给出的是初始状态 $y(-1)$，$y(-2)$，…，$y(-N)$ 的值，因此在确定全响应 $y(n)$ 的待定系数时，需要利用差分方程提供的递推公式，推导出初始条件 $y(0)$，$y(1)$，…，$y(N-1)$ 来确定其待定系数。零输入响应 $y_{zi}(n)$ 的待定系数可由初始状态 $y(-1)$，$y(-2)$，…，$y(-N)$ 的值直接确定，零状态响应 $y_{zs}(n)$ 的待定系数则是令 $y(-1)=y(-2)=\cdots=y(-N)=0$，由递推法推导出的初始条件 $y(0)$，$y(1)$，…，$y(N-1)$ 来确定。

系统的单位序列响应 $h(n)$ 与单位阶跃响应 $g(n)$ 实际上是系统在特定激励下，求解系统零状态响应的两个实例，但其作用在离散系统分析中十分重要。卷积和运算提供了求解系统零状态响应的另外一种方法，一般情况下，无限长序列的卷积和采用解析法求解，有限长序列的卷积和采用移位相乘法求解。

MATLAB 语言是分析离散时间系统十分有力的工具，掌握并使用好这个计算机辅助工具，对离散时间信号的分析、对离散时间系统的分析与设计，都十分重要。

习　题　5

5-1　试求下列各序列的前向差分 $\Delta f(n)$、后向差分 $\nabla f(n)$ 及部分和 $\sum\limits_{i=-\infty}^{n} f(i)$ 。

(1) $f(n)=\begin{cases}0, & n<0\\ \left(\dfrac{1}{2}\right)^n, & n\geqslant 0\end{cases}$

(2) $f(n)=\begin{cases}0, & n<0\\ n, & n\geqslant 0\end{cases}$

5-2　求下列齐次差分方程的解。

(1) $y(n)-0.5y(n-1)=0, y(0)=1$

(2) $y(n)-2y(n-1)=0, y(0)=2$

(3) $y(n)+3y(n-1)=0, y(1)=1$

(4) $y(n)+\frac{1}{3}y(n-1)=0, y(-1)=-1$

5-3　求下列齐次差分方程的解。

(1) $y(n)-7y(n-1)+16y(n-2)-12y(n-3)=0$,

$y(0)=0, y(1)=-1, y(2)=-3$

(2) $y(n)-2y(n-1)+26y(n-2)-2y(n-3)+y(n-4)=0$,

$y(0)=0, y(1)=1, y(2)=2, y(3)=5$

5-4　求下列差分方程所描述的 LTI 离散系统的零输入响应。

(1) $y(n)+3y(n-1)+2y(n-2)=f(n)$,

$y(-1)=0, y(-2)=1$

(2) $y(n)+2y(n-1)+y(n-2)=f(n)-f(n-1)$,

$y(-1)=1, y(-2)=-3$

(3) $y(n)+y(n-2)=f(n-2)$,

$y(-1)=-2, y(-2)=-1$

5-5　求下列差分方程所描述的 LTI 离散系统的零输入响应、零状态响应和全响应。

(1) $y(n)-2y(n-1)=f(n)$,

$f(n)=2\varepsilon(n), y(-1)=-1$

(2) $y(n)+2y(n-1)=f(n)$,

$f(n)=2^n\varepsilon(n), y(-1)=1$

(3) $y(n)+2y(n-1)=f(n)$,

$f(n)=(3n+4)\varepsilon(n), y(-1)=-1$

(4) $y(n)+3y(n-1)+2y(n-2)=f(n)$,

$f(n)=\varepsilon(n), y(-1)=1, y(-2)=0$

(5) $y(n)+2y(n-1)+y(n-2)=f(n)$,

$f(n)=3\left(\frac{1}{2}\right)^n\varepsilon(n), y(-1)=3, y(-2)=-5$

5-6　下列差分方程所描述的系统，若激励 $f(n)=2\cos\left(\frac{\pi n}{3}\right), n\geqslant 0$，求各系统的稳态响应。

(1) $y(n)+\frac{1}{2}y(n-1)=f(n)$

(2) $y(n)+\frac{1}{2}y(n-1)=f(n)+2f(n-1)$

5-7　求下列差分方程所描述的 LTI 离散系统的单位序列响应。

(1) $y(n)+2y(n-1)=f(n-1)$

(2) $y(n)-y(n-2)=f(n)$

(3)$y(n)+y(n-1)+\frac{1}{4}y(n-2)=f(n)$

(4)$y(n)+4y(n-2)=f(n)$

(5)$y(n)-4y(n-1)+8y(n-2)=f(n)$

5-8　求题 5-8 图所示的各系统的单位序列响应。

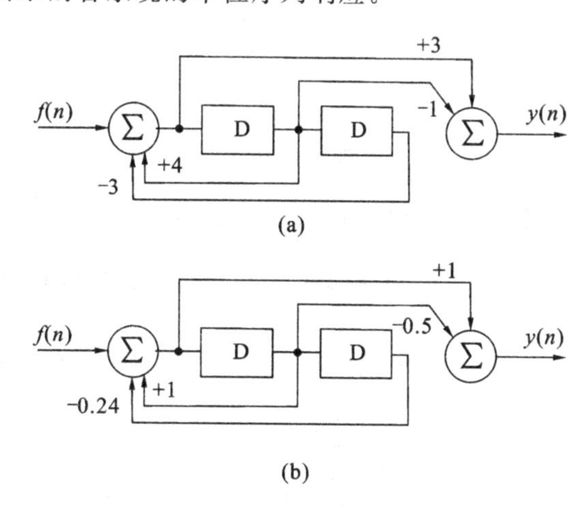

题 5-8 图

5-9　各序列的图形如题 5-9 图所示，求下列卷积和。

(1)$f_1(n)*f_2(n)$　　(2)$f_2(n)*f_3(n)$

(3)$f_3(n)*f_4(n)$　　(4)$[f_2(n)-f_1(n)]*f_3(n)$

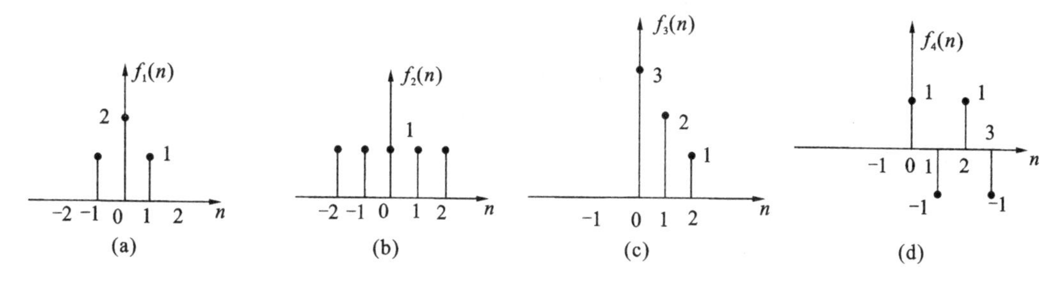

题 5-9 图

5-10　求题 5-10 图所示各系统的单位序列响应和阶跃响应。

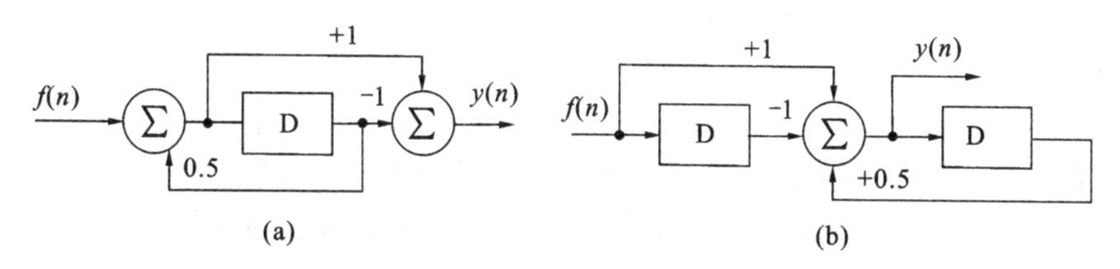

题 5-10 图

5-11　若 LTI 离散系统的阶跃响应 $g(n)=(0.5)^n\varepsilon(n)$，求其单位序列响应。

5-12　如题 5-12 图所示的各系统，试求当激励为

(1)$f(n)=\varepsilon(n)$

(2) $f(n)=(0.5)^n\varepsilon(n)$

时的零状态响应。

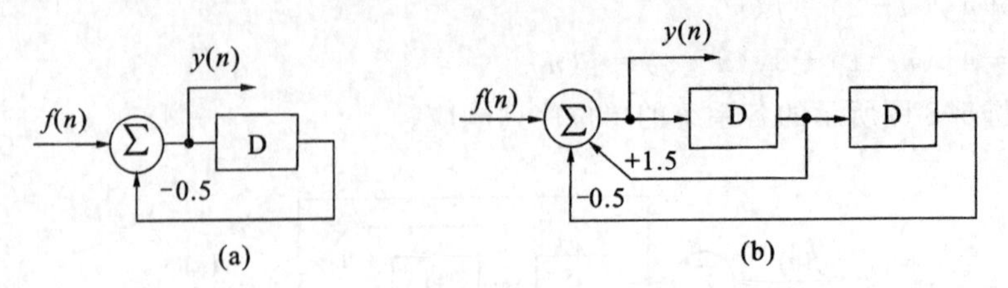

题 5-12 图

5-13　某离散系统由两个子系统级联组成，已知 $h_1(n)=2\cos\left(\frac{\pi n}{4}\right)$，$h_2(n)=a^n\varepsilon(n)$，激励 $f(n)=\delta(n)-a\delta(n-1)$，求该系统的零状态响应 $y_{zs}(n)$（提示：可利用卷积和的交换律、结合律简化运算）。

5-14　如题 5-14 图所示的系统，当激励 $f(n)=(0.5)^n\varepsilon(n)$时，求系统的零状态响应。

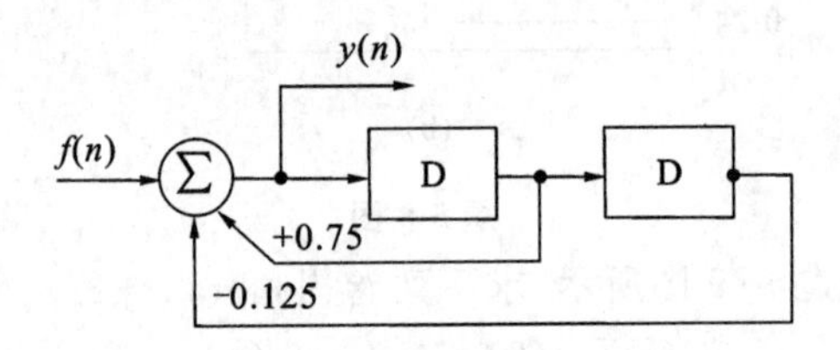

题 5-14 图

5-15　已知 LTI 离散系统的输入为

$$f(n)=\begin{cases}1, & n=0\\4, & n=1,2\\0, & \text{其他}\end{cases}$$

时，其零状态响应为

$$y(n)=\begin{cases}0, & n<0\\9, & n\geqslant 0\end{cases}$$

求系统的单位序列响应。

5-16　描述某二阶系统的差分方程为

$$y(n)-2a(n-1)+y(n-2)=f(n)$$

式中：a 为常数。

试讨论当$|a|<1$、$a=1$、$a=-1$、$|a|>1$ 四种情况时的单位序列响应。

5-17　如题 5-17 图所示，某复合系统由三个子系统组成，它们的单位序列响应分别为 $h_1(n)=\delta(n)$，$h_2(n)=\delta(n-N)$，N 为常数，$h_3(n)=\varepsilon(n)$，求复合系统的单位序列响应。

5-18　某复合系统如题 5-18 图所示，它们的单位序列响应为$h_1(n)=\varepsilon(n)$，$h_2(n)=\varepsilon(n-5)$，求复合系统的单位序列响应。

5-19　已知某离散系统的差分方程为

$$y(n)+2y(n-1)+y(n-2)=f(n)$$

系统激励为 $f(n)=3\left(\frac{1}{2}\right)^n\varepsilon(n)$，初始状态为 $y(-1)=3,y(-2)=-5$。试用 MATLAB 编制程序，求系统：零输入响应 $y_{zi}(n)$、零状态响应 $y_{zs}(n)$、全响应 $y(n)$、单位序列响应 $h(n)$、单位阶跃响应 $g(n)$。要求显示各响应前 50 点的信号波形。

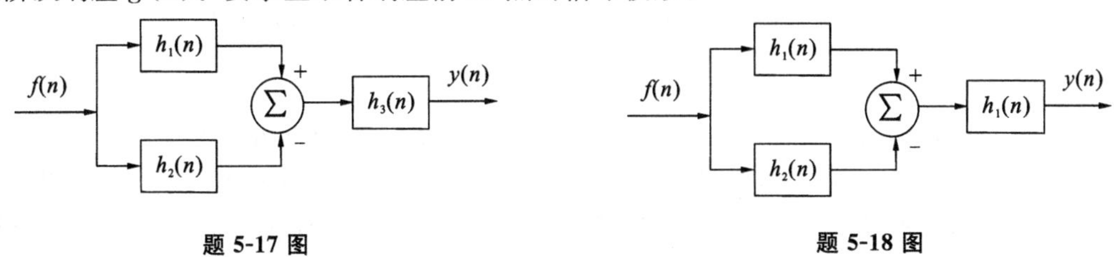

题 5-17 图　　题 5-18 图

第6章　离散时间系统的 z 域分析

z 变换(z-transformation)可将时域信号(即离散时间序列)变换为在复频域的表达式。它在离散时间信号处理中的地位,如同拉普拉斯变换在连续时间信号处理中的地位。离散时间信号的 z 变换是分析线性时不变离散时间系统问题的重要工具,把线性移(时)不变离散系统的时域数学模型——差分方程转换为 z 域的代数方程,使离散系统的分析同样得以简化,还可以利用系统函数来分析系统的时域特性、频率响应及稳定性等,因而在数字信号处理、计算机控制系统等领域中有着非常广泛的应用。

本章主要讨论 z 变换的定义、收敛域、性质等基础知识,并在此基础上研究离散时间系统的 z 域分析、离散时间系统的频域分析等方面的内容。

6.1　z 变换

6.1.1　z 变换的定义

一、z 变换的定义

对于一个序列 $f(n)$,它的 z 变换定义为

$$F(z)=\sum_{n=-\infty}^{+\infty}f(n)z^{-n} \tag{6.1-1}$$

其中,z 为一个复变量,式(6.1-1)定义的 z 变换称为双边 z 变换或标准 z 变换。序列的 z 变换实质上是以序列 $f(n)$ 为加权系数负幂项的级数之和。

二、从抽样函数推导 z 变换定义

传感器采集到的信号大部分为模拟信号,需要转换成数字信号后,才能被计算机处理。模数变换是通过抽样、量化和滤波三个过程来实现的,如图 6.1-1 所示。

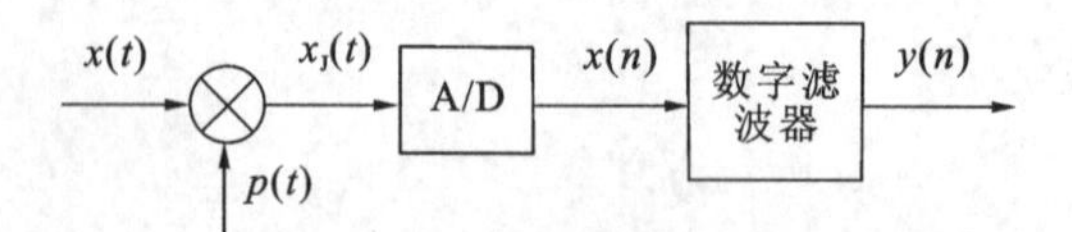

图 6.1-1　连续信号数字化处理过程

z 变换可以通过抽样信号的拉普拉斯变换推导,连续信号经过抽样得到的离散信号如图 6.1-2 所示。

$f(t)$ 冲激抽样信号可表示为

$$f_s(nT_s)=f(t)\sum_{n=-\infty}^{+\infty}\delta(t-nT_s)=\sum_{n}f(nT_s)\delta(t-nT_s) \tag{6.1-2}$$

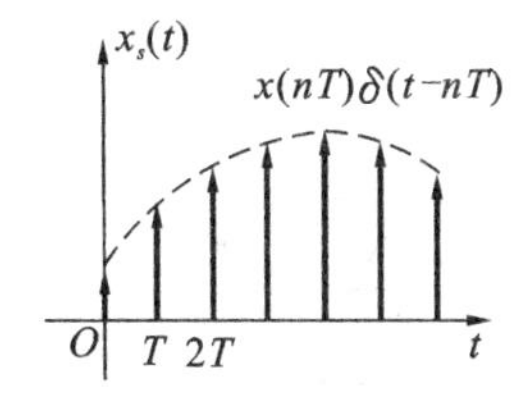

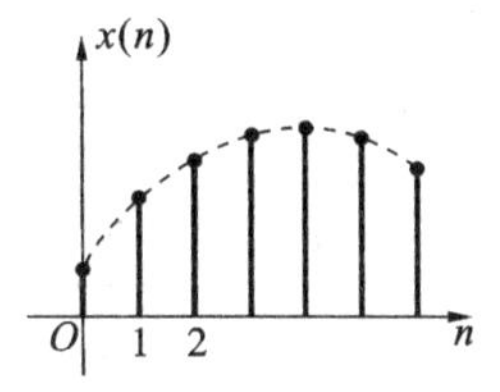

图 6.1-2　连续信号的抽样

对 $f_s(nT_s)$ 取拉普拉斯变换，得

$$F(s)=\int_{-\infty}^{+\infty} f_s(nT_s)\mathrm{e}^{-st}\,\mathrm{d}t=\sum_n f(nT_s)\int_{-\infty}^{+\infty}\delta(t-nT_s)\mathrm{e}^{-st}\,\mathrm{d}t$$

$$=\sum_{n=-\infty}^{+\infty} f(nT_s)\mathrm{e}^{-snT_s}=F(\mathrm{e}^{sT_s})$$

令 $z=\mathrm{e}^{sT_s}$，并将 T 归一化为 1，则上式变成复变量 z 的函数式 $F(z)$，即

$$F(z)=\sum_{n=-\infty}^{+\infty} f(n)z^{-n} \tag{6.1-3}$$

式(6.1-3)称为采样序列 $f(n)$ 的 z 变换，而 $F(z)$ 称为 $f(n)$ 的象函数，式(6.1-3)收敛的充要条件是 $\sum\limits_{n=-\infty}^{+\infty}|f(n)z^{-n}|<+\infty$，根据 n 的取值范围，得到单边 z 变换和双边 z 变换的定义如下。

单边 z 变换：
$$F(z)=\sum_{n=0}^{+\infty} f(n)z^{-n} \tag{6.1-4}$$

双边 z 变换：
$$F(z)=\sum_{n=-\infty}^{+\infty} f(n)z^{-n} \tag{6.1-5}$$

6.1.2　常用信号的 z 变换

一、单位冲激信号 $\delta(n)$

$$F(z)=\sum_{-\infty}^{+\infty}\delta(n)\cdot z^{-n}=\delta(0)\cdot z^{-0}=1 \tag{6.1-6}$$

单位冲激函数的 z 变换为常数 1，记为

$$\delta(n)\Leftrightarrow 1$$

收敛域为整个 z 平面。

二、单位阶跃序列 $u(n)$

$$F(z)=\sum_{n=0}^{+\infty}u(n)z^{-n}=\sum_{n=0}^{+\infty}z^{-n}=1+z^{-1}+z^{-2}+z^{-3}+\cdots$$

这是一个等比级数，公比 $q=z^{-1}$，当 $|q|=|z^{-1}|<1\Rightarrow|z|>1$ 时，有

$$F(z)=\frac{1}{1-z^{-1}}=\frac{z}{z-1}$$

单位阶跃序列的 z 变换记为

$$u(n)\Leftrightarrow\frac{z}{z-1},\quad |z|>1 \tag{6.1-7}$$

三、单边指数序列

1. 左边序列 $f(n)=a^n u(n)$

$$F(z)=\sum_{n=-\infty}^{+\infty} a^n u(n)\cdot z^{-n}=\sum_{n=0}^{+\infty} a^n z^{-n}$$
$$=1+az^{-1}+a^2z^{-2}+a^3z^{-3}+\cdots$$
$$=\frac{1}{1-az^{-1}}=\frac{z}{z-a}$$

其中，$|az^{-1}|<1\Rightarrow|z|>a$

单边指数序列的 z 变换记为

$$a^n u(n)\Leftrightarrow\frac{z}{z-a},\quad |z|>a \tag{6.1-8}$$

2. 左边序列 $f(n)=-a^n u(-n-1)$

$$F(z)=\frac{z}{z-a},\quad |z|<|a| \tag{6.1-9}$$

四、正弦和余弦序列

1. $\cos(\omega_0 n)u(n)$ 的 z 变换

根据欧拉公式有：$\cos(\omega_0 n)=\dfrac{e^{j\omega_0 n}+e^{-j\omega_0 n}}{2}$，则

$$\cos(\omega_0 n)u(n)=\frac{e^{j\omega_0 n}+e^{-j\omega_0 n}}{2}u(n)$$
$$=\frac{1}{2}[e^{j\omega_0 n}u(n)+e^{-j\omega_0 n}u(n)]$$

根据单边指数序列的 z 变换：

$$a^n u(n)\Leftrightarrow\frac{z}{z-a},\quad |z|>a$$

令 $b=j\omega_0$，则当 $|z|>|e^{j\omega_0}|=1$，得 $z[e^{j\omega_0 n}u(n)]=\dfrac{z}{z-e^{j\omega_0}}$

同理有：令 $b=-j\omega_0$，则当 $|z|>|e^{-j\omega_0}|=1$，得 $z[e^{-j\omega_0 n}u(n)]=\dfrac{z}{z-e^{-j\omega_0}}$，由上推导得

$$z[\cos(\omega_0 n)u(n)]=\frac{1}{2}\left(\frac{z}{z-e^{j\omega_0}}+\frac{z}{z-e^{-j\omega_0}}\right) \tag{6.1-10}$$

2. $\sin(\omega_0 n)u(n)$ 的 z 变换

同理，根据正弦序列的欧拉公式：

$$\sin(\omega_0 n)=\frac{e^{j\omega_0 n}+e^{-j\omega_0 n}}{2j}$$

可得正弦序列的 z 变换，有

$$z[\sin(\omega_0 n)u(n)]=\frac{1}{2j}\left(\frac{z}{z-e^{j\omega_0}}+\frac{z}{z-e^{-j\omega_0}}\right) \tag{6.1-11}$$

【例 6.1-1】 设右边序列 $f(n)=\begin{cases}2^n, & n\geqslant 0\\ 0, & n\leqslant 0\end{cases}$，试求 z 变换。

解　序列的 z 变换为

$$F(z)=\sum_{n=0}^{+\infty}x(n)z^{-n}=\sum_{n=0}^{+\infty}2^{n}z^{-n}=\sum_{n=0}^{+\infty}(2z^{-1})^{n}$$

根据等比数列的求和理论，当 $|2z^{-1}|<1$ 时，$F(z)=\dfrac{1}{1-2z^{-1}}=\dfrac{z}{z-2}$，则 $F(z)$ 的收敛域为 $|2z^{-1}|<1$ 或 $|z|>2$。

常见序列 z 变换如表 6.1-1 所示。

表 6.1-1　常见序列 z 变换

序　　列	z 变　换	收　敛　域
$\delta(n)$	1	z 平面
$u(n)$	$\dfrac{1}{1-z^{-1}}$	$\|z\|>1$
$a^{n}u(n)$	$\dfrac{1}{1-az^{-1}}$	$\|z\|>\|a\|$
$R_N(n)$	$\dfrac{1-z^{-N}}{1-z^{-1}}$	$\|z\|>0$
$-a^{n}u(-n-1)$	$\dfrac{1}{1-az^{-1}}$	$\|z\|<\|a\|$
$nu(n)$	$\dfrac{z^{-1}}{(1-z^{-1})^{2}}$	$\|z\|>1$
$na^{n}u(n)$	$\dfrac{az^{-1}}{(1-az^{-1})^{2}}$	$\|z\|>\|a\|$
$e^{j\omega_0 n}u(n)$	$\dfrac{1}{1-e^{j\omega_0}z^{-1}}$	$\|z\|>1$
$\sin(\omega_0 n)u(n)$	$\dfrac{z^{-1}\sin\omega_0}{1-2z^{-1}\cos\omega_0+z^{-2}}$	$\|z\|>1$
$\cos(\omega_0 n)u(n)$	$\dfrac{1-z^{-1}\cos\omega_0}{1-2z^{-1}\cos\omega_0+z^{-2}}$	$\|z\|>1$
$e^{-an}\sin(\omega_0 n)u(n)$	$\dfrac{z^{-1}e^{-a}\sin\omega_0}{1-2z^{-1}e^{-a}\cos\omega_0+z^{-2}e^{-2a}}$	$\|z\|>e^{-a}$
$e^{-an}\cos(\omega_0 n)u(n)$	$\dfrac{1-z^{-1}e^{-a}\cos\omega_0}{1-2z^{-1}e^{-a}\cos\omega_0+z^{-2}e^{-2a}}$	$\|z\|>e^{-a}$
$\sin(\omega_0 n+\theta)u(n)$	$\dfrac{\sin\theta+z^{-1}\sin(\omega_0-\theta)}{1-2z^{-1}\cos\omega_0+z^{-2}}$	$\|z\|>1$
$(n+1)a^{n}u(n)$	$\dfrac{1}{(1-az^{-1})^{2}}$	$\|z\|>\|a\|$
$\dfrac{(n+1)(n+2)}{2!}a^{n}u(n)$	$\dfrac{1}{(1-az^{-1})^{3}}$	$\|z\|>\|a\|$
$\dfrac{(n+1)(n+2)\cdots(n+m)}{m!}a^{n}u(n)$	$\dfrac{1}{(1-az^{-1})^{m+1}}$	$\|z\|>\|a\|$
$\dfrac{n(n-1)}{2!}u(n)$	$\dfrac{z^{-2}}{(1-z^{-1})^{3}}$	$\|z\|>1$
$\dfrac{n(n-1)(n-2)}{2!}u(n)$	$\dfrac{z^{-3}}{(1-z^{-1})^{4}}$	$\|z\|>1$

6.2 z 变换的收敛域

6.2.1 收敛域的定义

对于任意给定的序列 $f(n)$，能使 $F(z)=\sum_{n=-\infty}^{+\infty}f(n)z^{-n}$，收敛的所有 z 值之集合为收敛域，即满足 $\sum_{n=-\infty}^{+\infty}|f(n)z^{-n}|<+\infty$ 的区域，称为 z 变换的收敛域(region of convergence,ROC)。

与拉普拉斯变换的情况类似，对于单边 z 变换，序列与其变换结果及其收敛域均存在着唯一对应关系，但是在双边 z 变换的情况下，不同的序列尽管其 z 变换的收敛域不同，却可能对应着完全相同的变换结果。为了清楚地说明这一点，下面举一个例子。

【例 6.2-1】 设有序列 $f_1(n)=a^nu(n)$ 和 $f_2(n)=-a^nu(-n-1)$(a 为实数或复数)，试求它们的双边 z 变换。

解 由于序列 $f_1(n)$ 为一因果序列，所以其双边 z 变换等于单边 z 变换，有

$$F_1(z)=\sum_{n=-\infty}^{+\infty}[a^nu(n)]z^{-n}=\sum_{n=0}^{+\infty}(az^{-1})^n$$

这是一个公比为 az^{-1} 的等比级数，所以若 $|az^{-1}|<1$(即 $|z|>|a|$)，级数收敛，根据等比级数求和公式可得

$$F_1(z)=\sum_{n=0}^{+\infty}(az^{-1})^n=\frac{1}{1-az^{-1}}=\frac{z}{z-a},\quad |z|>|a|$$

由于

$$u(-n-1)=\begin{cases}1, & n\leqslant -1\\ 0, & n\geqslant 0\end{cases}$$

因此序列 $f_2(n)$ 为一反因果序列，其双边 z 变换为

$$F_2(z)=\sum_{n=-\infty}^{+\infty}[-a^nu(-n-1)]z^{-n}=-\sum_{n=-\infty}^{-1}a^nz^{-n}=-\sum_{n=1}^{+\infty}a^{-n}z^n=1-\sum_{n=0}^{+\infty}(a^{-1}z)^n$$

上式中第二项为一等比级数，只有当 $|a^{-1}z|<1$(即 $|z|<|a|$)时级数才收敛，这时有

$$F_2(z)=1-\frac{1}{1-a^{-1}z}=\frac{-a^{-1}z}{1-a^{-1}z}=\frac{z}{z-a},\quad |z|<|a|$$

由此可见，$F_2(z)$ 的零点和极点分别为 $z=0$ 和 $z=a$，其收敛域是 z 平面上以原点为中心、$|a|$ 为半径的圆的全部圆内区域。图 6.2-1 绘出了 $F_2(z)$ 的零极点分布和收敛域。

上式结果说明，两个不同的序列虽然收敛域不同，但可能会对应相同的 z 变换。

6.2.2 收敛域的判定

我们知道，z 变换的收敛问题是一个级数收敛问题。根据级数理论可知，一个任意级数，只要由其各项的绝对值构成的所谓正项级数收敛，则该级数必收敛。因此，双边 z 变换所示的无穷级数收敛，或者说 z 变换存在的充分条件是其满足绝对可和条件，即要求

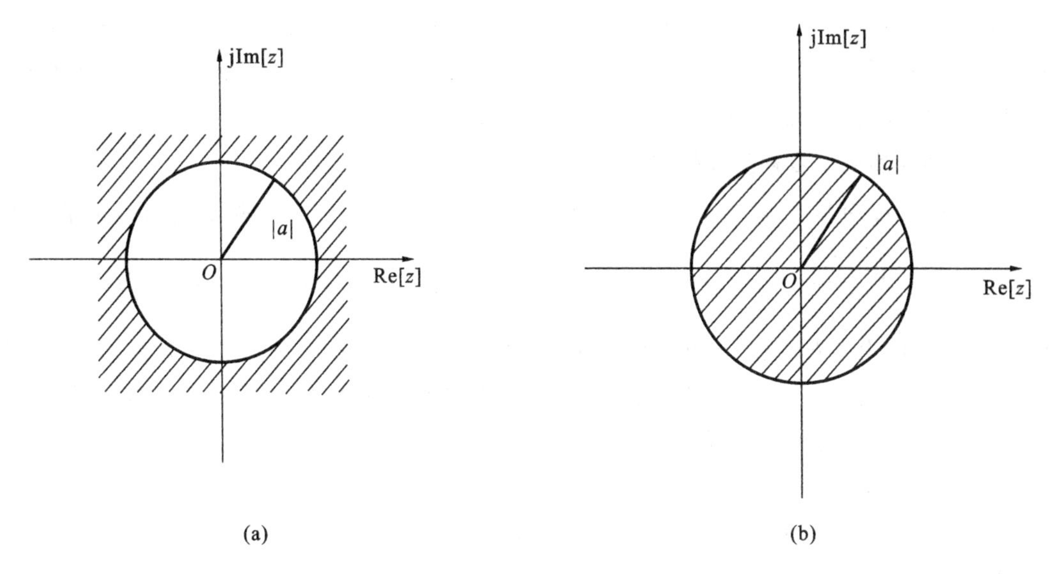

图 6.2-1　指数序列 z 变换的收敛域

(a)指数序列 $a^n u(n)$；(b)指数序列 $-a^n u(-n-1)$

$$\sum_{n=-\infty}^{+\infty} |f(n)z^{-n}| < +\infty \tag{6.2-2}$$

对于式(6.2-2)左边的正项级数，通常可以用两种方法判别其是否收敛。

1. 比值判定法

若有个正项级数，$f(n)z^{-n}=a_n$，

$$\lim_{n\to\infty}\left|\frac{a_{n+1}}{a_n}\right|=\rho \tag{6.2-3}$$

则：(1)$\rho<1$，收敛；

(2)$\rho=1$，可能收敛也可能发散；

(3)$\rho>1$，发散。

2. 根值判定法

令正项级数的一般项 $|a_n|$ 的 n 次根的极限等于 ρ，即

$$\lim_{n\to+\infty}\sqrt[n]{|a_n|}=\rho \tag{6.2-4}$$

则：(1)$\rho<1$，收敛；

(2)$\rho=1$，可能收敛也可能发散；

(3)$\rho>1$，发散。

6.2.3　四类有界序列的收敛域

一般而言，按照序列拓展的方向性对序列进行分类可以得出四类有界序列，即有限长序列、无限长右边序列、无限长左边序列和无限长双边序列。它们的不同特征决定了其双边 z 变

换收敛域的各自特点。了解这些序列的特性与它们双边 z 变换收敛域特征之间的一一对应关系有助于 z 变换的求取与应用。下面利用上述两种正项级数收敛的判定方法来讨论这些序列的特性与它们双边 z 变换收敛域特征之间的对应关系。

一、有限长序列 z 变换的收敛域

若 $f(n)$ 仅在有限长区间 $n_1 \leqslant n \leqslant n_2 (-\infty < n_1 < n_2 < +\infty)$ 内取不全为零的有界值 $(|x(n)| < +\infty)$，其他区间均取零值的有限长序列，则其双边 z 变换为：$F(z) = \sum_{n=n_1}^{n_2} f(n) z^{-n}$。由于 n_1 和 n_2 均为有限整数，双边 z 变换为一有限项级数，其中任一项只要 z 不等于零或无穷大就都是有限值，因而其收敛域的确定无需利用上述两种判定方法，可以直接依据 n_1 和 n_2 的正负取值，得出下面三种不同情况。

(1)$n_1 \geqslant 0, n_2 > 0$。

此时 $F(z)$ 只包含有限个 z 的负幂项，收敛域为 $|z| > 0$。

(2)$n_1 < 0, n_2 \leqslant 0$。

此时 $F(z)$ 只包含有限个 z 的正幂项，收敛域为 $|z| < +\infty$。

(3)$n_1 < 0, n_2 > 0$。

此时 $F(z)$ 包含 z 的正负幂项，收敛域为 $|z| < +\infty$。

二、右边序列 z 变换的收敛域

$$F(z) = \sum_{n=0}^{+\infty} f(n) z^{-n}$$

收敛域为 $|z| > R_1$（R_1 为正数）。

三、左边序列 z 变换的收敛域

$$F(z) = \sum_{n=-\infty}^{-1} f(n) z^{-n}$$

收敛域为 $|z| < R_2$（R_2 为正数）。

四、双边序列 z 变换的收敛域

双边序列可以看成是一个左边序列和一个右边序列之和，即

$$F(z) = \sum_{n=-\infty}^{+\infty} f(n) z^{-n} = \sum_{n=0}^{+\infty} f(n) z^{-n} + \sum_{n=-\infty}^{-1} f(n) z^{-n}$$

收敛域：若 $R_2 > R_1$，则 $R_1 < |z| < R_2$；若 $R_2 \leqslant R_1$，则收敛域不存在。

序列的收敛域一般是下列的几种情况：

(1)对于有限长序列，其 z 变换收敛域一般遍布整个平面，仅去除 0 或 $+\infty$ 个别点；

(2)对于因果序列（右边序列），其 z 变换收敛域为某个圆外区域；

(3)对于反因果序列（左边序列），其变换收敛域为某个圆内区域；

(4)对于双边序列，其 z 变换收敛域为环状区域。

各种典型序列的 z 变换收敛域如表 6.2-1 所示。

表 6.2-1　各种序列形式与其双边 z 变换收敛域的对应关系

序列 $f(n)$ 的形式		双边 z 变换 $F(z)$ 的收敛域	
有限长序列： (1)有限长因果序列： $n_1 \geqslant 0$ $n_2 > 0$	$x(n)$, O, n_1, n_2, n	$\mathrm{jIm}[z]$, O, $\mathrm{Re}[z]$	$\lvert z \rvert > 0$
(2)有限长反因果序列： $n_1 < 0$ $n_2 \leqslant 0$	O	O	$\lvert z \rvert < +\infty$
(3)有限长双边序列： $n_1 < 0$ $n_2 > 0$	O	O	$0 < \lvert z \rvert < +\infty$
无限长右边序列： (1)无限长右边非因果序列： $n_1 < 0$ $n_2 = +\infty$	O	R_{x_1}, O	$R_{x_1} < \lvert z \rvert < +\infty$
(2)无限长因果序列： $n_1 \geqslant 0$ $n_2 = +\infty$	O	R_{x_1}, O	$\lvert z \rvert > R_{x_1}$
无限长左边序列： (1)无限长左边非反因果序列： $n_1 = -\infty$ $n_2 > 0$	O	R_{x_2}, O	$0 < \lvert z \rvert < R_{x_2}$
(2)无限长反因果序列： $n_1 = -\infty$ $n_2 \leqslant 0$	O	R_{x_2}, O	$\lvert z \rvert < R_{x_2}$

续表

序列 $f(n)$的形式		双边 z 变换 $F(z)$的收敛域	
无限长双边序列： $n_1=-\infty$ $n_2=\infty$	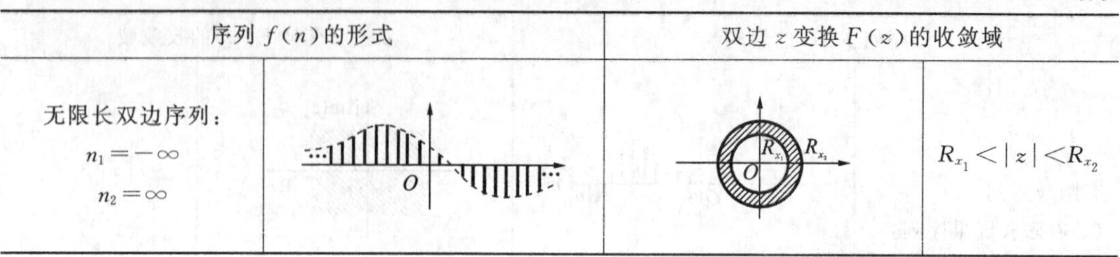		$R_{x_1}<\|z\|<R_{x_2}$

【例 6.2-2】 求因果序列(右边序列)$f(n)=a^n u(n)=\begin{cases}a^n, & n\geqslant 0\\ 0, & n<0\end{cases}$的 z 变换,并画出收敛域。

解 此序列为单边指数序列,其 z 变换为

$$F(z)=\sum_{n=0}^{+\infty}a^n u(n)z^{-n}=\sum_{n=0}^{+\infty}a^n z^{-n}=\frac{z}{z-a}$$

收敛域为$|z|>|a|$,如图 6.2-2 所示。

【例 6.2-3】 求反因果序列(左边序列)$f(n)=b^n u(-n-1)=\begin{cases}0, & n\geqslant 0\\ b^n, & n<0\end{cases}$的 z 变换,并画出收敛域。

解

$$\begin{aligned}F(z)&=\sum_{n=-\infty}^{-1}b^n u(-n-1)z^{-n}=\sum_{n=-\infty}^{-1}b^n z^{-n}\qquad (\text{令 } n=-m)\\&=\sum_{m=1}^{+\infty}b^{-m}z^m=\sum_{m=0}^{+\infty}b^{-m}z^m-b^0z^0=\sum_{m=0}^{+\infty}b^{-m}z^m-1\\&=\frac{1}{1-b^{-1}z}-1=\frac{-z}{z-b}\end{aligned}$$

条件是:$|b^{-1}z|<1\Rightarrow|z|<|b|$,即收敛域为$|z|<|b|$。

收敛域如图 6.2-3 所示。

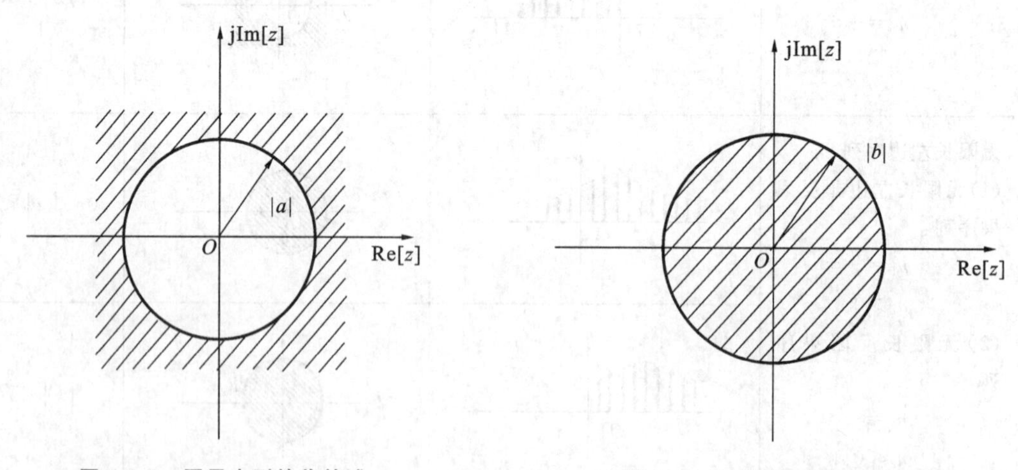

图 6.2-2　因果序列的收敛域　　　图 6.2-3　反因果序列的收敛域

【例 6.2-4】 求序列 $f(n)=a^n u(n)+b^n u(-n-1)$ 的单边和双边 z 变换，并确定和画出其收敛域(其中 $b>a,b>0,a>0$)。

解 序列 $f(n)=\begin{cases}a^n, & n\geqslant 0\\ b^n, & n<0\end{cases}$ 为一个双边序列，其由一个因果右边序列和一个反因果左边序列组成，对 $f(n)$ 求单边 z 变换为

$$F(z)=\sum_{n=0}^{+\infty}f(n)z^{-n}=\sum_{n=0}^{+\infty}[a^n u(n)+b^n u(-n-1)]z^{-n}$$

$$=\sum_{n=0}^{+\infty}a^n z^{-n}=\frac{a}{z-a}$$

其中，$|z|>|a|$。

对 $f(n)$ 求双边 z 变换，则有

$$F(z)=\sum_{n=-\infty}^{+\infty}f(n)z^{-n}=\sum_{n=-\infty}^{+\infty}[a^n u(n)+b^n u(-n-1)]z^{-n}$$

$$=\sum_{n=0}^{+\infty}a^n z^{-n}+\sum_{n=-\infty}^{-1}b^n z^{-n}=\frac{z}{z-a}+\frac{-z}{z-b}$$

因为第一、第二项的收敛域分别为 $|z|>a$ 和 $|z|<b$，又因为有 $b>a$，所以 $f(n)$ 的收敛域为 $|a|<|z|<|b|$。收敛域如图 6.2-4 所示。

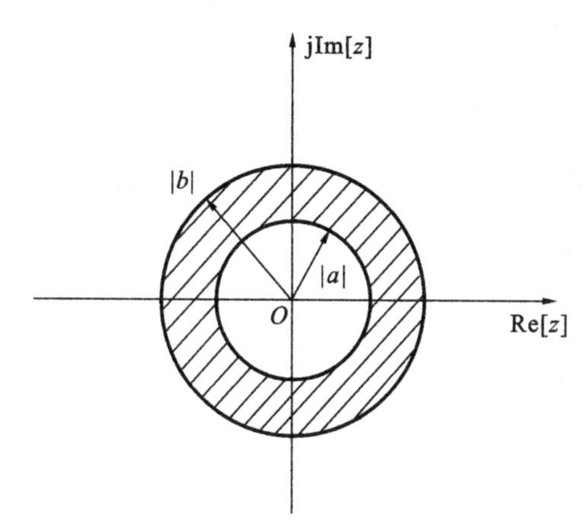

图 6.2-4　双边 z 变换的收敛域

由于在实际的离散系统中所遇到的序列通常是因果性的，因此序列的单边 z 变换一般更为重要。

【例 6.2-5】 求 $f(n)=(\frac{1}{3})^{|n|}$ 的双边 z 变换。

解 由 z 变换的定义，有

$$f(n)=(\frac{1}{3})^{|n|}=\begin{cases}(\frac{1}{3})^n, & n\geqslant 0\\ (\frac{1}{3})^{-n}, & n<0\end{cases}=\begin{cases}(\frac{1}{3})^n, & n\geqslant 0\\ 3^n, & n<0\end{cases}$$

参照例 6.2-4 有

$$F(z)=\frac{z}{z-\frac{1}{3}}+\frac{-z}{z-3}=\frac{-\frac{8}{3}z}{(z-\frac{1}{3})(z-3)}$$

收敛域为$\frac{1}{3}<|z|<3$。

【例 6.2-6】 说明，$f(n)$的 z 变换存在多个收敛域时，取其公共部分(重叠部分)为其收敛域，若无公共收敛域，则 z 变换不存在。

常用序列的 z 变换如表 6.2-2 所示。

表 6.2-2　常用序列的 z 变换

序列 $f(n)$	z 域表达式 $F(z)$	收　敛　域
$\delta(n)$	1	整个 z 平面
$\delta(n-m)$	z^{-m}	$\|z\|>0$
$u(n)$	$\frac{z}{z-1}$	$\|z\|>1$
$-u(-n-1)$	$\frac{z}{z-1}$	$\|z\|<1$
$a^n u(n)$	$\frac{z}{z-a}$	$\|z\|>a$
$-a^n u(-n-1)$	$\frac{z}{z-a}$	$\|z\|<a$
$nu(n)$	$\frac{z}{(z-1)^2}$	$\|z\|>1$

6.3　z 变换的性质

根据 z 变换的定义可以推导出许多性质，这些性质表示函数序列在时域的特性和在 z 域特性，以及它们之间的关系，其中有不少与拉普拉斯变换的特性相对应。

一、线性

若 $F_1(z)=\sum_{n=-\infty}^{+\infty}f_1(n)z^{-n}, R_{f-}<|z|<R_{f+}, F_2(z)=\sum_{n=-\infty}^{+\infty}f_2(n)z^{-n}, R_{f-}<|z|<R_{f+}$，对于任意常数 a、b，则有

$$aF_1(z)+bF_2(z)=a\sum_{n=-\infty}^{+\infty}f_1(n)z^{-n}+b\sum_{n=-\infty}^{+\infty}f_2(n)z^{-n}=\sum_{n=-\infty}^{+\infty}[af_1(n)+bf_2(n)]z^{-n}$$

即

$$af_1(n)+bf_2(n)\Leftrightarrow aF_1(z)+bF_2(z) \tag{6.3-1}$$

二、尺度变换

若 $f(n)\Leftrightarrow F(z)$，常数 $z_0\neq 0$，则

$$Z[z_0^n f(n)]=\sum_{n=-\infty}^{+\infty}z_0^n f(n)z^{-n}=\sum_{n=-\infty}^{+\infty}f(n)\,(z/z_0)^{-n}=F(z/z_0),\quad R_{f-}<|z|<R_{f+}$$

即

$$z_0^n f(n) \Leftrightarrow F(z/z_0),\quad R_{f-} < |z| < R_{f+} \tag{6.3-2}$$

三、实域位移

序列的移位性质适用于序列的左移(超前)或右移(延迟)两种不同的情况。

若 $F(z) = \sum_{n=-\infty}^{+\infty} f(n)z^{-n}, R_{f-} < |z| < R_{f+}$，则有

左移：

$$\sum_{n=-\infty}^{+\infty} f(n+k)z^{-n} = \sum_{n=-\infty}^{+\infty} f(n)z^{-(n-k)} = z^k \sum_{n=-\infty}^{+\infty} f(n)z^{-n} = z^k F(z), R_{f-} < |z| < R_{f+}$$

右移：

$$\sum_{n=-\infty}^{+\infty} f(n-k)z^{-n} = \sum_{n=-\infty}^{+\infty} f(n)z^{-(n+k)} = z^{-k} \sum_{n=-\infty}^{+\infty} f(n)z^{-n} = z^{-k} F(z), R_{f-} < |z| < R_{f+}$$

即

$$f(n+k) \Leftrightarrow z^k F(z),\quad R_{f-} < |z| < R_{f+} \tag{6.3-3}$$

$$f(n-k) \Leftrightarrow z^{-k} F(z),\quad R_{f-} < |z| < R_{f+} \tag{6.3-4}$$

四、复域位移

若函数 $f(t)$ 有 z 变换 $F(z)$，则

$$Z[e^{\mp at} f(t)] = F(ze^{\pm aT}) \tag{6.3-5}$$

式中：a 是常数。

五、指数加权

若 $F(z) = \sum_{n=-\infty}^{+\infty} f(n)z^{-n}, R_{f-} < |z| < R_{f+}$，则有

$$\sum_{n=-\infty}^{+\infty} a^n f(n)z^{-n} = \sum_{n=-\infty}^{+\infty} f(n)\left(\frac{z}{a}\right)^{-n} = F(a^{-1}z),\quad R_{f-} < \left|\frac{z}{a}\right| < R_{f+}$$

即

$$a^n f(n) \Leftrightarrow F(a^{-1}z),\quad |a|R_{f-} < |z| < |a|R_{f+} \tag{6.3-6}$$

六、z 域微分性质

若 $F(z) = \sum_{n=-\infty}^{+\infty} f(n)z^{-n}, R_{f-} < |z| < R_{f+}$，则有

$$\frac{\mathrm{d}f(z)}{\mathrm{d}z} = \frac{\mathrm{d}\sum_{n=-\infty}^{+\infty} f(n)z^{-n}}{\mathrm{d}z} = \sum_{n=-\infty}^{+\infty} f(n)\frac{\mathrm{d}z^{-n}}{\mathrm{d}z} = \sum_{n=-\infty}^{+\infty} f(n)(-n)z^{-n-1} = -z^{-1}\sum_{n=-\infty}^{+\infty} nf(n)z^{-n}$$

$$\sum_{n=-\infty}^{+\infty} nf(n)z^{-n} = -z\frac{\mathrm{d}F(z)}{\mathrm{d}z},\quad R_{f-} < |z| < R_{f+}$$

即

$$nf(n) \Leftrightarrow -z\frac{\mathrm{d}F(z)}{\mathrm{d}z},\quad R_{f-} < |z| < R_{f+} \tag{6.3-7}$$

七、实域卷积定理

若 $f_1(n) \Leftrightarrow F_1(z), f_2(n) \Leftrightarrow F_2(z), R_{f-} < |z| < R_{f+}$，则有

$$f_1(n) * f_2(n) \Leftrightarrow F_1(z) \cdot F_2(z) \tag{6.3-8}$$

八、初值定理和终值定理证明

1. 初值定理

若
$$F(z) = \sum_{n=-\infty}^{+\infty} f(n) z^{-n} = f(0) + f(1) z^{-1} + \cdots + f(n) z^{-n} + \cdots \tag{6.3-9}$$

又因为 $f(n)$ 为因果序列，则有

$$\lim_{z\to+\infty} F(z) = \lim_{z\to+\infty} \sum_{n=-\infty}^{+\infty} f(n) z^{-n} = \lim_{z\to+\infty} [f(0) + f(1) z^{-1} + \cdots + f(n) z^{-n} + \cdots] = f(0)$$

即

$$f(0) = \lim_{z\to+\infty} F(z) \tag{6.3-10}$$

2. 终值定理

对于因果序列 $f(n)$，而且 $F(z)$ 除在 $z=1$ 处可以有一阶极点，全部其他极点落在单位圆内，则

$$f(+\infty) = \lim_{z\to1} (1-z^{-1}) F(z) \tag{6.3-11}$$

从上面推导可以看出，终值定理只有当 $n\to+\infty$ 时，$f(n)$ 收敛才可应用，即是序列终值存在，终值定理才适用。终值存在要求极点必须位于单位圆内，应用时应加注意。

【例 6.3-1】 试用 z 变换的性质求下列序列的 z 变换 $F(z)$。

(1) $f(n)=u(n)-u(n-6)$；

(2) $f(n)=k(-1)^n u(n)$。

解 (1) $Z[u(n)]=\frac{z}{z-1}$，由移位性质有 $Z[u(n-6)]=z^{-6}\frac{z}{z-1}$，由线性性质得

$$F(z)=\frac{z}{z-1}-z^{-6}\frac{z}{z-1}=\frac{z}{z-1}(1-z^{-6})=\frac{z-z^{-5}}{z-1}$$

(2) 因为 $Z[(-1)^n u(n)]=\frac{z}{z+1}$，由 z 域的微分性质有

$$F(z)=-z\frac{\mathrm{d}}{\mathrm{d}z}\frac{z}{z+1}=\frac{-z}{(z+1)^2}$$

【例 6.3-2】 试用多种方法求 $nu(n)$ 的 z 变换。

解 (1) 由定义式求。

$$f(n) = nu(n), \quad F(z) = \sum_{k=0}^{+\infty} nz^{-n} = \frac{z}{(z-1)^2}$$

(2) 用线性及移位性质求。

$$\begin{aligned} f(n) &= nu(n) \\ &= (n-1)u(n) + u(n) \\ &= (n-1)u(n-1) - \delta(n) + u(n) \end{aligned}$$

设 $f(n)$ 的 z 变换为 $F(z)$，由上式得

$$F(z)=z^{-1}F(z)-1+\frac{z}{z-1}$$

整理得
$$F(z)(1-z^{-1})=\frac{1}{z-1}$$

因而
$$F(z)=\frac{z}{(z-1)^2}$$

(3)用 z 域微分求。

通过查表有 $Z[u(n)]=\frac{z}{z-1}$,则

$$Z[nu(n)]=-z\frac{\mathrm{d}}{\mathrm{d}z}(\frac{z}{z-1})=\frac{z}{(z-1)^2}$$

【例 6.3-3】 已知 $f_1(n)=a^nu(n)$,试用卷积性质求 $f(k)=\sum_{n=0}^{k}f_1(n)$ 的 z 变换。

解 $f(k)=\sum_{n=0}^{k}f_1(n)=\sum_{n=0}^{k}f_1(n)u(k-n)=\sum_{n=0}^{+\infty}f_1(n)u(k-n)=f_1(k)*u(k)$

又 $f_1(n)=a^nu(n)$,$Z[f_1(k)]=\frac{z}{z-a}$,$Z[u(k)]=\frac{z}{z-1}$,所以

$$F(z)=Z[f_1(k)]Z[u(k)]=\frac{z}{z-a}\frac{z}{z-1}=\frac{z^2}{(z-a)(z-1)},|z|>\max\{a,1\}$$

【例 6.3-4】 用终值定理求序列 $f(n)=b(C+\mathrm{e}^{-anT})u(n)$的终值。

解
$$f(n)=b(C+\mathrm{e}^{-anT})u(n)=bCu(n)+b\mathrm{e}^{-akT}u(n)$$

所以
$$F(z)=\frac{bCz}{z-1}+\frac{bz}{z-\mathrm{e}^{-aT}}$$

由终值定理得

$$f(n)=b(C+\mathrm{e}^{-anT})u(n)$$

6.4　逆 z 变换

由已知的 $F(z)$及其收敛域,求对应的离散时间序列 $f(n)$,称为逆 z 变换,标记 $f(n)=Z^{-1}[F(z)]$。求逆 z 变换的方法主要有:定义法、部分分式展开法、幂级数展开法、围线积分法。定义法比较简单,直接根据 z 变换的定义求解,围线积分法涉及留数定理的应用,计算比较复杂。本文主要介绍部分分式展开法和幂级数展开法(长除法)。

6.4.1　幂级数展开法(长除法)

根据 z 变换的定义,若 z 变换式用幂级数表示,则 z^{-n}前的加权系数即为采样时刻的值 $f(nT)$,即

$$F(z)=f(0)+f(T)z^{-1}+f(zT)z^{-2}+\cdots+f(kT)z^{-k}+\cdots \tag{6.4-1}$$

对应的采样函数为

$$f^*(t)=f(0)\delta(t)+f(T)\delta(t-T)+f(2T)\delta(t-2T)+\cdots+f(nT)\delta(t-nT)+\cdots \tag{6.4-2}$$

【例 6.4-1】 已知 $F(z)=\frac{11z^2-15z+6}{z^3-4z^2+5z-2}$,求 $f^*(t)$。

解 利用长除法

$$
\begin{array}{r}
11z^{-1}+29z^{-2}+67z^{-3}+145z^{-4}+\cdots \\
z^3-4z^2+5z-2\,\big/\;\overline{11z^2-15z+6\qquad\qquad\qquad\qquad} \\
\underline{11z^2-44z+55-22z^{-1}} \\
29z-49+22z^{-1} \\
\underline{29z-116+145z^{-1}-58z^{-2}} \\
67-123z^{-1}+58z^{-2} \\
\cdots
\end{array}
$$

由此得采样函数为

$$f^*(t)=11\delta(t-T)+29\delta(t-2T)+67\delta(t-3T)+145\delta(t-4T)+\cdots$$

用长除法求 z 反变换的缺点是计算较繁，难以得到 $f(nT)$ 的通式；优点则是计算并无难度，用计算机编程实现也不复杂，而且工程上也只需计算有限项数即可。

6.4.2 部分分式展开法

最实用的求 z 变换的方法是利用时域函数 $f(t)$ 或其对应的拉普拉斯变换式 $F(s)$ 查 z 变换表，对于表内查不到的较复杂的原函数，可将对应的拉普拉斯变换式 $F(s)$ 进行部分分式分解后再查表。

$F(s)$ 的一般式为

$$F(s)=\frac{B(s)}{A(s)}=\frac{b_0s^m+b_1s^{m-1}+\cdots+b_{m-1}s+b_m}{s^n+a_1s^{n-1}+\cdots+a_{n-1}s+a_n} \tag{6.4-3}$$

(1)当 $A(s)=0$ 无重根，则 $F(s)$ 可写为 n 个分式之和，即

$$F(s)=\frac{C_1}{s-s_1}+\frac{C_2}{s-s_2}+\cdots+\frac{C_i}{s-s_i}+\cdots+\frac{C_n}{s-s_n} \tag{6.4-4}$$

系数 C_i 可按下式求得，即

$$C_i=(s-s_i)\cdot F(s)\Big|_{s=s_i} \tag{6.4-5}$$

(2)当 $A(s)=0$ 有重根，设 s_1 为 r 阶重根，$s_{r+1},s_{r+2},\cdots,s_n$ 为单根，则 $F(s)$ 可展成如下部分分式之和，即

$$F(s)=\frac{C_r}{(s-s_1)^r}+\frac{C_{r-1}}{(s-s_1)^{r-1}}+\cdots+\frac{C_1}{s-s_1}+\frac{C_{r+1}}{s-s_{r+1}}+\cdots+\frac{C_n}{s-s_n} \tag{6.4-6}$$

式中：$C_{r+1},\cdots,C_n$ 为单根部分分式的待定系数，可按式(6.4-5)计算。

重根项待定系数 $C_1,C_2,\cdots,C_r$ 的计算公式如下：

$$\begin{cases}
C_r=(s-s_1)^rF(s)\Big|_{s=s_1} \\
C_{r-1}=\dfrac{\mathrm{d}}{\mathrm{d}s}\left[(s-s_1)^rF(s)\right]\Big|_{s=s_1} \\
C_{r-j}=\dfrac{1}{j!}\dfrac{\mathrm{d}^j}{\mathrm{d}s^j}\left[(s-s_1)^rF(s)\right]\Big|_{s=s_1} \\
C_1=\dfrac{1}{(r-1)!}\dfrac{\mathrm{d}^{r-1}}{\mathrm{d}s^{r-1}}\left[(s-s_1)^rF(s)\right]\Big|_{s=s_1}
\end{cases} \tag{6.4-7}$$

【例 6.4-2】 已知 $F(s)=\dfrac{s+2}{s(s+1)^2(s+3)}$，求其相应采样函数的 z 变换 $F(z)$。

解　用 $F(s)$ 直接查 z 变换表查不到，所以必须先进行部分分式分解。该式可分解为

$$F(s)=\frac{C_2}{(s+1)^2}+\frac{C_1}{s+1}+\frac{C_3}{s}+\frac{C_4}{s+3}$$

其中，

$$C_2=(s+1)^2\cdot\frac{s+2}{s(s+1)^2(s+3)}\bigg|_{s=-1}=-\frac{1}{2}$$

$$C_1=\frac{\mathrm{d}}{\mathrm{d}s}\left[(s+1)^2\cdot\frac{s+2}{s(s+1)^2(s+3)}\right]\bigg|_{s=-1}=-\frac{3}{4}$$

$$C_3=s\cdot\frac{s+2}{s(s+1)^2(s+3)}\bigg|_{s=0}=\frac{2}{3}$$

$$C_4=(s+3)\cdot\frac{s+2}{s(s+1)^2(s+3)}\bigg|_{s=-3}=\frac{1}{12}$$

将诸常数代入部分分式中，有

$$F(s)=-\frac{1}{2}\cdot\frac{1}{(s+1)^2}-\frac{3}{4}\cdot\frac{1}{s+1}+\frac{2}{3}\cdot\frac{1}{s}+\frac{1}{12}\cdot\frac{1}{s+3}$$

对照 z 变换表，查得

$$\begin{aligned}F(z)&=-\frac{1}{2}\cdot\frac{Tz\mathrm{e}^{-T}}{(z-\mathrm{e}^{-T})^2}-\frac{3}{4}\cdot\frac{z}{z-\mathrm{e}^{-T}}+\frac{2}{3}\cdot\frac{z}{z-1}+\frac{1}{12}\cdot\frac{z}{z-\mathrm{e}^{-3T}}\\&=\frac{-2Tz\mathrm{e}^{-T}-3z^2+3z\mathrm{e}^{-T}}{4(z-\mathrm{e}^{-T})^2}+\frac{2}{3}\cdot\frac{z}{z-1}+\frac{1}{12}\cdot\frac{z}{z-\mathrm{e}^{-3T}}\end{aligned}$$

【例 6.4-3】 已知 $F(z)=\dfrac{z(z^3+2z^2-4z+8)}{(z-2)^2(z^2+4)}$，$|z|>2$，求 $F(z)$ 的 z 反变换 $f(n)$。

解　将 $F(z)/z$ 展开为部分分式为

$$\begin{aligned}\frac{F(z)}{z}&=\frac{z^3+2z^2-4z+8}{(z-2)^2(z^2+4)}=\frac{z^3+2z^2-4z+8}{(z-2)^2(z+\mathrm{j}2)(z-\mathrm{j}2)}\\&=\frac{K_{12}}{(z-2)^2}+\frac{K_{11}}{z-2}+\frac{K_1}{z+\mathrm{j}2}+\frac{K_2}{z-\mathrm{j}2}\end{aligned}$$

其中，系数 K_{11}、K_{12}、K_1 和 K_2 分别为

$$K_{12}=(z-2)^2\frac{F(z)}{z}\bigg|_{z=2}=2,\quad K_{11}=\frac{\mathrm{d}}{\mathrm{d}z}\left[(z-2)^2\frac{F(z)}{z}\right]\bigg|_{z=2}=1$$

$$K_1=(z+\mathrm{j}2)\frac{F(z)}{z}\bigg|_{z=-\mathrm{j}2}=\mathrm{j}\,\frac{1}{2},\quad K_2=(z-\mathrm{j}2)\frac{F(z)}{z}\bigg|_{z=\mathrm{j}2}=-\mathrm{j}\,\frac{1}{2}$$

于是得

$$\begin{aligned}F(z)&=\frac{2z}{(z-2)^2}+\frac{z}{z-2}+\frac{\mathrm{j}}{2}\cdot\frac{z}{z+\mathrm{j}2}-\frac{\mathrm{j}}{2}\cdot\frac{z}{z-\mathrm{j}2}\\&=\frac{2z}{(z-2)^2}+\frac{z}{z-2}+\frac{2z}{z^2+4}\end{aligned}$$

$F(z)$ 的 4 个部分分子式的极点分别为 $p_{1,2}=2$，其中有 1 个为二阶极点，$p_3=-\mathrm{j}2$，$p_4=\mathrm{j}2$。显然，只有它们的收敛域 $R_{x_i}(i=1,2,3,4)$ 均为 $|z|>2$，它们的交集才是 $F(z)$ 的收敛域 $|z|>2$，此时，这 4 个部分分子式所对应的序列均为因果序列，有

$$Z^{-1}\left[\frac{2z}{(z-2)^2}\right]=n2^n\varepsilon(n),\quad Z^{-1}\left[\frac{z}{z-2}\right]=2^n\varepsilon(n)$$

$$Z^{-1}\left[\frac{\mathrm{j}}{2}\cdot\frac{z}{z+\mathrm{j}2}-\frac{\mathrm{j}}{2}\cdot\frac{z}{z-\mathrm{j}2}\right]=Z^{-1}\left[\frac{2z}{z^2+4}\right]=Z^{-1}\left[\frac{2z\sin 90^\circ}{z^2-2z\times 2\cos 90^\circ+4}\right]$$

$$=2^n\sin\left(\frac{n\pi}{2}\right)\varepsilon(n)$$

于是，$F(z)$的反变换 $f(n)$为这些因果序列的和，即

$$f(n)=2^n\left[n+1+\sin\left(\frac{n\pi}{2}\right)\right]\varepsilon(n)$$

6.5 离散系统的 z 域分析

6.5.1 差分方程的 z 变换解

z 变换可将求解差分方程转变为求解代数方程，从而使求解过程得以简化，下面主要讨论单边 z 变换求解差分方程。一般情况下，对于 LTI 连续系统而言，其差分方程可描述为

$$\sum_{k=0}^{N}a_{N-k}y(n-k)=\sum_{r=0}^{M}b_{M-r}f(n-r) \tag{6.5-1}$$

如果起始条件为 $y(l)=0(-N\leqslant l\leqslant -1)$，则响应即为零状态响应 $y_f(n)$，则 $Y_f(z)$满足

$$\sum_{k=0}^{N}a_{N-k}Y_f(z)=\sum_{r=0}^{M}b_{M-r}z^{-r}F(z) \tag{6.5-2}$$

显然，$Y_f(z)$只与系统的输入序列 $f(n)$有关，z 域的全响应为

$$Y(z)=Y_{zi}(z)+Y_{zs}(z) \tag{6.5-3}$$

式中：$Y_{zi}(z)$为零输入响应；$Y_{zs}(z)$为零状态响应。

对于离散系统差分方程 z 域分析，可用以下两种方法求解。

(1)先求解系统的全响应 $y(n)$的 z 变换 $Y(z)$，然后求解 $Y(z)$的 z 逆变换，即可得到全响应的时域解 $y(n)$。

(2)分别求得系统的零输入响应 $y_{zi}(n)$、零状态响应 $y_{zs}(n)$的 z 逆变换 $Y_{zi}(z)$和 $Y_{zs}(z)$，然后通过 z 逆变换求得 $y_{zi}(n)$和 $y_{zs}(n)$，并将两者相加，即可得到全响应 $y(n)$。

【例 6.5-1】 已知离散系统在激励 $f(n)=u(n)$的作用下，零状态响应 $y_{zs}(n)=[2-(0.5)^n+(-1.5)^n]\varepsilon(n)$，求其系统函数和描述该系统的差分方程。

解 由于激励 $f(n)=u(n)$，其 z 变换 $F(z)=\dfrac{z}{z-1}$，零状态响应 $y_{zs}(n)=[2-(0.5)^n+(-1.5)^n]u(n)$，其 z 变换为

$$Y_{zs}(z)=\frac{2z}{z-1}-\frac{z}{z-0.5}+\frac{z}{z+1.5}$$

系统函数 $H(z)=\dfrac{Y_{zs}(z)}{F(z)}=\left(\dfrac{2z}{z-1}-\dfrac{z}{z-0.5}+\dfrac{z}{z+1.5}\right)\dfrac{z-1}{z}=\dfrac{2z^2+0.5}{z^2+z-0.75}$

可得 z 域方程 $(z^2+z-0.75)Y_{zs}(z)=(2z^2+0.5)F(z)$

则差分方程为

$$y(n)+y(n-1)-0.75y(n-2)=2f(n)+0.5f(n-2)$$

【例 6.5-2】 试用 z 变换分析方法求下列系统的全响应。

(1) $y(n)+2y(n-1)=(n-2)u(n)$，$y(0)=1$；

(2) $y(n)+3y(n-1)+2y(n-2)=u(n)$，$y(-1)=0$，$y(-2)=\frac{1}{2}$。

解　(1)确定初始状态。令 $n=0$，由原方程得

$$y(0)+2y(-1)=-2\quad\left(y(-1)=-\frac{3}{2}\text{为初始状态}\right)$$

对原方程两边进行带初始状态的 z 变换，得

$$Y(z)+2z^{-1}Y(z)+2y(-1)=\frac{z}{(z-1)^2}-\frac{2z}{z-1}$$

$$(z+2)Y(z)=\frac{z^2}{(z-1)^2}-\frac{2z^2}{z-1}+3z$$

$$Y(z)=\frac{z^2}{(z-1)^2(z+2)}-\frac{2z^2}{(z-1)(z+2)}+\frac{3z}{z+2}$$

$$=\frac{\frac{1}{3}z}{(z-1)^2}+\frac{\frac{2}{9}z}{z-1}-\frac{\frac{2}{9}z}{z+2}-\frac{\frac{2}{3}z}{z-1}-\frac{\frac{4}{3}z}{z+2}+\frac{3z}{z+2}$$

$$=\frac{\frac{1}{3}z}{(z-1)^2}-\frac{\frac{4}{9}z}{z-1}+\frac{\frac{13}{9}z}{z+2}$$

全响应

$$y(n)=\left[\frac{1}{3}n-\frac{4}{9}+\frac{13}{9}(-2)^n\right]\varepsilon(n)$$

(2)确定初始状态。令 $n=-1$，由原方程得

$$y(-1)+3y(-2)+2y(-3)=0\quad(y(-1)\text{和 }y(-2)\text{与激励无关})$$

对原方程两边进行带初始状态的 z 变换得

$$Y(z)+3z^{-1}Y(z)+3y(-1)+2z^{-2}Y(z)+2z^{-1}y(-1)+2y(-2)$$

$$=\frac{z}{z-1}(z^2+3z+2)Y(z)$$

$$=(-3z^2-2z)y(-1)-2z^2y(-2)+\frac{z^3}{z-1}$$

$$Y(z)=\frac{-z^2}{z^2+3z+2}+\frac{z^3}{(z^2+3z+2)(z-1)}$$

$$=\frac{z^2}{(z+1)(z+2)(z-1)}$$

$$=\frac{\frac{1}{2}z}{z+1}+\frac{-\frac{2}{3}z}{z+2}+\frac{\frac{1}{6}z}{z-1}$$

全响应

$$y(n)=\left[\frac{1}{2}(-1)^n-\frac{2}{3}(-2)^n+\frac{1}{6}\right]u(n)$$

6.5.2 系统函数

一、系统函数的定义

如果线性非时变的离散系统可以用差分方程

$$\sum_{i=0}^{k} a_i y(n-i) = \sum_{j=0}^{k} b_j f(n-j) \tag{6.5-4}$$

描述，则当激励信号为因果信号时，可求得系统零状态响应的 z 变换，即有

$$Y_{zs}(z) = \frac{\sum_{j=0}^{n} b_j z^{-j}}{\sum_{i=0}^{n} a_i z^{-i}} F(z) = H(z)F(z) \tag{6.5-5}$$

令

$$H(z) = \frac{Y_{zs}(z)}{F(z)} = \frac{\sum_{j=0}^{n} b_j z^{-j}}{\sum_{i=0}^{n} a_i z^{-i}} \tag{6.5-6}$$

称 $H(z)$为系统函数或传递函数(转移函数)。由此可见，系统函数 $H(z)$是系统零状态响应的 z 变换和系统激励信号的 z 变换之比。

系统函数不仅与系统的差分方程有着密切联系，而且与系统的冲激响应之间是一对 z 变换的关系。我们知道，系统的零状态响应等于激励信号和冲激响应的卷积，即

$$y(n)=f(n)*h(n) \tag{6.5-7}$$

利用 z 变换的性质，可求得

$$Y_{zs}(z)=F(z)H(z), \quad h(k)\Rightarrow H(z) \tag{6.5-8}$$

即离散系统零状态响应的 z 变换等于系统函数与激励序列的 z 变换之积。系统函数的分析法的具体步骤如下：

(1)求出序列函数 $f(k)$的象函数 $F(z)$；

(2)利用系统函数的定义求出系统函数 $H(z)$；

(3)根据公式 $Y_{zs}(z)=F(z)H(z)$，计算出零状态响应的象函数 $Y_{zs}(z)$；

(4)利用 z 的逆变换求出 $Y_{zs}(z)$的原函数，即系统的零状态响应。

【例 6.5-3】 系统的差分方程为

$$y(n)-0.5y(n-1)+0.25y(n-2)=-f(n)+2f(n-3)$$

求系统的冲激函数。

解 根据系统函数有

$$H(z)=\frac{-1+2z^{-3}}{1-0.5z^{-1}+0.25z^{-2}}$$

或

$$H(z)=\frac{-z^3+2}{z^3-0.5z^2+0.25z}$$

【例 6.5-4】 系统的冲激响应为

$$h(n)=\delta(n)+\delta(n-1)+2\delta(n-2)+2\delta(n-3)$$

求该冲激系统的系统函数 $H(z)$。

解　由于冲激响应与系统函数是一对 z 变换，所以

$$H(z)=1+z^{-1}+2z^{-2}+2z^{-3}=(z^3+z^2+2z+2)z^{-3}$$

6.5.3　离散系统的模拟框图

在系统分析中，常常利用系统框图来描述系统。系统框图不仅以直观的形式反映出系统各部分间的连接关系，而且能以系统函数描述各部分的子系统特性。这样，在系统分析时，可以不考虑各部分的内部细节，从而便于对整个系统进行宏观的评价和调整。

在实际应用中，往往根据系统的技术指标要求，首先确定系统函数 $H(z)$，然后选用一种框图实现 $H(z)$。连续系统的模拟单元是积分器，而离散系统的模拟单元是延迟器。在时域中，延迟器用 D 表示，在 z 域中则用 z^{-1} 表示，如图 6.5-1 所示。

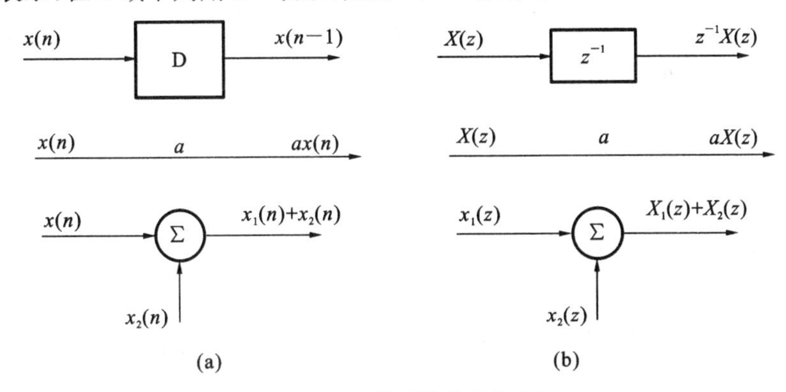

图 6.5-1　离散系统的系统框图

根据系统函数的不同形式，系统框图可分为直接框图、级联框图和并联框图，具体如图 6.5-2所示。

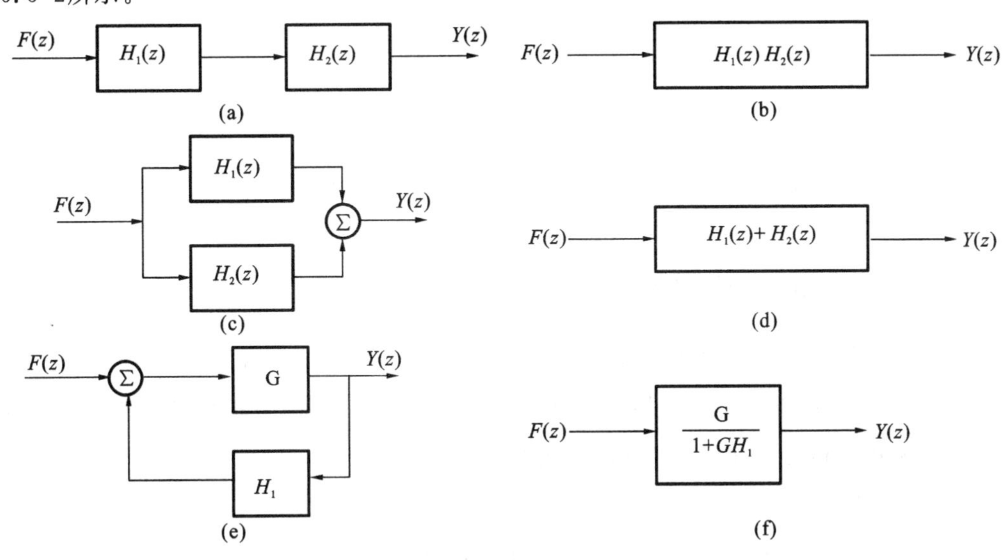

图 6.5-2　系统框图的不同连接形式

(a)两个子系统级联；(b)系统级联的等效；(c)两个子系统并联；(d)系统并联的等效；(e)系统反馈连接；(f)系统反馈连接的等效

【例 6.5-5】 离散线性因果系统的差分方程为

$$y(n)-(3/4)y(n-1)+(1/8)y(n-2)=f(n)+(1/3)f(n-1)$$

画出实现该系统的模拟框图:直接形式;并联形式;级联形式。

解 由差分方程可得直接形式的系统函数为

$$H(z)=\frac{1+(1/3)z^{-1}}{1-(3/4)z^{-1}+(1/8)z^{-2}}$$

直接形式的模拟方框图如图 6.5-3(a)所示。

并联形式的系统函数为

$$H(z)=\frac{10/3}{1-(1/2)z^{-1}}+\frac{-7/3}{1-(1/4)z^{-1}}$$

并联形式的模拟方框图如图 6.5-3(b)所示。

级联形式的系统函数为

$$H(z)=\frac{1}{1-(1/2)z^{-1}}\cdot\frac{1+(1/3)z^{-1}}{1-(1/4)z^{-1}}$$

级联形式的模拟方框图如图 6.5-3(c)所示。

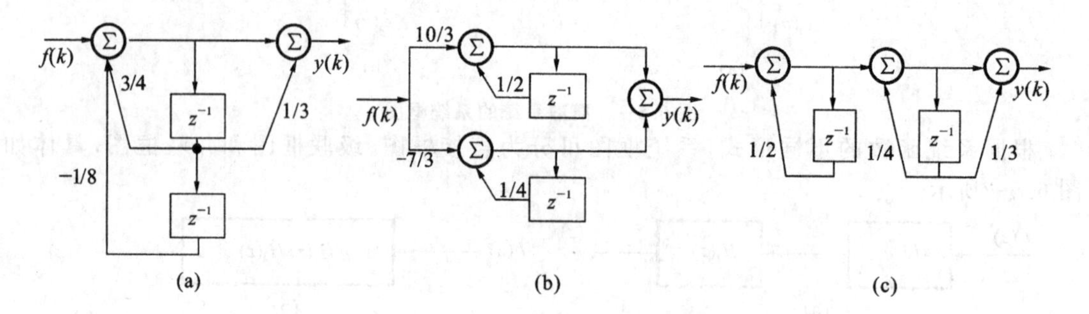

图 6.5-3 该系统的模拟框图

(a)直接形式的模拟框图;(b)并联形式的模拟框图;(c)级联形式的模拟框图

6.5.4 系统稳定性和因果性

与连续时间系统类似,离散时间系统的冲激响应 $h(n)$ 或系统函数 $H(z)$ 决定了系统的特性。与拉普拉斯变换类似,在 z 变换时可以利用系统函数的零极点分析系统的稳定性、因果性以及系统函数的零极点与冲激函数之间的内在关系。

一、系统稳定性

(1)系统稳定性的时域判别法。如果对于任一有界输入 $f(n)$ 只能产生有界输出 $y(n)$,则称系统在有界输入、有界输出意义下是稳定的。根据该定义,对所有 n,当 $|f(n)|<M$(其中 M 为实常数)时,若有 $|y(n)|<+\infty$,则系统稳定。

(2)系统稳定性的 z 域判别法。对于一个离散线性时不变系统而言,系统函数的收敛域在单位圆内时,系统收敛。

二、系统因果性

(1)系统稳定性的时域判别法。时域中,对于线性时不变系统,如果它是因果系统,则要求它的单位冲激响应满足条件

$$h(n)=0,\quad n<0$$

这实际上要求系统的单位冲激响应 $h(n)$为因果信号。

(2)系统稳定性的 z 域判别法。z 域中,系统函数 $H(z)$的冲激响应 $h(n)$的 z 变换,即

$$H(z)=\sum_{n=-\infty}^{+\infty}h(n)z^{-n}$$

根据 z 变换的性质,如果 $h(n)$是一个因果信号,则其系统函数 $H(z)$中将不可能有 z 的正幂级数,这表明系统函数 $H(z)$的收敛域是在某个圆外部的区域,且包括无穷点。如果从 $H(z)$的有理分式来看,则 $H(z)$的分子阶次不高于分母阶次。

【例 6.5-6】 判断系统函数 $H(z)=\dfrac{z^2-2z-1}{z+1/2}$的稳定性和因果性。

解　因为极点 $p_1=-1/2$ 在单位圆内,所以系统是稳定的;但因为分子的次数大于分母的次数,所以系统是非因果的。

6.5.5　离散系统的频率特性

当离散系统的系统函数 $H(z)$中的 z 在单位圆上变化时,即 $H(z)\Big|_{z=e^{j\omega}}=H(e^{j\omega})$时,对应幅度和相位随 ω 的变化情况,称 $H(e^{j\omega})$为离散系统的频率响应。与连续系统类似,离散系统的频率特性也可以分为幅频特性$|H(e^{j\omega})|$和相频特性 $H(e^{j\omega})$,即

$$H(e^{j\omega})=H(z)\Big|_{z=e^{j\omega}}=|H(e^{j\omega})|e^{j\varphi(\omega)}$$

可以证明,当输入序列为 $f(n)=A\sin\Omega n\varepsilon(n)$时,其对应的系统正弦稳态响应为

$$y(n)=A|H(e^{j\omega})|\sin[\omega n+\varphi(\omega)]$$

对于离散系统有以下结论:

(1)稳定因果系统在正弦序列激励下的稳态响应特性仍为统一包络频率的正弦序列;

(2)幅频特性$|H(e^{j\omega})|$和相频特性 $H(e^{j\omega})$分别表示输出序列相对于输入序列在幅度和相位上的变化情况,一般为包络频率 ω 的函数;

(3)由于 $e^{j\omega}$为周期函数,因此 $H(e^{j\omega})$也具有周期性,这是离散系统频率响应的一个特点。

【例 6.5-7】 某离散系统的差分方程为

$$y(n)-ay(n-1)=f(n),\quad 0<a<1$$

(1)画出时域模拟框图；

(2)求 $H(z)$,画出零点、极点图；

(3)若 $H(z)$的收敛域为$|z|>a$,求单位响应 $h(n)$；

(4)求系统的幅频和相频特性,画出其曲线图。

解 (1)$y(n)=f(n)+ay(n-1)(0<a<1)$,故其时域模拟框图如图 6.5-4(a)所示。

(2)$H(z)=\dfrac{z}{z-a}$,零点 $z_1=0$,极点 $p_1=a$,其分布如图 6.5-4(b)所示。

(3)因为 $H(z)$的收敛域为$|z|>a$,所以,单位响应为右序列,即

$$h(n)=a^n\varepsilon(n)$$

(4)因为 $H(z)$的收敛域为$|z|>a$,且 $0<a<1$,取 $T=1$,则 $\Omega=\omega T=\omega$,故频率特性为

$$H(\mathrm{e}^{\mathrm{j}\omega})=H(z)\Big|_{z=\mathrm{e}^{\mathrm{j}\omega}}=\frac{1}{1-a\cos\omega+\mathrm{j}a\sin\omega}$$

即有

$$|H(\mathrm{e}^{\mathrm{j}\omega})|=\frac{1}{\sqrt{1+a^2-2a\cos\omega}}$$

$$\varphi(\omega)=-\arctan\frac{a\sin\omega}{1-a\cos\omega}$$

可以运用描点法画出其幅频特性曲线和相频特性曲线,分别如图 6.5-4(c)、图 6.5-4(d)所示。

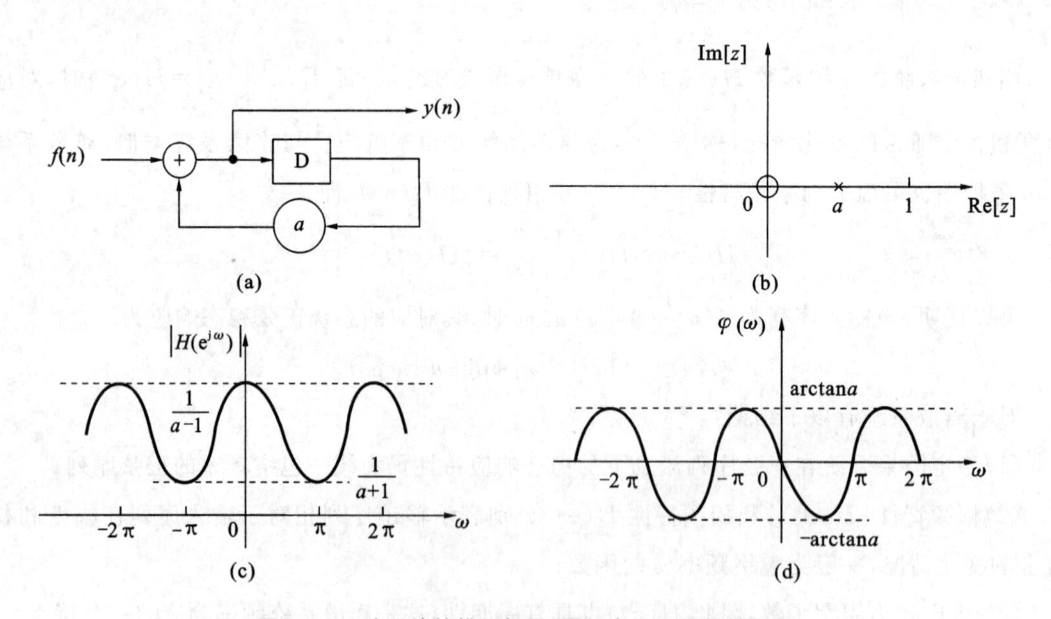

图 6.5-4 该系统的模拟框图、零极点图和幅频相频图

【例 6.5-8】 离散线性因果系统的差分方程为

$$y(n)-\frac{3}{4}y(n-1)+\frac{1}{8}y(n-2)=f(n)+\frac{1}{4}f(n-1)$$

(1)求系统函数 $H(z)$,并画出实现该系统的一种模拟框图。

(2)分析此因果系统 $H(z)$的稳定性。

(3)求单位脉冲响应 $h(n)$。

解　(1)对差分方程两边进行 z 变换,得

$$Y(z)-\frac{3}{4}z^{-1}Y(z)+\frac{1}{8}z^{-2}Y(z)=F(z)+\frac{1}{4}z^{-1}F(z)$$

系统函数为

$$H(z)=\frac{Y(z)}{F(z)}=\frac{1+\frac{1}{4}z^{-1}}{1-\frac{3}{4}z^{-1}+\frac{1}{8}z^{-2}}=\frac{2z(4z+1)}{(2z-1)(4z-1)}$$

系统输出信号的 z 变换为

$$Y(z)=F(z)+\frac{1}{4}z^{-1}F(z)+\frac{3}{4}z^{-1}Y(z)-\frac{1}{8}z^{-2}Y(z)$$

由上式可画出系统框图,如图 6.5-5 所示。

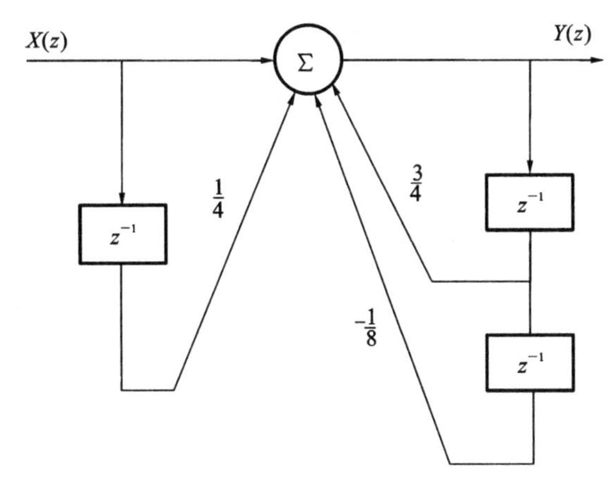

图 6.5-5　该系统的模拟框图

(2)$H(z)$的两个极点为 $p_1=\frac{1}{2}, p_2=\frac{1}{4}$,它们都在单元内,因此系统是稳定的。

(3)将 $H(z)/z$ 展成部分分式,得

$$H(z)=\frac{3z}{z-\frac{1}{2}}-\frac{2z}{z-\frac{1}{4}}$$

取逆变换,得单位脉冲响应为

$$h(n)=\left[3\left(\frac{1}{2}\right)^n-2\left(\frac{1}{4}\right)^n\right]u(n)$$

6.6 离散系统 z 域分析的 MATLAB 实现

6.6.1 z 变换和 z 反变换

在 MATLAB 中有专门对信号进行正、反 z 变换的函数 ztrans()和 iztrans()。其调用格式分别如下：

(1)F=ztrans(f)：对 $f(n)$进行 z 变换，其结果为 $F(z)$。

(2)F=ztrans(f,v)：对 $f(n)$进行 z 变换，其结果为 $F(v)$。

(3)F=ztrans(f,u,v)：对 $f(u)$进行 z 变换，其结果为 $F(v)$。

(4)f=iztrans(F)：对 $F(z)$进行 z 反变换，其结果为 $f(n)$。

(5)f=iztrans(F,u)：对 $F(z)$进行 z 反变换，其结果为 $f(u)$。

(6)f=iztrans(F,v,u)：对 $F(v)$进行 z 反变换，其结果为 $f(u)$。

注意：在调用函数 ztrans()及 iztrans()之前，要用 syms 命令对所有需要用到的变量(如 t、u、v、w)等进行说明，即要将这些变量说明成符号变量。

【例 6.6-1】 用 MATLAB 求出离散序列 $f(k)=(0.5)^k\varepsilon(k)$的 z 变换。

解 z 变换的 MATLAB 程序如下。

```
%z 变换的程序实现
syms k,z;
f= 0.5^k;                  %定义离散信号
Fz= ztrans(f);             %对离散信号进行 z 变换
```

运行结果如下：

```
Fz=
  z/(z—1/2)
```

【例 6.6-2】 已知一离散信号的 z 变换式为 $F(z)=\dfrac{2z}{2z-1}$，求出它所对应的离散信号 $f(k)$。

解 z 变换的 MATLAB 程序如下。

```
%z 变换的程序实现
syms k,z;
Fz= 2* z/(2* z—1);        %定义 z 变换表达式
fk= iztrans(Fz,k)          %求反 z 变换
```

运行结果如下：

```
fk=
  (1/2)^k
```

【例 6.6-3】 已知如下系统的系统函数 $H(z)$，试用 MATLAB 分析系统单位样值响应 $h(n)$ 的时域特性。

(1) $H(z)=\dfrac{1}{z-1}$，单位圆上的一阶实极点。

(2) $H(z)=\dfrac{1}{z^2-2z\cos(\frac{\pi}{8})+1}$，单位圆上的一阶共轭极点。

(3) $H(z)=\dfrac{z}{(z-1)^2}$，单位圆上的二阶实极点。

(4) $H(z)=\dfrac{1}{z-0.8}$，单位圆内的一阶实极点。

(5) $H(z)=\dfrac{1}{(z-0.5)^2}$，单位圆内的二阶实极点。

(6) $H(z)=\dfrac{1}{z-1.2}$，单位圆外的一阶实极点。

解　利用 MATLAB 提供的函数 impz()绘制离散系统单位样值响应波形。impz()基本调用方式为：impz(b,a,N)（其他方式，请读者参看 MATLAB 帮助），其中，b 为系统函数分子多项式的系数向量，a 为系统函数分母多项式的系数向量，N 为产生序列的长度。需要注意的是，b 和 a 的维数应相同，不足用 0 补齐，例如，$H(z)=\dfrac{1}{(z-1)^2}=\dfrac{1}{z^2-2z+1}$ 的 $b=[0\quad 0\quad 1]$，$a=[1\quad -2\quad 1]$。下面是求解各系统单位样值响应的 MATLAB 命令。

(1)
```
a=[1  -1];
b=[0  1];
impz(b,a,10);
```
运行结果如图 6.6-1(a)所示。

(2)
```
a=[1  -2cos(pi/8)  1];
b=[0  0  1];
impz(b,a,50);
```
运行结果如图 6.6-1(b)所示。

(3)
```
a=[1  -2  1];
b=[0  1  0];
impz(b,a,10);
```
运行结果如图 6.6-1(c)所示。

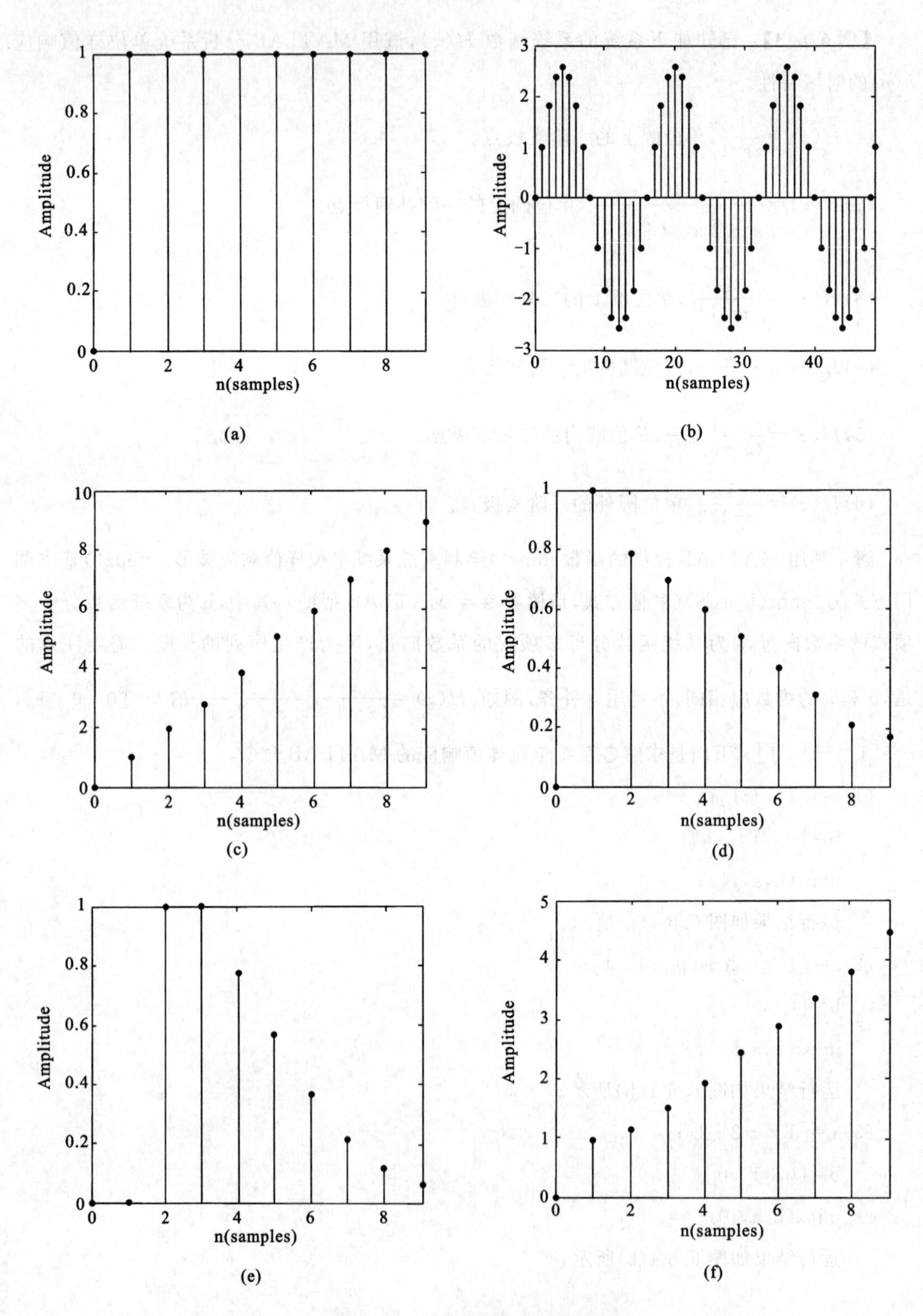

图 6.6-1　系统的单位冲激响应

(4)a=[1 −0.8];

b=[0 1];

impz(b,a,10);

运行结果如图 6.6-1(d)所示。

(5)a=[1 −1 0.25];

b=[0 0 1];

impz(b,a,10);

运行结果如图 6.6-1(e)所示。

(6)a=[1 −1.2];

b=[0 1];

impz(b,a,10);

运行结果如图 6.6-1(f)所示。

6.6.2 系统函数的零极点分布

离散时间系统的系统函数定义为系统零状态响应的 z 变换与激励的 z 变换之比,即

$$H(z)=\frac{Y(z)}{X(z)} \tag{6.6-1}$$

如果系统函数 $H(z)$ 的有理函数表示式为

$$H(z)=\frac{b_1 z^m+b_2 z^{m-1}+\cdots+b_m z+b_{m+1}}{a_1 z^n+a_2 z^{n-1}+\cdots+a_n z+a_{n+1}} \tag{6.6-2}$$

那么,在 MATLAB 中系统函数的零极点就可通过函数 roots()得到,也可借助函数 tf2zp()得到,tf2zp()的语句格式为

[Z,P,K]=tf2zp(B,A)

其中,B、A 分别表示 $H(z)$ 的分子与分母多项式的系数向量。它的作用是将 $H(z)$ 的有理分式表示式转换为零极点增益形式,即

$$H(z)=k\frac{(z-z_1)(z-z_2)\cdots(z-z_m)}{(z-p_1)(z-p_2)\cdots(z-p_n)} \tag{6.6-3}$$

【例 6.6-4】 已知一离散因果 LTI 系统的系统函数为

$$H(z)=\frac{z+0.32}{z^2+z+0.16}$$

试用 MATLAB 命令求该系统的零极点。

解 用函数 tf2zp()求系统的零极点,MATLAB 的源程序如下。

```
B= [1,0.32];
A= [1,1,0.16];
[R,P,K]= tf2zp(B,A);
R=
  −0.3200
```

```
P=
  -0.8000
  -0.2000
K=
  1
```

因此，零点为 $z=0.32$，极点为 $p_1=0.8$、$p_2=0.2$。

若要获得系统函数 $H(z)$ 的零极点分布图，可直接应用函数 zplane()，其语句格式为

zplane(B,A)

其中，B、A 分别表示 $H(z)$ 的分子和分母多项式的系数向量。它的作用是在 z 平面上画出单位圆、零点与极点。

【例 6.6-5】 已知一离散因果 LTI 系统的系统函数为 $H(z)=\dfrac{z^2-0.36}{z^2-1.52z+0.68}$，试用 MATLAB 命令绘出该系统的零点、极点分布图。

解 用函数 zplane()求系统的零极点，MATLAB 的源程序如下。

```
B=[1,0,-0.36];
A=[1,-1.52,0.68];
zplane(B,A);grid on;
legend('零点','极点');
title('零极点分布图');
```

程序运行结果如图 6.6-2 所示。可见，该因果系统的极点全部在单位圆内，故系统是稳定的。

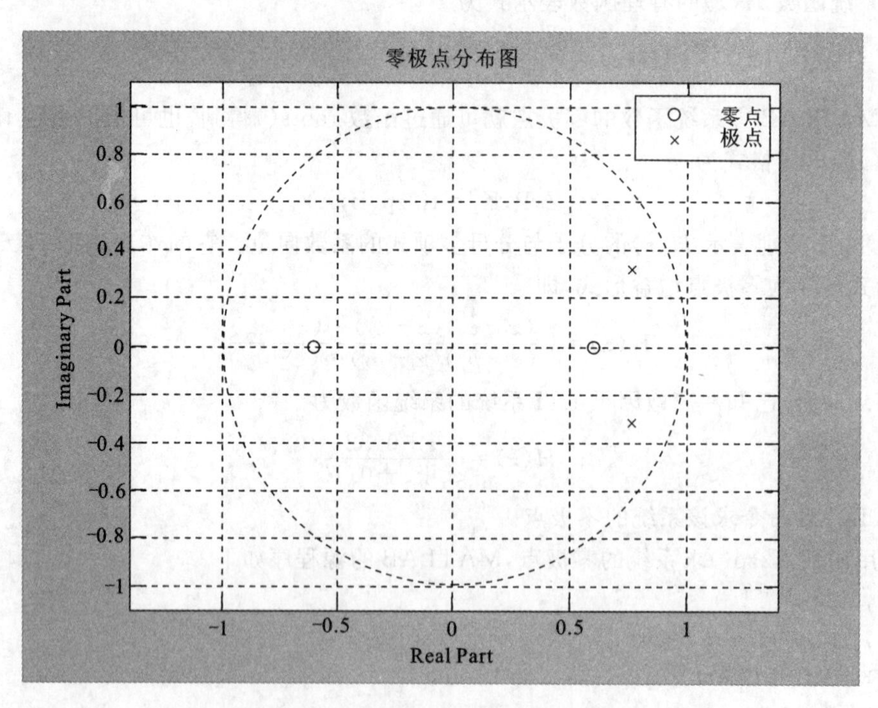

图 6.6-2 系统的零点、极点分布图

6.6.3　系统函数的频率特性

与拉普拉斯变换在连续系统中的作用类似，在离散系统中，z 变换建立了时域函数 $h(n)$ 与 z 域函数 $H(z)$ 之间的对应关系。因此，z 变换的函数 $H(z)$ 从形式上可以反映 $h(n)$ 的部分内在性质。我们仍旧通过讨论 $H(z)$ 的一阶极点情况，来说明系统函数的零极点分布与系统时域特性的关系。

【例 6.6-6】　试用 MATLAB 画出下列系统函数的零点、极点分布图，以及对应的时域单位冲激响应 $h(n)$ 的波形，并分析系统函数的极点对时域波形的影响。

$$H_3(z)=\frac{z}{z^2-1.2z+0.72}$$

解　MATLAB 的源程序如下。

```
b3= [1,0];
a3= [1,-1.2,0.72];
subplot(1,2,1);
zplane(b3,a3);
title('极点在单位圆内的共轭复数');
subplot(1,2,2);
impz(b3,a3,30);grid on;
figure;
```

程序运行结果如图 6.6-3 所示。

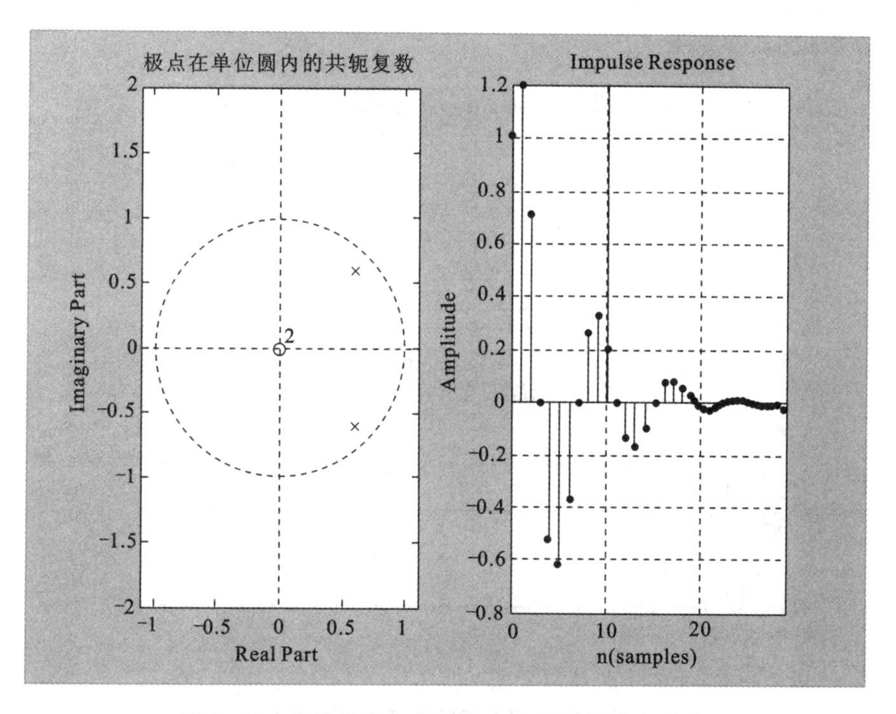

图 6.6-3　系统的零点、极点分布图和幅频、相频响应

当极点位于单位圆内时，$h(n)$为衰减序列；当极点位于单位圆上时，$h(n)$为等幅序列；当极点位于单位圆外时，$h(n)$为增幅序列。若$h(n)$有一阶实数极点，则$h(n)$为指数序列；若$h(n)$有一阶共轭极点，则$h(n)$为指数振荡序列；若$h(n)$的极点位于虚轴左边，则$h(n)$序列按一正一负的规律交替变化。

【例 6.6-7】 用 MATLAB 绘制系统 $H(z)=\dfrac{z^2-0.96z+0.9028}{z^2-1.56z+0.8109}$ 的频率响应曲线。

解 利用函数 freqz()计算出 $H(\mathrm{e}^{\mathrm{j}\omega})$，然后利用函数 abs()和 angle()分别求出幅频特性与相频特性，最后利用 plot 命令绘出曲线。MATLAB 的源程序如下。

```
b= [1  -0.96  0.9028];
a= [1  -1.56  0.8109];
[H,w]= freqz(b,a,400,'whole');
Hm= abs(H);
Hp= angle(H);
subplot(211);
plot(w,Hm);grid on;
xlabel('\omega(rad/s)');ylabel('Magnitude');
title('离散系统幅频特性曲线');
subplot(212);
plot(w,Hp);grid on;
xlabel('\omega(rad/s)');ylabel('Phase');
title('离散系统相频特性曲线');
```

程序运行结果如图 6.6-4 所示。

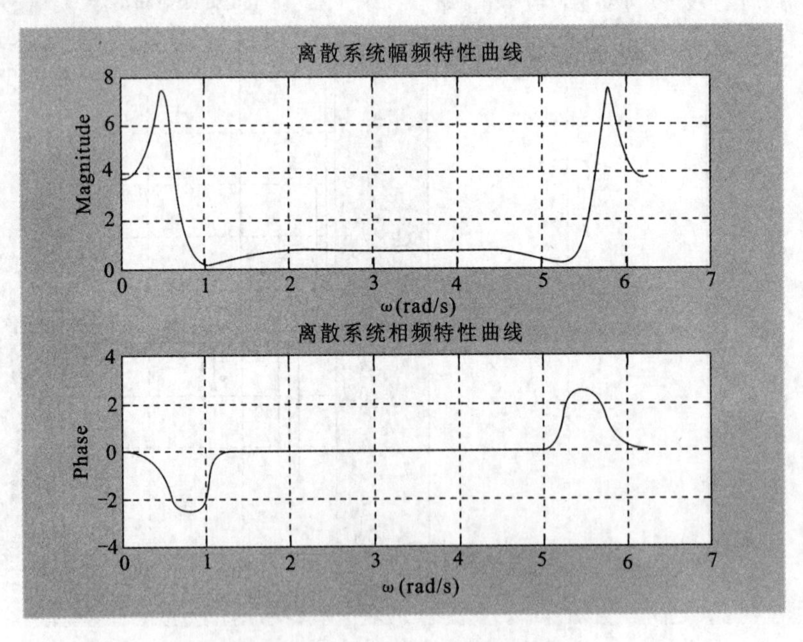

图 6.6-4 系统的幅频、相频响应曲线

本章小结

1. z 变换和收敛域

收敛域内部包含任何极点，在极点处 $F(z)$ 为无穷大，z 变换不收敛。

有限长序列 $f(n)\begin{cases}\neq 0, & N\leqslant n\leqslant M \\ =0, & n<N,\quad n>M\end{cases}$，$N$、$M$ 为整数。

当 $N<0,M>0$ 时，收敛域：$0<|z|<\infty$；

当 $N\geqslant 0,M>0$ 时，收敛域：$0<|z|$；

当 $N<0,M\leqslant 0$ 时，收敛域：$|z|<+\infty$。

$f(n)$ 为右边序列，收敛域是 $|z|>a$，圆外区域。

$f(n)$ 为左边序列，收敛域是 $|z|<a$，圆外区域。

$f(n)$ 为双边序列，收敛域是 $a<|z|<b$，圆外区域。

z 变换的运算性质包括线性、尺度变换、移位、z 域微分、z 域积分、反折、时域卷积、初值定理和终值定理。

2. 反 z 变换

反 z 变换的方法一般有三种：幂级数展开法、部分分式展开法、留数法。本章主要介绍前两种方法。虽然留数法可求解各种有理变换式的反 z 变换，但计算较烦琐。一般而言，对于有理变换式，可用长除法或部分分式展开法求解反 z 变换，特别是部分分式展开法，是一种常用简便的方法。

3. 离散系统的 z 域分析

线性时不变系统由线性常系数差分方程来描述，用 z 变换把差分方程转化为代数方程，运算后再求反 z 变换得到系统的响应。

线性时不变系统由系统框图来描述，可求出系统函数。根据 $Y(z)=H(z)F(z)$ 计算，再对其进行反 z 变换得到时域响应。

系统的全响应＝零输入响应＋零状态响应

零输入响应为对差分方程进行 z 变换时与初始值有关的项，可以用时域的方法求出。

零状态响应为对差分方程进行 z 变换时与输入函数有关的项，可以用系统函数的方法求出，即 $Y_{zs}(z)=H(z)F(z)$。

系统的全响应＝自由响应＋强迫响应

自由函数为与系统函数极点有关的展开项。

强迫响应为与输入函数极点有关的项。

4. 系统函数

对零状态系统的差分方程进行 z 变换即可求得

$$H(z)=\frac{Y_{zs}(z)}{F(z)}$$

由 $H(z)$ 可直接写出系统的差分方程，也可画出系统框图，其形式与连续系统的相似。

5. 系统的稳定性和因果性

离散稳定系统的充分必要条件是系统的单位序列响应绝对可和，即

$$\sum_{n=-\infty}^{+\infty}|h(n)|\leqslant M, M \text{为有限正常数}$$

当且仅当系统函数 $H(z)$ 的收敛域包含单位圆时，系统是稳定的。

对于稳定的因果系统，其系统函数 $H(z)$ 的全部极点都在 z 平面的单位圆内；反之也成立。

因果系统的判定如下：

(1)在 $H(z)$ 中不会出现 z 的正幂；

(2) $H(z)$ 的收敛域必在某圆外；

(3)在 $H(z)=\dfrac{b_m z^m+b_{m-1}z^{m-1}+\cdots+b_1 z+b_0}{a_n z^n+b_{n-1}z^{n-1}+\cdots+a_1 z+a_0}$ 中，只能有 $m\leqslant n$。

6. 离散系统的频率特性

由 $H(z)$ 求系统的正弦稳态响应，即若已知 $f(n)=A\cos(\omega n+\theta)$，则系统的正弦稳态响应为

$$y(n)=A|H(e^{j\omega})|\cos(\omega n+\theta+\varphi)$$

稳定系统的频率特性为

$$H(e^{j\omega})=H(z)\Big|_{z=e^{j\omega}}=|H(e^{j\omega})|e^{j\varphi(\omega)}$$

应用系统函数 $H(z)$ 在平面上的零极点分布，可以简便而直观地求出离散系统的频率响应特性。

习　题　6

6-1　试求下列序列的 z 变换，并标明收敛区。

(1) $(n-2)u(n-2)$　　(2) $(u-2)u(n)$

6-2　试求下列序列的 z 变换，并标明收敛区。

(1) $|n-2|u(n)$　　(2) $|n-2|u(-n-1)$

6-3　试求下列序列的 z 变换，并标明收敛区。

(1) $f(n)=\left(-\dfrac{1}{3}\right)^{-n}u(n)$　　(2) $f(n)=\left(\dfrac{1}{4}\right)^{n}[u(n)-u(n-2)]$

6-4　试求下列序列的 z 变换，并标明收敛区。

(1) $f(n)=\left[\left(\dfrac{1}{2}\right)^{n}+\left(\dfrac{1}{3}\right)^{-n}\right]u(n)$　　(2) $f(n)=\cos\left(\dfrac{n\pi}{4}\right)u(n)$

6-5　已知 $f(n)=a^n u(n)-a^n u(n-1)$，求序列的 z 变换。

6-6　已知 $f(k)$ 的 z 变换是 $F(z)=\dfrac{4z}{(z+0.5)^2}$，$|z|>0.5$。运用性质求下列 z 变换，并指出收敛域。

(1) $f(n-2)$　　(2) $(2)^n f(n)$　　(3) $nf(n)$　　(4) $f(-n)$

6-7　已知 $F(z)=Z[a^n u(n)]=\dfrac{z}{z-a}$，求序列 $na^n u(n)$ 的 z 变换。

6-8　求下列两个序列的卷积。

$$f_1(n)=u(n)$$

$$f_2(n)=a^n u(n)-a^{n-1}u(n-1),\quad 0<a<1$$

6-9　已知 $X(z)=\dfrac{z(2z^2+z+1)}{z^3-z^2+2z+3}$，求初值 $x(0)$。

6-10　已知因果序列的 z 变换如下所列，不经逆 z 反变换，用 z 变换的性质求 $f(0)$、$f(1)$、$f(\infty)$。

(1) $F(z)=\dfrac{1+z^{-1}+z^{-2}}{(1-z^{-1})(1-2z^{-1})}$　　(2) $F(z)=\dfrac{z^2+1}{(z^2-1)(z+0.5)}$

6-11　设 $F(z)=3z^{-1}+5z^{-3}-2z^{-4}$，求逆 z 变换 $f(n)$。

6-12　求 $F(z)=\dfrac{1}{1-2z^{-1}}$ 的逆 z 变换，其收敛域分别是 $|z|>2$ 和 $|z|<2$。

6-13　用部分分式法求 $F(z)=\dfrac{z}{z^2-5z+6}(|z|>3)$ 的逆 z 变换 $f(n)$。

6-14　用部分分式法求 $F(z)=\dfrac{2z^2-2z}{(z-3)(z-5)^2}(|z|>5)$ 的逆 z 变换 $f(n)$。

6-15　求下列 $F(z)$ 的逆 z 变换 $f(n)$。

(1) $F(z)=\dfrac{1-0.5z^{-1}}{1-0.25z^{-1}}$，$|z|>0.25$

(2) $F(z)=\dfrac{1-0.5z^{-1}}{1+0.75z^{-1}+0.125z^{-2}}$，$|z|>0.5$

6-16　已知 $F(z)=\dfrac{2z^2}{(z-1/2)^2(z-1)}$，按照以下收敛域分别求出对应的原序列。

(1) $|z|>1$　　(2) $|z|<\dfrac{1}{2}$　　(3) $\dfrac{1}{2}<|z|<1$

6-17　试用 z 变换分析方法求下列系统的全响应。

(1) $y(n)-0.9y(n-1)=0.1u(n)$，$y(-1)=2$

(2) $y(n)+y(n-1)-2y(n-2)=2^n u(n)$，$y(-1)=1$，$y(-2)=-4$

6-18　描述某线性非时变系统的差分方程为

$$y(n)-y(n-1)-2y(n-2)=f(n)+2f(n-2)$$

已知 $y(-1)=2$，$y(-2)=-0.5$，$f(k)=\varepsilon(k)$，求系统的零输入响应、零状态响应和全响应。

6-19　对于差分方程所表示的离散系统

$$y(n)+y(n-1)=f(n)$$

(1)求系统函数 $H(z)$ 及单位冲激响应 $h(n)$；

(2)若系统起始状态为零，$f(n)=10u(n)$，求系统的响应。

6-20　已知一阶因果离散系统的差分方程为

$$y(n)+3y(n-1)=f(n)。$$

(1)求系统的单位冲激响应 $h(n)$；

(2)若 $f(n)=(n+n^2)u(n)$，求零状态响应 $y_{zs}(n)$。

6-21　判断下列各系统的因果性和稳定性。

(1) $H(z)=\dfrac{z}{z-0.5}$，$|z|>0.5$　　(2) $H(z)=\dfrac{z}{z-2}$，$|z|>2$

(3) $H(z)=\frac{z}{z-2}, |z|<2$ (4) $H(z)=\frac{z}{(z-0.5)(z-2)}, 0.5<|z|<2$

6-22 已知二阶因果离散系统的差分方程为

$$y(n)-0.25y(n-2)=f(n)+2f(n-1)$$

(1)求系统的冲激响应 $h(n)$；

(2)求系统的阶跃响应 $g(n)$；

(3)画出系统的零极点分布图；

(4)画出系统框图。

6-23 某离散系统差分方程为

$$y(n+2)-3y(n+1)+2y(n)=f(n+1)-2f(n)$$

系统初始条件为 $y(0)=1, y(-1)=1$，输入激励 $f(n)=u(n)$，试求系统的零输入响应 $y_{zi}(n)$，零状态响应 $y_{zs}(n)$，并画出该系统的模拟框图。

6-24 离散线性因果系统的差分方程为

$$y(n)-\frac{3}{4}y(n-1)+\frac{1}{8}y(n-2)=f(n)+\frac{1}{4}f(n-1)$$

(1)求系统函数 $H(z)$，并画出实现该系统的一种框图；

(2)分析此因果系统 $H(z)$ 的稳定性；

(3)求单位脉冲响应 $h(n)$。

6-25 某离散系统的差分方程为

$$y(n)-ay(n-1)=f(n), 0<a<1$$

(1)画出时域模拟框图；

(2)求 $H(z)$，画出零极点分布图；

(3)若 $H(z)$ 的收敛域为 $|z|>a$，求单位响应 $h(n)$；

(4)求系统的幅频和相频特性，并画出其曲线。

第7章 系统函数

前面几章在讨论 LTI 系统的变换域分析法时，已经引出了系统函数的概念。系统函数在系统分析与设计中具有非常重要的地位。LTI 系统的系统函数一般为 s 或 z 的有理分式的形式，它与描述系统的微分方程（差分方程）、框图有直接关系：根据系统函数可以直接写出描述系统的微分方程（差分方程）或画出框图；根据系统的微分方程（差分方程）或框图可以直接得到系统函数。利用系统函数还可以分析系统的频域特性，同时，系统函数与时域冲激响应或单位序列响应是变换对的关系，因而根据系统函数可以分析系统的时域特性。系统函数还与信号流图有对应关系，通过系统函数不仅能分析系统响应的特性，还能按照给定的要求得到系统的结构和参数，完成系统综合设计的任务。

本章首先讨论系统函数与系统时域特性的关系，在此基础之上，讨论系统因果性和稳定性的要求，最后介绍信号流图和系统模拟的问题。

7.1 系统函数与系统特性

一、系统函数的零点与极点

LTI 连续系统的系统函数 $H(s)$ 等于系统零状态响应的拉普拉斯变换与激励的拉普拉斯变换的比值，它是系统冲激响应的拉普拉斯变换。由微分方程(7.1-1)所描述的系统，其系统函数 $H(s)$ 如式(7.1-2)所示。

$$\begin{aligned}&\frac{\mathrm{d}^n y(t)}{\mathrm{d}t^n}+a_{n-1}\frac{\mathrm{d}^{n-1} y(t)}{\mathrm{d}t^{n-1}}+\cdots+a_0 y(t)\\&=b_m\frac{\mathrm{d}^m f(t)}{\mathrm{d}t^m}+b_{m-1}\frac{\mathrm{d}^{m-1} f(t)}{\mathrm{d}t^{m-1}}+\cdots+b_0 f(t)\end{aligned} \tag{7.1-1}$$

$$H(s)=\frac{b_m s^m+b_{m-1}s^{m-1}+\cdots+b_1 s+b_0}{s^n+a_{n-1}s^{n-1}+\cdots+a_1 s+a_0} \tag{7.1-2}$$

LTI 离散系统的系统函数 $H(z)$ 等于系统零状态响应的 z 变换与激励的 z 变换的比值，它是系统单位取样响应的 z 变换。由差分方程(7.1-3)所描述的系统，其系统函数 $H(z)$ 如式(7.1-4)所示。

$$y(k)+a_{n-1}y(k-1)+\cdots+a_0 y(k-n)=b_m f(k)+b_{m-1}f^{(k-1)}+\cdots+b_0 f(k-m) \tag{7.1-3}$$

$$H(z)=\frac{b_m+b_{m-1}z^{-1}+\cdots+b_0 z^{-m}}{1+a_{n-1}z^{-1}+\cdots+a_0 z^{-n}} \tag{7.1-4}$$

为了分析离散时间系统特性的方便，若 $n\geqslant m$，将 $H(z)$ 中 z 的负幂次转换为正幂次，得

$$H(z)=\frac{b_m z^n+b_{m-1}z^{n-1}+\cdots+b_0 z^{n-m+1}+b_0 z^{n-m}}{z^n+a_{n-1}z^{n-1}+\cdots+a_1 z+a_0} \tag{7.1-5}$$

上述表达式中所涉及的系数 $a_i(i=0,1,\cdots,n-1,n\geqslant1)$、$b_j(j=0,1,\cdots,m,m\geqslant0)$ 均为实常

数。从式(7.1-2)和式(7.1-5)可以看出，系统函数是关于复变量 s 或 z 的有理多项式之比值，是关于 s 或 z 的有理分式。从 $H(s)$ 或 $H(z)$ 可以求得系统函数的零点和极点。有理多项式中，分子多项式的根是函数的零点，分母多项式的根是函数的极点。将式(7.1-2)的分子和分母多项式因式分解，得

$$H(s)=\frac{b_m\prod_{j=1}^{m}(s-z_j)}{\prod_{i=1}^{n}(s-p_i)} \tag{7.1-6}$$

从而得到系统函数 $H(s)$ 的零点 $z_1,z_2,\cdots,z_m$，极点 $p_1,p_2,\cdots,p_n$，同样地，可以确定系统函数 $H(z)$ 的零点和极点。在复平面上，零点用“○”表示，极点用“×”表示。若从系统频率响应的角度来看，当系统的输入信号幅度不为零且输入频率使系统输出为零时，此输入频率值即为零点；当系统输入幅度不为零且输入频率使系统输出为无穷大时，此频率值为系统的极点。

【例 7.1-1】 系统函数 $H(s)=\dfrac{2(s+3)}{(s+1)^2(s^2+1)}$，试画出系统函数的零点、极点分布图。

解 $H(s)$ 分子多项式的根为 -3，所以系统的零点为 -3；分母多项式的根为 -1、$\pm\mathrm{i}$，所以系统的极点有 -1、i、$-\mathrm{i}$，且 -1 为二阶极点。其零点、极点分布图如图 7.1-1 所示。

【例 7.1-2】 系统函数 $H(s)$ 的零点、极点分布图如图 7.1-2 所示，系统的单位冲激响应 $h(0_+)=3$，求系统函数的表达式。

解 从图 7.1-2 可以看出，系统函数 $H(s)$ 有一个一阶零点 0，一对一阶共轭极点 $-1\pm2\mathrm{i}$，则

$$H(s)=\frac{ks}{(s+1+2\mathrm{i})(s+1-2\mathrm{i})}=\frac{ks}{(s+1)^2+4}$$

其中，k 为常系数。系统的单位冲激响应 $h(0_+)=3$，$h(t)$ 和 $H(s)$ 是拉普拉斯变换对，根据拉普拉斯变换的初值定理

$$h(0_+)=\lim_{s\to+\infty}sH(s)=\lim_{s\to+\infty}\frac{ks^2}{(s+1)^2+4}=3$$

根据上式，$k=3$，故

$$H(s)=\frac{3s}{(s+1)^2+4}$$

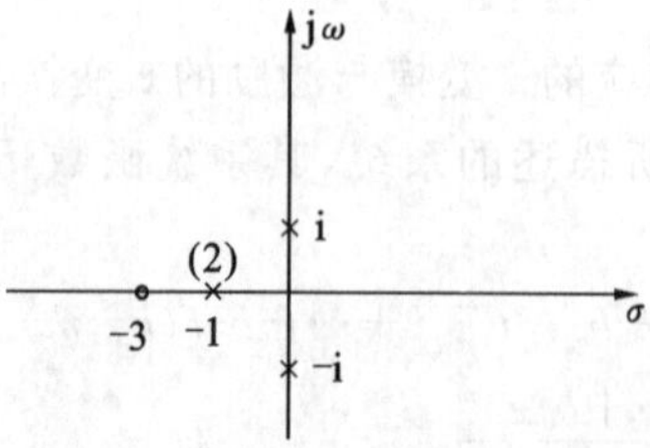

图 7.1-1　系统函数的零点、极点分布图

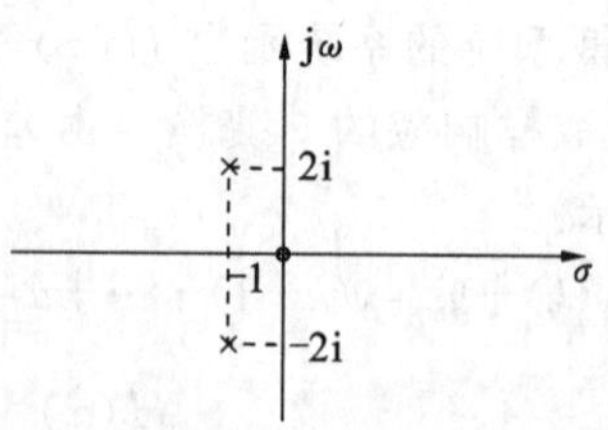

图 7.1-2　系统函数的零点、极点分布图

LTI 连续(离散)系统的系统函数的零点、极点可以是实数或共轭复数对，而不可能出现非共轭复数，否则，系统函数中多项式的系数 a_i、b_j 不能全为实数。当系统函数的零点、极点为实数时，其位于复平面的实轴上；零点、极点为纯虚数时，其位于复平面的虚轴上；零点、极点为复

数时，共轭复数对称于复平面的实轴。

下面讨论系统函数的零极点对系统时域冲激响应（取样响应）的影响。

二、系统函数与时域响应

系统函数与冲激响应（序列响应）互为拉普拉斯（z 变换）对。系统函数的极点位置和阶数决定了冲激响应（序列响应）的函数形式。通过对系统函数极点的分析，可以得出系统的固有特性，下面讨论几种典型系统函数的极点与系统的冲激响应（序列响应）之间的关系。

1. 连续因果系统

连续因果系统的系统函数的极点，按其在 s 平面的位置分为三类。

（1）左半开平面。

若系统函数 $H(s)$ 在 s 平面的左半开平面有一阶实数根，如 $H(s)$ 含有 $\frac{1}{s+\alpha}$，其中 $\alpha<0$ 且为实数，则极点 $-\alpha$ 所对应的冲激响应含有 $e^{-\alpha t}u(t)$，当 $t\to+\infty$ 时，该部分响应趋于零，为系统的瞬态响应。

若系统函数 $H(s)$ 在 s 平面的左半开平面有一阶共轭对称根，如 $H(s)$ 含有 $\frac{1}{(s+\alpha)^2+\beta^2}$，其中 $\alpha>0$ 且 α、β 均为实数，则极点 $-\alpha\pm\beta\,\mathrm{i}$ 所对应的冲激响应含有 $Ae^{-\alpha t}\cos(\beta t+\theta)u(t)$，其中 A 和 θ 为常数，当 $t\to+\infty$ 时，该部分响应趋于零，为系统的瞬态响应。

若系统函数 $H(s)$ 在 s 平面的左半开平面有 r（$r\geqslant2$ 且为实常数）阶实数根，如 $H(s)$ 含有 $\frac{1}{(s+\alpha)^r}$，则极点 $-\alpha$ 所对应的单位冲激响应含有 $Ae^{-\alpha t}t^{r-1}u(t)$，当 $t\to+\infty$ 时，该部分响应趋于零，为系统的瞬态响应。

若系统函数 $H(s)$ 在 s 平面的左半开平面有 r（$r\geqslant2$ 且为实常数）阶共轭对称复数根，如 $H(s)$ 含有 $\frac{1}{[(s+\alpha)^2+\beta^2]^r}$，则极点 $-\alpha\pm\beta\,\mathrm{i}$ 所对应的单位冲激响应含有 $Ae^{-\alpha t}t^{r-1}\cos(\beta t+\theta)u(t)$，当 $t\to+\infty$ 时，该部分响应趋于零，为系统的瞬态响应。

综上所述，当系统函数 $H(s)$ 的极点位于 s 平面的左半部分时，无论是实数根还是复数根，无论是一阶根还是高阶根，该极点所对应的冲激响应部分呈指数衰减趋势。若系统函数 $H(s)$ 的极点全部位于 s 平面的左半部分，则系统稳定。

（2）虚轴。

若系统函数 $H(s)$ 在 s 平面的虚轴上有一阶共轭对称复数根，如 $H(s)$ 含有 $\frac{1}{s^2+\alpha}$，其中 $\alpha>0$ 且 α 为实数，则极点 $\pm\sqrt{\alpha}\,\mathrm{i}$ 所对应的冲激响应含有 $A\cos(\beta t+\theta)u(t)$ 或 $Au(t)$，A 和 θ 为常数，该部分响应为系统的稳态响应。

若系统函数 $H(s)$ 在 s 平面的虚轴上有一阶共轭对称复数根，如 $H(s)$ 含有 $\frac{1}{s^r}$ 或 $\frac{1}{(s^2+\alpha)^r}$，其中 $r\geqslant2$ 且为实常数，则极点 $\pm\sqrt{\alpha}\,\mathrm{i}$ 所对应的单位冲激响应含有 $At^{r-1}u(t)$ 或 $At^{r-1}\cos(\beta t+\theta)u(t)$，当 $t\to+\infty$ 时，该部分响应趋于无穷大。

综上所述，系统函数 $H(s)$ 虚轴上的一阶极点对应的冲激响应部分幅度稳定，为系统的稳态分量，若系统函数 $H(s)$ 在虚轴上有二阶及二阶以上的极点，其对应的冲激响应部分随着 t 的增加而增大以致无穷，因而，系统函数若含有二阶及以上的原点或纯虚极点，则系统非稳定。

(3)右半开平面。

若系统函数 $H(s)$在 s 平面的右半开平面有一阶实数根,如 $H(s)$含有$\frac{1}{s-\alpha}$,其中 $\alpha>0$ 且为实数,则极点 α 所对应的冲激响应含有 $e^{\alpha t}u(t)$,当 $t\to+\infty$时,该部分响应趋于无穷大。

若系统函数 $H(s)$在 s 平面的右半开平面有一阶共轭对称根,如 $H(s)$含有$\frac{1}{(s-\alpha)^2+\beta^2}$,其中 $\alpha>0$ 且 α、β 均为实数,则极点 $\alpha\pm\beta\mathrm{i}$ 所对应的冲激响应含有 $Ae^{\alpha t}\cos(\beta t+\theta)u(t)$,其中 A 和 θ 为常数,当 $t\to+\infty$时,该部分响应趋于无穷大。

若系统函数 $H(s)$在 s 平面的右半开平面有 r($r\geqslant2$ 且为实常数)阶实数根,如 $H(s)$含有$\frac{1}{(s-\alpha)^r}$,则极点 α 所对应的单位冲激响应含有 $Ae^{\alpha t}t^{r-1}u(t)$,当 $t\to+\infty$时,该部分响应趋于无穷大。

若系统函数 $H(s)$在 s 平面的左半开平面有 r($r\geqslant2$ 且为实常数)阶共轭对称复数根,如 $H(s)$含有$\frac{1}{[(s-\alpha)^2+\beta^2]^r}$,则极点$-\alpha\pm\beta\mathrm{i}$所对应的单位冲激响应含有 $Ae^{\alpha t}t^{r-1}\cos(\beta t+\theta)u(t)$,当 $t\to+\infty$时,该部分响应趋于无穷大。

综上所述,当系统函数 $H(s)$的极点位于 s 平面的右半部分时,无论是实数根还是复数根,无论是一阶根还是高阶根,该极点所对应的冲激响应部分随着 t 的增加而增大,当 $t\to+\infty$时,单位冲激响应无穷大,因而系统函数 $H(s)$只要含有右半平面的极点,系统就非稳定。系统函数极点与时域单位冲激响应的对应关系如图 7.1-3 所示。

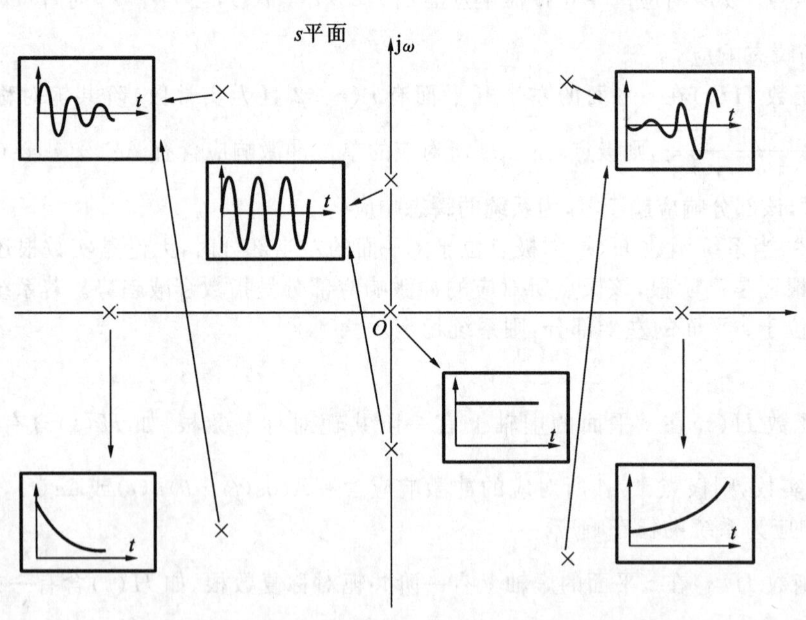

图 7.1-3　系统函数极点与系统单位冲激响应的关系

2. 离散因果系统

模拟信号抽样变成离散信号,模拟信号的拉普拉斯变换就变成了离散信号的 z 变换,在由 s 域向 z 域映射时,s 平面的左半平面映射成 z 平面的单位圆内;s 平面的虚轴映射成 z 平面的单位圆;s 平面的右半平面映射成 z 平面的单位圆外。因此,在讨论离散系统的系统函数

$H(z)$的极点时，按其位置可分为单位圆内、单位圆上、单位圆外三种。

(1)单位圆内。

若系统函数 $H(z)$在单位圆内有一阶实极点，如 $H(z)$含有$\frac{z}{z-\alpha}$，其中$|\alpha|<1$，则系统单位序列响应含有$\alpha^k u(k)$，当 $k\to+\infty$时，该部分响应趋于零，为系统的瞬态响应。

若系统函数 $H(z)$在单位圆内有一阶共轭复数极点 $\alpha e^{\pm j\beta}$，其中$|\alpha|<1$，则 $H(z)$分式函数的分母必含有$(z-\alpha e^{j\beta})(z-\alpha e^{-j\beta})$，其所对应的单位序列响应含有 $A\alpha^k\cos(\beta t+\varphi)u(k)$，其中 A 和 φ 为常数，当 $k\to+\infty$时，该部分响应趋于零，为系统的瞬态响应。

若系统函数 $H(z)$在单位圆内有二阶实极点，如 $H(z)$含有$\frac{z}{(z-\alpha)^2}$，其中$|\alpha|<1$，则系统单位序列响应含有 $k\alpha^k u(k)$，当 $k\to+\infty$时，该部分响应趋于零，为系统的瞬态响应。

若系统函数 $H(z)$在单位圆内有 r 阶共轭复数极点 $\alpha e^{\pm j\beta}$，其中$|\alpha|<1$，则 $H(z)$分式函数的分母必含有$(z-\alpha e^{j\beta})^r(z-\alpha e^{-j\beta})^r$，其所对应的单位序列响应含有 $Ak\alpha^k\cos(\beta t+\varphi)u(k)$，其中 A 和 φ 为常数，当 $k\to+\infty$时，该部分响应趋于零，为系统的瞬态响应。

综上所述，无论系统函数 $H(z)$的极点是一阶还是高阶，是实极点还是共轭复数极点，只要所有极点都位于单位圆内，则系统稳定。

(2)单位圆上。

若系统函数 $H(z)$在单位圆上有一阶实数极点，如 $H(z)$含有$\frac{z}{z-1}$，则单位序列响应含有$u(k)$，其幅值临界稳定，是系统的稳态响应部分。

若系统函数 $H(z)$在单位圆上有一阶共轭复数极点 $e^{\pm j\omega}$，则 $H(z)$分式函数的分母含有$(z-e^{j\omega})(z-e^{-j\omega})$，则单位序列响应含有 $\cos(\omega k+\varphi)u(k)$，其幅值临界稳定，是系统的稳态响应部分。

若系统函数 $H(z)$在单位圆上有 r 阶实数极点，如 $H(z)$含有$\frac{z}{(z-1)^2}$，则单位序列响应含有 $ku(k)$，当 $k\to+\infty$时，单位序列响应趋于无穷大。

若系统函数 $H(z)$在单位圆上有 r 阶共轭复数极点 $e^{\pm j\omega}$，则 $H(z)$分式函数的分母含有$(z-e^{j\omega})^r(z-e^{-j\omega})^r$，则单位序列响应含有$k^{r-1}\cos(\omega k+\varphi)u(k)$，当 $k\to+\infty$时，单位序列响应趋于无穷大。

综上所述，当系统函数 $H(z)$在单位圆上有一阶极点时，所对应的单位序列响应部分幅值稳定，当 $H(z)$在单位圆上有二阶或二阶以上极点时，系统不稳定。

(3)单位圆外。

若系统函数 $H(z)$在单位圆外有一阶实数极点，如 $H(z)$含有$\frac{z}{z-2}$，则单位序列响应含有$2^k u(k)$，其幅值随着 k 的增大而呈指数增加，当 k 趋近于无穷大时，这部分响应幅值无穷大，系统不稳定。

若系统函数 $H(z)$在单位圆外有一阶共轭复数极点 $\alpha e^{\pm j\beta}$，其中$|\alpha|>1$，则 $H(z)$分式函数的分母必含有$(z-\alpha e^{j\beta})(z-\alpha e^{-j\beta})$，其所对应的单位序列响应含有 $A\alpha^k\cos(\beta t+\varphi)u(k)$，其中 A 和 φ 为常数，当 $k\to+\infty$时，该部分响应趋于无穷大，系统不稳定。

若系统函数 $H(z)$在单位圆外有二阶实极点，如 $H(z)$含有$\frac{z}{(z-\alpha)^2}$，其中$|\alpha|>1$，则系统

单位序列响应含有 $k\alpha^k u(k)$，当 $k\to+\infty$ 时，该部分响应趋于无穷大，系统不稳定。

若系统函数 $H(z)$ 在单位圆内有 r 阶共轭复数极点 $\alpha e^{\pm j\beta}$，其中 $|\alpha|>1$，则 $H(z)$ 分式函数的分母必含有 $(z-\alpha e^{j\beta})^r(z-\alpha e^{-j\beta})^r$，其所对应的单位序列响应含有 $Ak\alpha^k\cos(\beta t+\varphi)u(k)$，其中 A 和 φ 为常数，当 $k\to+\infty$ 时，该部分响应趋于无穷大，系统不稳定。

综上所述，无论系统函数 $H(z)$ 的极点是一阶还是高阶，是实极点还是共轭复数极点，只要有极点位于单位圆外，则系统不稳定。系统函数极点与时域单位取样响应的对应关系如图 7.1-4 所示，图中，横轴表示自变量 n，纵轴表示单位序列响应 $h(n)$。

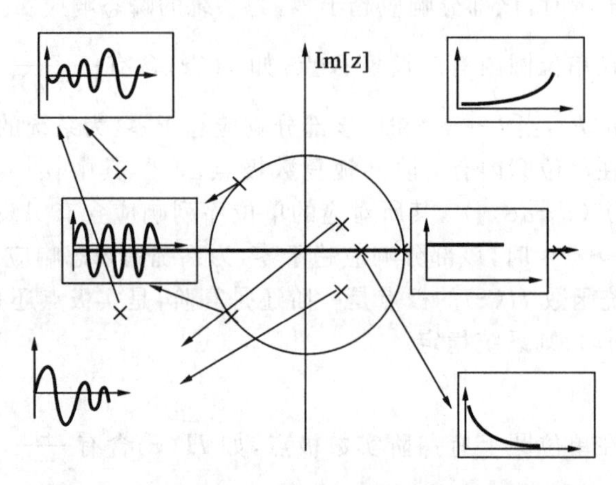

图 7.1-4　系统函数极点与系统单位取样响应的关系

三、系统函数与频率响应

系统函数与系统频率响应之间的关系在于系统函数的零点、极点对频率响应的幅频特性和相频特性的影响。下面对连续系统和离散系统的系统函数与频率响应之间的关系分别展开讨论。

1)连续因果系统

从连续时间系统的系统函数和时域响应的关系可以看出，若系统函数的极点全部位于 s 平面的左半开平面时，则系统稳定。对于因果稳定系统，系统函数的收敛域包含 s 平面的虚轴，所以系统时域响应的拉普拉斯变换和傅里叶变换都存在，可将复频域系统函数的变量 s 直接用频域的变量 ω 来替换，得到系统的频域响应，即

$$H(j\omega)=H(s)|_{s=j\omega}=\frac{b_m\prod_{j=1}^{m}(j\omega-z_j)}{\prod_{i=1}^{n}(j\omega-p_i)} \tag{7.1-7}$$

从式(7.1-7)可以看出，系统频域响应的特性与零点、极点的位置有关。

令

$$j\omega-z_j=M_j e^{j\varphi_j},\quad j=1,2,\cdots,m \tag{7.1-8}$$

$$j\omega-p_i=N_i e^{j\theta_i},\quad i=1,2,\cdots,n \tag{7.1-9}$$

在 s 平面上，复数 $j\omega$、z_j、p_i、$j\omega-z_j$ 和 $j\omega-p_i$ 可用有向线段来表示，矢量 $j\omega-z_j$ 的长度为该复数的模M_j，实轴逆时针旋转到矢量的位置所扫过的角度为该复数的幅角φ_j，如图 7.1-5 所示。$j\omega-p_i$ 在复平面的表示方法与 $j\omega-z_j$ 的表示方法相同。$j\omega$ 是滑动矢量，当 ω 的值变化时，N_i、θ_i、M_j 和φ_j 的值都将随之发生改变。将式(7.1-8)和式(7.1-9)代入式(7.1-7)，可得

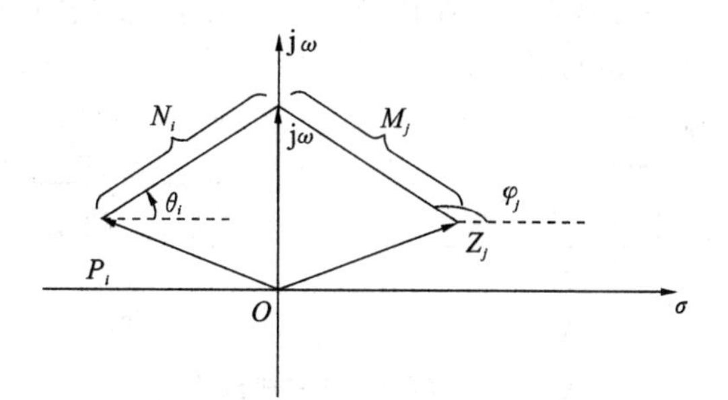

图 7.1-5　频率响应的零极点矢量

$$H(\mathrm{j}\omega)=\frac{b_m M_1\ M_2\cdots M_m \mathrm{e}^{\mathrm{j}(\varphi_1+\varphi_2+\cdots\varphi_m)}}{N_1\ N_2\cdots N_n \mathrm{e}^{\mathrm{j}(\theta_1+\theta_2+\cdots\theta_n)}} \tag{7.1-10}$$

将式(7.1-10)中的 $H(\mathrm{j}\omega)$写出指数形式,得到频率响应的幅频响应

$$|H(\mathrm{j}\omega)|=\frac{b_m M_1\ M_2\cdots M_m}{N_1\ N_2\cdots N_n} \tag{7.1-11}$$

相频响应

$$\varnothing(\omega)=\varphi_1+\varphi_2+\cdots\varphi_m-(\theta_1+\theta_2+\cdots+\theta_n) \tag{7.1-12}$$

根据式(7.1-11)和式(7.1-12)可以画出频率响应的幅频特性和相频特性曲线。

【例 7.1-3】 RC 低通滤波器如图 7.1-6 所示,分析该网络的频率响应特性曲线。

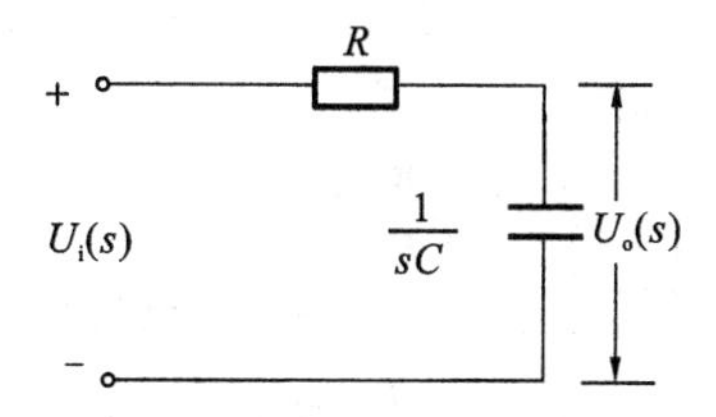

图 7.1-6　低通滤波器

解　根据电路中元件的约束关系,响应的象函数和激励的象函数的比值为

$$H(s)=\frac{U_o(s)}{U_i(s)}=\frac{1}{sC}\frac{1}{R+\frac{1}{sc}}=\frac{1}{RC}\cdot\frac{1}{s+\frac{1}{RC}} \tag{7.1-13}$$

系统函数 $H(s)$的一阶极点$p_1=-\frac{1}{RC}$位于 s 平面的左半开平面,令 $s=\mathrm{j}\omega$,得

$$H(\mathrm{j}\omega)=\frac{1}{RC}\cdot\frac{1}{\mathrm{j}\omega+\frac{1}{RC}}=\frac{1}{\sqrt{1+(RC\omega)^2}}\mathrm{e}^{-\mathrm{j}\arctan RC\omega}$$

频率响应的幅频响应为

$$|H(\mathrm{j}\omega)|=\frac{1}{\sqrt{1+(RC\omega)^2}} \tag{7.1-14}$$

相频响应为

$$\varphi(\omega)=-\arctan RC\omega \tag{7.1-15}$$

当 ω 从 0 逐渐增大到$+\infty$时,RC 低通滤波器的幅频响应由 1 逐渐减小到 0,相频响应为负值,由 0 逐渐趋近$-\frac{\pi}{2}$,幅频特性和相频特性曲线如图 7.1-7 所示。从例 7.1-3 可以看出,当

$\omega=0$ 时，$j\omega$ 离极点的距离最小，幅频响应在该处有个极大值，相频响应在该处衰减幅度最大。极点位置决定了频率响应峰值的位置。

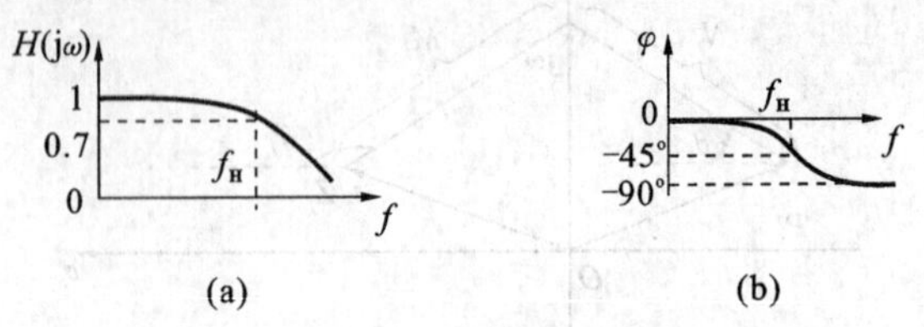

图 7.1-7 幅频响应和相频响应

【例 7.1-4】 二阶动态系统的系统函数

$$H(s)=\frac{s}{(s+1)^2+4}$$

粗略分析该系统频率响应的特性。

解 该系统函数的极点 $p_1=-1+2i$ 和 $p_1=-1-2i$ 位于 s 平面的左半开平面，令 $s=j\omega$ 得到系统的频率响应为

$$H(j\omega)=\frac{j\omega}{(j\omega+1+2i)(j\omega+1-2i)}=\frac{\omega e^{j\frac{\pi}{2}}}{N_1\ N_2 e^{j(\theta_1+\theta_2)}}$$

幅频响应为

$$|H(j\omega)|=\frac{|\omega|}{N_1\ N_2} \tag{7.1-16}$$

相频响应为

$$\varphi(\omega)=\frac{\pi}{2}-(\theta_1+\theta_2) \tag{7.1-17}$$

式中：N_1 和 θ_1 分别为 $j\omega+1+2i$ 的模和幅角；N_2 和 θ_2 分别为 $j\omega+1-2i$ 的模和幅角。

当 $\omega=0$ 时，$|H(j\omega)|=0$，$\theta_1=-\theta_2$，$\omega=\frac{\pi}{2}$；随着 ω 的增大，N_1 逐渐减小，N_2 逐渐增大，$|H(j\omega)|$ 逐渐增大，θ_1 逐渐增大，θ_2 为负值且逐渐增大，因而 $\varphi(\omega)$ 逐渐减小；当 $\omega=\frac{1}{\sqrt{5}}$ 时，$|H(j\omega)|$ 达到极大值 $\frac{1}{2}$，$\varphi(\omega)=0$；当 ω 继续增大时，N_1、N_2、θ_1 和 θ_2 都为正值且逐渐增大，所以 $|H(j\omega)|$ 逐渐减小，$\varphi(\omega)$ 继续减小；当 $\omega\to+\infty$ 时，$|H(j\omega)|\to0$，θ_1 和 θ_2 都趋于 $\frac{\pi}{2}$，$\varphi(\omega)\to-\frac{\pi}{2}$。

【例 7.1-5】 某线性系统的系统函数的零点、极点分布如图 7.1-8 所示，已知 $H(0)=1$。

(1)求该系统的单位冲激响应和阶跃响应；

(2)若该系统的零状态响应为

$$y_{zs}(t)=(\frac{1}{2}e^{-t}-e^{-2t}+\frac{1}{2}e^{-3t})u(t)$$

(3)求该系统的幅频响应曲线和相频响应曲线。

求该响应对应的激励信号。

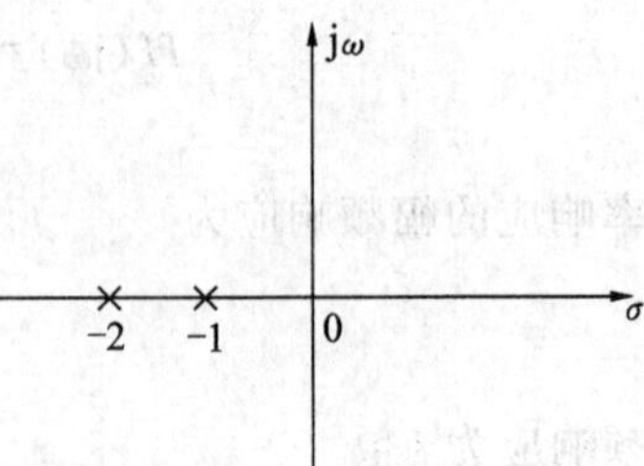

图 7.1-8 例 7.1-5 零点、极点分布

解 (1)根据零极点分布图可知

$$H(s)=\frac{A}{(s+1)(s+2)} \tag{7.1-18}$$

因为 $H(0)=1$，故 $A=2$。代入式(7.1-18)，得

$$H(s)=\frac{2}{(s+1)(s+2)}=\frac{2}{s+1}-\frac{2}{s+2}$$

故

$$h(t)=2(\mathrm{e}^{-t}-\mathrm{e}^{-2t})u(t)$$

系统单位阶跃响应 $g(t)$ 为 $h(t)$ 的积分，即

$$\begin{aligned} g(t) &= \int_{-\infty}^{t} h(\tau)\mathrm{d}\tau \\ &= 2\int_{0}^{t}(\mathrm{e}^{-\tau}-\mathrm{e}^{-2\tau})\mathrm{d}\tau = (1-2\mathrm{e}^{-t}+\mathrm{e}^{-2t})u(t) \end{aligned}$$

(2) $y_{zs}(t)=(\frac{1}{2}\mathrm{e}^{-t}-\mathrm{e}^{-2t}+\frac{1}{2}\mathrm{e}^{-3t})u(t)$，故

$$Y_{zs}(s)=\frac{1}{(s+1)(s+2)(s+3)}$$

$$F(s)=\frac{Y_{zs}(s)}{H(s)}=\frac{1}{2}\frac{1}{s+3}$$

所以，激励信号 $f(t)=\frac{1}{2}\mathrm{e}^{-3t}u(t)$。

(3) 由 $H(s)=\frac{2}{(s+1)(s+2)}$ 可得

$$H(\mathrm{j}\omega)=\frac{2}{(\mathrm{j}\omega+1)(\mathrm{j}\omega+2)}$$

其幅频响应曲线和相频响应曲线如图 7.1-9 所示。

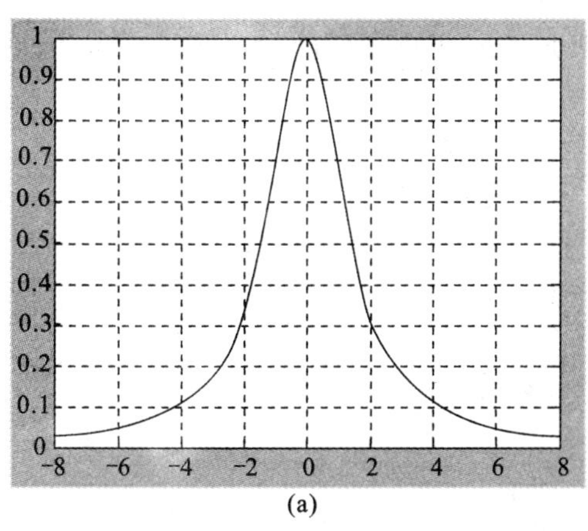

(a)

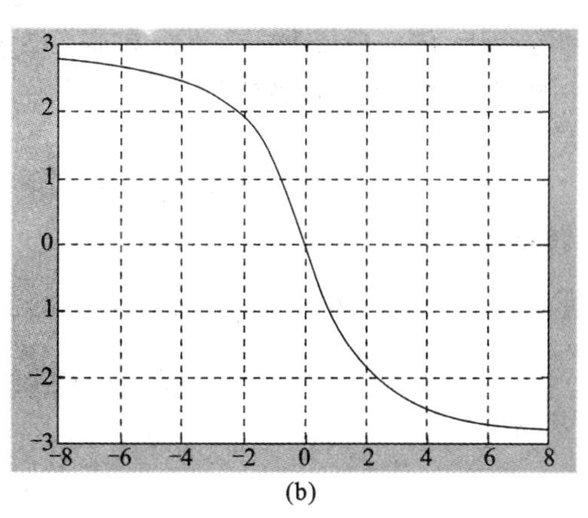

(b)

图 7.1-9　幅频响应和相频响应

1)全通函数

若系统频率响应的幅频特性为常数，对于全部频率的正弦信号都能按同样的幅度传输系数通过，则该系统所对应的系统函数为全通函数。为了保证 LTI 连续因果系统频率响应的幅

频响应为常数，要求系统函数的所有极点位于左半平面，零点位于右半平面，且零点与极点对于 s 平面的虚轴镜像对称。全通函数的零极点分布图如图 7.1-10 所示。其中，p_i 表示系统函数的极点，z_i 表示零点。下面以二阶系统为例，说明全通网络的特点。

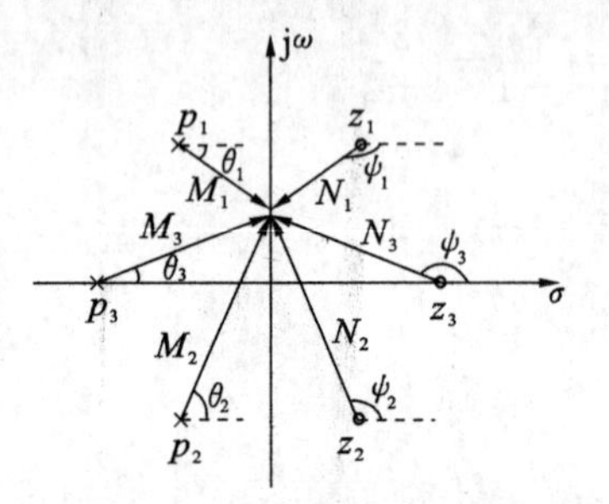

图 7.1-10　全通系统零极点分布

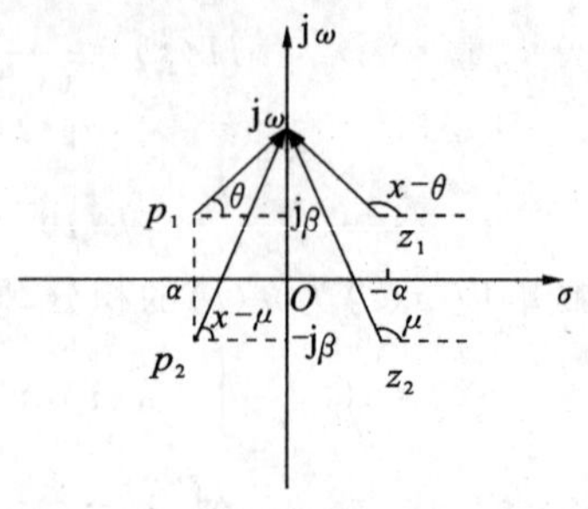

图 7.1-11　全通系统的零极点分布

假设二阶全通网络系统函数在左半平面有一对一阶共轭极点 $\alpha \pm j\beta$，记为 $p_{1,2}$，根据全通系统的系统函数零极点镜像对称的关系，则该系统函数必然有一对共轭零点 $-\alpha \pm j\beta$，记为 $z_{1,2}$，如图所示 7.1-11，其系统函数为

$$H(s)=\frac{(s-z_1)(s-z_2)}{(s-p_1)(s-p_2)}$$

$$=\frac{(s+\alpha-j\beta)(s+\alpha+j\beta)}{(s-\alpha-j\beta)(s-\alpha+j\beta)}=\frac{(s+p_1^*)(s+p_1)}{(s-p_1)(s-p_1^*)} \tag{7.1-19}$$

该系统函数对应的频率响应为

$$H(j\omega)=\frac{(j\omega+p_1^*)(j\omega+p_1)}{(j\omega-p_1)(j\omega-p_1^*)} \tag{7.1-20}$$

在式(7.1-20)中，向量 $j\omega-p_1$ 和 $j\omega+p_1^*$ 具有相同的模，$j\omega+p_1$ 和 $j\omega-p_1^*$ 具有相同的模，因而

$$|H(j\omega)|=1$$

设 $j\omega-p_1$ 的辐角记为 θ，$j\omega+p_1$ 的辐角为 μ，则 $j\omega+p_1^*$ 的辐角为 $\pi-\theta$，$j\omega-p_1^*$ 的辐角为 $\pi-\mu$，则频率响应的相频特性为

$$\varphi(\omega)=\pi-\theta+\mu-\theta-(\pi-\mu)=2\mu-2\theta$$

$$j\omega-p_1=j\omega-\alpha-j\beta=-\alpha+j(\omega-\beta)$$

其辐角为

$$\theta=\arctan\frac{\omega-\beta}{\alpha}-\pi$$

$$j\omega-p_1^*=j\omega-\alpha+j\beta=-\alpha+j(\omega+\beta)$$

其辐角为

$$\mu=-\arctan\frac{\omega+\beta}{\alpha}$$

所以，
$$\varphi(\omega)=2\mu-2\theta=2\pi-2\left[\arctan\frac{\omega+\beta}{\alpha}+\arctan\frac{\omega-\beta}{\alpha}\right]=2\pi-2\arctan\frac{2\alpha\omega}{\alpha^2+\beta^2-\omega^2} \tag{7.1-21}$$

全通系统的幅频响应和相频响应的波形如图 7.1-12 所示。

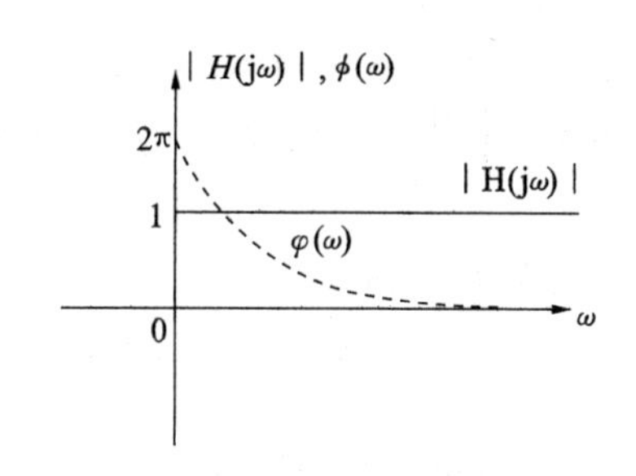

图 7.1-12　全通系统的幅频响应和相频响应

据以上内容可知，全通系统频率响应的幅频特性是一个常数，因而不影响传送信号的幅频特性，只改变信号的相频特性，因而在传输系统中常常用来实现相位校正。例如，均衡器或移相器就是全通网络。

2)最小相移函数

若系统函数 $H(s)$ 的零点全部位于 s 平面的左半平面或者虚轴上，则该系统的系统函数称为最小相移函数。图 7.1-13(a)所示的是二阶最小相移系统，而图 7.1-13(b)所示的是二阶非相移系统。其中，p_i 表示极点，z_i 表示零点。

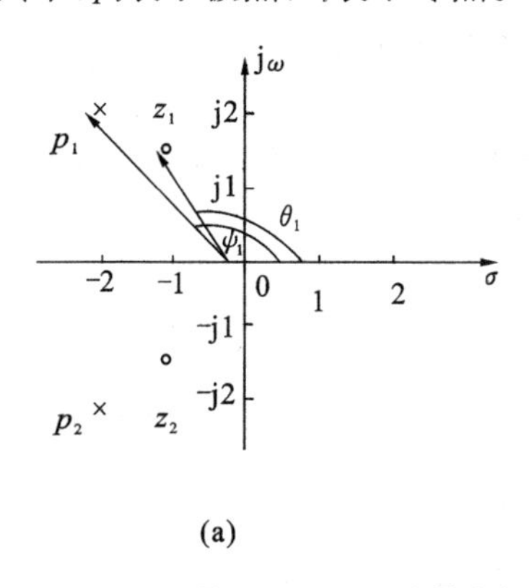

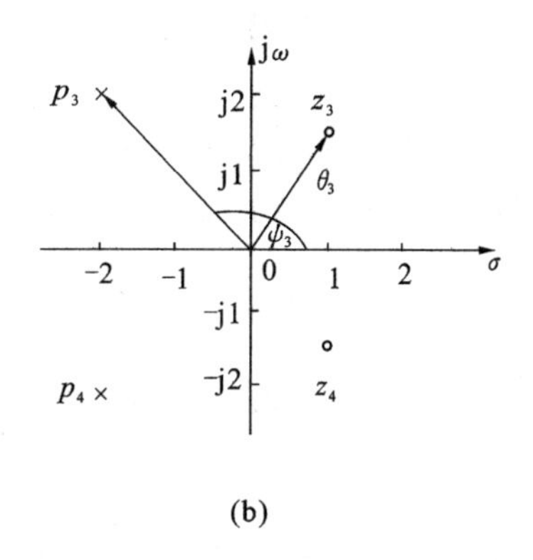

图 7.1-13　二阶最小相移系统和二阶非最小相移系统

假设二阶系统的零点为 $-z_1$、$-z_1^*$，极点为 $-p_1$、$-p_1^*$，如图 7.1-14 所示，则该最小相移系统的系统函数可写为

$$H(s)=\frac{(s+z_1)(s+z_1^*)}{(s+p_1)(s+p_1^*)} \quad (7.1\text{-}22)$$

该系统函数对应的频率响应为

$$H(\mathrm{j}\omega)=\frac{(\mathrm{j}\omega+z_1)(\mathrm{j}\omega+z_1^*)}{(\mathrm{j}\omega+p_1)(\mathrm{j}\omega+p_1^*)}$$

假设 $\mathrm{j}\omega+z_1$ 的辐角为 θ_1，$\mathrm{j}\omega+z_1^*$ 的辐角为 θ_2，如图 7.1-14 所示。为了说明最小相移系统频率响应的相频特性，构造一系统函数 $H_a(s)$ 为

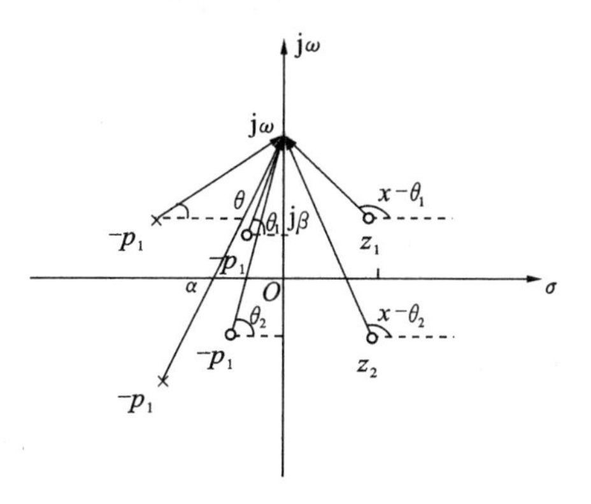

图 7.1-14　零点、极点分布

$$H_a(s)=\frac{(s-z_1)(s-z_1^*)}{(s+p_1)(s+p_1{}^*)} \quad (7.1\text{-}23)$$

其对应的频率响应为

$$H_a(\mathrm{j}\omega)=\frac{(\mathrm{j}\omega-z_1)(\mathrm{j}\omega-z_1^*)}{(\mathrm{j}\omega+p_1)(\mathrm{j}\omega+p_1^*)}$$

$H_a(s)$ 和 $H(s)$ 极点相同，零点关于虚轴镜像对称。从图 7.1-14 可以看出，$H(\mathrm{j}\omega)$ 和

$H_a(\mathrm{j}\omega)$具有相同的幅频特性，且 $\mathrm{j}\omega-z_1$ 的辐角$\theta_{1a}=\pi-\theta_1$，$\mathrm{j}\omega-z_1^*$ 的辐角$\theta_{2a}=\pi-\theta_2$。设 $\mathrm{j}\omega+p_1$ 的辐角为μ_1，$\mathrm{j}\omega+p_1^*$ 的辐角为μ_2，则 $H(\mathrm{j}\omega)$的相频特性为

$$\varphi(\omega)=\theta_1+\theta_2-\mu_1-\mu_2$$

$H_a(\mathrm{j}\omega)$的相频特性为

$$\varphi_a(\omega)=\pi-\theta_1+\pi-\theta_2-\mu_1-\mu_2=2\pi-(\theta_1+\theta_2)-\mu_1-\mu_2$$

$$\varphi_a(\omega)-\varphi(\omega)=2\pi-2(\theta_1+\theta_2)$$

由于最小相移系统的零点$-z_1$ 和$-z_1^*$ 位于 s 平面的左半平面或虚轴上，因此，辐角$\theta_1\leqslant\frac{\pi}{2}$，$\theta_2\leqslant\frac{\pi}{2}$，故

$$\varphi_a(\omega)-\varphi(\omega)=2\pi-2(\theta_1+\theta_2)\geqslant 0$$

所以，在具有相同幅频特性的系统中，零点位于左半平面的系统函数，其相位函数比零点位于右半平面的系统函数的相位函数小，这是因为零点全部位于左半平面的系统成为最小相移系统。

任何一个非最小相移系统可以由一个最小相移系统和一个全通系统级联而成。如式(7.1-23)非最小相移系统的系统函数$H_a(s)$可以改写成

$$H_a(s)=\frac{(s-z_1)(s-z_1^*)}{(s+p_1)(s+p_1^*)}=\frac{(s+z_1)(s+z_1^*)}{(s+p_1)(s+p_1^*)}\cdot\frac{(s-z_1)(s-z_1^*)}{(s+z_1)(s+z_1^*)}$$

式中：$\frac{(s+z_1)(s+z_1^*)}{(s+p_1)(s+p_1^*)}$表示最小相移系统；$\frac{(s-z_1)(s-z_1^*)}{(s+z_1)(s+z_1^*)}$表示一个全通系统。

2. 离散因果系统

若离散因果系统的系统函数的所有极点位于 z 平面的单位圆内，则该系统稳定，频率响应存在，系统函数和频率响应如式(7.1-24)和式(7.1-25)。

$$H(z)=\frac{b_m\prod_{j=1}^{m}(z-z_j)}{\prod_{i=1}^{n}(z-p_i)} \tag{7.1-24}$$

令 z 取单位圆上的点，即 $z=\mathrm{e}^{\mathrm{j}\theta}$，其中 $\theta=\omega T$，ω 表示模拟信号的角频率，T 表示对模拟信号采用的周期。$H(z)$对应的频率响应为

$$H(\mathrm{e}^{\mathrm{j}\theta})=H(z)|_{z=\mathrm{e}^{\mathrm{j}\theta}}=\frac{b_m\prod_{j=1}^{m}(\mathrm{e}^{\mathrm{j}\theta}-z_j)}{\prod_{i=1}^{n}(\mathrm{e}^{\mathrm{j}\theta}-p_i)} \tag{7.1-25}$$

令

$$\mathrm{e}^{\mathrm{j}\theta}-z_j=\rho_j\mathrm{e}^{\mathrm{j}\theta_j}$$

$$\mathrm{e}^{\mathrm{j}\theta}-p_i=\gamma_i\mathrm{e}^{\mathrm{j}\mu_i}$$

则从式(7.1-25)可得频率响应的幅频响应为

$$|H(\mathrm{e}^{\mathrm{j}\theta})|=\frac{b_m\rho_1\,\rho_2\cdots\rho_m}{\gamma_1\,\gamma_2\cdots\gamma_n} \tag{7.1-26}$$

相频响应为

$$\varphi(\omega)=\sum_{j=1}^{m}\theta_j-\sum_{i=1}^{n}\mu_i \tag{7.1-27}$$

根据式(7.1-26)和式(7.1-27)可以分析离散系统频率响应的幅频特性和相频特性。

【例 7.1-6】 某 LTI 离散因果系统的差分方程为

$$y(n)-\frac{1}{2}y(n-1)=f(n)$$

求该系统频率响应的幅频特性和相频特性。

解 根据差分方程,可得系统函数为

$$H(z)=\frac{1}{1-\frac{1}{2}z^{-1}}$$

频率响应为

$$H(\mathrm{e}^{\mathrm{j}\theta})=\frac{1}{1-\frac{1}{2}\mathrm{e}^{-\mathrm{j}\theta}}=\frac{1}{1-\frac{1}{2}\cos\theta+\mathrm{j}\frac{1}{2}\sin\theta}$$

该频率响应的幅频特性为

$$|H(\mathrm{e}^{\mathrm{j}\theta})|=\frac{1}{\sqrt{\frac{3}{4}-\cos\theta}} \tag{7.1-28}$$

相频特性为

$$\varphi(\theta)=-\arctan\left(\frac{\frac{1}{2}\sin\theta}{1-\frac{1}{2}\cos\theta}\right) \tag{7.1-29}$$

根据式(7.1-28)和式(7.1-29)可以画出该系统的幅频特性曲线和相频特性曲线,如图7.1-15所示,图中横坐标取值区间为[0,2π]。

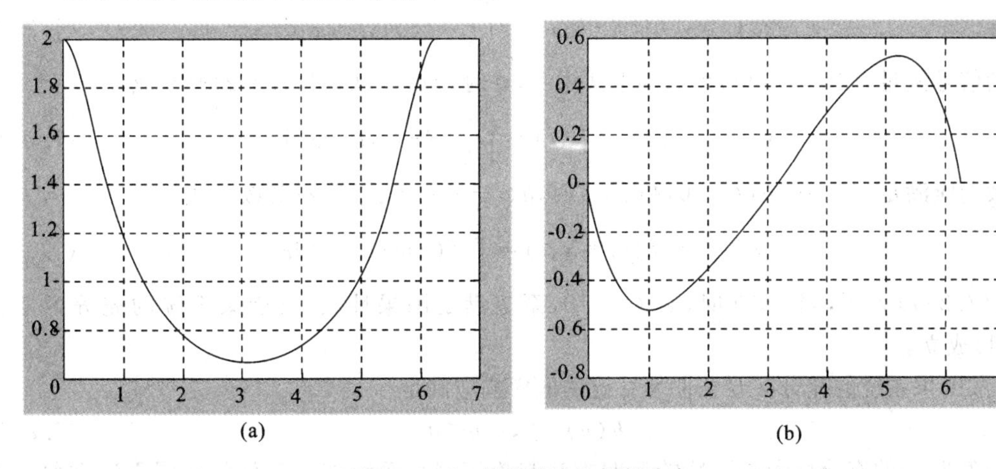

图 7.1-15　幅频响应和相频响应

实际上,在频率响应中,单位圆附近的零点位置将对幅频响应凹点的位置和深度有明显的影响,而位于单位圆内且靠近单位圆的极点对幅频响应凸点的位置和深度有明显的影响。

7.2 系统的因果性与稳定性

一、系统的因果性

若系统在某时刻的零状态响应只与该时刻以及该时刻以前的激励相关，而与该时刻以后的激励无关，则该系统为因果系统。因果系统的零状态响应不出现于激励之前，即

对于连续因果系统，若

$$f(t)=0,\quad t<t_0$$

则

$$y_{zs}(t)=0,\quad t<t_0$$

对于离散因果系统，若

$$f(n)=0,\quad n<n_0$$

则

$$y_{zs}(n)=0,\quad n<n_0$$

实际的系统一般都是因果系统，但也存在非因果系统，如图像处理系统、非实时系统以及平滑处理系统等都不是因果系统。

假设在 $t=0$ 时系统加入激励信号，则系统为连续因果系统的充分必要条件为系统的冲激响应满足

$$h(t)=0,\quad t<0 \tag{7.2-1}$$

充分必要性简单证明如下。

(1)假设给系统所加的激励信号 $f(t)=\delta(t)$，显然，当 $t<0$ 时，$f(t)=0$；若系统是因果系统，则当 $t<0$ 时，零状态响应 $y_{zs}(t)=h(t)=0$，连续因果系统的必要条件式(7.2-1)成立。

(2)系统的零状态响应等于激励与系统冲激响应的卷积，即

$$y_{zs}(t)=f(t)*h(t)=\int_{-\infty}^{+\infty}f(\tau)h(t-\tau)\mathrm{d}\tau \tag{7.2-2}$$

若激励信号满足 $t<0$ 时，$f(t)=0$，则上式中 $\tau<0$ 时，$f(\tau)=0$，式(7.2-2)改写成

$$y_{zs}(t)=f(t)*h(t)=\int_{0}^{+\infty}f(\tau)h(t-\tau)\mathrm{d}\tau \tag{7.2-3}$$

若冲激响应满足 $t<0$ 时，$h(t)=0$，则 $\tau>t$ 时，$h(t-\tau)=0$，式(7.2-3)改写成

$$y_{zs}(t)=f(t)*h(t)=\int_{0}^{t}f(\tau)h(t-\tau)\mathrm{d}\tau \tag{7.2-4}$$

式(7.2-4)表明，当 $t<0$ 时，$y_{zs}(t)=0$，系统满足因果性，连续因果系统的充分条件式(7.2-1)成立。

离散因果系统的充分必要条件为系统的取样响应满足

$$h(n)=0,\quad n<0 \tag{7.2-5}$$

式(7.2-5)的充分性和必要性的证明方法与连续因果系统充要条件的证明方法类似。连续因果系统充要条件说明系统函数 $H(s)$ 的收敛域为 $\mathrm{Re}(s)>\sigma_0$，系统函数的极点在 $\mathrm{Re}(s)=\sigma_0$ 以左的平面上；离散因果系统充要条件说明系统函数 $H(z)$ 的收敛域为 $|z|>\gamma_0$，系统函数的极点在以原点为圆心，γ_0 为半径的圆内。

二、系统的稳定性

1. 稳定系统

若系统对于有界的激励信号，产生有界的零状态响应，则该系统为稳定系统。稳定系统应满足：若 $|f(t)|<M$，则

$$|y_{zs}(t)|<N$$

式中：M 和 N 为有限实常数。

连续稳定系统的充分必要条件为系统的冲激响应满足

$$\int_{-\infty}^{+\infty}|h(t)|\mathrm{d}t\leqslant T \tag{7.2-6}$$

充分必要性简单证明如下。

(1)假设式(7.2-6)成立，且激励信号满足 $|f(t)|<M$，则

$$|y_{zs}(t)|=\left|\int_{-\infty}^{+\infty}f(\tau)h(t-\tau)\mathrm{d}\tau\right|=\left|\int_{-\infty}^{+\infty}h(\tau)f(t-\tau)\mathrm{d}\tau\right|$$

$$\leqslant\int_{-\infty}^{+\infty}|h(\tau)||f(t-\tau)|\mathrm{d}\tau\leqslant MT<+\infty$$

从上述推导过程可以看出，当式(7.2-6)成立时，有界的输入产生有界的输出，系统稳定，充分性得证。

(2)必要性的证明利用反证法。对于一个稳定系统，假设它的冲激响应不是绝对可积的，即

$$\int_{-\infty}^{+\infty}|h(t)|\mathrm{d}t=+\infty$$

定义一个有界的函数

$$f(-t)=\begin{cases}1, & h(t)>0\\0, & h(t)=0\\-1, & h(t)<0\end{cases}$$

系统的响应为

$$y_{zs}(t)=\int_{-\infty}^{+\infty}f(\tau)h(t-\tau)\mathrm{d}\tau=\int_{-\infty}^{+\infty}h(\tau)f(t-\tau)\mathrm{d}\tau$$

故

$$y_{zs}(0)=\int_{-\infty}^{+\infty}h(\tau)f(-\tau)\mathrm{d}\tau=\int_{-\infty}^{+\infty}|h(\tau)|\mathrm{d}\tau$$

显然，$y_{zs}(0)$ 无界，$y_{zs}(t)$ 无界，系统不稳定，故假设不成立，式(7.2-6)的必要性得证。

离散稳定系统的充分必要条件为系统的取样响应绝对可和，即

$$\sum_{n=-\infty}^{+\infty}|h(n)|\leqslant T \tag{7.2-7}$$

式(7.2-3)充要性的证明和式(7.2-6)的证明类似。若连续系统为稳定系统，则系统函数的收敛域必包含虚轴；若系统既是因果的又是稳定的，则系统函数的极点全部位于 s 平面的左半平面。若离散系统为稳定系统，则系统函数的收敛域必包含单位圆；若系统既是因果的，又是稳定的，则系统函数的极点全部位于 z 平面的单位圆内。

2. 因果系统稳定性判断准则

1)连续系统

连续因果系统稳定的充要条件是系统函数的极点位于 s 平面的左半开平面。若系统函数 $H(s)=\dfrac{B(s)}{A(s)}$ 的所有极点都位于 s 平面的左半开平面，则多项式 $A(s)=a_ns^n+a_{n-1}s^{n-1}+\cdots+a_1s+a_0$ 称为霍尔维兹多项式。显然，霍尔维兹多项式的所有系数都大于零。判断连续因果系统是否稳定时，既可以求出多项式 $A(s)$ 的根，判断是否所有根都在 s 平面的左半部分，也可以根据罗斯准则①来判断。

多项式 $A(s)=a_ns^n+a_{n-1}s^{n-1}+\cdots+a_1s+a_0$ 的系数对应的罗斯阵列如表 7.2-1 所示。

表 7.2-1　罗斯阵列

1	a_n	a_{n-2}	a_{n-4}	$\cdots$
2	a_{n-1}	a_{n-3}	a_{n-5}	$\cdots$
3	c_{n-1}	c_{n-3}	c_{n-5}	$\cdots$
4	d_{n-1}	d_{n-3}	d_{n-5}	$\cdots$
$\vdots$	$\cdots$	$\cdots$	$\cdots$	$\cdots$
$n+1$	$\cdots$	$\cdots$	$\cdots$	$\cdots$

表 7.2-1 第一列表示行号，n 次多项式对应的罗斯阵列有 $n+1$ 行，其中，部分数据按以下方法确定。

$$c_{n-1}=-\frac{1}{a_{n-1}}(a_n\,a_{n-3}-a_{n-1}\,a_{n-2}),\ c_{n-3}=-\frac{1}{a_{n-1}}(a_n\,a_{n-5}-a_{n-1}\,a_{n-4})\cdots$$

$$d_{n-1}=-\frac{1}{c_{n-1}}(a_{n-1}\,c_{n-3}-c_{n-1}\,a_{n-3}),\ d_{n-3}=-\frac{1}{c_{n-1}}(a_{n-1}\,c_{n-5}-c_{n-1}\,a_{n-5})\cdots$$

$$\vdots$$

根据罗斯准则，若罗斯阵列中第一列元素均为正(行号除外的第一列)，则对应的多项式为霍尔维兹多项式；若罗斯阵列第一列元素不全为正，则 $A(s)=0$ 位于 s 平面右半平面的根的个数等于变号的次数。

【例 7.2-1】 若 LTI 连续因果系统的系统函数分母多项式 $A(s)=s^3+2s^2+3s+2$，判断该系统是否稳定。

解　多项式 $A(s)$ 的系数全部大于零，其对应的罗斯阵列如表 7.2-2 所示。

表 7.2-2　例 7.2-1 的罗斯阵列

1	1	3
2	2	2
3	2	0
4	2	0

表 7.2-2 中罗斯阵列的第一列数据全部大于零，所以该系统为稳定系统。

① 罗斯准则也称罗斯-霍尔维茨准则，它是 1877 年罗斯(Routh)和霍尔维茨(Hurwitz)提出的一种判断代数方程根的方法。

【例 7.2-2】 已知某系统的系统函数

$$H(s)=\frac{s+10}{s^3+3s^2+2s^2+4-k}$$

当常数 k 满足什么条件时，系统稳定？

解 根据多项式 $A(s)=s^3+3s^2+2s^2+4-k$，列出罗斯阵列如表 7.2-3 所示。

表 7.2-3 例 7.2-2 的罗斯阵列

1	1	2
2	3	$4-k$
3	$\frac{k+2}{3}$	0
4	$4-k$	0

根据罗斯准则，若系统稳定，则罗斯阵列中第一列全部大于零，即

$$\frac{k+2}{3}>0$$

$$4-k>0$$

故 $-2<k<4$ 时，$A(s)$ 为霍尔维兹多项式，系统函数的极点全部位于 s 平面的左半开平面，系统稳定。

【例 7.2-3】 若 LTI 连续因果系统的系统函数分母多项式为

$$A(s)=s^5+2s^4+3s^3+5s^2+3s+2$$

判断该系统是否稳定。

解 首先列出该多项式系数对应的罗斯阵列如表 7.2-4 所示。表中，罗斯阵列的第一列数据不全大于零，变号两次，因此该系统是不稳定系统，系统函数在 s 平面的右半平面有 2 个极点。

表 7.2-4 例 7.2-3 的罗斯阵列

1	1	3	3
2	2	5	2
3	0.5	2	0
4	-3	2	0
5	$\frac{7}{3}$	0	
6	2		

2)离散系统

离散因果系统稳定的充要条件是系统函数的极点位于单位圆内，即 $H(z)=\frac{B(z)}{A(z)}$中多项式 $A(z)=0$ 的所有根的模都小于 1。在根据系统函数判断系统的稳定性时，既可以求出 $H(z)$中分母多项式的所有根，判断模值是否小于 1，也可以根据朱里准则①来判断。

① 朱里准则是美国哥伦比亚大学学者朱里(July)提出的不必求出系统极点，就能判断系统函数的极点是否全部在单位圆内的方法。

设有多项式 $A(z)=a_nz^n+a_{n-1}z^{n-1}+\cdots+a_1z+a_0$，该多项式所对应的朱里表如表 7.2-5 所示。

表 7.2-5 朱里表

1	a_n	a_{n-1}	a_{n-2}	$\cdots$	a_1	a_0
2	a_0	a_1	a_2	$\cdots$	a_{n-1}	a_n
3	c_{n-1}	c_{n-2}	$\cdots$	c_1	c_0	
4	c_0	c_1	$\cdots$	c_{n-2}	c_{n-1}	
5	d_{n-2}	d_{n-3}	$\cdots$	d_n		
6	d_0	d_1	$\cdots$	d_{n-2}		
$\vdots$			$\vdots$			
$2n-3$	r_2	r_1	r_0			

在表 7.2-5 中，表第一列表示行号，一共有 $2n-3$ 行，部分系数确定方法如下：

$$c_{n-1}=a_n\,a_n-a_0\,a_0,\ c_{n-2}=a_n\,a_{n-1}-a_0\,a_1,\ c_{n-3}=a_n\,a_{n-2}-a_0\,a_2,\cdots$$

$$d_{n-2}=c_{n-1}\,c_{n-1}-c_0\,c_0,\ d_{n-3}=c_{n-1}\,c_{n-2}-c_0\,c_1,\cdots$$

按照朱里准则，多项式 $A(z)=0$ 的所有根都在单位圆内的充分必要条件是

$$\begin{cases}A(1)>0\\(-1)^nA(-1)>0\\a_n>|a_0|\\c_{n-1}>|c_0|\\d_{n-2}>|d_0|\\\vdots\end{cases}$$

上述要求中，$a_n>|a_0|$ 及以下的各条件要求朱里表中奇数行的第一个数字要大于最后一个数字的绝对值。根据朱里准则可以不求解齐次方程的根来判断系统的稳定性。

【例 7.2-4】 若系统特征方程为

$$A(z)=4z^2-2z+3=0$$

判断该系统是否稳定。

解 根据朱里准则，$A(1)=5>1$，$(-1)^2A(-1)=9>0$，且 $4>|3|$，满足系统稳定的充要条件，该系统稳定。

【例 7.2-5】 已知某离散因果系统的系统函数为

$$H(z)=\frac{z^2+2z+1}{3z^2+z+k}$$

当 k 满足什么条件时，系统是稳定的？

解 该系统函数中，$A(z)=3z^2+z+k$，根据朱里准则，$A(1)=4+k>0$，$(-1)^2A(-1)=2+k>0$，$3>|k|$，综合以上条件，当 $-2<k<3$ 时，系统稳定。

【例 7.2-6】 若系统的特征方程为

$$A(z)=2z^4+3z^3-2z+1=0$$

判断该系统是否稳定。

解　根据朱里准则，$A(1)=4>1$，$(-1)^4A(-1)=2>0$，该多项式对应的朱里表如表7.2-6所示。

表 7.2-6　例 7.2-6 朱里表

1	2	3	0	−2	1
2	1	−2	0	3	2
3	3	8	0	−7	
4	−7	0	8	3	
5	−40	24	56		

在表 7.2-6 中，第一行 $2>|1|$，但第三行 $3<|-7|$，不满足朱里准则，系统不稳定。

7.3　信号流图

前文表明，可以利用时域方框图和变换域方框图来描述一个系统激励和响应之间的关系。框图比微分方程或差分方程更直观地描述了线性方程组变量的因果关系。除此之外，还可以用信号流图来描述一个系统各信号之间的关系，并可以利用梅森公式直接得到系统的系统函数，无需对信号流图进行化简和变换。信号流图是 20 世纪 50 年代美国麻省理工学院的 Mason 提出的一种线性方程图解法，该方法用点和有向线段来描述系统，比方框图更为直观，因而在线性方程求解、反馈系统分析、数字滤波器设计和线性系统模拟方面有广泛的应用。连续系统的信号流图描述和化简的方法与离散系统的一样，所以在本节中重点讨论连续系统的信号流图，离散系统的信号流图可以类比分析。

一、信号流图

1. 信号流图的组成

信号流图表示线性系统中信号的流动，它是由节点和支路组成的加权有向图，如图 7.3-1 所示，节点x_1、x_2、x_3和x_4表示系统中的信号，支路用带箭头的有向线段描述，箭头表示支路中信号传输的方向。支路增益标记在线段的一侧，如节点x_1 到节点x_2 的支路增益为 a，表示信号之间的因果关系为$x_2=a\,x_1$。支路增益可以是常数、s^{-1}或 z^{-1}，也可以是系统函数。

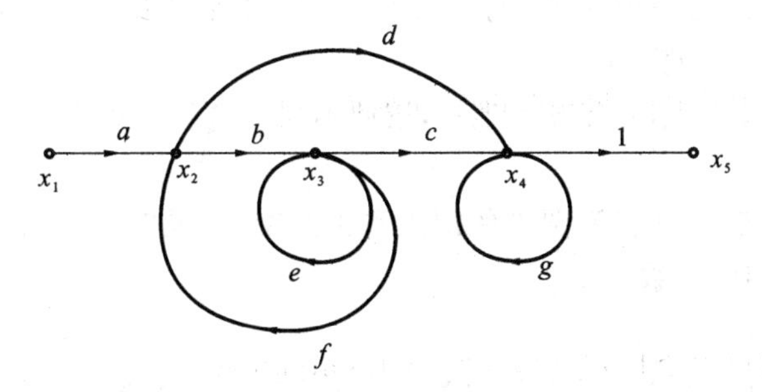

图 7.3-1　信号流图实例

2.信号流图中的基本术语

(1)节点:在信号流图中,节点用“○”表示,用来描述一个信号或变量。

(2)支路:两个节点之间的有向线段。离开节点的支路称为输入支路;指向节点的支路称为输出支路。

(3)源节点和汇节点:只有输出支路的节点称为输入节点,也称源节点,如图 7.3-1 中的 x_1;既有输入支路又有输出支路的节点称为混合节点,如图 7.3-1 中的x_2、x_3、x_4;只有输入支路的节点称为输出节点,也称汇节点,如图 7.3-1 中的x_5。

(4)支路增益:写在支路一侧的加权值称为支路增益,表示信号沿箭头方向前进,乘以支路增益传到下一个节点。支路增益可以是常数也可以是 s 或 z 的函数。

(5)通路:从任意节点沿支路箭头方向穿过各个相连支路和节点到达另一节点或回到原节点的路径,如图 7.3-1 中的$x_1\xrightarrow{a}x_2\xrightarrow{b}x_3$、$x_1\xrightarrow{a}x_2\xrightarrow{b}x_3\xrightarrow{f}x_2\xrightarrow{d}x_4$。若通路中任意节点出现的次数不多于一次,则此通路称为开通路,如图 7.3-1 中的$x_2\xrightarrow{b}x_3\xrightarrow{c}x_4$、$x_1\xrightarrow{a}x_2\xrightarrow{d}x_4$。起始节点和终止节点相同且其他节点出现不多于一次的通路称为回路或环,如图 7.3-1 中的$x_2\xrightarrow{b}x_3\xrightarrow{f}x_2$、$x_4\xrightarrow{g}x_4$。相互没有公共节点的回路称为不接触回路,如图 7.3-1 中的$x_2\xrightarrow{b}x_3\xrightarrow{f}x_2$、$x_4\xrightarrow{g}x_4$。只有一个节点和一条支路的回路称为自回路或自环,如图 7.3-1 中的$x_4\xrightarrow{g}x_4$。

(6)通路增益:通路中所有支路增益的乘积。

(7)前向通路:从源点到汇点的开通路。如图 7.3-1 中$x_1\xrightarrow{a}x_2\xrightarrow{b}x_3\xrightarrow{c}x_4\xrightarrow{1}x_5$、$x_1\xrightarrow{a}x_2\xrightarrow{d}x_4\xrightarrow{1}x_5$。前向通路中各支路增益的乘积称为前向通路增益。

(8)回路增益:回路中所有支路增益的乘积。

3.信号流图的基本性质

(1)支路表示两个信号之间的因果关系,信号只能沿着箭头方向传输,不允许添负号改变箭头的方向。支路对信号进行转换,支路的输出等于该支路输入与支路增益的乘积。

(2)有多个输入的节点将所有输入支路的信号相加,并把和信号通过输出支路分配给其他节点。如图 7.3-1 中的$x_4=dx_2+cx_3+gx_4$。

(3)具有输入和输出支路的混合节点,可以通过增加一个增益为 1 的支路变成输出节点。图 7.3-1 中的x_4和x_5实际上是同一个节点,x_4既有输入支路又有输出支路,通常增加一个增益为 1 的支路$x_4\rightarrow x_5$使x_4变成汇点。

(4)同一个线性方程组,信号流图不唯一,按照不同的方程形式画出来的信号流图不相同,但其解唯一。

(5)信号流图可以转置,即将流图中的源点和汇点交换,同时将所有支路的信号传输方向调转。转置后的流图传输函数不变。

4.信号流图的代数运算

(1)串联支路的合并。串联支路总的增益等于各串联支路增益的乘积。如图 7.3-2 中支路 $x_1\xrightarrow{a}x_2$ 和支路$x_2\xrightarrow{b}x_3$串联,$x_2=ax_1$,$x_3=bx_2$,根据$x_3=abx_1$ 可合并两支路并消去中间节点x_2,得到$x_1\rightarrow abx_3$,如图 7.3-3 所示。通过合并信号流图中的串联支路可以减少节点的个数。

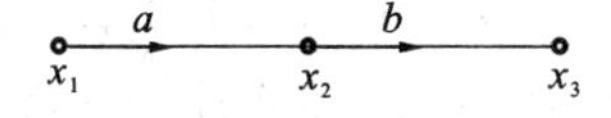

图 7.3-2　两支路串联支路

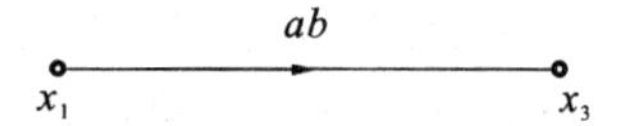

图 7.3-3　串联支路的合并

(2)并联支路的合并。并联支路的总增益等于各并联支路的增益之和。如图 7.3-4 中支路$x_1 \xrightarrow{a} x_2$ 和支路$x_1 \xrightarrow{b} x_2$ 并联，$x_2 = a x_1 + b x_1$，根据$x_2 = (a+b) x_1$ 可合并两支路得到$x_1 \xrightarrow{a+b} x_2$，如图 7.3-5 所示。通过合并信号流图中的并联支路可以减少支路的个数。

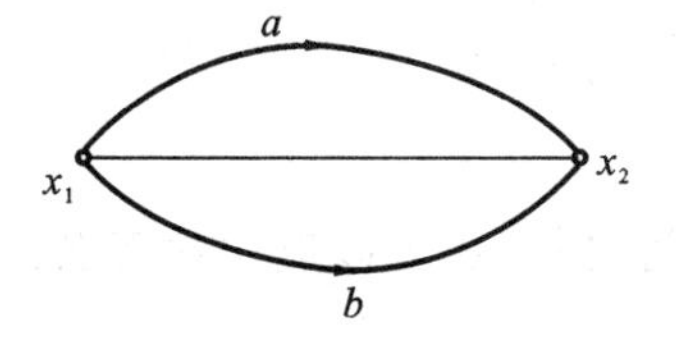

图 7.3-4　两支路并联支路

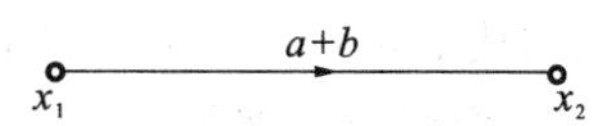

图 7.3-5　并联支路的合并

(3)回路的消除。在信号流图中，根据节点之间的转换关系可以消除回路。如图 7.3-6 所示，$x_2 = a x_1 + c x_3$、$x_3 = b x_2$，根据$x_3 = \dfrac{ab}{1-bc} x_1$ 可消去中间节点x_2，得到图 7.3-7 所示的支路。

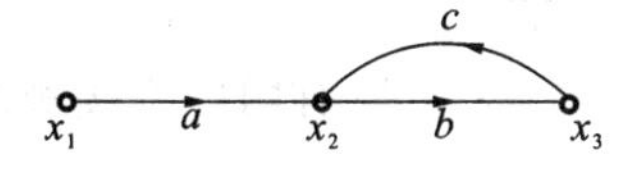

图 7.3-6　两支路并联支路

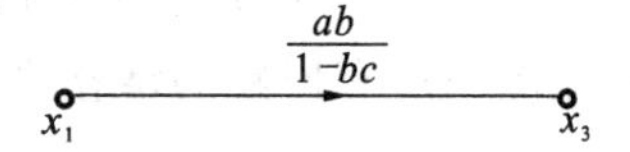

图 7.3-7　并联支路的合并

通过对信号流图中串并联支路的合并和环的消除，可以将复杂的流图简化成只有一个源点和汇点及一条支路的流图，而该唯一支路的增益就是该流图的系统函数。下面以图 7.3-8 中信号流图为例，说明流图化简得到系统函数的过程。

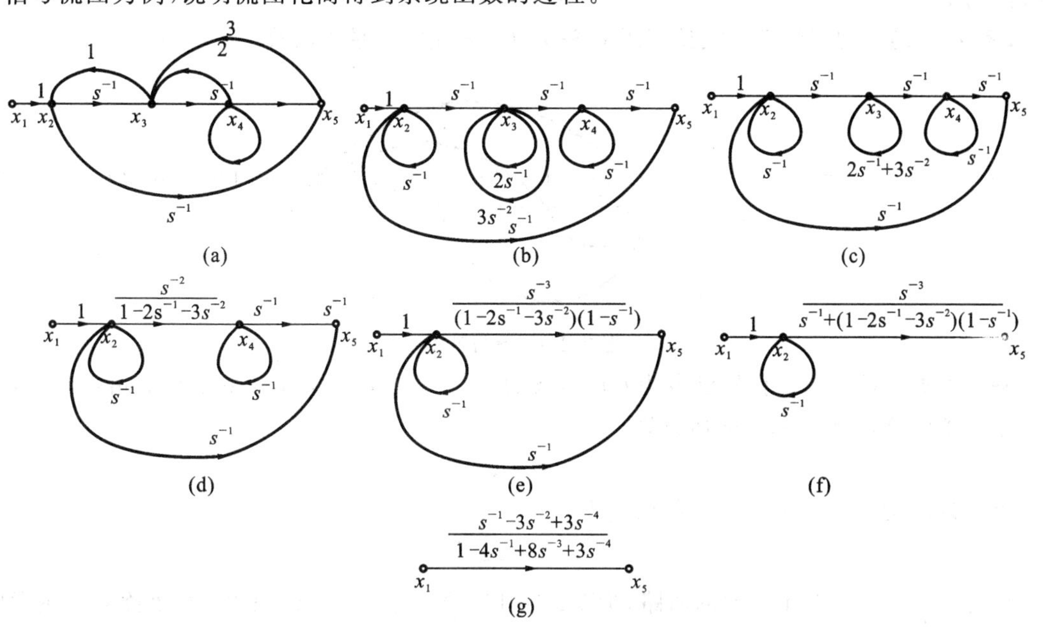

图 7.3-8　信号流图及其化简

(a)信号流图；(b)化简 1；(c)化简 2；(d)化简 3；(e)化简 4；(f)化简 5；(g)化简 6

在图 7.3-8(a)所示的信号流图中,串联支路$x_2\to x_3\to x_2$可以合并成自环$x_2\to x_2$;依次,回路$x_3\to x_4\to x_3$和$x_3\to x_4\to x_5\to x_3$也可以合并成自环,如图 7.3-8(b)所示;利用支路的并联可以将两个自环$x_3\to x_3$简化成一个自环,如图 7.3-8(c)所示;利用自环的消除可以消去节点x_4,如图 7.3-8(d)所示;利用两个并联支路$x_5\to x_5$的合并可以得到一个支路$x_5\to x_5$,如图7.3-8(e)所示;利用自环的消除可以得到只有一个源点x_1、汇点x_5和一个支路$x_1\to x_5$的信号流图,该系统的系统函数 $H(s)$如式(7.3-1)所示,根据系统函数 $H(s)$可以写出系统满足的微分方程:

$$H(s)=\frac{s^3-3s^2+3}{s^4-4s^3+8s+3} \tag{7.3-1}$$

二、梅森公式

除了利用支路的代数运算对信号流图进行化简之外,还可以应用梅森公式直接求得信号流图中的系统函数。梅森公式如下:

$$H=\frac{1}{\Delta}\sum_k P_k\Delta_k \tag{7.3-2}$$

式中:H 表示系统函数;Δ 称为信号流图的特征行列式,按表达式(7.3-3)求值。

$$\Delta=1-\sum_a L_a+\sum_{b,c}L_bL_c-\sum_{d,e,f}L_dL_eL_f+\cdots \tag{7.3-3}$$

式中:$\sum\limits_a L_a$ 表示流图中所有回路的增益之和;$\sum\limits_{b,c}L_bL_c$ 表示所有两两不接触回路的增益乘积之和;$\sum\limits_{d,e,f}L_\mathrm{d}L_\mathrm{e}L_f$ 表示所有三个互不接触回路的增益乘积之和……

式(7.3-2)中,P_k表示流图中第 k 条从源点到汇点的前向通路增益;Δ_k表示第 k 条前向通路特征行列式的余因子,在特征行列式 Δ 中不计入与第 k 条前向通路相接触的回路增益,则得到该余因子Δ_k。

【例 7.3-1】 利用梅森公式计算图 7.3-9 中信号流图的系统函数。

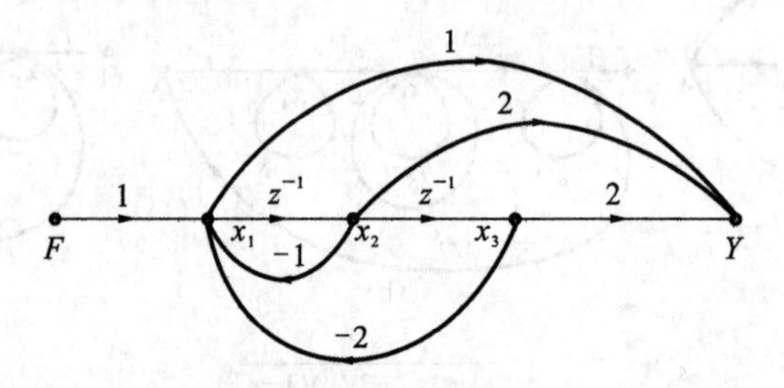

图 7.3-9 信号流图

解 根据式(7.3-2),首先求出特征行列式 Δ。

第一条回路$x_1\to x_2\to x_1$ 的增益为

$$L_1=-z^{-1}$$

第二条回路$x_1\to x_2\to x_3\to x_1$ 的增益为

$$L_2=-2z^{-2}$$

没有两个及多个互不接触的回路,所以$\Delta=1-\sum\limits_a L_a=1+z^{-1}+2z^{-2}$。下面列出流图中所有从源点到汇点的前向通路及其增益。

第一条前向通路:$F\to x_1\to Y$,增益为 1;

第二条前向通路：$F\to x_1\to x_2\to Y$，增益为 $2z^{-1}$；

第三条前向通路：$F\to x_1\to x_2\to x_3\to Y$，增益为 $3z^{-2}$。

由于两条回路与三条前向通路都有接触，在计算每条前向通路特征行列式的余因子时不计入回路增益，所以Δ_1、Δ_2 和Δ_3都等于 1。

根据式(7.3-2)可得

$$H=\frac{1}{\Delta}\sum_k P_k\Delta_k=\frac{1+2z^{-1}+3z^{-2}}{1+z^{-1}+2z^{-2}}$$

【例 7.3-2】 利用梅森公式计算图 7.3-10 中信号流图的系统函数。

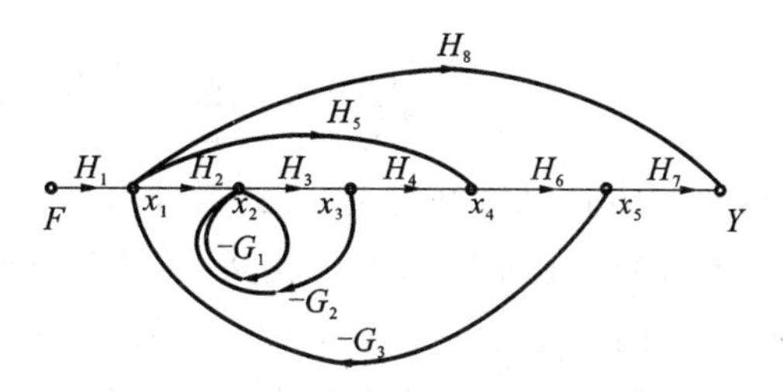

图 7.3-10　例 7.3-2 中的信号流图

解　在该信号流图中：

第一条回路$x_2\to x_2$ 的增益为$-G_1$；

第二条回路$x_2\to x_3\to x_2$ 的增益为$-G_2H_3$；

第三条回路$x_1\to x_4\to x_1$ 的增益为$-G_3H_5$；

第四条回路$x_1\to x_2\to x_3\to x_4\to x_1$ 的增益为$-H_2H_3G_3H_4$；

在这些回路中，$x_2\to x_2$ 和$x_1\to x_4\to x_1$ 互不接触，其增益之积为$G_1G_3H_5$；$x_2\to x_3\to x_2$ 和$x_1\to x_4\to x_1$ 互不接触，其增益之积为$G_2H_3G_3H_5$。所以，该信号流图的特征行列式

$$\Delta=1+G_1+G_2H_3+G_3H_5+H_2H_3G_3H_4+G_1G_3H_5+G_2H_3G_3H_5$$

第一条前向通路 $F\to x_1\to Y$ 的增益为$P_1=H_1H_8$，其特征行列式的余因子为$\Delta_1=1+G_1+G_2H_3$

第二条前向通路 $F\to x_1\to x_4\to x_5\to Y$ 的增益为$P_2=H_1H_5H_6H_7$，其特征行列式的余因子为$\Delta_2=1+G_1+G_2H_3$

第三条前向通路 $F\to x_1\to x_2\to x_3\to x_4\to x_5\to Y$ 的增益为$P_2=H_1H_2H_3H_4H_6H_7$，其特征行列式的余因子为

$$\Delta_3=1$$

根据梅森公式，该信号流图的系统函数为

$$H=\frac{1}{\Delta}\sum_k P_k\Delta_k$$

$$=\frac{H_1H_8+H_1G_1H_8+H_1G_2H_3H_8+H_1H_5H_6H_7+H_1G_1H_5H_6H_7+H_1G_2H_3H_5H_6H_7+H_1H_2H_3H_4H_6H_7}{1+G_1+G_2H_3+G_3H_5+H_2H_3G_3H_4+G_1G_3H_5+G_2H_3G_3H_5}$$

7.4　系统的结构

为了对信号(连续的或离散的)进行某种处理(如滤波)，就必须构造出合适的实际结构(硬

件实现结构或软件运算结构）。对于同样的系统函数 $H(s)$ 或 $H(z)$ 往往有多种不同的实现方案。常用的有直接形式、级联形式和并联形式。由于连续系统和离散系统的实现方法相同，这里一并讨论。

一、直接型结构

先讨论较简单的二阶系统。设二阶系统的系统函数为

$$H(s)=\frac{b_2s^2+b_1s+b_0}{s^2+a_1s+a_0} \tag{7.4-1}$$

将分子、分母同乘以 s^{-2}，上式可写为

$$H(s)=\frac{b_2+b_1s^{-1}+b_0s^{-2}}{1+a_1s^{-1}+a_0s^{-2}}=\frac{b_2+b_1s^{-1}+b_0s^{-2}}{1-(-a_1s^{-1}-a_0s^{-2})} \tag{7.4-2}$$

根据梅森公式，上式的分母可看作是特征行列式 Δ，括号内表示有两个相互接触的回路，其增益分别为 $-a_1s^{-1}$ 和 $-a_0s^{-2}$；分子表示三条前向通路，其增益分别为 b_2、b_1s^{-1} 和 b_0s^{-2}，并且不与各前向通路相接触的子图的特征行列式 $\Delta_i(i=1,2,3)$ 均等于 1，也就是说，信号流图中的两个回路都与各前向通路相接触。这样就可得到图 7.4-1 所示的两种信号流图。其相应的 s 域框图如图 7.4-2 所示。

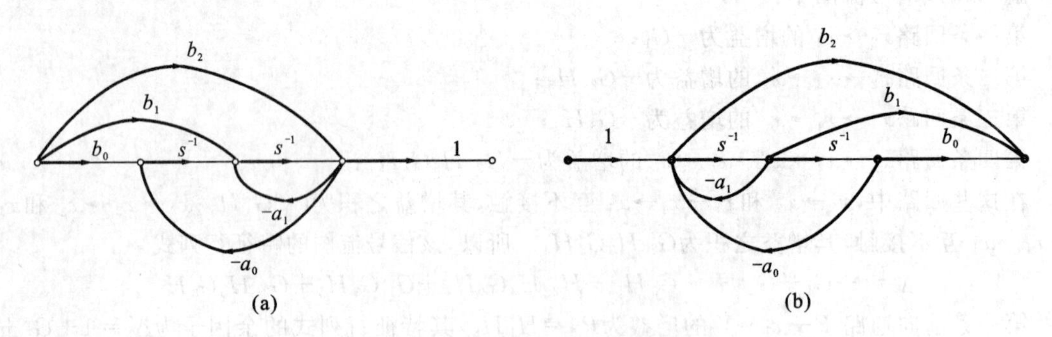

图 7.4-1　二阶系统的直接型结构

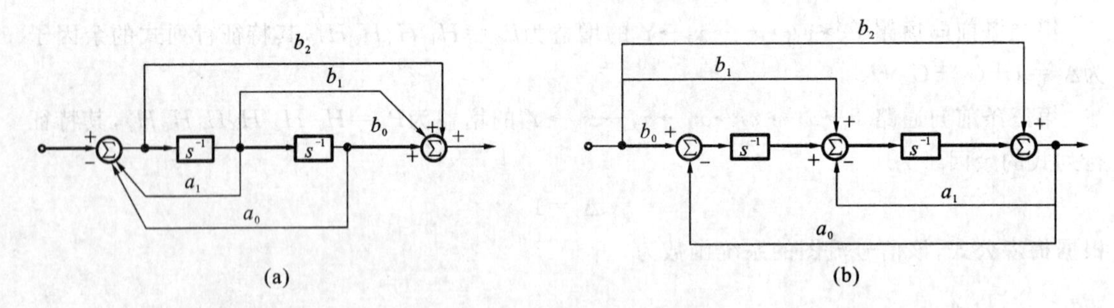

图 7.4-2　二阶系统的 s 域框图

由图 7.4-1 可知，将图 7.4-1(a)中所有支路的信号传输方向反转，并把源点和汇点对调，就得到图 7.4-1(a)所示的信号流图；反之亦然。

以上的分析方法可以推广到高阶系统的情形。如系统函数（式中 $m\leqslant n$）

$$H(s)=\frac{b_ms^m+b_{m-1}s^{m-1}+\cdots+b_1s+b_0}{s^n+a_{n-1}s^{n-1}+\cdots+a_1s+a_0}$$
$$=\frac{b_ms^{-(n-m)}+b_{m-1}s^{-(n-m+1)}+\cdots+b_1s^{-(n-1)}+b_0s^{-n}}{1+a_{n-1}s^{-1}+\cdots+a_1s^{-(n-1)}+a_0s^{-n}} \tag{7.4-3}$$

由梅森公式，式(7.4-3)的分母可看作是 n 个回路组成的特征行列式，而且各回路都互不接触；分子可看作是$(m+1)$条前向通路的增益，而且各前向通路都没有不接触回路。这样，就得到图 7.4-3 所示的两种直接形式的信号流图。

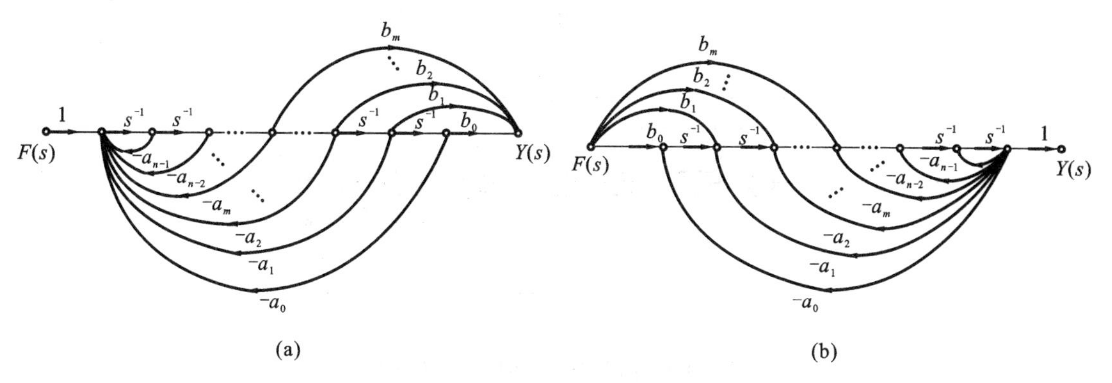

图 7.4-3　高阶系统的 s 域框图

仔细观察可以发现，如果把图 7.4-3(a)中所有支路的信号传输方向都反转，并且把源点和汇点对调，就得到图 7.4-3(b)所示的信号流图，信号流图的这种变换称为转置。于是可以得出结论：信号流图转置以后，其转移函数即系统函数保持不变。

在以上的讨论中，若将复变量 s 换成 z，则以上论述对离散系统函数 $H(z)$也适用，这里不再重复。

【例 7.4-1】　连续系统的微分方程

$$y'''(t)+2y''(t)+5y'(t)+3=f'''(t)+2f''(t)+1 \tag{7.4-4}$$

画出该系统的直接型结构。

解　根据微分方程可得系统函数

$$H(s)=\frac{s^3+2s^2+1}{s^3+2s^2+5s+3}=\frac{1+2s^{-1}+s^{-3}}{1+2s^{-1}+5s^{-2}+3s^{-3}} \tag{7.4-5}$$

$H(s)$的直接型结构如图 7.4-4 所示。s 域框图如图 7.4-5 所示。

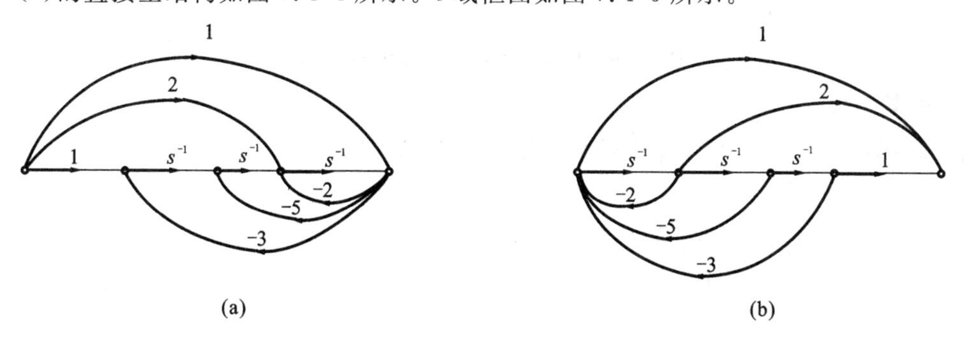

图 7.4-4　例 7.4-1 中系统的直接型结构

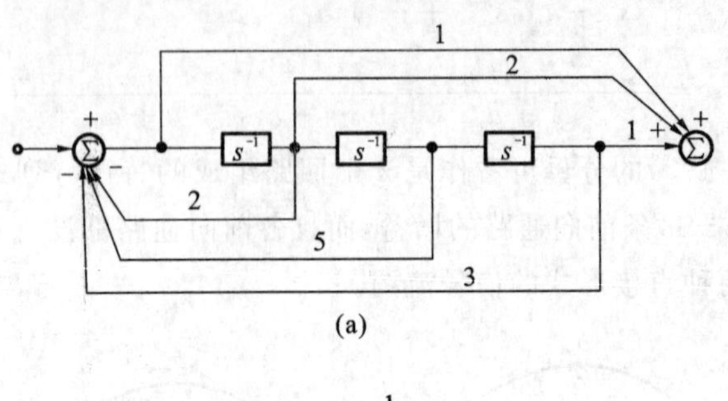

(a)

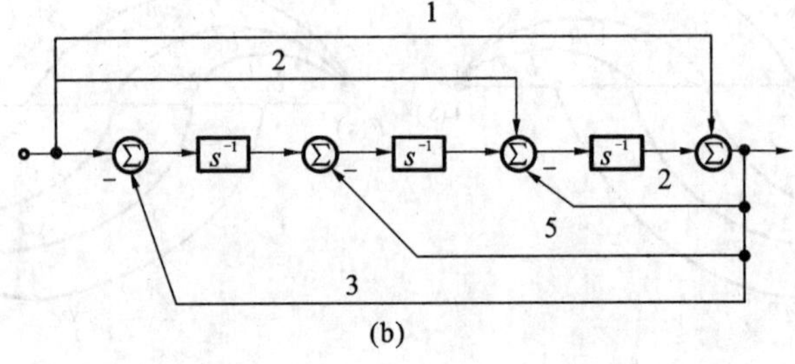

(b)

图 7.4-5　例 7.4-1 中系统的 s 域框图

【例 7.4-2】　已知离散系统的系统函数

$$H(z)=\frac{z^2+2z}{z^3-4z^2-2z+5} \tag{7.4-6}$$

画出该系统的直接型结构。

解

$$H(z)=\frac{z^{-1}+2z^{-2}}{1-4z^{-1}-2z^{-2}+5z^{-3}} \tag{7.4-7}$$

式(7.4-7)所示的系统的直接型结构如图 7.4-6 所示。

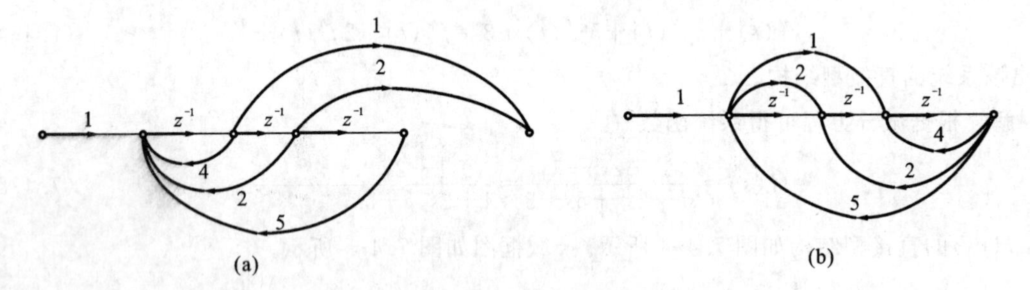

(a)　　(b)

图 7.4-6　例 7.4-2 中系统的直接型结构

二、级联型结构

将系统函数 $H(z)$ 或 $H(s)$ 按照零极点进行因式分解，则

$$H(z)=\frac{\sum_{k=0}^{M} b_k z^{-k}}{1-\sum_{k=1}^{N} a_k z^{-k}} \tag{7.4-8}$$

$$= A \frac{\sum_{k=1}^{M_1}(1-p_k z^{-1})\sum_{k=1}^{M_2}(1+\beta_{1k}z^{-1}+\beta_{2k}z^{-2})}{\sum_{k=1}^{N_1}(1-c_k z^{-1})\sum_{k=1}^{N_2}(1-\alpha_{1k}z^{-1}-\alpha_{2k}z^{-2})} \tag{7.4-9}$$

式中：$M=M_1+M_2$；$N=N_1+N_2$；p_k、c_k、β_{1k}、β_{2k}、α_{1k}和α_{2k}都为实数。

式(7.4-9)可写成

$$H(z)=H_1(z)H_2(z)\cdots H_m(z) \tag{7.4-10}$$

其级联型结构如图7.4-7所示。

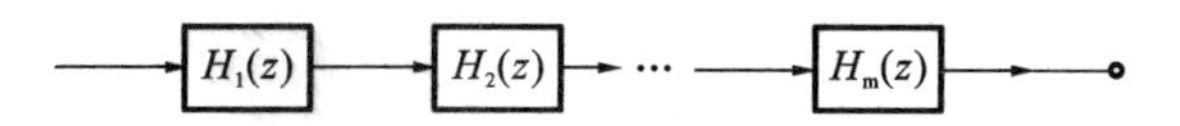

图7.4-7 系统的级联型结构

式(7.4-10)中，每个子函数$H_k(z)(k=1,2,\cdots,m)$都选用一阶函数(一阶节)和二阶函数(二阶节)，即

$$H_k(z)=\frac{1-p_k z^{-1}}{1-c_k z^{-1}} \tag{7.4-11a}$$

$$H_k(z)=\frac{1+\beta_{1k}z^{-1}+\beta_{2k}z^{-2}}{1-\alpha_{1k}z^{-1}-\alpha_{2k}z^{-2}} \tag{7.4-11b}$$

每个子系统$H_k(z)$可以采用直接型结构实现，式(7.4-11)对应的结构图如图7.4-8所示。

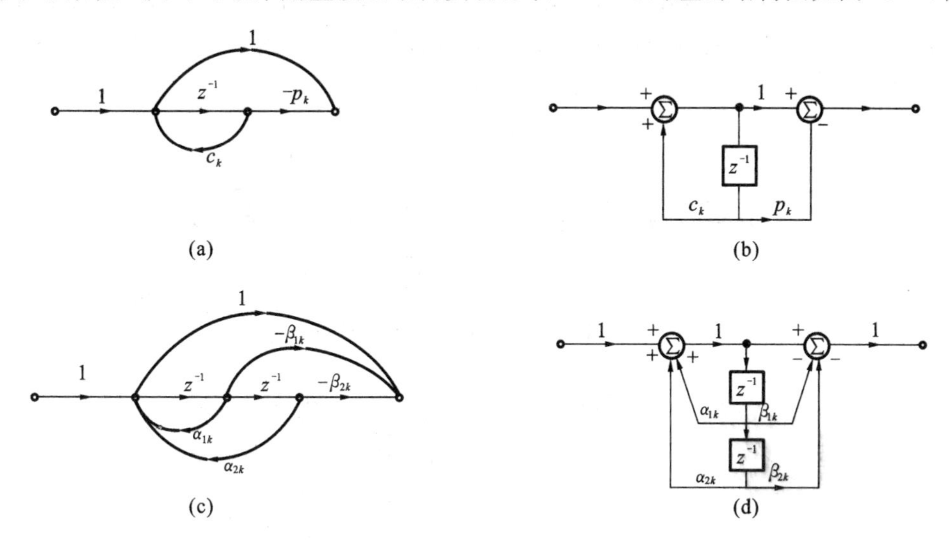

图7.4-8 子系统的直接型结构和框图结构

级联系统的特点是，通过改变子系统系统函数分子和分母的系数来单独调整子系统的零点、极点，而不改变其他零点、极点。如式(7.4-11b)所示的二阶系统，调整系数β_{1k}、β_{2k}可以调整该子系统的零点位置；调整系数α_{1k}、α_{2k}可以调整该子系统的极点位置，从而改变该系统的频率响应性能。当然，式中一阶节和二阶节的组合方式有多种，所以对于因式的配合与排列次序，存在最优化的问题，并且级联型结构中各子系统的误差会产生累积。

【例7.4-3】 某离散系统的系统函数

$$H(z)=\frac{z^2+2z}{z^3-4z^2-2z+5}$$

将上式的分子和分母因式分解，得

$$H(z)=\frac{z(z+2)}{(z-1)(z^2-3z-5)}$$

将上式看成是两个子系统的级联，即

$$H(z)=H_1(z)H_2(z)$$

令

$$H_1(z)=\frac{z}{z-1}=\frac{1}{1-z^{-1}}$$

$$H_2(z)=\frac{z+2}{z^2-3z-5}=\frac{z^{-1}+2z^{-2}}{1-3z^{-1}-5z^{-2}}$$

$H_1(z)$和$H_2(z)$的信号流图如图 7.4-9 和图 7.4-10 所示。

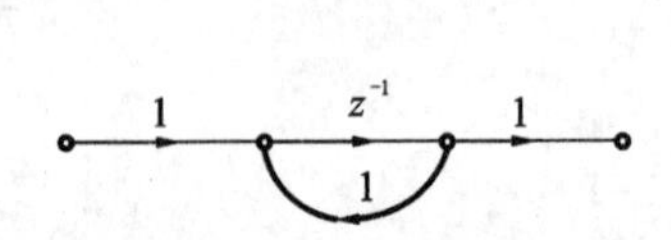

图 7.4-9　例 7.4-3 中$H_1(z)$的直接型结构

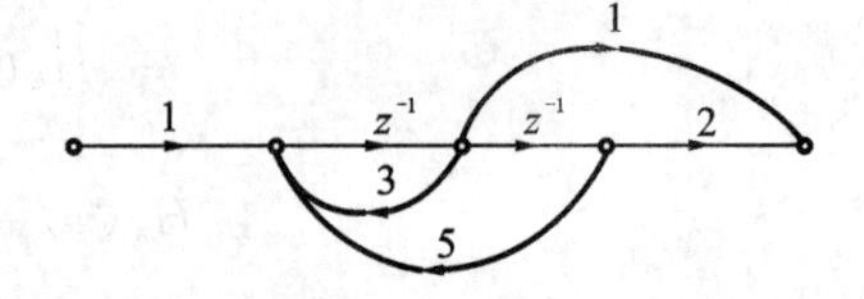

图 7.4-10　例 7.4-3 中$H_2(z)$的直接型结构

两个子系统级联后，得到整个系统的系统结构如图 7.4-11 所示，该系统的 s 域框图如图 7.4-12 所示。

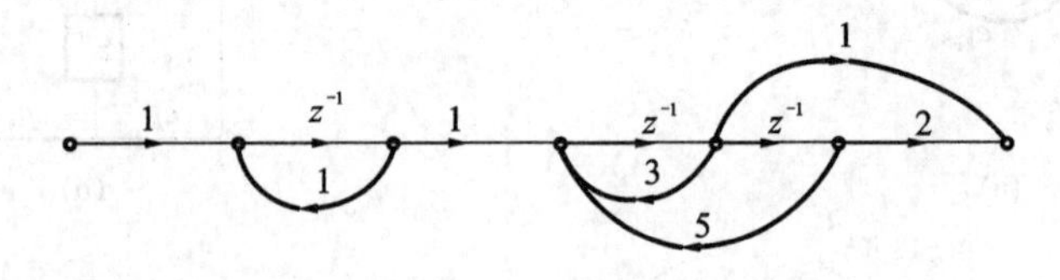

图 7.4-11　例 7.4-3 的级联型结构

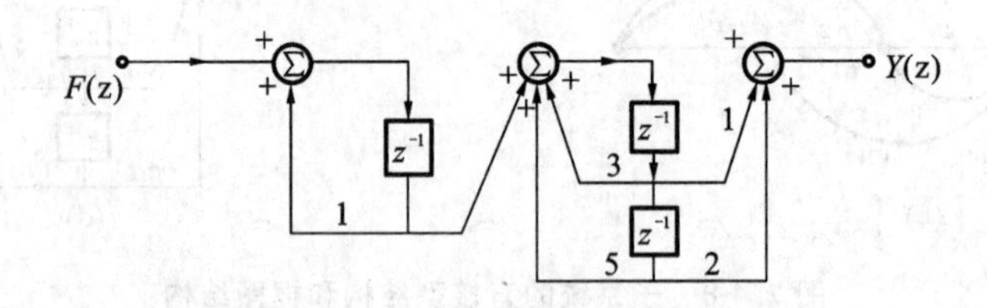

图 7.4-12　例 7.4-3 的 s 域框图

【例 7.4-4】　某连续系统的微分方程为

$$y''''(t)+8y'''(t)+23y''(t)+28y'(t)+12=f''(t)+9f'(t)+20$$

用级联型结构模拟该系统。

解　根据系统的微分方程，可得系统函数

$$H(s)=\frac{s^2+9s+20}{s^4+8s^3+23s^2+28s+12}$$

对上式的分子和分母进行因式分解，得

$$H(s)=\frac{(s+4)(s+5)}{(s^2+3s+2)(s^2+5s+6)}$$

将该系统看成是两个系统的级联，令

$$H_1(s)=\frac{s+4}{s^2+3s+2}=\frac{s^{-1}+4s^{-2}}{1+3s^{-1}+2s^{-2}}$$

$$H_2(s)=\frac{s+5}{s^2+5s+6}=\frac{s^{-1}+5s^{-2}}{1+5s^{-1}+6s^{-2}}$$

$H_1(s)$和$H_2(s)$用直接型结构实现如图 7.4-13 和图 7.4-14 所示。两个子系统的级联型结构如图 7.4-15 所示，其系统 s 域框图如图 7.4-16 所示。

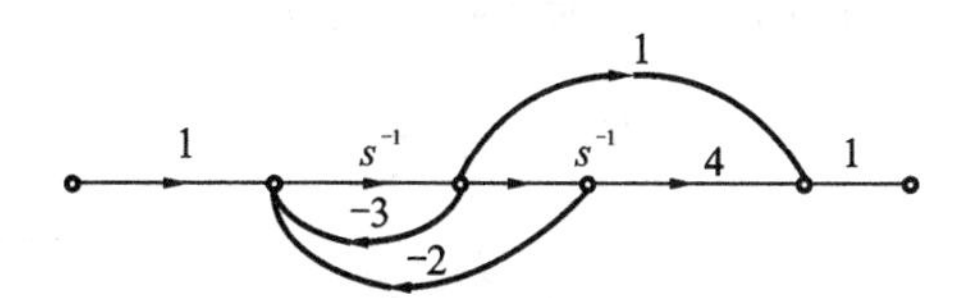

图 7.4-13 例 7.4-4 中$H_1(s)$的直接型结构

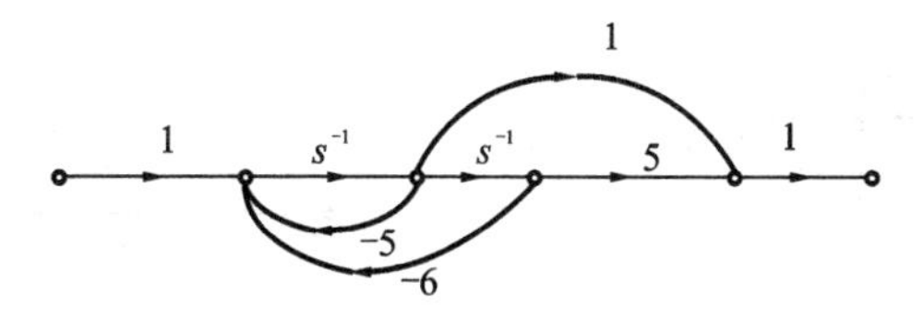

图 7.4-14 例 7.4-4 中$H_2(s)$的直接型结构

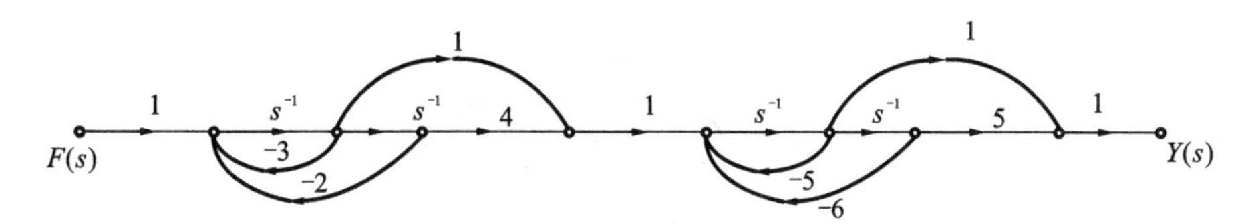

图 7.4-15 例 7.4-4 的级联型结构

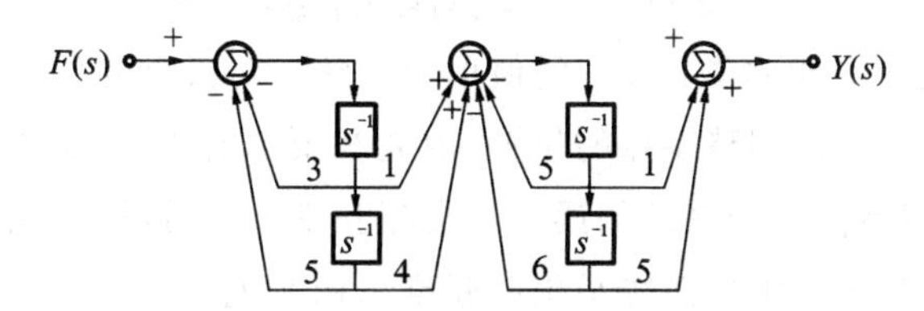

图 7.4-16 例 7.4-4 的 s 域框图

三、并联型结构

将系统函数 $H(z)$或 $H(s)$展开成部分分式形式，则

$$H(z)=\frac{\sum_{k=0}^{M}b_kz^{-k}}{1-\sum_{k=1}^{N}a_kz^{-k}}$$

$$=B+\sum_{k=1}^{N_1}\frac{A_k}{1-c_kz^{-1}}+\sum_{k=1}^{N_2}\frac{\beta_{0k}+\beta_{1k}z^{-1}}{1-\alpha_{1k}z^{-1}-\alpha_{2k}z^{-2}}$$

式中：B、A_k、c_k、α_{1k}、α_{2k}、β_{0k}和β_{1k}均为实数。

由此可知，系统函数 $H(z)$可以写成

$$H(z)=H_1(z)+H_2(z)+\cdots+H_m(z)$$

上式可用并联结构实现，如图 7.4-17 所示。构成并联结构的每个子系统$H_k(z)(k=1,2,\cdots,m)$中的一阶函数（一阶节）和二阶函数（二阶节）都可以用直接型结构实现，即式(7.4-12)和式(7.4-13)可用图 7.4-18 和图 7.4-19 所示的结构实现。

$$H_k(z)=\frac{A_k}{1-c_kz^{-1}} \tag{7.4-12}$$

$$H_k(z)=\frac{\beta_{0k}+\beta_{1k}z^{-1}}{1-\alpha_{1k}z^{-1}-\alpha_{2k}z^{-2}} \tag{7.4-13}$$

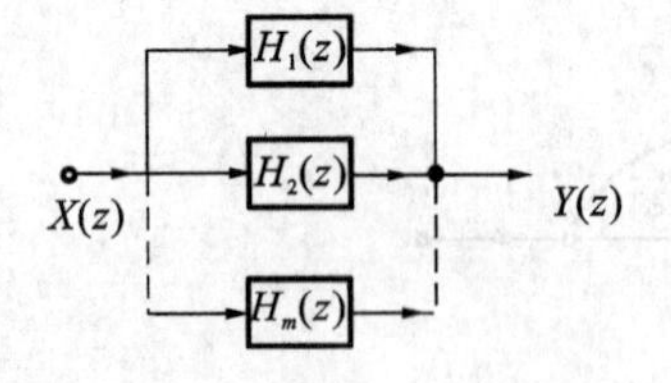

图 7.4-17　系统的并联型结构

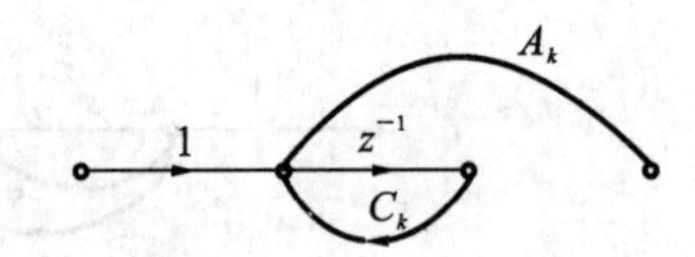

图 7.4-18　式(7.4-12)系统的直接型结构

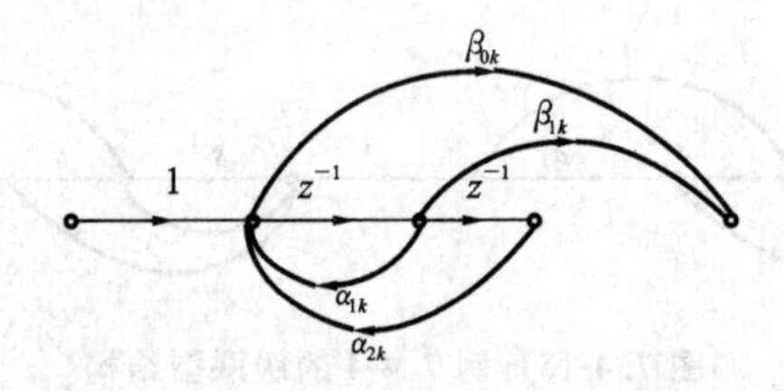

图 7.4-19　式(7.4-13)系统的直接型结构

并联型结构可以通过调整系数α_{1k}、α_{2k}的值单独调整一对极点的位置，但与级联型结构不同的是，并联型结构不能单独地调整零点的位置，因此在要求有准确传输零点的情况下，最好采用级联型结构。并联型结构各子系统的误差不会相互影响，所以误差相对级联型结构要小。

【例 7.4-5】　将例 7.4-3 中的系统采用并联型结构实现。

解

$$H(z)=\frac{z^2+2z}{z^3-4z^2-2z+5}$$

$$=\frac{z^2+2z}{(z-1)(z^2-3z-5)}=\frac{-\frac{3}{7}}{z-1}+\frac{\frac{10}{7}z+\frac{15}{7}}{z^2-3z-5}$$

即

$$H_1(z)=\frac{-\frac{3}{7}}{z-1}=\frac{-\frac{3}{7}z^{-1}}{1-z^{-1}}$$

$$H_2(z)=\frac{\frac{10}{7}z+\frac{15}{7}}{z^2-3z-5}=\frac{\frac{10}{7}z^{-1}+\frac{15}{7}z^{-2}}{1-3z^{-1}-5z^{-2}}$$

$H_1(z)$和$H_2(z)$构成的并联型结构如图 7.4-20 所示，其 s 域框图如图 7.4-21 所示。

【例 7.4-6】 已知系统的微分方程

$$y''''(t)+7y'''(t)+17y''(t)+17y'(t)+6=3f'''(t)+10f''(t)+6f'(t)-1$$

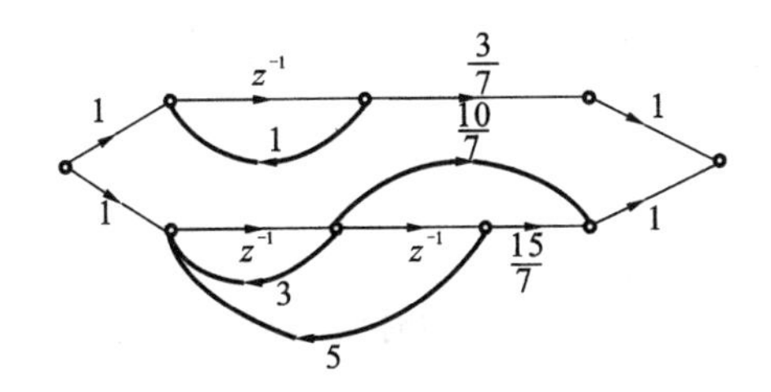

图 7.4-20　例 7.4-5 的并联型结构

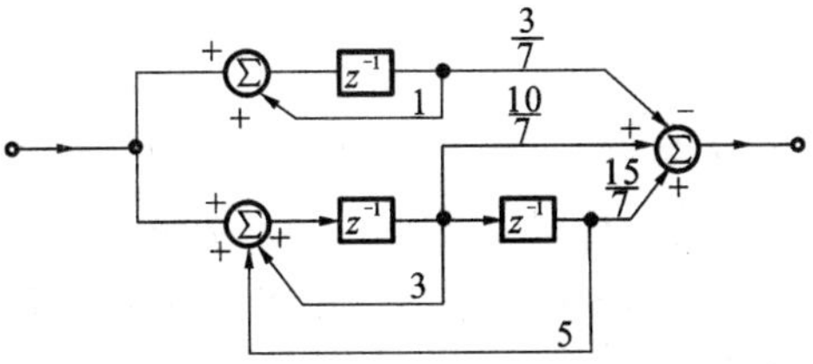

图 7.4-21　例 7.4-5 的 s 域框图

解　根据微分方程，可得系统函数

$$H(s)=\frac{3s^3+10s^2+6s-1}{s^4+7s^3+17s^2+17s+6}$$

$$H(s)=\frac{(2s+1)(s-2)}{(s^2+3s+2)(s^2+4s+3)}=\frac{2s+1}{s^2+3s+2}+\frac{s-2}{s^2+4s+3}$$

令

$$H_1(s)=\frac{2s+1}{s^2+3s+2}=\frac{2s^{-1}+s^{-2}}{1+3s^{-1}+2s^{-2}}$$

$$H_2(s)=\frac{s-2}{s^2+4s+3}=\frac{s^{-1}-2s^{-2}}{1+4s^{-1}+3s^{-2}}$$

由$H_1(z)$和$H_2(z)$构成的并联型结构如图 7.4-22 所示，其 s 域框图如图 7.4-23 所示。

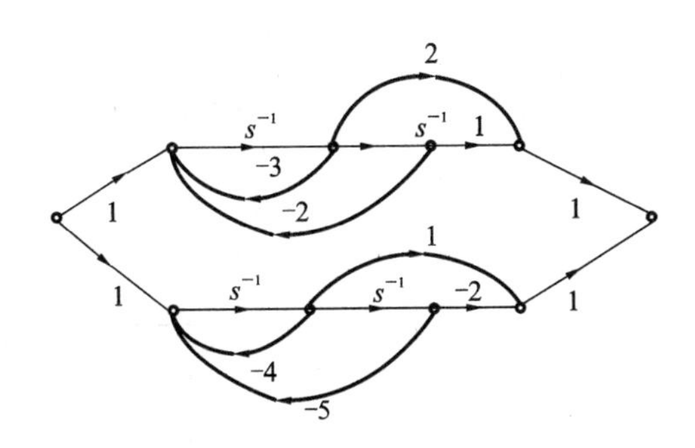

图 7.4-22　例 7.4-6 的并联型结构

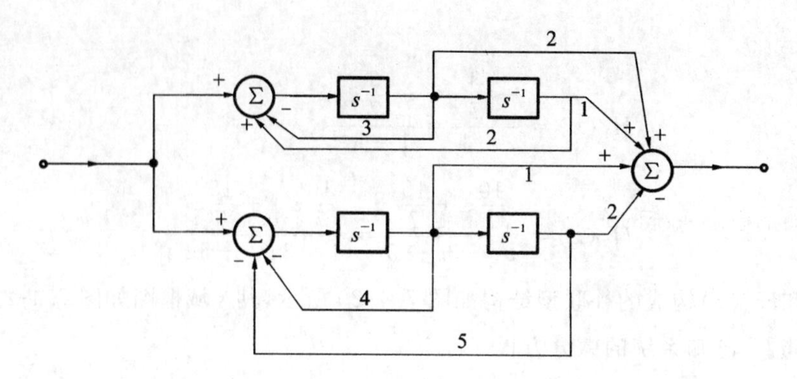

图 7.4-23　例 7.4-6 的 s 域框图

本章小结

1. 系统函数 $H(\cdot)$ 与时域响应 $h(\cdot)$

LTI 连续因果系统 $h(t)$ 的函数形式由 $H(s)$ 的极点确定。

(1) $H(s)$ 在左半平面的极点无论是一阶极点或重极点，它们对应的时域函数都是按指数规律衰减的。

结论：极点全部在左半开平面的系统（因果）是稳定的系统。

(2) $H(s)$ 在虚轴上的一阶极点对应的时域函数是幅度不随时间变化的阶跃函数或正弦函数。

$H(s)$ 在虚轴上的二阶极点或二阶以上极点对应的时域函数随时间的增长而增大。

(3) $H(s)$ 在虚轴上的高阶极点或右半平面上的极点，其所对应的响应函数都是递增的。

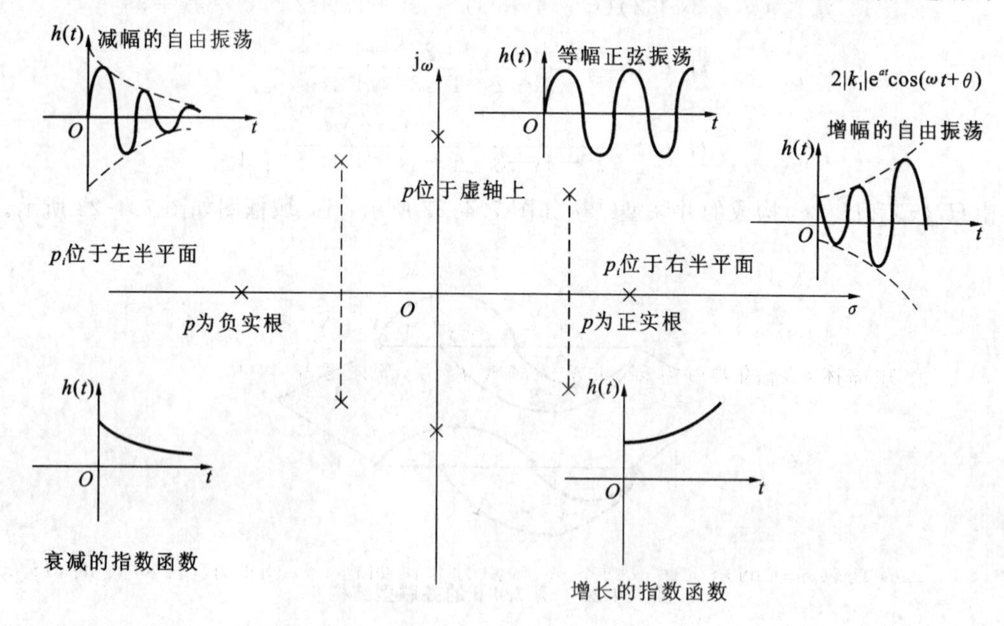

2. 系统的因果性

连续因果系统的充分必要条件是：冲激响应 $h(t)=0, t<0$；或者系统函数 $H(s)$ 的收敛域

为 $\mathrm{Re}[s]>\sigma_0$。

离散因果系统的充分必要条件是：单位序列响应 $h(k)=0,k<0$；或者系统函数 $H(z)$ 的收敛域为 $|z|>\rho_0$。

3. 系统的稳定性

连续系统是稳定系统的充分必要条件是：$\int_{-\infty}^{+\infty}|h(t)|\mathrm{d}t\leqslant M$。

离散系统是稳定系统的充分必要条件是：$\sum_{k=-\infty}^{+\infty}|h(k)|\leqslant M$。

4. 梅森公式

由信号流图可以得到任意输入接点之间的传递函数，即任意两个节点之间的总增益。任意两个节点之间传递函数的梅森公式为

$$H=\frac{1}{\Delta}\sum_{j}P_i\Delta_i$$

式中：H 为从输入节点到输出节点的总增益(或传递函数)；

$\Delta=1-\sum L_j+\sum L_mL_n-\sum L_pL_qL_r+\cdots$ 为系统特征式，其中

$\sum L_j$ 为系统流图中所有单独回路的增益之和；

$\sum L_mL_n$ 为所有两个互不接触回路的增益乘积之和；

$\sum L_pL_qL_r$ 为所有三个互不接触回路的增益乘积之和。

习　题　7

7-1　已知电路如题 7-1 图所示，求该系统的系统函数 $H(s)=\dfrac{u_C(s)}{u_S(s)}$ 及其极点。

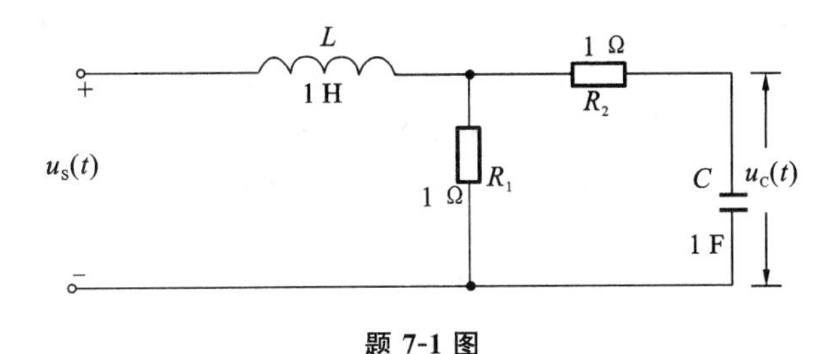

题 7-1 图

7-2　已知描述系统的差分方程，求系统函数 $H(z)$ 及其零点、极点。

(1) $y(n)+3y(n-1)-4y(n-2)=f(n)-2f(n-1)$

(2) $y(n)+2y(n-1)+5y(n-2)=f(n)-f(n-2)$

(3) $y(n)-\frac{3}{4}y(n-1)+\frac{1}{8}y(n-2)=f(n)+\frac{1}{4}f(n-1)$

7-3　已知连续系统的系统函数的零点、极点分布图如题 7-3 图所示，且 $s=0$ 时，$H(s)=2$，求 $H(s)$ 并粗略画出频率响应的幅频响应曲线。

7-4　已知连续系统的系统函数的零点、极点分布如题 7-4 图所示，且 $s\to+\infty$ 时，$H(s)=2$，求 $H(s)$ 并粗略画出频率响应的幅频响应曲线。

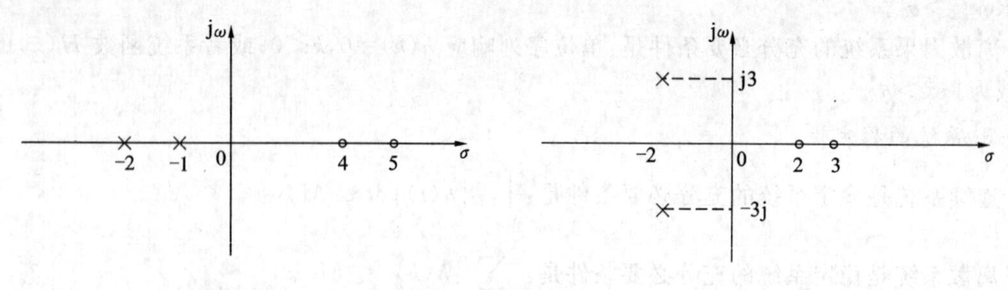

题 7-3 图　　　　题 7-4 图

7-5　已知系统函数 $H(s)$ 的零点、极点，求 $H(s)$ 的表达式。

(1)零点 0、2，极点 -2、$-1\pm i$，且 $H(3)=\frac{3}{17}$

(2)零点 $1\pm 2i$，极点 $-1\pm 2i$，且 $H(0)=1$

7-6　已知系统如题 7-6 图所示，$R=1\ \Omega$，$L=1\ \mathrm{H}$，$C=2\ \mathrm{F}$，求系统函数 $H(s)=\frac{I(s)}{U(s)}$ 的表达式。

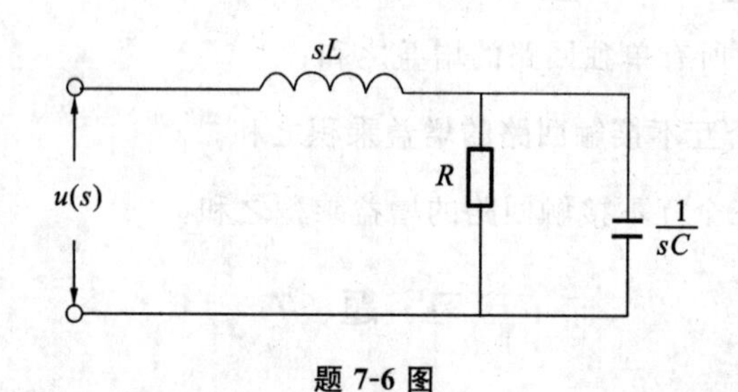

题 7-6 图

7-7　设一阶系统的差分方程为 $y(n)=x(n)+ay(n-1)$，$0<a<1$ 求系统的频率响应。

7-8　已知离散系统系统函数的零点、极点分布如题 7-8 图所示，且当 $z=0$ 时，$H(0)=-1$，求系统函数的表达式，并粗略画出 $0\leqslant\theta\leqslant 2\pi$ 区间的幅频响应曲线。

7-9　已知离散系统的系统函数的零点、极点分布如题 7-9 图所示，且当 $z=+\infty$ 时，$H(0)=2$，求系统函数的表达式，并粗略画出 $0\leqslant\theta\leqslant 2\pi$ 区间的幅频响应曲线。

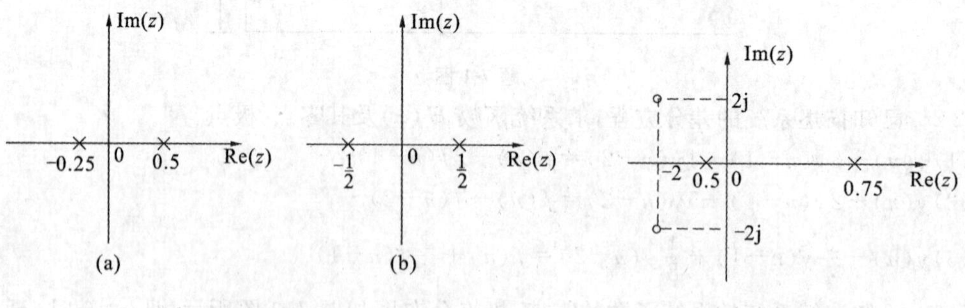

题 7-8 图　　　　题 7-9 图

7-10　已知离散系统框图如题 7-10 图所示，系统函数极点在 -0.5，求系数 a。

7-11　已知离散系统框图如题 7-11 图所示，系统函数零点在 0、2，极点在 1、3，求系数 a、b 和 c。

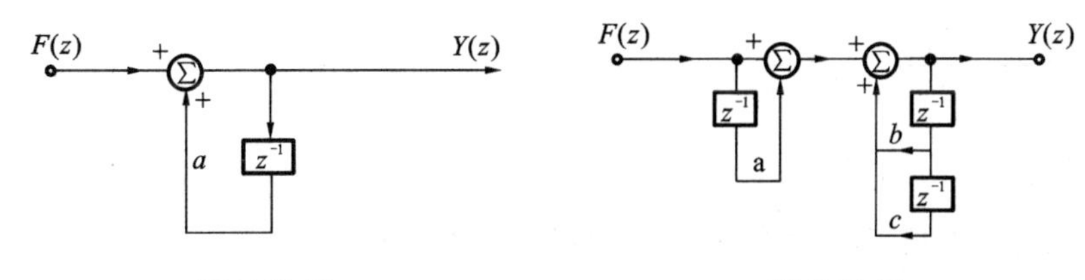

题 7-10 图　　　　　　题 7-11 图

7-12　已知离散系统框图如题 7-12 图所示，系统函数零点在 3、4，极点在 1、2，求系数a_1、a_0和b_1、b_0。

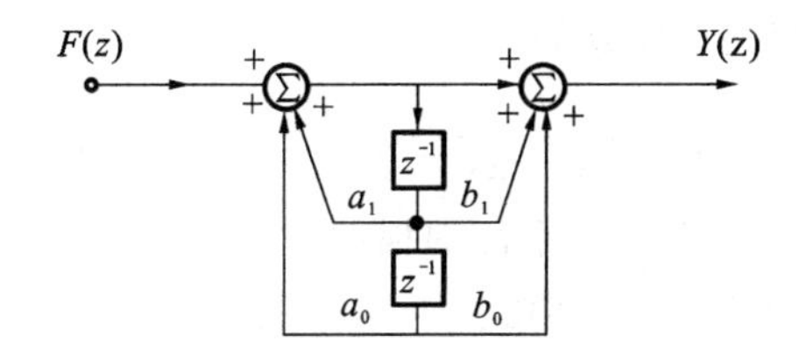

题 7-12 图

7-13　已知描述连续系统的微分方程，画出该系统对应的时域框图。

(1)$y^{(2)}(t)+3y^{(1)}(t)+2y(t)=f^{(1)}(t)+4f(t)$

(2)$y^{(3)}(t)+3y^{(2)}(t)+3y^{(1)}(t)-y(t)=f^{(1)}(t)-f(t)$

7-14　已知连续系统的系统函数，画出该系统对应的 s 域框图。

(1)$H(s)=\frac{s-3}{s^2+5s+4}$

(2)$H(s)=\frac{s^2+4s+3}{s^2+2s+5}$

7-15　已知 LTI 连续系统的微分方程

$$y^{(2)}(t)+5y^{(1)}(t)+4y(t)=f^{(1)}(t)+2f(t)$$

(1)求该系统的冲激响应 $h(t)$。

(2)判断该系统是否为因果稳定系统。

7-16　已知 LTI 离散系统的差分方程

$$y(n)+\frac{3}{4}y(n-1)+\frac{1}{8}y(n-2)=f(n)-f(n-1)$$

(1)若系统为因果稳定系统，求该系统的取样响应 $h(n)$。

(2)若激励信号 $f(n)=u(n)$，求零状态响应。

7-17　已知 LTI 离散系统的差分方程

$$y(n)-\frac{5}{2}y(n-1)+y(n-2)=f(n)+f(n-1)$$

(1)若系统为稳定系统，求该系统的取样响应 $h(n)$。

(2)若系统为因果系统，求该系统的取样响应 $h(n)$。

7-18　已知连续因果系统的系统函数，判断系统的稳定性。

(1)$H(s)=\frac{s+2}{s^4+2s^3+2s+1}$

(2) $H(s)=\dfrac{s+1}{s^4-s^3+s^2+2s+1}$

(3) $H(s)=\dfrac{s-1}{s^3+3s^2+2s+2}$

7-19　已知连续因果系统的微分方程，判断系统的稳定性。

(1) $y^{(3)}(t)+2y^{(2)}(t)+y^{(1)}(t)+2y(t)=f(t)$

(2) $y^{(3)}(t)+20y^{(2)}(t)+9y^{(1)}(t)+100y(t)=f(t)$

(3) $3y^{(4)}(t)+10y^{(3)}(t)+5y^{(2)}(t)+y^{(1)}(t)+2y(t)=f^{(1)}(t)+2f(t)$

7-20　已知连续因果系统的系统函数

$$H(s)=\frac{s+1}{s^5+2s^4+2s^3+6s^2-4s-6}$$

试用罗斯准则判断该系统在 s 平面右半平面的根的个数。

7-21　已知连续因果系统的特征多项式

$$A(s)=s^5+6s^4+3s^3+2s^2+s+1$$

试用罗斯准则判断该系统在 s 平面右半平面的根的个数。

7-22　已知连续因果系统的特征多项式

$$A(s)=6s^4+2s^3+2s^2+s+3-k$$

若系统稳定，确定 k 的取值范围。

7-23　已知离散因果系统的系统函数

$$H(z)=\frac{z^2+4z+8}{z^2+kz+3}$$

若系统稳定，确定 k 的取值范围。

7-24　已知离散因果系统的特征多项式，判断系统的稳定性。

(1) $A(z)=4z^4+3z^3+4z^2-2z+1$

(2) $A(z)=3z^4+z^3-2z^2+2z+3$

7-25　已知离散因果系统的差分方程为

$$4y(n)-4y(n-1)+2y(n-3)-y(n-4)=f(n)$$

判断该系统的稳定性。

7-26　将题 7-26 图所示的系统结构图转换成信号流图。

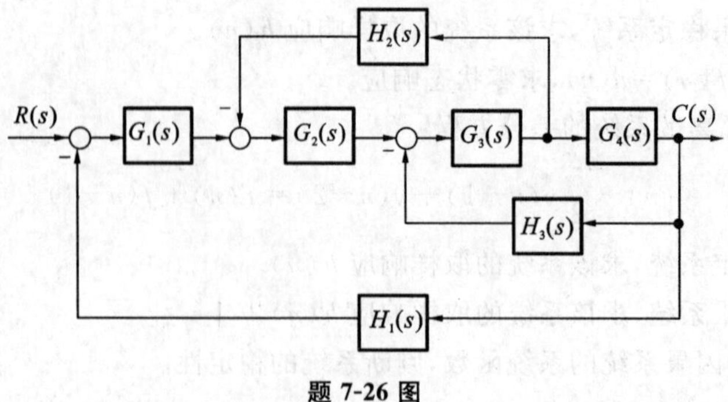

题 7-26 图

7-27　已知系统结构图如题 7-27 图所示，求 $H(s)=\frac{C(s)}{R(s)}$。

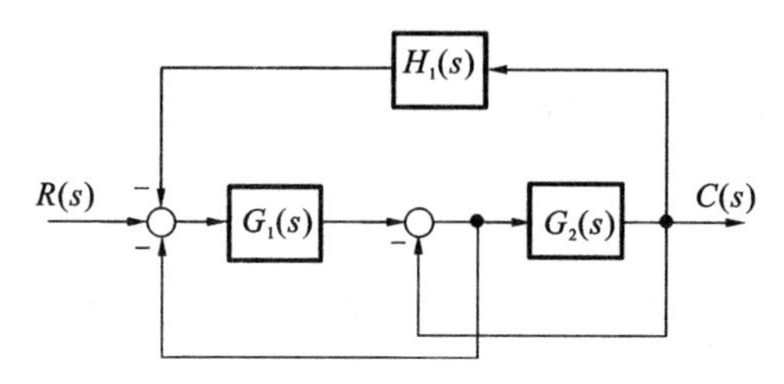

题 7-27 图

7-28　已知信号流图如题 7-28 图所示，求该系统的传输函数。

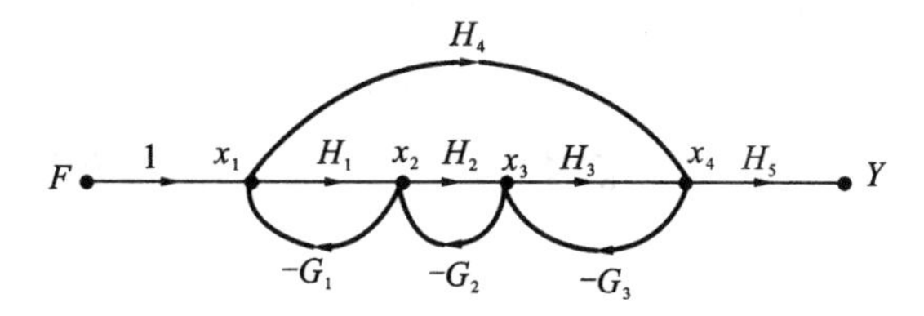

题 7-28 图

7-29　已知信号流图如题 7-29 图所示，对该信号流图进行化简。

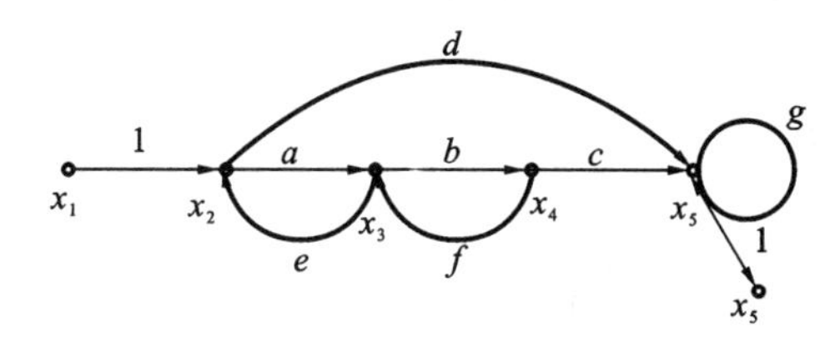

题 7-29 图

7-30　试判断下列系统是否是最小相移系统。

(1) $H(s)=\frac{(s-1)(s-3)}{(s+1)(s+3)}$

(2) $H(s)=\frac{(s+2.5)(s+0.5)(s+1.5)}{(s+1)(s+3)(s+5)}$

7-31　试判断下列系统是否是全通系统。

(1) $H(s)=\frac{(s-1)(s-3)}{(s+1)(s+3)}$

(2) $H(s)=\frac{(s-e^{j\frac{\pi}{4}})(s-e^{-j\frac{\pi}{4}})}{(s+e^{j\frac{\pi}{4}})(s+e^{-j\frac{\pi}{4}})}$

7-32　已知系统框图如题 7-32 图所示，当 K 满足什么条件时，该系统稳定？

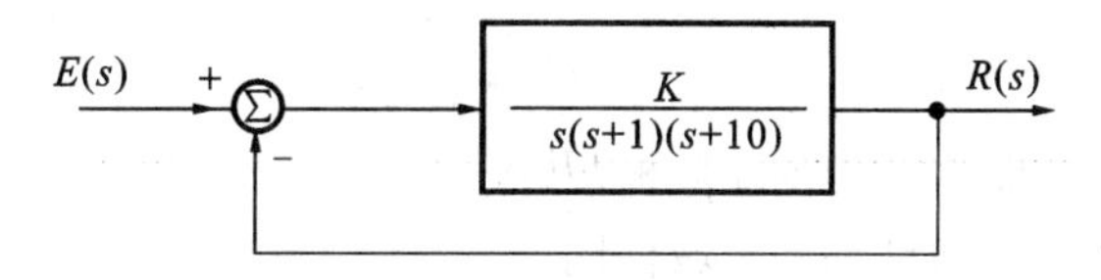

题 7-32 图

7-33 已知离散因果系统的差分方程为

$$y(n)-\frac{3}{4}y(n-1)+\frac{1}{8}y(n-2)=f(n)+\frac{1}{3}f(n-1)$$

(1)画出该系统的 s 域框图结构和信号流图。

(2)判断该系统的稳定性。

(3)粗略画出系统幅频响应曲线。

7-34 已知离散系统系统函数的零点、极点分布如题 7-34 图，粗略画出该系统的幅频响应曲线。

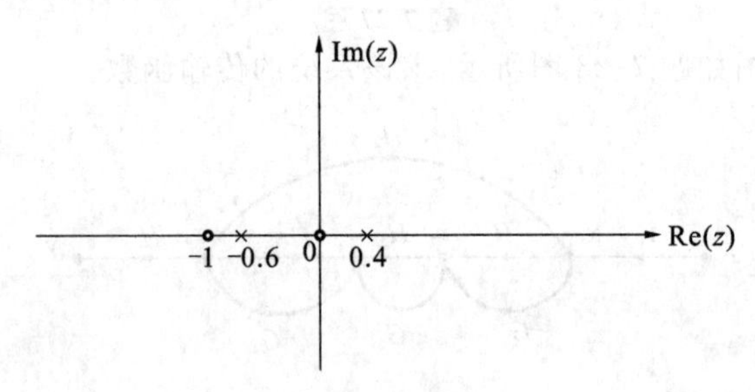

题 7-34 图

7-35 已知离散系统的系统函数，用直接形式模拟这些系统。

(1) $H(z)=\dfrac{z^2+4z+8}{z^2-\frac{1}{4}z-\frac{3}{8}}$

(2) $H(z)=\dfrac{z^2+4z+3}{\left(z-\frac{1}{3}\right)\left(z^2-\frac{1}{4}z-\frac{3}{8}\right)}$

(3) $H(z)=\dfrac{z^2}{(z-0.4)(z^2-0.5z+0.25)}$

7-36 用四种级联型结构实现如下的系统函数。

$$H(z)=\frac{3(1-z^{-1})(1+4z^{-1}+3.2z^{-2})}{(1-0.5z^{-1})(1-1.2z^{-1}+0.45z^{-2})}$$

7-37 已知离散系统的差分方程

$$y(n)-\frac{3}{4}y(n-1)+\frac{1}{8}y(n-2)=f(n)+\frac{1}{3}f(n-1)$$

(1)用直接Ⅰ型、Ⅱ型结构实现该系统函数。

(2)用全部一阶节的级联型结构实现该系统函数。

(3)用并联型结构实现该系统函数。

7-38 已知连续系统的系统函数

$$H(s)=\frac{s+3}{s^3+4s^2+8s+5}$$

(1)画出该系统函数级联型结构的 s 域框图。

(2)画出该系统函数并联型结构的 s 域框图。

第 8 章　系统的状态变量分析

系统分析，简言之就是建立系统的数学模型并求出它的解。描述系统的方法通常有输入-输出法和状态变量法。

前面各章节所讨论、描述系统的方法均为输入-输出法，也称为外部法或经典法。它主要关心系统激励 $f(\cdot)$ 与响应 $y(\cdot)$ 之间的关系，系统的基本模型采用微分（差分）方程或系统函数来描述，分析过程中着重运用频率响应的概念。但这种方法仅局限于研究系统的外部特征，未能揭示系统的内部特性，不便于有效地处理多输入-多输出系统。

随着科学技术的发展，系统的组成日益复杂。在许多情况下，人们不仅关心系统输出的变化情况，而且还要研究与系统内部一些变量有关的问题，如系统的可观测性和可控制性、系统的最优控制与设计等问题。为适应这一变化，引入了状态变量法，也称为内部法。此方法的主要特点是利用描述系统内部特性的状态变量取代仅描述系统外部特性的系统函数，并且将这种描述十分便捷地应用于多输入-多输出系统。此外，状态变量法也成功地用来描述非线性系统或时变系统，并且易于借助计算机求解。

8.1　状态变量与状态方程

首先，从一个简单实例给出状态变量的初步概念。图 8.1-1 所示的为一个串联谐振电路，如果只考虑其激励 $f(t)$ 与电容两端电压 $u_C(t)$ 之间的关系，则系统可以用如下微分方程描述，即

$$\frac{d^2}{dt^2}u_C(t)+\frac{R}{L}\frac{d}{dt}u_C(t)+\frac{1}{LC}u_C(t)=\frac{1}{LC}f(t) \tag{8.1-1}$$

对于一般系统，一旦具体的物理设备用数学模型表示以后，就不再关心其内部变化情况，而只对其中输出物理量 $y(t)$ 感兴趣，这时可用图 8.1-2 所示的系统模型来研究各种激励信号 $f(t)$ 所引起的不同响应 $y(t)$。像这样研究系统的方法通常称为端口方法或输入-输出法。

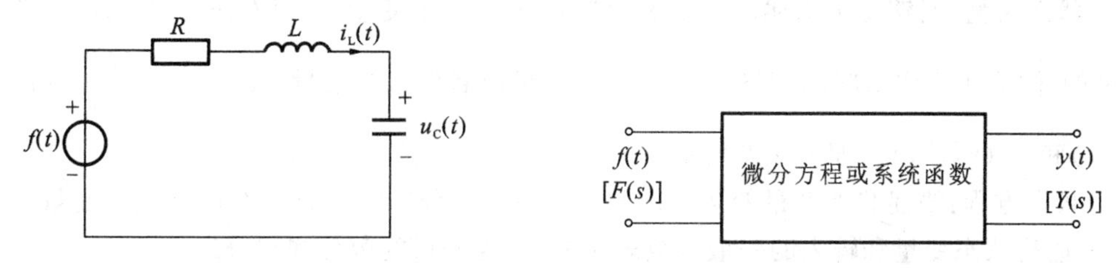

图 8.1-1　RLC 串联谐振电路　　图 8.1-2　端口方法方框图

对于图 8.1-1 所示的电路，如果不仅希望了解电容上的电压 $u_C(t)$，而且希望知道在 $f(t)$ 的作用下，电感中电流 $i_L(t)$ 的变化情况，这时可以列出方程

$$Ri_{\mathrm{L}}(t)+L\frac{\mathrm{d}}{\mathrm{d}t}i_{\mathrm{L}}(t)+u_{\mathrm{C}}(t)=f(t) \tag{8.1-2}$$

及

$$u_{\mathrm{C}}(t)=\frac{1}{C}\int i_{\mathrm{L}}(t)\mathrm{d}t$$

或

$$\frac{\mathrm{d}}{\mathrm{d}t}u_{\mathrm{C}}(t)=\frac{1}{C}i_{\mathrm{L}}(t) \tag{8.1-3}$$

上面两式可以写成

$$\begin{cases}\dfrac{\mathrm{d}}{\mathrm{d}t}i_{\mathrm{L}}(t)=-\dfrac{R}{L}i_{\mathrm{L}}(t)-\dfrac{1}{L}u_{\mathrm{C}}(t)+\dfrac{1}{L}f(t)\\ \dfrac{\mathrm{d}}{\mathrm{d}t}u_{\mathrm{C}}(t)=\dfrac{1}{C}i_{\mathrm{L}}(t)\end{cases} \tag{8.1-4}$$

式(8.1-4)是以 $i_{\mathrm{L}}(t)$ 和 $u_{\mathrm{C}}(t)$ 作为变量的一阶微分联立方程组。对于图 8.1-1 所示的串联谐振电路，只要知道 $i_{\mathrm{L}}(t)$、$u_{\mathrm{C}}(t)$ 的初始情况及加入激励 $f(t)$ 的情况，即可完全确定电路的全部行为。这样描述系统的方法称为系统的状态变量法，其中 $i_{\mathrm{L}}(t)$ 和 $u_{\mathrm{C}}(t)$ 即为串联谐振电路的状态变量。方程组(8.1-4)即为状态方程。

在状态变量法中，可将状态方程以矢量和矩阵形式表示，于是式(8.1-4)改写为

$$\begin{bmatrix}\dfrac{\mathrm{d}}{\mathrm{d}t}i_{\mathrm{L}}(t)\\ \dfrac{\mathrm{d}}{\mathrm{d}t}u_{\mathrm{C}}(t)\end{bmatrix}=\begin{bmatrix}-\dfrac{R}{L} & -\dfrac{1}{L}\\ \dfrac{1}{C} & 0\end{bmatrix}\begin{bmatrix}i_{\mathrm{L}}(t)\\ u_{\mathrm{C}}(t)\end{bmatrix}+\begin{bmatrix}\dfrac{1}{L}\\ 0\end{bmatrix}[f(t)] \tag{8.1-5}$$

对于图 8.1-1 所示的电路，若指定电容电压为输出信号，用 $y(t)$ 表示，则输出方程的矩阵形式为

$$y(t)=[0\quad 1]\begin{bmatrix}i_{\mathrm{L}}(t)\\ u_{\mathrm{C}}(t)\end{bmatrix} \tag{8.1-6}$$

当系统的阶次较高而状态变量数目较多，或者系统具有多输入-多输出信号时，描述系统的方程形式仍如式(8.1-5)和式(8.1-6)，只是矢量或矩阵的维数有所增加。

下面给出系统状态变量分析法中的几个名词的定义。

(1)状态：对于一个动态系统，状态是表示系统的一组最少变量(或称为状态变量)，只要知道 $t=t_0$ 时这组变量的值和 $t\geqslant t_0$ 时的输入，那么就能完全确定系统在任何时间 $t\geqslant t_0$ 的行为。

(2)状态变量：能够表示系统状态的那些变量称为状态变量，如图 8.1-1 中的 $i_{\mathrm{L}}(t)$ 和 $u_{\mathrm{C}}(t)$。

(3)状态矢量：能够完全描述一个系统行为的 N 个状态变量，可以看作矢量 $x(t)$ 的各个分量。例如，图 8.1-1 中的状态变量 $i_{\mathrm{L}}(t)$ 和 $u_{\mathrm{C}}(t)$ 可以看作二维矢量 $x(t)=\begin{bmatrix}x_1(t)\\ x_2(t)\end{bmatrix}$ 的两个分量 $x_1(t)$ 和 $x_2(t)$。$x(t)$ 即为状态矢量。

(4)状态方程：描述状态变量变化规律的一组一阶微分方程。方程左边是状态变量的一阶导数，右边是状态变量和输入的一般函数表达式，不含变量的微分和积分运算。

(5)输出方程：用状态变量、输入表示系统输出的一组代数方程。方程左边是输出变量，右边是状态变量和激励的一般函数表达式，不含变量的微分和积分运算。

对于离散时间系统，状态变量分析法同样适用，只不过这时状态变量都是离散量，故状态

方程是一组一阶差分方程，代替了连续系统中的一阶微分方程，详细分析在后面给出。

8.2 连续时间系统状态方程的建立

8.2.1 状态方程的一般形式

在给定系统和激励信号并选定状态变量的情况下，用状态变量来分析系统时，一般分为两步：第一步是根据系统的初始状态和 $t \geqslant t_0$ 时的激励求出状态变量；第二步是用这些状态变量来确定初始时刻以后的系统输出。

如图 8.2-1 所示，对于一般的 N 阶多输入-多输出 LTI 系统，其状态方程为（为简便，省略了变量中的 t）

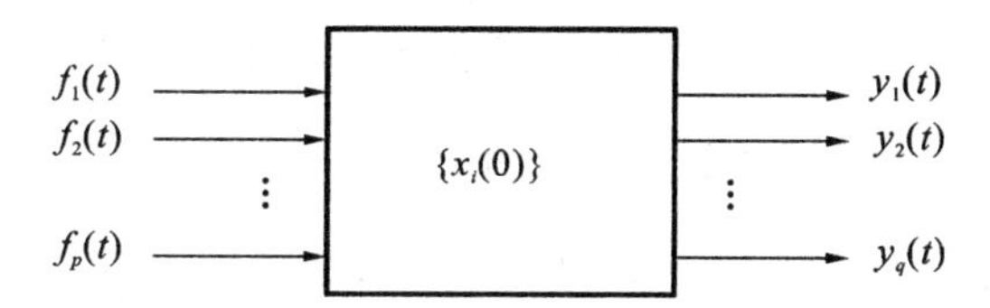

图 8.2-1 多输入-多输出系统

$$\begin{cases} \dot{x}_1 = a_{11}x_1 + a_{12}x_2 + \cdots + a_{1N}x_N + b_{11}f_1 + b_{12}f_2 + \cdots + b_{1p}f_p \\ \dot{x}_2 = a_{21}x_1 + a_{22}x_2 + \cdots + a_{2N}x_N + b_{21}f_1 + b_{22}f_2 + \cdots b_{2p}f_p \\ \quad \vdots \\ \dot{x}_N = a_{N1}x_1 + a_{N2}x_2 + \cdots + a_{NN}x_N + b_{N1}f_1 + b_{N2}f_2 + \cdots b_{Np}f_p \end{cases} \tag{8.2-1}$$

输出方程为

$$\begin{cases} y_1 = c_{11}x_1 + c_{12}x_2 + \cdots + c_{1N}x_N + d_{11}f_1 + d_{12}f_2 + \cdots + d_{1p}f_p \\ y_2 = c_{21}x_1 + c_{22}x_2 + \cdots + c_{2N}x_N + d_{21}f_1 + d_{22}f_2 + \cdots + d_{2p}f_p \\ \quad \vdots \\ y_q = c_{q1}x_1 + c_{q2}x_2 + \cdots + c_{qN}x_N + d_{q1}f_1 + d_{q2}f_2 + \cdots + d_{qp}f_p \end{cases} \tag{8.2-2}$$

式中：$x_1, x_2, \cdots, x_N$ 为系统的 N 个状态变量，其上加“·”表示取一阶导数；$f_1, f_2, \cdots, f_p$ 为系统的 p 个输入信号；$y_1, y_2, \cdots, y_q$ 为系统 q 个输出。

用矩阵形式可表示为

状态方程

$$\dot{x}(t) = \boldsymbol{A}x(t) + \boldsymbol{B}f(t) \tag{8.2-3}$$

输出方程

$$y(t) = \boldsymbol{C}x(t) + \boldsymbol{D}f(t) \tag{8.2-4}$$

式中：

$$x(t) = [x_1(t)\ x_2(t)\ \cdots\ x_N(t)]^{\mathrm{T}}$$

$$\dot{x}(t) = [\dot{x}_1(t)\ \dot{x}_2(t)\ \cdots\ \dot{x}_N(t)]^{\mathrm{T}}$$

$$f(t) = [f_1(t)\ f_2(t)\ \cdots\ f_p(t)]^{\mathrm{T}}$$

$$y(t) = [y_1(t)\ y_2(t)\ \cdots\ y_q(t)]^{\mathrm{T}}$$

分别为状态矢量、状态矢量的一阶导数、输入矢量和输出矢量。其中上标 T 表示转置运算。

$$\boldsymbol{A}=\begin{bmatrix} a_{11} & a_{12} & \cdots & a_{1N} \\ a_{21} & a_{22} & \cdots & a_{2N} \\ \vdots & \vdots & \ddots & \vdots \\ a_{N1} & a_{N2} & \cdots & a_{NN} \end{bmatrix} \quad \boldsymbol{B}=\begin{bmatrix} b_{11} & b_{12} & \cdots & b_{1p} \\ b_{21} & b_{22} & \cdots & b_{2p} \\ \vdots & \vdots & \ddots & \vdots \\ b_{N1} & b_{N2} & \cdots & b_{Np} \end{bmatrix}$$

$$\boldsymbol{C}=\begin{bmatrix} c_{11} & c_{12} & \cdots & c_{1N} \\ c_{21} & c_{22} & \cdots & c_{2N} \\ \vdots & \vdots & \ddots & \vdots \\ c_{q1} & c_{q2} & \cdots & c_{qN} \end{bmatrix} \quad \boldsymbol{D}=\begin{bmatrix} d_{11} & d_{12} & \cdots & d_{1p} \\ d_{21} & d_{22} & \cdots & d_{2p} \\ \vdots & \vdots & \ddots & \vdots \\ d_{q1} & d_{q2} & \cdots & d_{qp} \end{bmatrix}$$

分别为系数矩阵,由系统参数决定,对 LTI 系统,它们都是常数矩阵。其中 $\boldsymbol{A}$ 为 $N\times N$ 方阵,称为系统矩阵;$\boldsymbol{B}$ 为 $N\times p$ 矩阵,称为控制矩阵;$\boldsymbol{C}$ 为 $q\times N$ 矩阵,称为输出矩阵;$\boldsymbol{D}$ 为 $q\times p$ 矩阵。式(8.2-3)和式(8.2-4)为 LTI 连续系统状态方程和输出方程的标准形式。

8.2.2 由电路图直接建立状态方程

建立给定系统状态方程的方法有很多,大体分为两类:直接法和间接法。其中直接法是根据给定的系统结构直接列写系统的状态方程,特别适用于电路系统的分析;而间接法可根据系统的输入-输出方程、系统函数、系统的框图或信号流图等来建立状态方程,常用来研究控制系统。

为了建立电路的状态方程,首先要选定状态变量。对于 LTI 电路,通常选电容电压和电感电流为状态变量。对于 N 阶系统,所选状态变量的个数应为 N,并且必须保证这 N 个状态变量相互独立。对电路而言,必须保证所选状态变量为独立的电容电压和电感电流。

建立电路的状态方程,就是要根据电路列写出各状态变量的一阶微分方程。在选取电容电压 u_C 和电感电流 i_L 作为状态变量之后,由电容和电感的伏安关系 $i_C=C\dfrac{du_C}{dt}$、$u_L=L\dfrac{di_L}{dt}$可知,为使方程中含有状态变量 u_C 的一阶导数,可对接有该电容的独立节点列写 KCL 电流方程;同样,为使方程中含有状态变量 i_L 的一阶导数,可对接有该电感的独立回路列写 KVL 电压方程。对于列出的方程,只保留状态变量和输入激励,设法消去其他一些不需要的变量,经整理即可给出标准的状态方程。对于输出方程,由于它是简单的代数方程,通常可用观察法由电路直接列出。

【例 8.2-1】 电路如图 8.2-2 所示,试列写电路的状态方程。

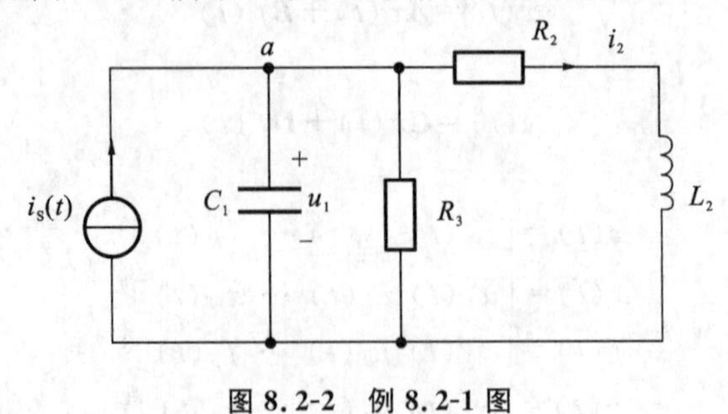

图 8.2-2 例 8.2-1 图

解　选取状态变量，如图 8.2-2 所示，选取电容电压 $u_1(t)$、电感电流 $i_2(t)$ 为状态变量。对含有电容的节点 a 列出 KCL 方程，有

$$C_1\dot{u}_1(t)+i_2(t)+\frac{1}{R_3}u_1(t)=i_S(t)$$

对含有电感的右网孔列出 KVL 方程，有

$$R_2i_2(t)+L_2\dot{i}_2(t)=u_1(t)$$

将上面两式整理，即得所求状态方程为

$$\begin{cases}\dot{u}_1(t)=-\dfrac{1}{R_3C_1}u_1(t)-\dfrac{1}{C_1}i_2(t)+\dfrac{1}{C_1}i_S(t)\\ \dot{i}_2(t)=\dfrac{1}{L_2}u_1(t)-\dfrac{R_2}{L_2}i_2(t)\end{cases}$$

或写为矩阵形式

$$\begin{bmatrix}\dot{u}_1(t)\\ \dot{i}_2(t)\end{bmatrix}=\begin{bmatrix}-\dfrac{1}{R_3C_1} & -\dfrac{1}{C_1}\\ \dfrac{1}{L_2} & -\dfrac{R_2}{L_2}\end{bmatrix}\begin{bmatrix}u_1(t)\\ i_2(t)\end{bmatrix}+\begin{bmatrix}\dfrac{1}{C_1}\\ 0\end{bmatrix}i_S(t)$$

8.2.3　由输入-输出方程建立状态方程

输入-输出方程和状态方程是描述系统的两种不同方法。根据需要，常要求将这两种描述方式进行相互转换。由于输入-输出方程、系统函数、模拟框图、信号流图等都是同一种系统描述方法的不同表现形式，相互间的转换十分简单，其中以信号流图最为简练、直观，因而通过信号流图建立状态方程和输出方程最方便。因此，如果已知系统的输入-输出方程或系统函数，通常首先将其转换为信号流图，然后由信号流图再列出系统的状态方程。

在系统的信号流图中，基本的动态部件是积分器，它的输出 $y(t)$ 与输入 $f(t)$ 之间满足一阶微分方程

$$\dot{y}(t)=f(t)$$

因此，可选各积分器的输出作为状态变量 $x_i(t)$，这样该积分器的输入信号就可以表示为状态变量的一阶导数 $\dot{x}_i(t)$。根据流图的连接关系，对该积分器输入端列出 $\dot{x}_i(t)$ 的方程，就可以得到与状态变量 $x_i(t)$ 有关的状态方程。下面举例说明具体的建立过程。

【例 8.2-2】　已知描述某连续系统的微分方程为

$$y^{(3)}(t)+a_2y^{(2)}(t)+a_1y^{(1)}(t)+a_0y(t)=b_2f^{(2)}(t)+b_1f^{(1)}(t)+b_0f(t)$$

列写该系统的状态方程和输出方程。

解　由微分方程不难写出其系统函数为

$$H(s)=\frac{b_2s^2+b_1s+b_0}{s^3+a_2s^2+a_1s+a_0}=\frac{b_2s^{-1}+b_1s^{-2}+b_0s^{-3}}{1-(-a_2s^{-1}-a_1s^{-2}-a_0s^{-3})}$$

由系统函数可画出信号流图，如图 8.2-3 所示。

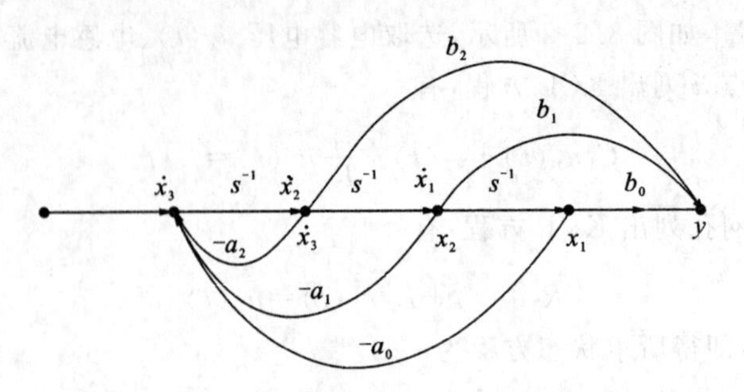

图 8.2-3　例 8.2-2 的信号流图

选各积分器(相应流图中增益为 s^{-1} 的支路)的输出端信号作为状态变量,输入端的信号就是相应状态变量的一阶导数,它们已标于图中。在各积分器的输入端即可列出状态方程

$$\dot{x}_1 = x_2$$

$$\dot{x}_2 = x_3$$

$$\dot{x}_3 = -a_0 x_1 - a_1 x_2 - a_2 x_3 + f$$

写成矩阵形式为

$$\begin{bmatrix} \dot{x}_1 \\ \dot{x}_2 \\ \dot{x}_3 \end{bmatrix} = \begin{bmatrix} 0 & 1 & 0 \\ 0 & 0 & 1 \\ -a_0 & -a_1 & -a_2 \end{bmatrix} \begin{bmatrix} x_1 \\ x_2 \\ x_3 \end{bmatrix} + \begin{bmatrix} 0 \\ 0 \\ 1 \end{bmatrix} [f]$$

在系统的输出端可列出输出方程为

$$y = b_0 x_1 + b_1 x_2 + b_2 x_3$$

写成矩阵形式为

$$[y] = [b_0 \quad b_1 \quad b_2] \begin{bmatrix} x_1 \\ x_2 \\ x_3 \end{bmatrix}$$

对于同一个微分方程,采用不同的模拟实现方法可以得到不同形式的信号流图,从而列出的状态方程和输出方程也不相同。

8.3　连续时间系统状态方程的求解

对于连续系统,状态方程和输出方程的一般形式为

$$\dot{x}(t) = \boldsymbol{A}x(t) + \boldsymbol{B}f(t) \tag{8.3-1}$$

$$y(t) = \boldsymbol{C}x(t) + \boldsymbol{D}f(t) \tag{8.3-2}$$

要输出方程只是简单的代数运算,不需做专门讨论,关键问题是求解状态方程。求解状态方程通常有拉普拉斯变换法和时域法。由于拉普拉斯变换法比较简单,所以先讨论拉普拉斯变换法,然后介绍时域法。

8.3.1　拉普拉斯变换法求解状态方程

根据单边拉普拉斯变换的微分性质有

$$L[\dot{x}(t)] = s\boldsymbol{I}X(s) - x(0_-)$$

式中：$x(0_-)$为初始状态矢量。

所以对式(8.3-1)所示的状态方程两边取拉普拉斯变换有

$$s\boldsymbol{I}X(s) - x(0_-) = \boldsymbol{A}X(s) + \boldsymbol{B}F(s)$$

移项可写为

$$(sI - \boldsymbol{A})X(s) = x(0_-) + \boldsymbol{B}F(s)$$

上式左乘矩阵$(sI-\boldsymbol{A})$的逆矩阵$(sI-\boldsymbol{A})^{-1}$，得

$$\begin{aligned} X(s) &= (sI - \boldsymbol{A})^{-1}x(0_-) + (sI - \boldsymbol{A})^{-1}\boldsymbol{B}F(s) \\ &= \Phi(s)x(0_-) + \Phi(s)\boldsymbol{B}F(s) \end{aligned} \tag{8.3-3}$$

式中：

$$\Phi(s) = (sI - \boldsymbol{A})^{-1} \tag{8.3-4}$$

常称为预解矩阵。

对式(8.3-3)取拉普拉斯逆变换，得状态矢量的解为

$$\begin{aligned} x(t) &= L^{-1}[\Phi(s)x(0_-)] + L^{-1}[\Phi(s)\boldsymbol{B}F(s)] \\ &= x_{zi}(t) + x_{zs}(t) \end{aligned} \tag{8.3-5}$$

式中：

$$x_{zi}(t) = L^{-1}[\Phi(s)x(0_-)] \tag{8.3-6}$$

$$x_{zs}(t) = L^{-1}[\Phi(s)\boldsymbol{B}F(s)] \tag{8.3-7}$$

分别为状态矢量的零输入解和零状态解。

对输出方程式(8.3-2)取拉普拉斯变换，有

$$Y(s) = \boldsymbol{C}X(s) + \boldsymbol{D}F(s)$$

将式(8.3-3)代入上式，得

$$Y(s) = \boldsymbol{C}\Phi(s)x(0_-) + [\boldsymbol{C}\Phi(s)\boldsymbol{B} + \boldsymbol{D}]F(s) \tag{8.3-8}$$

对上式取拉普拉斯逆变换，可求出系统的响应为

$$y(t) = L^{-1}[\boldsymbol{C}\Phi(s)x(0_-)] + L^{-1}\{[\boldsymbol{C}\Phi(s)\boldsymbol{B} + \boldsymbol{D}]F(s)\} \tag{8.3-9}$$

容易看出，上式第一项为系统的零输入响应矢量 $y_{zi}(t)$，第二项为系统的零状态响应矢量 $y_{zs}(t)$，即

$$y_{zi}(t) = L^{-1}[\boldsymbol{C}\Phi(s)x(0_-)]$$

$$y_{zs}(t) = L^{-1}\{[\boldsymbol{C}\Phi(s)\boldsymbol{B} + \boldsymbol{D}]F(s)\}$$

通过以上讨论可以看出，拉普拉斯变换法求解状态方程的关键问题是求预解矩阵 $\Phi(s)$，其逆变换的意义将在时域法中进一步讨论。

【例 8.3-1】 描述 LTI 系统的状态方程和输出方程为

$$\begin{bmatrix} \dot{x}_1(t) \\ \dot{x}_2(t) \end{bmatrix} = \begin{bmatrix} -1 & 2 \\ -1 & -4 \end{bmatrix} \begin{bmatrix} x_1(t) \\ x_2(t) \end{bmatrix} + \begin{bmatrix} 0 \\ 1 \end{bmatrix} f(t)$$

$$y(t) = [1 \quad 1] \begin{bmatrix} x_1 \\ x_2 \end{bmatrix} + [1][f(t)]$$

初始状态为 $x_1(0_-)=3$，$x_2(0_-)=2$，激励 $f(t)=\delta(t)$。试求系统的状态变量和输出。

解 矩阵

$$sI-\boldsymbol{A}=s\begin{bmatrix}1 & 0\\0 & 1\end{bmatrix}-\begin{bmatrix}-1 & 2\\-1 & -4\end{bmatrix}=\begin{bmatrix}s+1 & -2\\1 & s+4\end{bmatrix}$$

由此求预解矩阵 $\Phi(s)$，需要用到伴随矩阵 adj 和行列式 det 的概念，即

$$\Phi(s)=(sI-\boldsymbol{A})^{-1}=\frac{\operatorname{adj}(sI-\boldsymbol{A})}{\det(sI-\boldsymbol{A})}$$

$$=\frac{1}{(s+2)(s+3)}\begin{bmatrix}s+4 & 2\\-1 & s+1\end{bmatrix}$$

将 $\Phi(s)$的结果代入式(8.3-3)得

$$X(s)=\Phi(s)x(0_-)+\Phi(s)\boldsymbol{B}F(s)$$

$$=\frac{1}{(s+2)(s+3)}\begin{bmatrix}s+4 & 2\\-1 & s+1\end{bmatrix}\left\{\begin{bmatrix}3\\2\end{bmatrix}+\begin{bmatrix}0\\1\end{bmatrix}[1]\right\}$$

$$=\frac{1}{(s+2)(s+3)}\begin{bmatrix}s+4 & 2\\-1 & s+1\end{bmatrix}\begin{bmatrix}3\\3\end{bmatrix}$$

$$=\begin{bmatrix}\dfrac{3(s+6)}{(s+2)(s+3)}\\ \dfrac{3s}{(s+2)(s+3)}\end{bmatrix}=\begin{bmatrix}\dfrac{12}{(s+2)}-\dfrac{9}{(s+3)}\\ \dfrac{-6}{(s+2)}+\dfrac{9}{(s+3)}\end{bmatrix}$$

求逆变换，得状态矢量的解为

$$x(t)=\begin{bmatrix}12\mathrm{e}^{-2t}-9\mathrm{e}^{-3t}\\-6\mathrm{e}^{-2t}+9\mathrm{e}^{-3t}\end{bmatrix}\varepsilon(t)$$

由于输出方程比较简单，当状态矢量求得后，直接将状态矢量代入输出方程即可求得系统的输出为

$$y(t)=\begin{bmatrix}1 & 1\end{bmatrix}\begin{bmatrix}x_1\\x_2\end{bmatrix}+[1][f(t)]=\begin{bmatrix}1 & 1\end{bmatrix}\begin{bmatrix}12\mathrm{e}^{-2t}-9\mathrm{e}^{-3t}\\-6\mathrm{e}^{-2t}+9\mathrm{e}^{-3t}\end{bmatrix}\varepsilon(t)+\delta(t)$$

$$=\delta(t)+6\mathrm{e}^{-2t}\varepsilon(t)$$

8.3.2 时域法求解状态方程

用时域法求解状态方程时，需要用到“矩阵指数函数”的概念，矩阵指数函数 $\mathrm{e}^{\boldsymbol{A}t}$ 定义为

$$\mathrm{e}^{\boldsymbol{A}t}=I+\boldsymbol{A}t+\frac{1}{2!}\boldsymbol{A}^2t^2+\cdots+\frac{1}{i!}\boldsymbol{A}^it^i+\cdots=\sum_{i=0}^{+\infty}\frac{1}{i!}\boldsymbol{A}^it^i \tag{8.3-10}$$

式中：$\boldsymbol{A}$ 为 $N\times N$ 方阵；$\mathrm{e}^{\boldsymbol{A}t}$ 也是一个 $N\times N$ 方阵。

其主要性质有：

(1) $\mathrm{e}^{\boldsymbol{A}t}\mathrm{e}^{-\boldsymbol{A}t}=I$ (8.3-11)

(2) $\mathrm{e}^{-\boldsymbol{A}t}=(\mathrm{e}^{\boldsymbol{A}t})^{-1}$ (8.3-12)

(3) $\dfrac{\mathrm{d}}{\mathrm{d}t}\mathrm{e}^{\boldsymbol{A}t}=\boldsymbol{A}\mathrm{e}^{\boldsymbol{A}t}=\mathrm{e}^{\boldsymbol{A}t}\boldsymbol{A}$ (8.3-13)

(4) $\dfrac{\mathrm{d}}{\mathrm{d}t}[\mathrm{e}^{-\boldsymbol{A}t}x(t)]=-\mathrm{e}^{-\boldsymbol{A}t}\boldsymbol{A}x(t)+\mathrm{e}^{-\boldsymbol{A}t}\dot{x}(t)$ (8.3-14)

这些性质容易理解，不再证明。式(8.3-1)所示的状态方程重写为

$$\dot{x}(t)=\boldsymbol{A}x(t)+\boldsymbol{B}f(t)$$

将上式两边左乘 $\mathrm{e}^{-\boldsymbol{A}t}$ 并移项，得

$$\mathrm{e}^{-\boldsymbol{A}t}\dot{x}(t)-\mathrm{e}^{-\boldsymbol{A}t}\boldsymbol{A}x(t)=\mathrm{e}^{-\boldsymbol{A}t}\boldsymbol{B}f(t)$$

利用式(8.3-14)，有

$$\frac{\mathrm{d}}{\mathrm{d}t}[\mathrm{e}^{-\boldsymbol{A}t}x(t)]=\mathrm{e}^{-\boldsymbol{A}t}\boldsymbol{B}f(t)$$

两边从 0_- 到 t 取积分，得

$$\mathrm{e}^{-\boldsymbol{A}t}x(t)-x(0_-)=\int_{0_-}^{t}\mathrm{e}^{-\boldsymbol{A}\tau}\boldsymbol{B}f(\tau)\mathrm{d}\tau$$

将上式两边左乘 $\mathrm{e}^{\boldsymbol{A}t}$，并利用式(8.3-11)，移项得

$$\begin{aligned}x(t)&=\mathrm{e}^{\boldsymbol{A}t}x(0_-)+\int_{0_-}^{t}\mathrm{e}^{\boldsymbol{A}(t-\tau)}\boldsymbol{B}f(\tau)\mathrm{d}\tau\\&=x_{\mathrm{zi}}(t)+x_{\mathrm{zs}}(t)\end{aligned}\tag{8.3-15}$$

式中：

$$x_{\mathrm{zi}}(t)=\mathrm{e}^{\boldsymbol{A}t}x(0_-)\tag{8.3-16}$$

$$x_{\mathrm{zs}}(t)=\int_{0_-}^{t}\mathrm{e}^{\boldsymbol{A}(t-\tau)}\boldsymbol{B}f(\tau)\mathrm{d}\tau\tag{8.3-17}$$

分别为状态矢量的零输入解和零状态解。

其中矩阵指数函数 $\mathrm{e}^{\boldsymbol{A}t}$ 的求解至关重要，常将 $\mathrm{e}^{\boldsymbol{A}t}$ 称为状态转移矩阵，用 $\varphi(t)$ 表示。将时域表示式(8.3-16)与变换域表示式(8.3-6)相比较，不难发现预解矩阵 $\Phi(s)$ 与状态转移矩阵 $\varphi(t)$ 是拉普拉斯变换对，即

$$\varphi(t)=\mathrm{e}^{\boldsymbol{A}t}\leftrightarrow\Phi(s)=(sI-\boldsymbol{A})^{-1}\tag{8.3-18}$$

式(8.3-15)状态矢量的解可简写为

$$x(t)=\varphi(t)x(0_-)+[\varphi(t)B\varepsilon(t)]*f(t)\tag{8.3-19}$$

式中：$\varepsilon(t)$ 为标量函数。

将式(8.3-19)代入输出方程式(8.3-2)，得

$$\begin{aligned}y(t)&=\boldsymbol{C}\varphi(t)x(0_-)+[\boldsymbol{C}\varphi(t)\boldsymbol{B}\varepsilon(t)]*f(t)+\boldsymbol{D}f(t)\\&=y_{\mathrm{zi}}(t)+y_{\mathrm{zs}}(t)\end{aligned}\tag{8.3-20}$$

式中：

$$y_{\mathrm{zi}}(t)=\boldsymbol{C}\varphi(t)x(0_-)\tag{8.3-21}$$

$$y_{\mathrm{zs}}(t)=[\boldsymbol{C}\varphi(t)\boldsymbol{B}\varepsilon(t)]*f(t)+\boldsymbol{D}f(t)\tag{8.3-22}$$

分别是系统的零输入响应矢量和零状态响应矢量。

从上面讨论可以看出，无论是状态方程的解还是输出方程的解都可分为两部分：一部分是零输入解，由初始状态 $x(0_-)$ 引起；另一部分是零状态解，由激励信号 $f(t)$ 引起。而这两部分的变化规律都与状态转移矩阵 $\varphi(t)=\mathrm{e}^{\boldsymbol{A}t}$ 有关，因此可以说 $\varphi(t)$ 反映了系统状态变化的本质，也是求解状态方程和输出方程的关键。根据 $\varphi(t)$ 与 $\Phi(s)$ 的关系，可以通过对 $\Phi(s)$ 取拉普拉斯逆变换间接求出 $\varphi(t)$，也可以从时域直接求出 $\varphi(t)$。从时域直接求状态转移矩阵 $\varphi(t)$ 通常采用“多项式法”，其基本思路是依据凯莱-哈密顿定理(Cayley-Hamilton Theorem)将 $\mathrm{e}^{\boldsymbol{A}t}$ 定义式中的无穷项和转化为有限项之和。

凯莱-哈密顿定理指出，对于 N 阶方阵 $\boldsymbol{A}$，当 $i\geqslant N$ 时，有

$$\boldsymbol{A}^i=b_0\boldsymbol{I}+b_1\boldsymbol{A}+b_2\boldsymbol{A}^2+\cdots+b_{N-1}\boldsymbol{A}^{N-1} \tag{8.3-23}$$

即对于 $\boldsymbol{A}$ 高于或等于 N 的幂指数可用 $\boldsymbol{A}^{N-1}$ 以下幂次的各项线性组合表示。依此原理，转移矩阵 $\mathrm{e}^{\boldsymbol{A}t}$ 也可以转化为有限项之和，即

$$\mathrm{e}^{\boldsymbol{A}t}=\alpha_0\boldsymbol{I}+\alpha_1\boldsymbol{A}+\alpha_2\boldsymbol{A}^2+\cdots+\alpha_{N-1}\boldsymbol{A}^{N-1} \tag{8.3-24}$$

注意，上式中 $\alpha_j\ (j=0,1,2,\cdots,N-1)$ 均为时间 t 的函数，这里为了简便将 t 省略。

按照凯莱-哈密顿定理还可以得出，如果将方阵 $\boldsymbol{A}$ 的特征根 $\lambda_i\ (i=0,1,2,\cdots,N-1)$（即 $\boldsymbol{A}$ 的特征多项式 $\det(\lambda\boldsymbol{I}-\boldsymbol{A})=0$ 的根）代替式(8.3-24)中的矩阵 $\boldsymbol{A}$，方程仍然成立，即有

$$\mathrm{e}^{\lambda_i t}=\alpha_0+\alpha_1\lambda_i+\alpha_2\lambda_i{}^2+\cdots+\alpha_{N-1}\lambda_i{}^{N-1} \tag{8.3-25}$$

如果 $\boldsymbol{A}$ 的某个特征根（如 λ_1）为 r 重根，对此特征根，则必须列出下面 r 个方程

$$\begin{cases}\alpha_0+\alpha_1\lambda_1+\alpha_2\lambda_1{}^2+\cdots+\alpha_{N-1}\lambda_1{}^{N-1}=\mathrm{e}^{\lambda_1 t}\\ \dfrac{\mathrm{d}}{\mathrm{d}\lambda_1}(\alpha_0+\alpha_1\lambda_1+\alpha_2\lambda_1{}^2+\cdots+\alpha_{N-1}\lambda_1{}^{N-1})=\dfrac{\mathrm{d}}{\mathrm{d}\lambda_1}\mathrm{e}^{\lambda_1 t}\\ \qquad\vdots\\ \dfrac{\mathrm{d}^{r-1}}{\mathrm{d}\lambda_1^{r-1}}(\alpha_0+\alpha_1\lambda_1+\alpha_2\lambda_1{}^2+\cdots+\alpha_{N-1}\lambda_1{}^{N-1})=\dfrac{\mathrm{d}^{r-1}}{\mathrm{d}\lambda_1^{r-1}}\mathrm{e}^{\lambda_1 t}\end{cases} \tag{8.3-26}$$

这样，就可以建立 n 个含有待定系数 $\alpha_j\ (j=0,1,2,\cdots,N-1)$ 的方程组，联立求解该方程组即可求得待定系数 α_j。将它们代入式(8.3-25)即可求得状态转移矩阵 $\varphi(t)$。

【例 8.3-2】 若某系统矩阵

$$\boldsymbol{A}=\begin{bmatrix}0 & 1\\ 0 & -2\end{bmatrix}$$

求系统的状态转移矩阵 $\varphi(t)=\mathrm{e}^{\boldsymbol{A}t}$。

解 列出 $\boldsymbol{A}$ 的特征方程

$$\det(\lambda\boldsymbol{I}-\boldsymbol{A})=\begin{vmatrix}\lambda & -1\\ 0 & \lambda+2\end{vmatrix}=\lambda(\lambda+2)=0$$

特征根为 $\lambda_1=0,\lambda_2=-2$，由式(8.3-26)，有

$$\begin{cases}\alpha_0+\alpha_1\cdot 0=1\\ \alpha_0+\alpha_1\cdot(-2)=\mathrm{e}^{-2t}\end{cases}$$

解得

$$\begin{cases}\alpha_0=1\\ \alpha_1=\dfrac{1}{2}(1-\mathrm{e}^{-2t})\end{cases}$$

由式(8.3-25)，得转移矩阵为

$$\mathrm{e}^{\boldsymbol{A}t}=\alpha_0\boldsymbol{I}+\alpha_1\boldsymbol{A}=\begin{bmatrix}1 & 0\\ 0 & 1\end{bmatrix}+\frac{1}{2}(1-\mathrm{e}^{-2t})\begin{bmatrix}0 & 1\\ 1 & -2\end{bmatrix}$$

$$=\begin{bmatrix}1 & \dfrac{1}{2}(1-\mathrm{e}^{-2t})\\ 0 & \mathrm{e}^{-2t}\end{bmatrix}$$

【例 8.3-3】 描述 LTI 系统的状态方程和输出方程为

$$\begin{bmatrix}\dot{x}_1(t)\\ \dot{x}_2(t)\end{bmatrix}=\begin{bmatrix}-1 & 2\\ -1 & -4\end{bmatrix}\begin{bmatrix}x_1(t)\\ x_2(t)\end{bmatrix}+\begin{bmatrix}0\\ 1\end{bmatrix}f(t)$$

$$y(t)=[1\quad 1]\begin{bmatrix}x_1\\ x_2\end{bmatrix}+[1][f(t)]$$

初始状态为 $x_1(0_-)=3,x_2(0_-)=2$，激励 $f(t)=\delta(t)$。试用时域法求状态方程的解和系统的输出。

解　(1)求转移矩阵 $\varphi(t)$。

系统矩阵

$$\boldsymbol{A}=\begin{bmatrix}-1 & 2\\ -1 & -4\end{bmatrix}$$

系统的特征方程为

$$\det(\lambda I-\boldsymbol{A})=\begin{vmatrix}\lambda+1 & -2\\ 1 & \lambda+4\end{vmatrix}=(\lambda+2)(\lambda+3)=0$$

特征根为 $\lambda_1=-2,\lambda_2=-3$，由式(8.3-26)，有

$$\begin{cases}\alpha_0-2\alpha_1=\mathrm{e}^{-2t}\\ \alpha_0-3\alpha_1=\mathrm{e}^{-3t}\end{cases}$$

解得

$$\begin{cases}\alpha_0=3\mathrm{e}^{-2t}-2\mathrm{e}^{-3t}\\ \alpha_1=\mathrm{e}^{-2t}-\mathrm{e}^{-3t}\end{cases}$$

由式(8.3-25)，得转移矩阵为

$$\mathrm{e}^{At}=\alpha_0 I+\alpha_1\boldsymbol{A}=(3\mathrm{e}^{-2t}-2\mathrm{e}^{-3t})\begin{bmatrix}1 & 0\\ 0 & 1\end{bmatrix}+(\mathrm{e}^{-2t}-\mathrm{e}^{-3t})\begin{bmatrix}-1 & 2\\ -1 & -4\end{bmatrix}$$

$$=\begin{bmatrix}2\mathrm{e}^{-2t}-\mathrm{e}^{-3t} & 2\mathrm{e}^{-2t}-2\mathrm{e}^{-3t}\\ -\mathrm{e}^{-2t}+\mathrm{e}^{-3t} & -\mathrm{e}^{-2t}+2\mathrm{e}^{-3t}\end{bmatrix}$$

(2)求状态方程的解。

由式(8.3-19)，有

$$x(t)=\varphi(t)x(0_-)+[\varphi(t)B\varepsilon(t)]f(t)$$

代入有关矩阵，得

$$x(t)=\begin{bmatrix}2\mathrm{e}^{-2t}-\mathrm{e}^{-3t} & 2\mathrm{e}^{-2t}-2\mathrm{e}^{-3t}\\ -\mathrm{e}^{-2t}+\mathrm{e}^{-3t} & -\mathrm{e}^{-2t}+2\mathrm{e}^{-3t}\end{bmatrix}\begin{bmatrix}3\\ 2\end{bmatrix}+\begin{bmatrix}2\mathrm{e}^{-2t}-\mathrm{e}^{-3t} & 2\mathrm{e}^{-2t}-2\mathrm{e}^{-3t}\\ -\mathrm{e}^{-2t}+\mathrm{e}^{-3t} & -\mathrm{e}^{-2t}+2\mathrm{e}^{-3t}\end{bmatrix}\begin{bmatrix}0\\ 1\end{bmatrix}\varepsilon(t)\delta(t)$$

$$=\begin{bmatrix}10\mathrm{e}^{-2t}-7\mathrm{e}^{-3t}\\ -5\mathrm{e}^{-2t}+7\mathrm{e}^{-3t}\end{bmatrix}+\begin{bmatrix}2\mathrm{e}^{-2t}-2\mathrm{e}^{-3t}\\ -\mathrm{e}^{-2t}+2\mathrm{e}^{-3t}\end{bmatrix}\varepsilon(t)$$

$$=\begin{bmatrix}12\mathrm{e}^{-2t}-9\mathrm{e}^{-3t}\\ -6\mathrm{e}^{-2t}+9\mathrm{e}^{-3t}\end{bmatrix},t\geqslant 0$$

(3)求输出。

将 $x(t)$ 和 $f(t)$ 代入输出方程的系统全响应为

$$y(t)=[1\quad 1]\begin{bmatrix}x_1\\ x_2\end{bmatrix}+[f(t)]=[1\quad 1]\begin{bmatrix}12\mathrm{e}^{-2t}-9\mathrm{e}^{-3t}\\ -6\mathrm{e}^{-2t}+9\mathrm{e}^{-3t}\end{bmatrix}\varepsilon(t)+\delta(t)$$

$$= \delta(t) + 6e^{-2t}\varepsilon(t)$$

8.4 离散时间系统状态方程的建立

8.4.1 状态方程的一般形式

对于 N 阶多输入多输出 LTI 离散系统，其状态方程可写为

$$x(n+1) = \boldsymbol{A}x(n) + \boldsymbol{B}f(n) \tag{8.4-1}$$

输出方程可写为

$$y(n) = \boldsymbol{C}x(n) + \boldsymbol{D}f(n) \tag{8.4-2}$$

式中：

$$x(n) = [x_1(n) \quad x_2(n) \quad \cdots \quad x_N(n)]^T$$
$$f(n) = [f_1(n) \quad f_2(n) \quad \cdots \quad f_p(n)]^T$$
$$y(n) = [y_1(n) \quad y_2(n) \quad \cdots \quad y_q(n)]^T$$

分别为状态矢量、输入矢量和输出矢量；$\boldsymbol{A}$、$\boldsymbol{B}$、$\boldsymbol{C}$ 和 $\boldsymbol{D}$ 为常系数矩阵，其形式与连续系统的相同。

观察离散时间系统的状态方程可以看出，$(n+1)$时刻的状态变量是 n 时刻状态变量和输入信号的函数。在离散时间系统中，动态元件是延时器，因而常常取延时器的输出作为系统的状态变量。建立离散系统状态方程的方法也可划分为直接法和间接法两类。而在数字滤波器类型的电子系统中，不存在与连续系统 R、L、C 元件组合相对应的电路形式，离散系统的实际结构就是由流图或框图形式给出的，此时，建立状态方程的方法与连续系统中的间接法对应。但是，对于各种非电领域的实际问题仍需要直接按照研究对象的变换规律，建立状态方程。

8.4.2 由输入-输出方程建立状态方程

列写离散系统状态方程的方法与连续系统的类似，也是利用信号流图列写最简单。所以已知差分方程或系统函数 $H(z)$一般是先画出系统的信号流图，然后再建立相应的状态方程。

由于离散系统状态方程描述了状态变量的前向一阶移位 $x_i(n+1)$与各状态变量和输入之间的关系，因此选各延迟单元 D(它对应于流图中增益为 z^{-1} 的支路)的输出端信号作为状态变量 $x_i(n)$，那么其输入端信号就是 $x_i(n+1)$。这样，在延迟单元的输入端就可以列出状态方程，在系统的输出端可列出输出方程。下面举例说明。

【例 8.4-1】 描述某离散系统的差分方程为

$$y(n) + 2y(n-1) + 3y(n-2) + 4y(n-3) = f(n) + 3f(n-1) + 5f(n-2)$$

列写该系统的状态方程和输出方程。

解 由差分方程直接写出其系统函数为

$$H(s) = \frac{z^3 + 3z^2 + 5z}{z^3 + 2z^2 + 3z + 4}$$

由系统函数可画出信号流图，如图 8.4-1 所示。

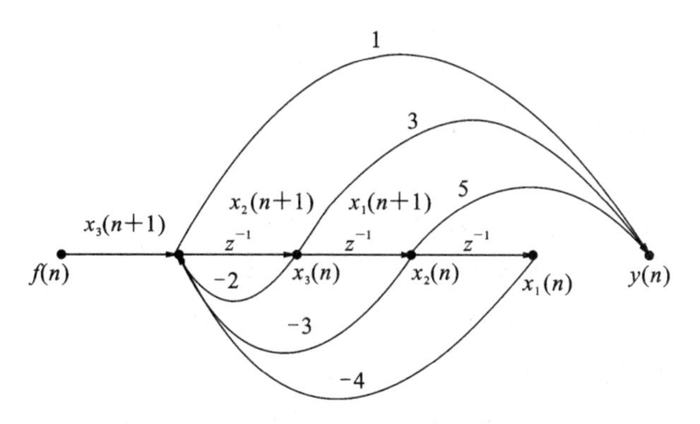

图 8.4-1　例 8.4-1 的信号流图

选各延迟单元(相应流图中增益为 z^{-1} 的支路)的输出端信号作为状态变量,输入端的信号就是相应状态变量的一阶移位,它们已标于图中。在各延迟单元输入端即可列出状态方程

$$x_1(n+1)=x_2(n)$$

$$x_2(n+1)=x_3(n)$$

$$x_3(n+1)=-4x_1(n)-3x_2(n)-2x_3(n)+f(n)$$

写成矩阵形式为

$$\begin{bmatrix}x_1(n+1)\\x_2(n+1)\\x_3(n+1)\end{bmatrix}=\begin{bmatrix}0&1&0\\0&0&1\\-4&-3&-2\end{bmatrix}\begin{bmatrix}x_1(n)\\x_2(n)\\x_3(n)\end{bmatrix}+\begin{bmatrix}0\\0\\1\end{bmatrix}f(n)$$

在系统的输出端可列出输出方程为

$$\begin{aligned}y(n)&=x_3(n+1)+3x_3(n)+5x_2(n)\\&=-4x_1(n)+2x_2(n)+x_3(n)+f(n)\end{aligned}$$

写成矩阵形式为

$$[y(n)]=[-4\quad 2\quad 1]\begin{bmatrix}x_1(n)\\x_2(n)\\x_3(n)\end{bmatrix}+[1]f(n)$$

8.5　离散时间系统状态方程的求解

与连续系统类似,离散时间系统状态方程的求解方法有 z 变换法和时域法两种。

8.5.1　z 变换法求解离散时间系统的状态方程

由单边 z 变换的移位性质有

$$x(n+1)\leftrightarrow zX(z)-x(0)z$$

所以,对离散时间系统的状态方程式(8.4-1)和输出方程式(8.4-2)两边取单边 z 变换,有

$$zX(z)-zx(0)=\boldsymbol{A}X(z)+\boldsymbol{B}F(z)\qquad(8.5\text{-}1)$$

$$Y(z)=\boldsymbol{C}X(z)+\boldsymbol{D}f(z)\qquad(8.5\text{-}2)$$

对式(8.5-1)移项得

$$(zI-\boldsymbol{A})X(z)=zx(0)+\boldsymbol{B}F(z)$$

等号两边左乘$(zI-\boldsymbol{A})^{-1}$，得

$$X(z)=(zI-\boldsymbol{A})^{-1}zx(0)+(zI-\boldsymbol{A})^{-1}\boldsymbol{B}F(z) \tag{8.5-3}$$

为了方便，定义

$$\Phi(z)=(zI-\boldsymbol{A})^{-1}z \tag{8.5-4}$$

上式可称为预解矩阵(注意与连续系统中的预解矩阵$\Phi(s)$的区别)。于是式(8.5-3)可简写为

$$X(z)=\Phi(z)x(0)+z^{-1}\Phi(z)\boldsymbol{B}F(z) \tag{8.5-5}$$

对上式取逆z变换，得状态矢量的解为

$$\begin{aligned}x(n)&=Z^{-1}[\Phi(z)x(0)]+Z^{-1}[z^{-1}\Phi(z)\boldsymbol{B}F(z)]\\&=x_{zi}(n)+x_{zs}(n)\end{aligned} \tag{8.5-6}$$

式中：

$$x_{zi}(n)=Z^{-1}[\Phi(z)x(0)] \tag{8.5-7}$$

$$x_{zs}(n)=Z^{-1}[z^{-1}\Phi(z)\boldsymbol{B}F(z)] \tag{8.5-8}$$

分别是状态矢量的零输入解和零状态解。

将式(8.5-5)代入式(8.5-2)可得输出的象函数为

$$Y(z)=\boldsymbol{C}\Phi(z)x(0)+\boldsymbol{C}z^{-1}\Phi(z)\boldsymbol{B}F(z)+\boldsymbol{D}F(z) \tag{8.5-9}$$

对上式取逆z变换，可求出系统的响应为

$$\begin{aligned}y(n)&=Z^{-1}[\boldsymbol{C}\Phi(z)x(0)]+Z^{-1}[\boldsymbol{C}z^{-1}\Phi(z)\boldsymbol{B}F(z)+\boldsymbol{D}F(z)]\\&=y_{zi}(n)+y_{zs}(n)\end{aligned} \tag{8.5-10}$$

式中：

$$y_{zi}(n)=Z^{-1}[\boldsymbol{C}\Phi(z)x(0)] \tag{8.5-11}$$

$$y_{zs}(n)=Z^{-1}[\boldsymbol{C}z^{-1}\Phi(z)\boldsymbol{B}+\boldsymbol{D}]F(z) \tag{8.5-12}$$

分别是系统的零输入响应矢量和零状态响应矢量。

【例 8.5-1】 某离散时间系统的状态方程和输出方程分别为

$$\begin{bmatrix}x_1(n+1)\\x_2(n+1)\end{bmatrix}=\begin{bmatrix}0&1\\-6&5\end{bmatrix}\begin{bmatrix}x_1(n)\\x_2(n)\end{bmatrix}+\begin{bmatrix}0\\1\end{bmatrix}f(n)$$

$$\begin{bmatrix}y_1(n)\\y_2(n)\end{bmatrix}=\begin{bmatrix}1&1\\2&-1\end{bmatrix}\begin{bmatrix}x_1(n)\\x_2(n)\end{bmatrix}$$

初始状态为$\begin{bmatrix}x_1(0)\\x_2(0)\end{bmatrix}=\begin{bmatrix}1\\2\end{bmatrix}$，激励$f(n)=\varepsilon(n)$。求状态方程的解和系统的输出。

解 由式(8.5-4)，系统的预解矩阵为

$$\Phi(z)=(zI-\boldsymbol{A})^{-1}z=\begin{bmatrix}\dfrac{z^2-5z}{(z-2)(z-3)}&\dfrac{z}{(z-2)(z-3)}\\\dfrac{-6z}{(z-2)(z-3)}&\dfrac{z^2}{(z-2)(z-3)}\end{bmatrix}$$

由式(8.5-5)，状态变量的象函数为

$$X(z)=\Phi(z)[x(0)+z^{-1}\boldsymbol{B}F(z)]$$

$$=\begin{bmatrix}\dfrac{z^2-5z}{(z-2)(z-3)} & \dfrac{z}{(z-2)(z-3)}\\ \dfrac{-6z}{(z-2)(z-3)} & \dfrac{z^2}{(z-2)(z-3)}\end{bmatrix}\left[\begin{bmatrix}1\\2\end{bmatrix}+z^{-1}\begin{bmatrix}0\\1\end{bmatrix}\dfrac{z}{z-1}\right]$$

$$=\begin{bmatrix}\dfrac{z^2-5z}{(z-2)(z-3)} & \dfrac{z}{(z-2)(z-3)}\\ \dfrac{-6z}{(z-2)(z-3)} & \dfrac{z^2}{(z-2)(z-3)}\end{bmatrix}\begin{bmatrix}1\\ \dfrac{2z-1}{z-1}\end{bmatrix}$$

$$=\begin{bmatrix}\dfrac{z(z-2)}{(z-1)(z-3)}\\ \dfrac{z(2z-3)}{(z-1)(z-3)}\end{bmatrix}=\begin{bmatrix}\dfrac{\frac{1}{2}z}{(z-1)}+\dfrac{\frac{1}{2}z}{(z-3)}\\ \dfrac{\frac{1}{2}z}{(z-1)}+\dfrac{\frac{3}{2}z}{(z-3)}\end{bmatrix}$$

对上式取逆 z 变换，得状态方程的解为

$$x(n)=\begin{bmatrix}\dfrac{1}{2}[1+(3)^n]\\ \dfrac{1}{2}[1+3\ (3)^n]\end{bmatrix}\varepsilon(n)$$

输出方程比较简单，当状态矢量求得后，直接代入输出方程即可得到系统的输出。

$$\begin{bmatrix}y_1(n)\\y_2(n)\end{bmatrix}=\begin{bmatrix}1 & 1\\2 & -1\end{bmatrix}\begin{bmatrix}x_1(n)\\x_2(n)\end{bmatrix}=\begin{bmatrix}1 & 1\\2 & -1\end{bmatrix}\begin{bmatrix}\dfrac{1}{2}[1+(3)^n]\\ \dfrac{1}{2}[1+3\ (3)^n]\end{bmatrix}\varepsilon(n)$$

$$=\begin{bmatrix}1+2\ (3)^n\\ \dfrac{1}{2}[1-3^n]\end{bmatrix}\varepsilon(n)$$

8.5.2　时域法求解离散时间系统的状态方程

离散时间系统的状态方程重写为

$$x(n+1)=\boldsymbol{A}x(n)+\boldsymbol{B}f(n) \tag{8.5-13}$$

此式为一阶差分方程，一般可用迭代法求解，迭代法特别适合计算机求解。

设系统的初始状态矢量为 $x(0)$，$n=0$ 时接入 $f(n)$ 激励，从 $n=0$ 开始，按式(8.5-13)逐次迭代，得

$$\begin{cases}x(1)=\boldsymbol{A}x(0)+\boldsymbol{B}f(0)\\ x(2)=\boldsymbol{A}x(1)+\boldsymbol{B}f(1)=\boldsymbol{A}^2x(0)+\boldsymbol{AB}f(0)+\boldsymbol{B}f(1)\\ x(3)=\boldsymbol{A}x(2)+\boldsymbol{B}f(2)=\boldsymbol{A}^3x(0)+\boldsymbol{A}^2\boldsymbol{B}f(0)+\boldsymbol{AB}f(1)+\boldsymbol{B}f(2)\\ \qquad\vdots\\ x(n)=\boldsymbol{A}x(n-1)+\boldsymbol{B}f(n-1)\\ \qquad=\boldsymbol{A}^nx(0)+\boldsymbol{A}^{n-1}Bf(0)+\boldsymbol{A}^{n-2}\boldsymbol{B}f(1)+\cdots+\boldsymbol{B}f(n-1)\end{cases}$$

迭代的通式可写为

$$x(n)=\boldsymbol{A}^n x(0)+\sum_{i=0}^{n-1}\boldsymbol{A}^{n-1-i}\boldsymbol{B}f(i)$$

注意到，当 $n=0$ 时上式的第二项不存在，此时的结果由第一项确定，即 $x(0)$本身。将上式对 n 值的限制以阶跃序列的形式写入，上式可写为

$$x(n)=\boldsymbol{A}^n x(0)\varepsilon(n)+\left[\sum_{i=0}^{n-1}\boldsymbol{A}^{n-1-i}\boldsymbol{B}f(i)\right]\varepsilon(n-1) \tag{8.5-14}$$

类似连续系统转移矩阵的定义，这里定义

$$\varphi(n)=\boldsymbol{A}^n \tag{8.5-15}$$

为离散时间系统的转移矩阵。利用序列矩阵卷积和的关系，式(8.5-14)可写为

$$\begin{aligned}x(n)&=\varphi(n)x(0)\varepsilon(n)+\left[\sum_{i=0}^{n-1}\varphi(n-1-i)\boldsymbol{B}f(i)\right]\varepsilon(n-1)\\&=\varphi(n)x(0)\varepsilon(n)+[\varphi(n-1)\boldsymbol{B}\varepsilon(n-1)]*f(n)\\&=x_{zi}(n)+x_{zs}(n)\end{aligned} \tag{8.5-16}$$

式中：

$$x_{zi}(n)=\varphi(n)x(0)\varepsilon(n) \tag{8.5-17}$$

$$x_{zs}(n)=[\varphi(n-1)\boldsymbol{B}\varepsilon(n-1)]*f(n) \tag{8.5-18}$$

分别为状态矢量的零输入解和零状态解。

将式(8.5-16)代入输出方程式(8.4-2)，有

$$\begin{aligned}y(n)&=\boldsymbol{C}\varphi(n)x(0)\varepsilon(n)+[\boldsymbol{C}\varphi(n-1)\boldsymbol{B}\varepsilon(n-1)]*f(n)+\boldsymbol{D}f(n)\\&=y_{zi}(n)+y_{zs}(n)\end{aligned} \tag{8.5-19}$$

式中：

$$y_{zi}(n)=\boldsymbol{C}\varphi(n)x(0)\varepsilon(n) \tag{8.5-20}$$

$$y_{zs}(n)=[\boldsymbol{C}\varphi(n-1)\boldsymbol{B}\varepsilon(n-1)]*f(n)+\boldsymbol{D}f(n) \tag{8.5-21}$$

分别是系统的零输入响应矢量和零状态响应矢量。

与连续系统的情况类似，用时域法求解状态方程的关键步骤仍然是求状态转移矩阵$\varphi(n)$，比较式(8.5-17)与式(8.5-7)，考虑到 $x(0)$为常量矩阵，得

$$\varphi(n)x(0)\varepsilon(n)=Z^{-1}[\Phi(z)]x(0)$$

由此可见，状态转移矩阵 $\varphi(n)$与预解矩阵 $\Phi(z)$为单边 z 变换对，即

$$\varphi(n)\leftrightarrow\Phi(z) \tag{8.5-22}$$

这也是求解状态转移矩阵 $\varphi(n)$的一种方法。

时域法求解 $\varphi(n)$仍然是利用凯莱-哈密顿定理，对于 N 阶方阵 $\boldsymbol{A}$，当 $n\geqslant N$ 时，$\varphi(n)$也可以展开为有限项和

$$\varphi(n)=\boldsymbol{A}^n=\alpha_0 I+\alpha_1\boldsymbol{A}+\alpha_2\boldsymbol{A}^2+\cdots+\alpha_{N-1}\boldsymbol{A}^{N-1} \tag{8.5-23}$$

并且用 $\boldsymbol{A}$ 的特征根 λ_i 代替上式中的矩阵 $\boldsymbol{A}$，方程仍成立，即满足

$${\lambda_i}^n=\alpha_0+\alpha_1\lambda_i+\alpha_2\lambda_i^2+\cdots+\alpha_{N-1}{\lambda_i}^{N-1} \tag{8.5-24}$$

如果 $\boldsymbol{A}$ 的某个特征根(如 λ_1)为 r 重根，对此特征根，则必须列出下面 r 个方程

$$\left.\begin{aligned}&\alpha_0+\alpha_1\lambda_1+\alpha_2\lambda_1^2+\cdots+\alpha_{N-1}\lambda_1^{N-1}=\lambda_1^n\\&\frac{\mathrm{d}}{\mathrm{d}\lambda_1}(\alpha_0+\alpha_1\lambda_1+\alpha_2\lambda_1^2+\cdots+\alpha_{N-1}\lambda_1^{N-1})=\frac{\mathrm{d}}{\mathrm{d}\lambda_1}[\lambda_1^n]\\&\qquad\vdots\\&\frac{\mathrm{d}^{r-1}}{\mathrm{d}\lambda_1^{r-1}}(\alpha_0+\alpha_1\lambda_1+\alpha_2\lambda_1^2+\cdots+\alpha_{N-1}\lambda_1^{N-1})=\frac{\mathrm{d}^{r-1}}{\mathrm{d}\lambda_1^{r-1}}[\lambda_1^n]\end{aligned}\right\}\tag{8.5-25}$$

这样，就可以建立 N 个含有待定系数 $\alpha_j\ (j=0,1,2,\cdots,N-1)$ 的方程组，联立求解该方程组即可求得待定系数 α_j。将它们代入式(8.5-23)即可求得状态转移矩阵 $\varphi(n)$。

【例 8.5-2】 若某离散系统的系统矩阵为

$$\boldsymbol{A}=\begin{bmatrix}1&-1\\1&3\end{bmatrix}$$

求系统的状态转移矩阵 $\varphi(n)=\boldsymbol{A}^n$。

解　列出 $\boldsymbol{A}$ 的特征方程

$$\det(\lambda I-\boldsymbol{A})=\begin{vmatrix}\lambda-1&1\\-1&\lambda-3\end{vmatrix}=(\lambda-2)^2=0$$

特征根为 $\lambda_{1,2}=2$ 为二阶重根，由式(8.5-25)，有

$$\begin{cases}\alpha_0+2\alpha_1=2^n\\\alpha_1=n2^{n-1}\end{cases}$$

解得

$$\begin{cases}\alpha_0=2^n(1-n)\\\alpha_1=n2^{n-1}\end{cases}$$

由式(8.5-23)，得转移矩阵为

$$\begin{aligned}\varphi(n)=\boldsymbol{A}^n&=\alpha_0I+\alpha_1\boldsymbol{A}=2^n(1-n)\begin{bmatrix}1&0\\0&1\end{bmatrix}+n2^{n-1}\begin{bmatrix}1&-1\\1&3\end{bmatrix}\\&=2^n\begin{bmatrix}1-\dfrac{n}{2}&-\dfrac{n}{2}\\\dfrac{n}{2}&1+\dfrac{n}{2}\end{bmatrix}\end{aligned}$$

【例 8.5-3】 某离散时间系统的状态方程和输出方程分别为

$$\begin{bmatrix}x_1(n+1)\\x_2(n+1)\end{bmatrix}=\begin{bmatrix}1&2\\0&-1\end{bmatrix}\begin{bmatrix}x_1(n)\\x_2(n)\end{bmatrix}+\begin{bmatrix}0&1\\1&0\end{bmatrix}\begin{bmatrix}f_1(n)\\f_2(n)\end{bmatrix}$$

$$\begin{bmatrix}y_1(n)\\y_2(n)\end{bmatrix}=\begin{bmatrix}1&1\\0&-1\end{bmatrix}\begin{bmatrix}x_1(n)\\x_2(n)\end{bmatrix}+\begin{bmatrix}1&0\\1&0\end{bmatrix}\begin{bmatrix}f_1(n)\\f_2(n)\end{bmatrix}$$

初始状态为 $\begin{bmatrix}x_1(0)\\x_2(0)\end{bmatrix}=\begin{bmatrix}1\\-1\end{bmatrix}$，激励 $\begin{bmatrix}f_1(n)\\f_2(n)\end{bmatrix}=\begin{bmatrix}\delta(n)\\\delta(n)\end{bmatrix}$。试求系统的状态变量和输出。

解　(1)求状态转移矩阵 $\varphi(n)$。

由于系统矩阵

$$\boldsymbol{A}=\begin{bmatrix}1&2\\0&-1\end{bmatrix}$$

为二阶矩阵，故

$$\varphi(n)=\alpha_0 I+\alpha_1 \boldsymbol{A}$$

系统的特征方程为

$$\det(\lambda I-\boldsymbol{A})=\begin{vmatrix}\lambda-1 & -2\\ 0 & \lambda+1\end{vmatrix}=(\lambda-1)(\lambda+1)=0$$

特征根为 $\lambda_1=1,\lambda_2=-1$，由式(8.5-25)，有

$$\begin{cases}\alpha_0+\alpha_1=1\\ \alpha_0-\alpha_1=(-1)^n\end{cases}$$

解得

$$\begin{cases}\alpha_0=\dfrac{1}{2}[1+(-1)^n]\\ \alpha_1=\dfrac{1}{2}[1-(-1)^n]\end{cases}$$

于是

$$\varphi(n)=\alpha_0 I+\alpha_1 \boldsymbol{A}=\frac{1}{2}[1+(-1)^n]\begin{bmatrix}1 & 0\\ 0 & 1\end{bmatrix}+\frac{1}{2}[1-(-1)^n]\begin{bmatrix}1 & 2\\ 0 & -1\end{bmatrix}$$

$$=\begin{bmatrix}1 & 1-(-1)^n\\ 0 & (-1)^n\end{bmatrix}$$

(2)求状态方程的解。

由式(8.5-16)

$$x(n)=\varphi(n)x(0)\varepsilon(n)+[\varphi(n-1)\boldsymbol{B}\varepsilon(n-1)]*f(n)$$

将有关矩阵代入，得

$$\begin{bmatrix}x_1(n)\\ x_2(n)\end{bmatrix}=\begin{bmatrix}1 & 1-(-1)^n\\ 0 & (-1)^n\end{bmatrix}\begin{bmatrix}1\\ -1\end{bmatrix}\varepsilon(n)+\left\{\begin{bmatrix}1 & 1-(-1)^{n-1}\\ 0 & (-1)^{n-1}\end{bmatrix}\begin{bmatrix}0 & 1\\ 1 & 0\end{bmatrix}\varepsilon(n-1)\right\}*\begin{bmatrix}\delta(n)\\ \delta(n)\end{bmatrix}$$

$$=\begin{bmatrix}(-1)^n\\ (-1)^{n+1}\end{bmatrix}\varepsilon(n)+\begin{bmatrix}1-(-1)^{n-1} & 1\\ (-1)^{n-1} & 0\end{bmatrix}\varepsilon(n-1)*\begin{bmatrix}\delta(n)\\ \delta(n)\end{bmatrix}$$

$$=\begin{bmatrix}(-1)^n\\ (-1)^{n+1}\end{bmatrix}\varepsilon(n)+\begin{bmatrix}[2-(-1)^{n-1}]\varepsilon(n-1)\\ (-1)^{n-1}\varepsilon(n-1)\end{bmatrix}$$

显然，上式第一项是状态变量的零输入解，第二项是零状态解，两项合并得状态变量的全响应为

$$\begin{bmatrix}x_1(n)\\ x_2(n)\end{bmatrix}=\begin{bmatrix}\delta(n)+2\varepsilon(n-1)\\ -\delta(n)\end{bmatrix}$$

(3)求输出。

将 $x(n)$ 和 $f(n)$ 代入输出方程式(8.4-2)，得

$$\begin{bmatrix}y_1(n)\\ y_2(n)\end{bmatrix}=\begin{bmatrix}1 & 1\\ 0 & -1\end{bmatrix}\begin{bmatrix}\delta(n)+2\varepsilon(n-1)\\ -\delta(n)\end{bmatrix}+\begin{bmatrix}1 & 0\\ 1 & 0\end{bmatrix}\begin{bmatrix}\delta(n)\\ \delta(n)\end{bmatrix}$$

$$=\begin{bmatrix}\delta(n)+2\varepsilon(n-1)\\ 2\delta(n)\end{bmatrix}$$

8.6　状态矢量的线性变换

从状态变量的选择来看，同一系统可以选择不同的状态变量，但所选每种状态变量相互之间存在着变换关系。它可以看作同一系统在状态空间中取了不同的基底，而状态矢量用不同基底表示时具有不同的形式，因此，对同一系统而言，以各种形式表示的状态矢量之间存在着线性变换关系。这种线性变换对于简化系统分析是很有用的。

8.6.1　状态矢量的线性变换

一般而言，对于动态方程

$$\dot{x}(t)=\boldsymbol{A}x(t)+\boldsymbol{B}f(t) \tag{8.6-1}$$

$$y(t)=\boldsymbol{C}x(t)+\boldsymbol{D}f(t) \tag{8.6-2}$$

有非奇异矩阵 $\boldsymbol{P}$（称为变换矩阵），使状态矢量 $x(t)$ 经线性变换成为新状态矢量 $g(t)$，即

$$g(t)=\boldsymbol{P}^{-1}x(t) \tag{8.6-3}$$

显然有

$$x(t)=\boldsymbol{P}g(t) \tag{8.6-4}$$

对 $g(t)$ 求导，并将式(8.6-1)代入，可得

$$\dot{g}(t)=\boldsymbol{P}^{-1}\dot{x}(t)=\boldsymbol{P}^{-1}\boldsymbol{A}x(t)+\boldsymbol{P}^{-1}\boldsymbol{B}f(t)$$

将式(8.6-4)代入上式和式(8.6-2)可得用新状态矢量 $g(t)$ 表示的状态方程和输出方程分别为

$$\dot{g}(t)=\boldsymbol{P}^{-1}\boldsymbol{A}\boldsymbol{P}g(t)+\boldsymbol{P}^{-1}\boldsymbol{B}f(t)=\boldsymbol{A}_g g(t)+\boldsymbol{B}_g f(t) \tag{8.6-5}$$

$$y(t)=\boldsymbol{C}\boldsymbol{P}g(t)+\boldsymbol{D}f(t)=\boldsymbol{C}_g g(t)+\boldsymbol{D}_g f(t) \tag{8.6-6}$$

由此可见在新状态矢量下，状态方程和输出方程中的系数矩阵与原方程的系数矩阵满足如下关系：

$$\begin{cases}\boldsymbol{A}_g=\boldsymbol{P}^{-1}\boldsymbol{A}\boldsymbol{P}\\ \boldsymbol{B}_g=\boldsymbol{P}^{-1}\boldsymbol{B}\\ \boldsymbol{C}_g=\boldsymbol{C}\boldsymbol{P}\\ \boldsymbol{D}_g=\boldsymbol{D}\end{cases} \tag{8.6-7}$$

由式(8.6-7)可见，新状态矢量下的系统矩阵 $\boldsymbol{A}_g$ 与原系统矩阵 $\boldsymbol{A}$ 为相似矩阵。由于相似矩阵不改变矩阵的特征值，故作为表征系统特性的特征值不因选择不同的状态变量而改变。

由式(8.3-9)可知，系统的零状态响应为

$$y_{zs}(t)=L^{-1}[\boldsymbol{C}\boldsymbol{\Phi}(s)\boldsymbol{B}+\boldsymbol{D}]F(s)$$

即系统的转移函数为

$$H(s)=\frac{Y_{zs}(s)}{F(s)}=\boldsymbol{C}\boldsymbol{\Phi}(s)\boldsymbol{B}+\boldsymbol{D}=\boldsymbol{C}[sI-\boldsymbol{A}]^{-1}\boldsymbol{B}+\boldsymbol{D} \tag{8.6-8}$$

用新状态矢量 $g(t)$ 描述系统时，系统的转移函数也可以写为

$$H_g(s)=\boldsymbol{C}_g\left[sI-\boldsymbol{A}_g\right]^{-1}\boldsymbol{B}_g+\boldsymbol{D}_g \tag{8.6-9}$$

因为系统的转移函数描述系统输入与输出的关系，与状态矢量的选择无关，所以对同一系统选择不同的状态矢量描述时，其系统转移函数是相同的。证明如下。

将式(8.6-7)代入式(8.6-9)，有

$$\begin{aligned}
H_g(s)&=\boldsymbol{CP}\left[sI-\boldsymbol{P}^{-1}\boldsymbol{AP}\right]^{-1}\boldsymbol{P}^{-1}\boldsymbol{B}+\boldsymbol{D}\\
&=\boldsymbol{C}\left(\boldsymbol{P}^{-1}\right)^{-1}\left[sI-\boldsymbol{P}^{-1}\boldsymbol{AP}\right]^{-1}\boldsymbol{P}^{-1}\boldsymbol{B}+\boldsymbol{D}\\
&=\boldsymbol{C}\left[\boldsymbol{P}(sI-\boldsymbol{P}^{-1}\boldsymbol{AP})\boldsymbol{P}^{-1}\right]^{-1}\boldsymbol{B}+\boldsymbol{D}\\
&=\boldsymbol{C}\left[s\boldsymbol{P}I\boldsymbol{P}^{-1}-\boldsymbol{PP}^{-1}\boldsymbol{APP}^{-1}\right]^{-1}\boldsymbol{B}+\boldsymbol{D}\\
&=\boldsymbol{C}\left[sI-\boldsymbol{A}\right]^{-1}\boldsymbol{B}+\boldsymbol{D}\\
&=H(s)
\end{aligned} \tag{8.6-10}$$

以上是以连续系统为例说明状态矢量的线性变换特性，其方法和结论同样适用于离散系统。当系统特征根均为单根时，常用的线性变换是将系统矩阵 **A** 变换为对角阵。下面举例说明具体变换方法。

【例 8.6-1】 某离散时间系统的系统矩阵为

$$\boldsymbol{A}=\begin{bmatrix}5 & 6\\ -2 & -2\end{bmatrix}$$

试将其变换为对角阵。

解 系统的特征方程为

$$\det(\lambda I-\boldsymbol{A})=\begin{vmatrix}\lambda-5 & -6\\ 2 & \lambda+2\end{vmatrix}=(\lambda-1)(\lambda-2)=0$$

特征根为 $\lambda_1=1,\lambda_2=2$。对应 $\lambda_1=1$ 的特征矢量 $\begin{bmatrix}\xi_{11}\\ \xi_{21}\end{bmatrix}$ 满足方程

$$(\lambda_1 I-\boldsymbol{A})\begin{bmatrix}\xi_{11}\\ \xi_{21}\end{bmatrix}=0$$

即

$$\begin{bmatrix}1-5 & -6\\ 2 & 1+2\end{bmatrix}\begin{bmatrix}\xi_{11}\\ \xi_{21}\end{bmatrix}=\begin{bmatrix}0\\ 0\end{bmatrix}$$

于是有

$$\begin{cases}-4\xi_{11}-6\xi_{21}=0\\ 2\xi_{11}+3\xi_{21}=0\end{cases}$$

可见对于 $\lambda_1=1$ 的特征矢量是多解的，选 $\xi_{11}=3$，则 $\xi_{21}=-2$。

对应 $\lambda_2=2$ 的特征矢量 $\begin{bmatrix}\xi_{12}\\ \xi_{22}\end{bmatrix}$ 满足方程

$$(\lambda_2 \boldsymbol{I}-\boldsymbol{A})\begin{bmatrix}\xi_{12}\\ \xi_{22}\end{bmatrix}=0$$

即

$$\begin{bmatrix}2-5 & -6\\ 2 & 2+2\end{bmatrix}\begin{bmatrix}\xi_{12}\\ \xi_{22}\end{bmatrix}=\begin{bmatrix}0\\ 0\end{bmatrix}$$

于是有

$$\begin{cases}-3\xi_{12}-6\xi_{22}=0\\ 2\xi_{12}+4\xi_{22}=0\end{cases}$$

可见对于 $\lambda_2=2$ 的特征矢量也是多解的，选 $\xi_{12}=2$，则 $\xi_{22}=-1$。

由此构成的变换矩阵为

$$\boldsymbol{P}=\begin{bmatrix}\xi_{11} & \xi_{12}\\ \xi_{21} & \xi_{22}\end{bmatrix}=\begin{bmatrix}3 & 2\\ -2 & -1\end{bmatrix}$$

$$\boldsymbol{P}^{-1}=\begin{bmatrix}-1 & -2\\ 2 & 3\end{bmatrix}$$

所以有

$$\boldsymbol{A}_g=\boldsymbol{P}^{-1}\boldsymbol{A}\boldsymbol{P}=\begin{bmatrix}-1 & -2\\ 2 & 3\end{bmatrix}\begin{bmatrix}5 & 6\\ -2 & -2\end{bmatrix}\begin{bmatrix}3 & 2\\ -2 & -1\end{bmatrix}=\begin{bmatrix}1 & 0\\ 0 & 2\end{bmatrix}$$

可见，对角阵 $\boldsymbol{A}_g$ 中对角线上的值就是系统的特征根。

8.6.2　由状态方程判断系统的稳定性

用系统转移函数来描述系统时，系统的稳定性由转移函数分母的特征根位置来决定。如果系统给定为状态方程，则由矩阵 $\boldsymbol{A}$ 的对角化分析可知，$\boldsymbol{A}$ 对角化后其对角元素是 $\boldsymbol{A}$ 的特征值，它决定了系统响应的自由分量，从而可以根据 $\boldsymbol{A}$ 的特征值来判断系统的稳定情况。

对于连续时间系统，由式(8.6-8)可知

$$H(s)=\boldsymbol{C}\boldsymbol{\Phi}(s)\boldsymbol{B}+\boldsymbol{D} \tag{8.6-11}$$

由于

$$\boldsymbol{\Phi}(s)=[s\boldsymbol{I}-\boldsymbol{A}]^{-1}=\frac{\mathrm{adj}(s\boldsymbol{I}-\boldsymbol{A})}{\det(s\boldsymbol{I}-\boldsymbol{A})}$$

将 $\boldsymbol{\Phi}(s)$ 代入式(8.6-11)得

$$H(s)=\frac{\boldsymbol{C}\mathrm{adj}(s\boldsymbol{I}-\boldsymbol{A})\boldsymbol{B}+\boldsymbol{D}\det(s\boldsymbol{I}-\boldsymbol{A})}{\det(s\boldsymbol{I}-\boldsymbol{A})} \tag{8.6-12}$$

从式(8.6-12)可以看出，多项式 $\det(s\boldsymbol{I}-\boldsymbol{A})$ 就是系统的特征多项式，所以 $H(s)$ 的极点就是特征方程

$$\det(s\boldsymbol{I}-\boldsymbol{A})=0 \tag{8.6-13}$$

的根，即系统的特征根。判断特征根是否在 s 平面的左半平面就可以判断连续因果系统是否

稳定,可见系统是否稳定只与状态方程中的系统矩阵 $\mathbf{A}$ 有关。

同理,对于离散时间系统,转移函数 $H(z)$ 的极点就是特征方程

$$\det(zI-\mathbf{A})=0 \tag{8.6-14}$$

的根。判断特征根是否在 z 平面的单位圆内,同样可以判断离散因果系统是否稳定。

【例 8.6-2】 某连续时间因果系统的状态方程为

$$\begin{bmatrix}\dot{x}_1(t)\\ \dot{x}_2(t)\\ \dot{x}_3(t)\end{bmatrix}=\begin{bmatrix}0 & 1 & 0\\ -K & -1 & -K\\ 0 & -1 & -4\end{bmatrix}\begin{bmatrix}x_1(t)\\ x_2(t)\\ x_3(t)\end{bmatrix}+\begin{bmatrix}0 & 0\\ 0 & K\\ 1 & 0\end{bmatrix}\begin{bmatrix}f_1(t)\\ f_2(t)\end{bmatrix}$$

求常数 K 在什么范围内取值,系统是稳定的?

解 系统的特征方程为

$$\det(sI-\mathbf{A})=\begin{vmatrix}s & -1 & 0\\ K & s+1 & K\\ 0 & 1 & s+4\end{vmatrix}=s^3+5s^2+4s+4K=0$$

利用罗斯-霍尔维兹准则,为保证三次多项式的根都落于 s 左半平面,必须满足

$$\begin{cases}4K>0\\ 5\times4>4K\end{cases}$$

由此解得 $0<K<5$ 时,系统是稳定的。

【例 8.6-3】 某离散时间因果系统的状态方程为

$$\begin{bmatrix}x_1(n+1)\\ x_2(n+1)\end{bmatrix}=\begin{bmatrix}1 & \frac{1}{6}\\ -1 & -\frac{5}{6}\end{bmatrix}\begin{bmatrix}x_1(n)\\ x_2(n)\end{bmatrix}+\begin{bmatrix}1 & 2\\ 4 & 5\end{bmatrix}\begin{bmatrix}f_1(n)\\ f_2(n)\end{bmatrix}$$

判断该系统是否稳定。

解 系统的特征方程为

$$\det(zI-\mathbf{A})=\begin{vmatrix}z & -\frac{1}{6}\\ 1 & z+\frac{5}{6}\end{vmatrix}=z^2+\frac{5}{6}z+\frac{1}{6}=\left(z+\frac{1}{3}\right)\left(z+\frac{1}{2}\right)=0$$

特征根为 $z_1=-\frac{1}{3}$,$z_2=-\frac{1}{2}$,它们均在 z 平面的单位圆内,故该因果系统稳定。

本章小结

利用状态变量对系统进行描述较系统函数具有更普遍的意义,因为它不仅能分析系统输入与输出的外部特性,而且还能分析系统内部状态变化的规律,同时也能求解系统的零状态、零输入响应,所以状态变量描述又称为系统的内部描述。

建立状态与输入关系的方程组称为状态方程，建立输出与状态和输入关系的方程称为输出方程。以状态方程为系统的数学模型与以微分方程或差分方程为系统的数学模型实质上是一样的。其区别在于，前者用一组一阶的微分方程或差分方程来取代后者的高阶方程，这样便于对系统进行全面的分析研究。建立状态方程，首先必须根据给定的条件，画出系统的基本框图（或流图）并适当选取状态变量。对连续系统，状态变量一般选取储能元件电容的电压、电感的电流以及记忆单元积分器的输出；对离散系统，一般选取延迟单元的输出。由于状态变量选取的不同，因此状态方程的建立不是唯一的。

状态方程的求解有解析法和计算机数值计算法。解析法可以直接在时域进行计算求解，也可以通过拉普拉斯变换或 z 变换间接求解，最终达到时域分析或频域分析的目的。

对单输入单输出不是很复杂的系统，系统函数的分析计算更为简便，状态变量突出的优点是便于多输入多输出复杂系统利用计算机进行分析、综合和仿真，既可以利用软件实现，也可以利用硬件来实现，而且可以适用于时变系统和非线性系统，在自适应控制和自适应信号处理领域得到广泛应用。

习　题　8

8-1　如题 8-1 图所示的电路，以电容电压 $u_C(t)$、电感电流 $i_L(t)$ 为状态变量 $x_1(t)$、$x_2(t)$，以 $y_1(t)$、$y_2(t)$ 为输出，列写电路的状态方程和输出方程。

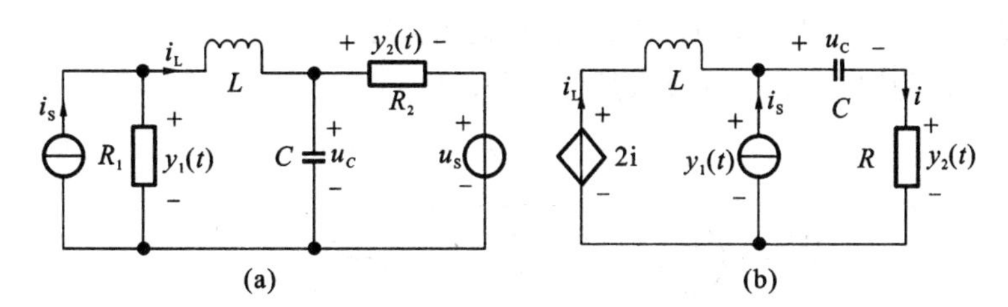

题 8-1 图

8-2　描述某连续系统的微分方程为

$$y^{(3)}(t)+5y^{(2)}(t)+y^{(1)}(t)+2y(t)=f^{(1)}(t)+2f(t)$$

列写该系统的状态方程和输出方程。

8-3　描述连续系统的微分方程组如下，写出系统的状态方程和输出方程。

(1) $y_1{}^{(2)}(t)+3y_1{}^{(1)}(t)+2y_1(t)=f_1(t)+f_2(t)$

$y_2{}^{(2)}(t)+4y_2{}^{(1)}(t)+y_2(t)=f_1(t)-3f_2(t)$

(2) $y_1{}^{(1)}(t)+y_2(t)=f_1(t)$

$y_2{}^{(2)}(t)+y_1{}^{(1)}(t)+y_2{}^{(1)}(t)+y_1(t)=f_2(t)$

8-4　以 x_1、x_2、x_3 为状态变量，写出题 8-4 图所示系统的状态方程和输出方程。

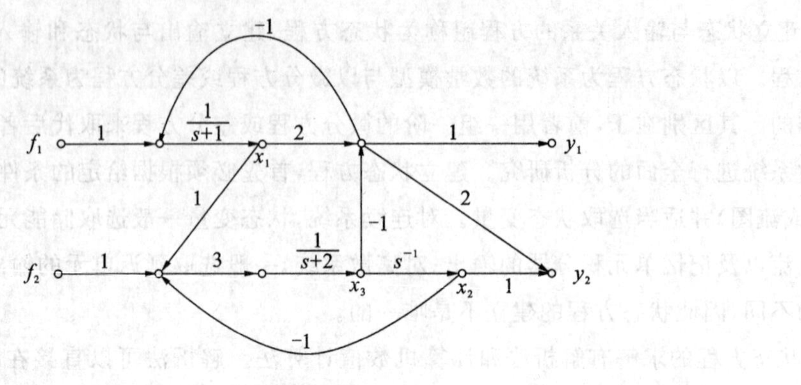

题 8-4 图

8-5　已知描述系统的微分方程如下

$$ay^{(3)}(t)+by^{(2)}(t)+cy^{(1)}(t)+dy(t)=f(t)$$

式中：a、b、c、d 均为常量。

选状态变量为

$$x_1(t)=ay(t), x_2(t)=ay^{(1)}(t)+by(t), x_3(t)=ay^{(2)}(t)+by^{(1)}(t)+cy(t)$$

(1)试列出该系统的状态方程和输出方程。

(2)画出该系统的模拟框图，并标出状态变量。

8-6　连续系统的框图如题 8-6 图所示。

(1)写出以 x_1、x_2 为状态变量的状态方程和输出方程。

(2)为使该系统稳定，常数 a、b 应满足什么条件？

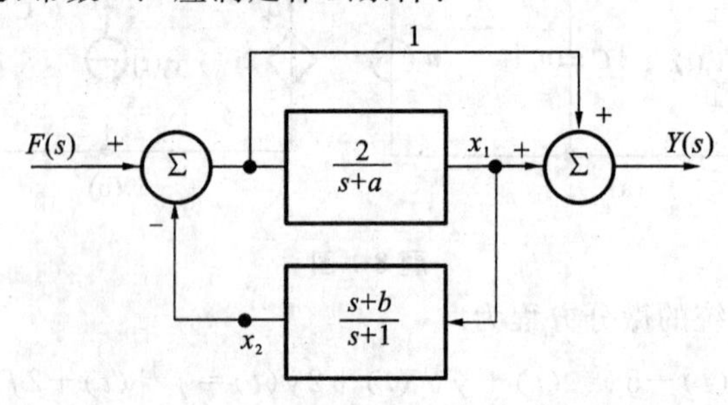

题 8-6 图

8-7　如题 8-7 图所示系统的信号流图，写出以 x_1、x_2 为状态变量的状态方程和输出方程。

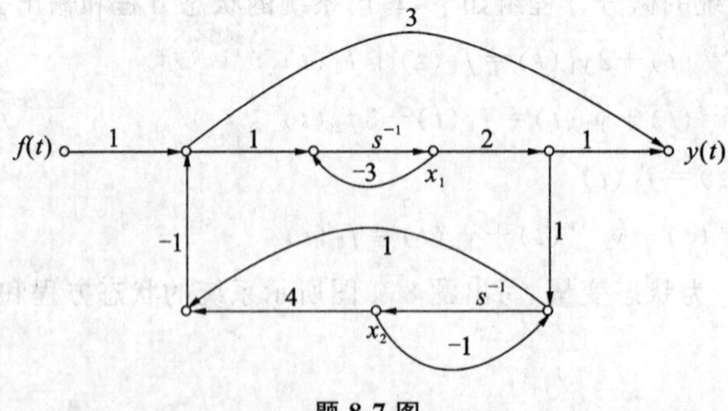

题 8-7 图

8-8　描述某连续系统的系统函数为

$$H(s)=\frac{2s^2+9s}{s^2+4s+12}$$

画出直接形式的信号流图，写出相应的状态方程和输出方程。

8-9　某连续系统的状态方程为

$$\begin{bmatrix}\dot{x}_1(t)\\ \dot{x}_2(t)\end{bmatrix}=\begin{bmatrix}-4 & 1\\ -3 & 0\end{bmatrix}\begin{bmatrix}x_1(t)\\ x_2(t)\end{bmatrix}+\begin{bmatrix}1\\ 1\end{bmatrix}f(t)$$

输出方程为

$$y(t)=x_1(t)$$

试画出该系统的信号流图，并根据状态方程和输出方程求该系统的微分方程。

8-10　某离散系统的信号流图如题 8-10 图所示。写出以 $x_1(n)$、$x_2(n)$ 为状态变量的状态方程和输出方程。

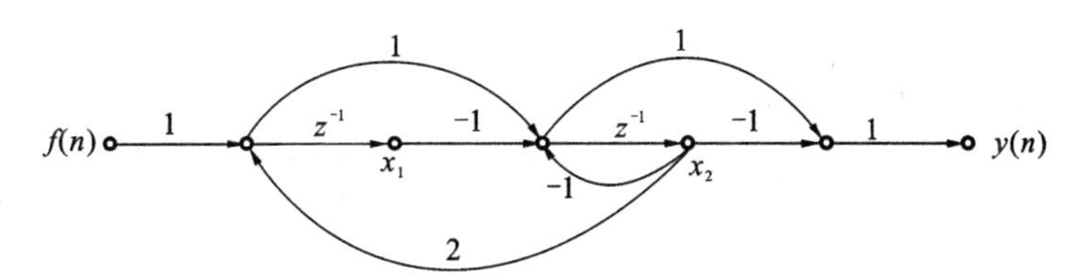

题 8-10 图

8-11　如题 8-11 图所示离散系统，状态变量 $x_1(n)$、$x_2(n)$、$x_3(n)$ 如图 8-11 所示。列出系统的状态方程和输出方程。

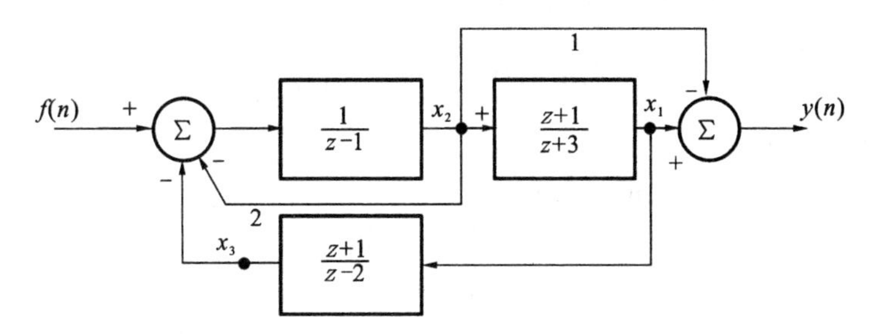

题 8-11 图

8-12　描述某离散系统的差分方程为

$$y(n)+4y(n-1)+3y(n-2)=f(n-1)+2f(n-2)$$

已知当 $f(n)=0$ 时，其初始值 $y(0)=0, y(1)=1$。

(1)列写该系统的状态方程和输出方程。

(2)求出初始状态 $x_1(0)$ 和 $x_2(0)$。

8-13　某离散系统的状态方程为

$$\begin{bmatrix}x_1(n+1)\\ x_2(n+1)\end{bmatrix}=\begin{bmatrix}-2 & -3\\ 2 & 1\end{bmatrix}\begin{bmatrix}x_1(n)\\ x_2(n)\end{bmatrix}+\begin{bmatrix}1\\ 0\end{bmatrix}f(n)$$

输出方程为

$$y(n)=[3\quad 2]\begin{bmatrix}x_1(n)\\x_2(n)\end{bmatrix}$$

试画出该系统的信号流图，并在图上标出状态变量；利用梅森公式求其系统函数 $H(z)$。

8-14　某连续系统的状态方程为

$$\begin{bmatrix}\dot{x}_1(t)\\\dot{x}_2(t)\end{bmatrix}=\begin{bmatrix}-1 & 0\\1 & -3\end{bmatrix}\begin{bmatrix}x_1(t)\\x_2(t)\end{bmatrix}+\begin{bmatrix}1\\0\end{bmatrix}f(t)$$

输出方程为

$$y(t)=[-0.5\quad 1]\begin{bmatrix}x_1(t)\\x_2(t)\end{bmatrix}+f(t)$$

系统输入为 $f(t)=\varepsilon(t)$，初始状态为 $x_1(0_-)=1$、$x_2(0_-)=2$。

(1)求系统函数 $H(s)$ 和冲击响应 $h(t)$。

(2)求系统状态变量 $x(t)$。

(3)求系统的输出 $y(t)$。

8-15　某连续系统的状态方程为

$$\begin{bmatrix}\dot{x}_1(t)\\\dot{x}_2(t)\end{bmatrix}=\begin{bmatrix}-4 & 1\\-3 & 0\end{bmatrix}\begin{bmatrix}x_1(t)\\x_2(t)\end{bmatrix}+\begin{bmatrix}1\\1\end{bmatrix}f(t)$$

输出方程为

$$y(t)=[1\quad 0]\begin{bmatrix}x_1(t)\\x_2(t)\end{bmatrix}$$

(1)求系统函数 $H(s)$ 及系统的微分方程。

(2)系统在 $f(t)=\varepsilon(t)$ 作用下的全响应为 $y(t)=\left(\frac{1}{3}+\frac{1}{2}e^{-t}-\frac{5}{6}e^{-3t}\right)\varepsilon(t)$，求系统的初始状态 $x_1(0_-)$ 和 $x_2(0_-)$。

8-16　已知某连续因果系统的系统矩阵

$$\boldsymbol{A}=\begin{bmatrix}4 & 3\\-3 & 4\end{bmatrix}$$

判断该系统是否稳定。

8-17　已知某连续因果系统的系统矩阵 $\boldsymbol{A}$ 如下，求其状态转移矩阵 $\varphi(t)=e^{\boldsymbol{A}t}$。

(1)$\boldsymbol{A}=\begin{bmatrix}1 & 2\\0 & -1\end{bmatrix}$　　　　(2)$\boldsymbol{A}=\begin{bmatrix}0 & 1 & 0\\0 & 0 & 1\\0 & 1 & 0\end{bmatrix}$

8-18　设一线性时不变系统在零输入条件下的状态方程为 $\dot{x}(t)=\boldsymbol{A}x(t)$。

当 $x(0_-)=\begin{bmatrix}x_1(0_-)\\x_2(0_-)\end{bmatrix}=\begin{bmatrix}1\\-1\end{bmatrix}$ 时，$x(t)=\begin{bmatrix}x_1(t)\\x_2(t)\end{bmatrix}=\begin{bmatrix}e^{-t}\\-e^{-t}\end{bmatrix}$；

当 $x(0_-)=\begin{bmatrix}x_1(0_-)\\x_2(0_-)\end{bmatrix}=\begin{bmatrix}1\\0\end{bmatrix}$ 时，$x(t)=\begin{bmatrix}x_1(t)\\x_2(t)\end{bmatrix}=\begin{bmatrix}e^{t}\\0\end{bmatrix}$

求该系统的状态转移矩阵 $\varphi(t)$ 和系统矩阵 $\boldsymbol{A}$。

8-19　某连续系统的状态方程为

$$\begin{bmatrix}\dot{x}_1(t)\\\dot{x}_2(t)\end{bmatrix}=\begin{bmatrix}-1 & 2\\-1 & -4\end{bmatrix}\begin{bmatrix}x_1(t)\\x_2(t)\end{bmatrix}+\begin{bmatrix}0\\1\end{bmatrix}f(t)$$

输出方程为

$$y(t)=[1\quad 1]\begin{bmatrix}x_1(t)\\x_2(t)\end{bmatrix}+f(t)$$

系统输入为 $f(t)=\delta(t)$，初始状态为 $x_1(0_-)=3$，$x_2(0_-)=2$。

(1)求状态方程的解和系统的输出。

(2)若选另一组状态变量 $g_1(t)$、$g_2(t)$，它与原状态变量的关系是

$$\begin{bmatrix}g_1\\g_2\end{bmatrix}=\begin{bmatrix}1 & 1\\1 & 2\end{bmatrix}\begin{bmatrix}x_1\\x_2\end{bmatrix}$$

推导出以 g_1、g_2 为状态变量的状态方程，并求初始状态 $g_1(0_-)$、$g_2(0_-)$的值。

(3)求以 g_1、g_2 为状态变量的方程解和系统的输出。

8-20　已知离散系统的系统矩阵 $\boldsymbol{A}=\begin{bmatrix}0.5 & 0\\0.5 & 0.5\end{bmatrix}$，求系统状态转移矩阵 $\boldsymbol{A}^n$。

8-21　已知某离散系统的状态方程为

$$\begin{bmatrix}x_1(n+1)\\x_2(n+1)\end{bmatrix}=\begin{bmatrix}0 & 1\\-2 & -3\end{bmatrix}\begin{bmatrix}x_1(n)\\x_2(n)\end{bmatrix}+\begin{bmatrix}0\\1\end{bmatrix}f(n)$$

输出方程为

$$y(n)=[-2\quad -3]\begin{bmatrix}x_1(n)\\x_2(n)\end{bmatrix}+f(n)$$

当输入 $f(n)=\delta(n)$，初始状态 $x(0)=0$ 时，求：

(1)状态转移矩阵 $\boldsymbol{A}^n$。

(2)状态变量 $x(n)$和输出 $y(n)$。

8-22　已知某离散因果系统的状态方程为

$$\begin{bmatrix}x_1(n+1)\\x_2(n+1)\end{bmatrix}=\begin{bmatrix}0 & 1\\-6 & 5\end{bmatrix}\begin{bmatrix}x_1(n)\\x_2(n)\end{bmatrix}+\begin{bmatrix}0\\1\end{bmatrix}f(n)$$

输出方程为

$$\begin{bmatrix}y_1(n)\\y_2(n)\end{bmatrix}=\begin{bmatrix}1 & 1\\2 & -1\end{bmatrix}\begin{bmatrix}x_1(n)\\x_2(n)\end{bmatrix}$$

初始状态为$\begin{bmatrix}x_1(0)\\x_2(0)\end{bmatrix}=\begin{bmatrix}1\\2\end{bmatrix}$，激励 $f(n)=\varepsilon(n)$。

(1)求状态方程的解和系统输出方程的解。

(2)求系统函数 $H(z)$和系统单位序列响应 $h(n)$。

8-23　某离散因果系统的系统矩阵 $\boldsymbol{A}=\begin{bmatrix}1 & b\\2 & 0.5\end{bmatrix}$，当 b 为何值时系统是稳定的？

8-24　某连续系统的状态方程为

$$\begin{bmatrix}\dot{x}_1(t)\\\dot{x}_2(t)\end{bmatrix}=\begin{bmatrix}0 & 1\\-2 & -3\end{bmatrix}\begin{bmatrix}x_1(t)\\x_2(t)\end{bmatrix}+\begin{bmatrix}0\\2\end{bmatrix}f(t)$$

输出方程为

$$\begin{bmatrix} y_1(t) \\ y_2(t) \end{bmatrix} = \begin{bmatrix} 1 & 1 \\ -2 & 2 \end{bmatrix} \begin{bmatrix} x_1(t) \\ x_2(t) \end{bmatrix}$$

(1)求一组新的状态变量,使其系统矩阵 $\boldsymbol{A}$ 对角化。

(2)求出以新状态变量表示的输出方程。

参考文献

[1] 吴大正.信号与线性系统分析[M].4版.北京:高等教育出版社,2014.
[2] 郑君里,应启珩,杨为理.信号与系统(上册)[M].3版.北京:高等教育出版社,2011.
[3] 郑君里,应启珩,杨为理.信号与系统(下册)[M].3版.北京:高等教育出版社,2004.
[4] 管致中,夏恭恪,孟桥.信号与线性系统(上册)[M].4版.北京:高等教育出版社,2011.
[5] 管致中,夏恭恪,孟桥.信号与线性系统(下册)[M]. 4版.北京:高等教育出版社,2004.
[6] 奥本海姆.信号与系统[M].2版.刘树棠,等,译.北京:电子工业出版社,2013.
[7] 徐天成,谷亚林,钱玲.信号与系统[M].4版.北京:电子工业出版社,2012.
[8] 陈生潭.信号与系统[M].4版.西安:西安电子科技大学出版社,2014.
[9] 陈后金,胡建,薛健.信号与系统[M].2版.北京:北京交通大学出版社,2003.
[10] 马金龙,胡建萍.信号与系统[M].2版.北京:科学出版社,2010.
[11] 王宝祥.信号与系统[M].3版.北京:电子工业出版社,2010.
[12] 沈元隆,周井泉.信号与系统[M].2版.北京:人民邮电出版社,2009.
[13] 段哲民.信号与系统[M].3版.北京:电子工业出版社,2012.
[14] 王明泉.信号与系统[M].北京:科学出版社,2008.
[15] 周昌雄.信号与系统[M].西安:西安电子科技大学出版社,2008.
[16] 甘俊英.信号与系统[M].北京:清华大学出版社,2011.
[17] 张延华.信号与系统[M].北京:机械工业出版社,2012.
[18] 徐亚宁,苏启常.信号与系统[M].3版.北京:电子工业出版社,2011.
[19] 刘百芬,张利华.信号与系统[M].北京:人民邮电出版社,2012.
[20] 邵英.信号与系统[M].北京:国防工业出版社,2014.
[21] 郭银景.信号与系统[M].北京:机械工业出版社,2009.
[22] 郭改枝.信号与系统[M].北京:清华大学出版社,2013.